ESD 工程师读物

电子工业静电与电路 EOS/EMI 防护技术

孙延林　编著

電子工業出版社
Publishing House of Electronics Industry
北京 • BEIJING

内 容 简 介

我国电子信息产业的迅猛发展，特别是智能化、生物信息化、云计算等的发展，促进了微电子快速发展，与此同时 ESD/EOS/EMI（静电放电/电流与电压过载/电磁干扰）问题对微电子产品质量的不良影响也日益显著。为了预防这种不良影响与危害，促进微电子产品质量提高，应广大电子生产、科研、防静电装备（产品）生产企业科研人员和广大职工的要求，编著了本书。全书详细介绍了电子工业静电防护原理、静电放电模型与静电敏感器件的分级、电子电路 EOS/EMI 应对方案、防静电工作区构成的基本要求、防静电装备（产品）技术参数与使用注意事项、防静电工艺与质量管理等方面的内容，并介绍了国际电工委员会标准 IEC 61340、美国标准 ANSI/ESD S20.20 近年技术发展情况。

本书图文并茂、结合实际、通俗易懂，可供电子及相关行业工程技术、生产、工艺、质量管理、企管、质量检测、失效分析、设备维护等人员学习，也可作为 ESD、防静电工程技术、科研、施工和管理人员及有关销售人员的学习资料。

图书在版编目（CIP）数据

电子工业静电与电路 EOS/EMI 防护技术/孙延林编著. —北京：电子工业出版社，2020.1
ISBN 978-7-121-37392-3

Ⅰ. ①电… Ⅱ. ①孙… Ⅲ. ①电子工业－静电防护 Ⅳ. ①TN07

中国版本图书馆 CIP 数据核字(2019)第 201701 号

责任编辑：刘小琳　文字编辑：崔　峰　特约编辑：许波建
印　　刷：中煤（北京）印务有限公司
装　　订：中煤（北京）印务有限公司
出版发行：电子工业出版社
　　　　　北京市海淀区万寿路 173 信箱　　邮编：100036
开　　本：787×1092　1/16　印张：23.25　　字数：572 千字
版　　次：2020 年 1 月第 1 版
印　　次：2020 年 1 月第 1 次印刷
定　　价：119.00 元

凡所购买电子工业出版社图书有缺损问题，请向购买书店调换。若书店售缺，请与本社发行部联系，联系及邮购电话：（010）88254888，88258888。

质量投诉请发邮件至 zlts@phei.com.cn，盗版侵权举报请发邮件至 dbqq@phei.com.cn。

本书咨询联系方式：liuxl@phei.com.cn，（010）88254538。

前言

随着科技的发展，静电技术已在工业领域中得到广泛应用，如静电喷涂、静电除尘、静电复印成像、静电育种等，并且静电应用将日益扩大其范围并造福于人类。但是，静电在许多领域也给人们带来重大损失和危害。例如，在石油和化工、工业粉尘处理、烟花爆竹等火工品，以及纺织、印刷、药品生产、粮食饲料加工等行业，经常因静电发生爆炸或燃烧事故，同时还会降低生产效率，造成较大损失。同样，在现代电子工业，静电放电（ESD）也会造成电子产品损害。近年来，随着现代电子信息技术的智能化、生物信息化、云计算技术等迅猛发展，不断要求电子产品日益向轻、薄、短、小、高密度等方向发展，同时集成电路的集成度也不断提高。大规模集成电路（LSI）、超大规模集成电路（VLSI）、专用集成电路（ASIC）和超高速集成电路（VHSIC）已在电子产品中广泛应用。随着集成度的不断提高，集成电路的内绝缘层越来越薄，其连接导线宽度与间距越来越小。如一般 CMOS 器件绝缘层的厚度为 0.01～0.1mm，其相应耐静电电压为 50～100V，VMOS 器件绝缘层更薄，其耐电压只有 30V 左右，千兆位 DRAM 耐电压为 10～20V，磁头能耐的静电电压只有 3～5V。通常在电子产品的实际生产和产品运输、存储等流转过程中所产生的静电电压远远超过其损害阈值，往往在组装、储运等过程中不知不觉地因 ESD 造成了电子产品失效。另外，因生产、检验、焊接设备漏电等问题出现 EOS（电压、电流过载）现象，使微电子产品不良品率大幅提升。开关放电、射频、电噪声源等产生的 EMI（电磁干扰）对电路、电子信息系统干扰也在与日俱增，ESD/EOS/EMI 问题早已成为国际关注的一个问题。据美国 3M 公司 20 世纪 90 年代载文介绍，因静电放电的影响，在美国微电子大规模发展时期，每年造成的直接经济损失达 100 多亿美元。据日本 20 世纪 90 年代初统计，在日本的企业生产中发现不合格的电子器件中有 45%是因静电造成的。由于各种原因，在我国的电子行业，一般不会因静电问题造成燃烧和爆炸出现人员伤亡事故，所以还未普遍引起人们的了解和重视。但据不完全统计，我国电子工业每年因 ESD/EOS/EMI 问题所造成的直接损失，也近 100 亿元人民币，间接损失更大。在航天、航空、电子对抗和军用通信系统领域，因静电等问题曾出现过“风云二号”气象卫星使用的 CCD 器件损坏、某型号军用飞机的电源系统出现故障，影响飞机飞行等诸如此类的事故多起。在民用通信、微电子制造、电子信息化系统等领域因 ESD/EOS 造成电子产品损害事件比比皆是，ESD/EOS/EMI 已发展成为影响我国电子产品质量的一个重要问题。对于我国工业、电子行业、相关企业有关 ESD/EOS/EMI 所致产品不良品率高低或造成事故的多少，反映出整个国家、行业、企业的整体产品质量与企业管理水平，因此必须引起人们的重视。

为了更好地普及电子工业静电与电路 EOS/EMI 防护知识，提高从业人员的技术和管理水平，我编写了《电子工业静电与电路 EOS/EMI 防护技术》一书供大家学习和参考。本书重点介绍电子工业的静电防护理论与 EOS/EMI/ESD 防护在实际工作中的应用。第 1 章重点介绍电子生产过程中静电产生原理、静电对电子产品的损害机理、静电敏感电子产品的敏感度确定；第 2 章介绍电子行业静电防护原理；第 3 章介绍电子行业防静电工作区如何构建与国际标准的一些相关要求；第 4 章介绍静电防护技术与静电检测；第 5 章介绍微电子与电路的 ESD/EOS/EMI 损害及防护方案；第 6 章介绍电子产品生产、存储的防静电工艺与质量管理；第 7 章介绍防静电工作区的质量体系认证与评审；第 8 章介绍电子工业应用的防静电装备与产品；第 9 章介绍防静电地坪与离子化静电消除器工程的施工与检验。为了帮助读者掌握本书知识和学习提高，本书还增加了附录。附录 A 为 PCB 电路设计与布线须知；附录 B 为本书专业名词英文缩写；附录 C 为常用电气物理量纲表；附录 D 为国内外部分防静电标准及相关标准目录；附录 E 为电子工业和其他行业静电损害案例及分析；附录 F 为部分电子静电敏感元器件与半导体器件静电敏感电压；附录 G 为防静电工作服、织物所用导电纤维及种类；附录 H 为电磁兼容、静电与静电防护、接地名词术语；附录 I 为电子行业防静电职业技能考试试题汇编。

需要强调的是，ESD/EOS/EMI 问题属于电磁兼容（EMC）领域里的分支，它们之间有密切联系，同时又与雷电、强电磁脉冲（EMP）等引起的电磁脉冲密切相关。在实际工作中，应注意它们的相互关系和各自特点，才能做到有的放矢，较好地解决这些问题。本书涉及内容广泛、图文并茂，可作为电子及相关行业的工程技术、生产、工艺、质量管理、企管、质量检测、失效分析、设备维护等人员的学习资料，也可作为 ESD、防静电工程技术、科研、施工和管理人员及有关销售人员的学习资料。

由于作者水平有限，时间仓促，书中可能出现错误和不妥之处，恳请读者批评指正。

作　者

2019 年 10 月

目录

第 1 章 静电产生及对电子产品的损害

1.1 静电产生与电子产品生产、存储环境中的静电源

1.1.1 静电的产生

在电子工业生产中，常见静电产生及阈值（电位可达数百伏以上）较高的方式主要有以下几种。

1. 固体物体相互摩擦分离产生静电

两个不同的绝缘体在相互接触时，因物体的电子逸出功、接触电位差、介质极化等多种原因，在两个绝缘体最表层之间形成偶电层（一绝缘体表层得到电子呈现负电荷层，另一绝缘体表层失去电子呈现正电荷层），产生接触电位差。由于其是束缚电荷，不会因电位差产生中和。物体相互摩擦和其他力学效应等可使偶电层电荷积聚量值增多。当两物体之间距离很小时，两物体之间电容很大，一般不呈现明显带电现象。但当两物体分离时，由于两物体之间距离增大几千倍或上万倍以上（见图 1-1），两物体之间电容减小为原来的数千分之一或数万分之一，两物体呈现明显带电现象。如果两个相同绝缘物体相互摩擦，则

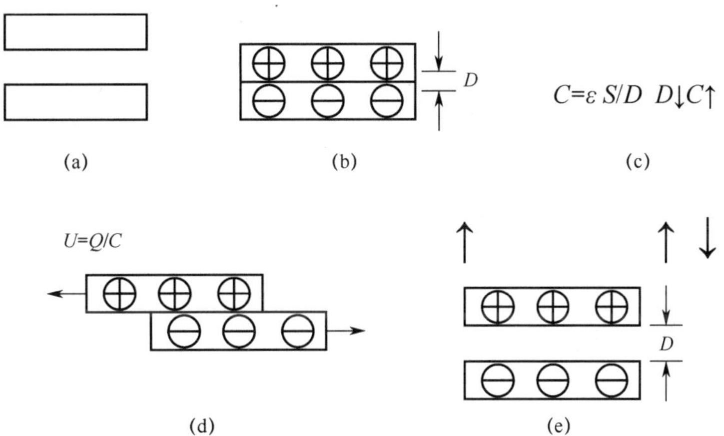

图 1-1 物体摩擦分离起电

不会出现偶电层产生静电。在电子工业生产中常见的物体摩擦分离起电的操作如图 1-2 所示。导体内电子可以自由移动（不是束缚电荷），在两导体接触时，因接触电位差导致正负电子的中和，从而形不成偶电层。所以，通常导体之间摩擦不呈现带电现象。当导体和绝缘体摩擦时，在两物体亦可产生静电。

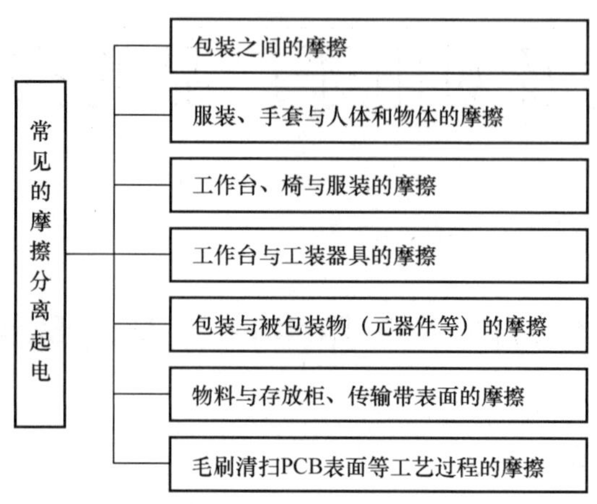

图 1-2　常见的摩擦分离起电

2. 物体剥离起电

当相互密切结合的绝缘体之间或绝缘体和导体剥离时，会引起偶电层的分离，并出现分离物体双方明显带电的现象，称为剥离起电（见图 1-3、图 1-4）。剥离起电根据不同的接触面、不同的摩擦面之间的距离，导致电容量变化而产生不同的静电电压。

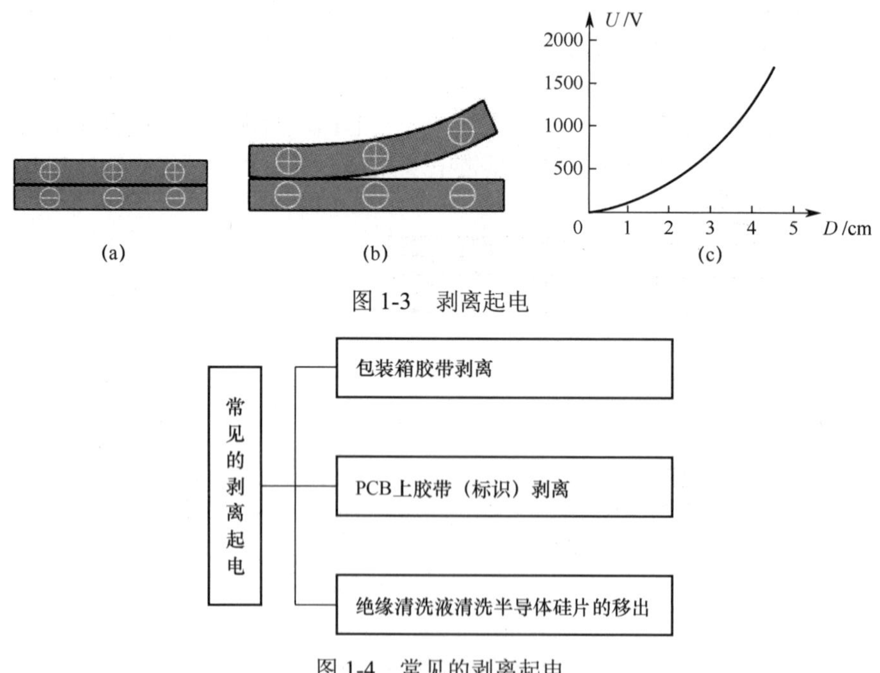

图 1-3　剥离起电

图 1-4　常见的剥离起电

剥离起电阈值大小与两种物体带电序列排列位置，以及两物体剥离距离、剥离速度、绝缘性等因素有关。

3．静电感应起电

处于静电场内的导体和半导体介质都会产生静电感应现象（见图 1-5、图 1-6），导电性越好，越易感应带电。处于静电场中的导体，由于静电感应，使得导体上的电荷重新分布，从而使物体的电荷分布发生变化。当带电物体接近不带电导体（电介质）时，会在不带电的导体（电介质）的两端分别感应出负电和正电，介质感应呈现的带电量多少和电场强度成正比。这可导致静电对元器件或带电元器件对周围导体直接接触或非接触式放电，这是一个极容易被人们忽视的危险因素。通常绝缘体在静电场中不会产生静电感应。

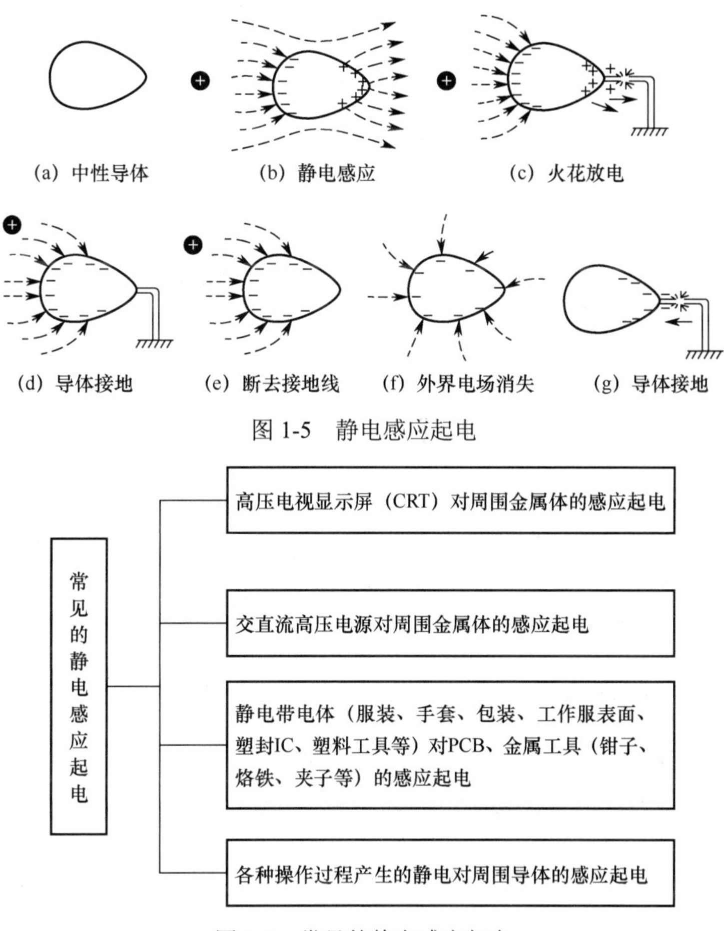

图 1-5　静电感应起电

图 1-6　常见的静电感应起电

4．液体静电起电

通常，当两种不同的导电液体接触时，不会产生静电。但当绝缘液体之间流动或其和导体接触流动时，由于偶电层导致界面形成电位差和动电学效应，在绝缘液体中也会产生静电。在电子工业某些工艺过程中（如对电子组件喷涂、PCB 喷涂漆和树脂、喷砂过程，以及在绝缘清洗液中清洗半导体硅片、利用高纯水与喷雾作业等）常见此类起电（见图 1-7、图 1-8）。

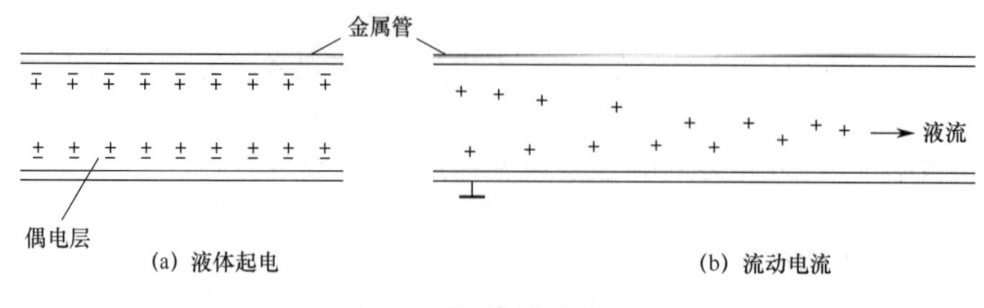

图 1-7　绝缘液体的起电

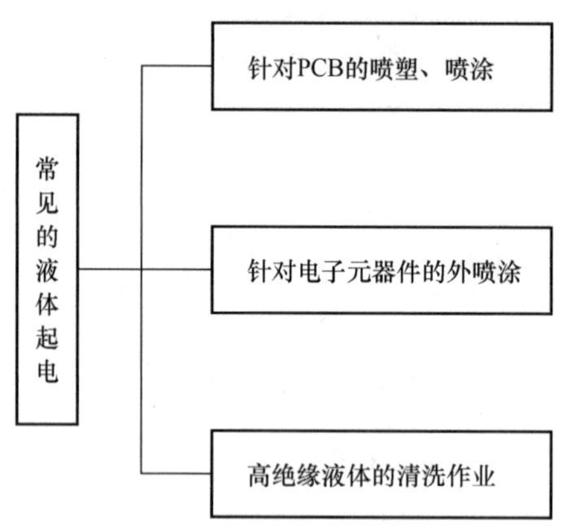

图 1-8　常见的液体起电

在电子工业中还可见到绝缘物体断裂起电、电解起电、压电起电等，但其起电阈值较低，对微电子不良影响较小。另外还有粉体起电，但在电子工业中不常见，因此这些起电过程、机理在这里不做探讨。

1.1.2　影响静电起电的因素

1．环境相对湿度

任何物体起静电的程度和环境湿度密切相关，在环境相对湿度较高的情况下，不同物体表面起静电呈现以下两种情况：

（1）非浸润性材料（塑料类等）表面在湿度较高的情况下，易结成极微水膜导致物体表面电阻降低使积聚静电耗散；

（2）浸润性材料（棉布、木质纤维等）在湿度较高的环境中，易吸附水分子，造成材料体积和表面电阻降低，易使静电耗散或中和。

实验表明，在一般情况下，当湿度在 65%RH 以上时，物体表面不宜积聚静电或积聚静电很少。当湿度在 40%RH 以下时，随着湿度降低，物体表面绝缘强度提高，越易积聚静电［见表 1-1（a）和表 1-1（b）]。

表 1-1（a）　不同湿度环境中物体产生静电情况

塑料袋种类	PP	PS	PE	PVC	PVR
表面电压/kV	1.5	2	1	1	1.5
实验条件	40%RH；T=20℃；f=25N；S=200mm。摩擦片：不锈钢				

表 1-1（b）　不同湿度环境中物体产生静电情况

塑料袋种类	PP	PS	PE	PVC	PVR
表面电压/kV	0.04	0.06	0.1	0.05	0.02
实验条件	80%RH；T=20℃；f=25N；S=200mm。摩擦片：不锈钢				

2．物体的绝缘性

物体本身的电阻越高，吸湿性越差，特别是绝缘体，也就是当表面电阻和体积电阻高于 $1\times10^{12}\Omega$ 时的物体之间接触或摩擦，表层越易形成偶电层产生较多静电荷。在电子工业生产线上所见的静电起电阈值较高的现象大多是因绝缘体摩擦分离或高绝缘体与导体摩擦分离所造成的。

3．多种物体的编织体（带电序列不同的组合体）

物理学证实，当两种绝缘物体相互摩擦时，其中一种物体带正电荷，而另一种物体带负电荷。这种现象符合客观的物理学规律。人们通过大量实验总结出不同物体相互摩擦带正、负电荷规律并排列成如图 1-9 所示摩擦带电序列。该图中，两种不同物体相互摩擦，序列中相邻上位物体总带正电荷，相邻下位物体总带负电荷。在实际工作中，常用带电序列不同的物体编织在一起（如防静电工作服），当与其他物体摩擦时，两种物体产生不同的电荷，引起相互电晕放电，导致静电中和，从而呈现低起电现象。通常两种带电序列物体在序列中排列越远的摩擦带电量越多。

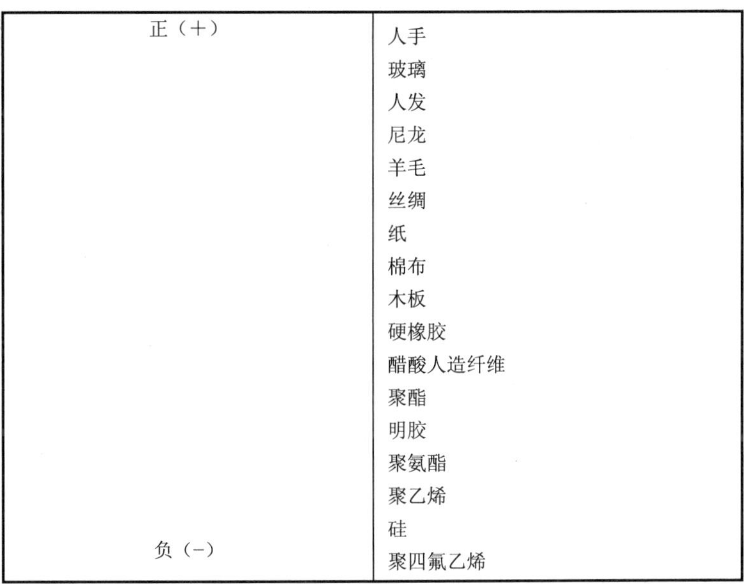

正（+）	人手
	玻璃
	人发
	尼龙
	羊毛
	丝绸
	纸
	棉布
	木板
	硬橡胶
	醋酸人造纤维
	聚酯
	明胶
	聚氨酯
	聚乙烯
	硅
负（−）	聚四氟乙烯

图 1-9　摩擦带电序列表图

4. 低起电性物体

有些物体虽表面电阻很高，但与其他物体摩擦后，其起电阈值较低。这类物体统称为低起电性物体。这类物体起电，有的和吸湿性有关，有的和湿度关联不太明显（如水泥、电胶木、木材、纸箱、某些织物、天然石材等）。同类塑料物体摩擦是不会产生静电的。对于低起电性材料，在实际应用中应给予关注，这些材料（物品）合理使用会大大降低防静电用品的成本。

1.1.3 电子产品生产、使用环境中可能造成静电损害的静电源

电子产品生产和使用环境中存在许多有可能成为静电源的物体或操作过程，典型的静电源见表 1-2。并不是说这些物体就是静电源，而是可能在某些特定的操作或条件下自身变为静电源从而对微电子产生不良影响。

表 1-2 电子产品生产和使用环境中可造成静电损害的静电源及操作

物体或工艺加工	材料（用品）或活动
绝缘工作表面	封蜡、涂漆或浸漆表面、绝缘工作台面 绝缘工具表面、绝缘工作椅面
绝缘地板	绝缘环氧树脂地面 各类打蜡抛光绝缘地板（砖）
绝缘服装、鞋	普通清洁室工作服 普通合成面料服装、手套 非导电的鞋
普通软包装及操作	普通塑料：袋、罩、封皮 普通泡沫容器、泡沫材料
普通周转容器	普通塑料托盘、塑料运输斗、瓶、零件盒等
装配、清洗、检测、实验、修理	刷子清扫 PCB 等作业 普通塑料焊料吸管 带有不接地焊嘴的烙铁 通过流体或蒸发或吹干 无接地的温箱、设备等 低温喷射器、二氧化碳等 热喷射 喷砂 静电复印机、塑料膜剥离作业等 树脂、漆喷涂作业
芯片载体	芯片板托架、盘 工具类
普通物流器具（用品）	运转车、传输带 存放柜
高电压设备、对地绝缘金属体、生产环境中射频设备电磁辐射	高电压设备产生静电感应使周围金属体带电；生产环境中存在的大功率电磁辐射设备

1. 人体静电与人体用品

在电子工业生产中，操作者是最主要的静电发生源之一，人体的静电放电（ESD）是导致元器件损害的主要原因之一。

1）人体静电的起电方式

人体静电的起电方式有以下几种。

（1）摩擦、剥离带电。

① 人的行动和活动。人穿着的衣服、手套、帽子等相互摩擦、剥离或与其他物体（椅子、工作台面等）摩擦，从而使衣服等带上静电荷，通过传导或静电感应，最终使人体呈现带电状态。人从铺设聚氯乙烯的软椅起立时可带电 5kV 以上，人从铺设人造革软椅起立时也可带电 1.1～1.4kV。

② 静电感应起电。人体系静电导体，当带电的物体（直流高压源等）、带静电的物体靠近不带电的人体时，由于静电感应现象，在静电场的作用下人体出现电量相等、符号相反的感生电荷，如手触及导体，当电位不等时人体对导体发生放电。

（2）影响人体带电的因素。

① 人体的起电率。人在活动时，因上述原因可使人体带电。根据 ISO 有关资料可以证实人在行走和活动中可产生 1×10^{-9}～1×10^{-6}C/s 的静电量。英国军方 1980 年发表的防静电规范报道称，在极端湿度下，曾测试到 50kV 的人体静电。1989 年中国静电学术研讨会曾报道过，测到 60kV 的人体静电极端电压。

② 人体对地电阻和电容。人体对地电阻理论上指人体电阻和人体对地电阻 R 的总和。人体电阻包括皮肤电阻和体内电阻。皮肤电阻与皮肤干燥程度及空气相对湿度有关。国外研究结果表明，人体电阻为 1～3kΩ。人体对地电阻是指人体对地泄漏电阻，即在放电回路中的人体等效电阻。它主要由鞋、袜和地面决定，在绝缘地面与穿绝缘鞋的情况下，$R\geqslant 1\times10^{12}\Omega$。$R$ 越大，人体静电越不易泄漏和耗散。

人体对地电容包括人体电容和地面电容，以及人体和周围导体间的电容。人体电容通常为数十至数百皮法（大多数分布在 100～350pF）。人体带电量可用式（1-1）表示，即

$$Q = qRC\left(1-\mathrm{e}^{-\frac{t}{RC}}\right) \tag{1-1}$$

式中　t——活动时间（s）；

Q——人体总电量（C）；

q——人体在运动时的起电率（C/s）；

R——人体对地电阻（Ω）；

C——人体对地电容（F）。

根据式（1-1），人体带电量在活动时间无限长时，只与起电率 q（一般人行走的起电率为 1×10^{-9}～1×10^{-6}C/s）、人体对地电容和人体对地电阻有关。在一般情况下，人体对地电阻大小对人体带电量的大小起主要作用。另外，在其他条件恒定情况下，物体或人体对地电容越小，其带静电产生的电位越高。除此之外，环境相对湿度对人体起电也起重要作用。湿度越高，人体静电越容易泄漏和耗散。

人体接地概念：通过防静电地坪、防静电鞋、腕带或其他接地防静电用品将人体与大地连接，实现静电泄漏和人体等电位接地。

2）人体用品

以下人体用品摩擦分离会产生静电。

（1）普通工作服：作业人员穿的普通工作服（化纤和纯棉制）因自身摩擦或与工作台面、工作椅摩擦可产生 0.2～10μC 甚至更高的电荷量，在服装表面能产生几千伏以上的静电电压并使人体带电。当作业人员手持集成电路或工作服与工作台面放置的元器件接触时，即可导致放电；同时可在带电服装周围形成静电场，对附近金属物体产生静电感应现象。需要指出的是：带电的工作服是人体静电主要来源。

（2）普通工作鞋：一般工作鞋（橡胶或塑料鞋底）的绝缘电阻达 $1\times10^{12}\Omega$ 以上，当与地面摩擦时产生的静电荷可使人体带有静电。调查表明，工作鞋与地面摩擦所产生静电导致人体带较高静电压的事例并不多，但因其较高的绝缘电阻使人体所带静电不能在较短时间内泄漏，并实现人体接地。

（3）帽、手套：帽子与头发、手套与工作台面摩擦也可使人带电或手套积累静电。

2．树脂、漆封装表面

电子工业中许多元器件需要用高绝缘树脂、漆封装表面。这些元器件放入包装后，因运输过程的摩擦，在其表面能产生几百伏以上的静电电压，可对元器件（PCB）引脚产生静电感应或放电造成元器件失效。

3．普通各种包装容器、物流传递用品和传输带（线）

用 PE（聚乙烯）、PP（聚丙烯）、PS（聚苯乙烯）、PUR（聚氨酯）、ABS（聚酯）等高分子材料制备的包装容器和元器件盒（箱）都可因摩擦、冲击产生静电荷，对所包装元器件产生不良影响。塑料袋摩擦后所带的静电电压见表 1-1（a）。绝缘用品的传递、传输带也可在使用过程中因摩擦产生静电。

4．各类绝缘工作表面、工具（包括气动工具、吸锡器等）

终端台、工作台、座椅表面受到摩擦产生静电，可对放置其上的电子元器件感应与放电。某些操作工具（带绝缘把手的各类工具）也可因摩擦带电。金属工具（物体）表面可因静电感应等原因带上静电，对电子元器件产生放电效应（CDM）。

5．装配、清洗、实验和修理过程

在装配、清洗、实验和修理过程中，可能会接触到绝缘、导电工装夹具，因其相互摩擦或感应产生静电。超声波清洗机在工作时也会产生静电。高纯水处理硅材料绝缘物也会产生静电。胶粘带剥离作业（液晶显示屏的保护膜剥离作业）可产生数千伏以上静电。用绝缘毛刷清洁 PCB 等，都可产生较高静电。

6．各种绝缘地面

打蜡抛光木地板、橡（塑）板、树脂地面、瓷砖地坪等都可因摩擦产生静电，另外，因其较高的绝缘电阻，作业人员（或防静电装备）带静电在其上时，不会短时间内将静电荷泄漏，也不能实现人体（或防静电装备）等电位接地。操作人员在工作时产生静电的基本情况见表 1-3。

表 1-3 操作人员在工作时产生静电的基本情况

静电产生方法	静电电压/V	
	相对湿度：10%～20%	相对湿度：60%
人在地毯上行走	15000	1300
人在乙烯树脂地板上行走	11000	450
人在工作台上操作	5000	100
乙烯树脂说明书封面与其他塑料皮摩擦	7000	600
聚氨酯泡沫垫子移动	13000	1200

7. 生产、装联、焊接、检验、高低温处理等设备

生产设备如贴片机、插装机、焊接设备，在运行中可因摩擦或感应带电对元器件放电。温箱内继电器开关动作可产生电离空气，对元器件热处理非常不利。在使用 CO_2 低温箱工作时，CO_2 蒸气可以产生大量的静电荷。利用空气压缩机的喷雾、清洗、油漆、喷砂等设备都可因介质剧烈流动或介质与喷嘴摩擦产生大量静电荷，当带电介质接触到电子元器件时可造成其损坏。检验仪器测试探针也可因感应带电或漏电对测试元器件进行放电。焊接设备或其他接触电子产品的设备漏电（EOS），也会对元器件造成损害。

8. 接地系统和电源

生产、检验设备、电动工具、供电系统、ESD 防护系统的接地（包括防雷接地）不良或错误接地，各接地系统没采取等电位接地，系统内电位不等或静电不能对地泄漏，或雷击产生的浪涌电压和电气开关关闭产生的宽频带感应、电气工具漏电等原因出现 EOS（过电压、过电流）现象，对元器件和设备造成损害。另外，生产操作现场的电视显示屏（CRT）、各类高压电源产生的静电场也可使元器件（PCB 等）感应带电。

9. 生产、存储环境中的绝缘物和对地绝缘的不等电位导体

生产、存储静电敏感元器件的环境中的绝缘物可因摩擦分离带电对周围物体产生静电感应。任何导体也可因静电感应带电，如不接地就会成为不等电位的带电体（金属带电体、IC、分离元器件等）。

10. 环境电磁场

生产和存储元器件的环境中存在大功率电磁辐射源，如发射天线、超高压馈线的电场辐射等，也会对元器件、设备造成不良影响。

11. 有静电防护要求的场所

在电子工业中涉及静电防护的场所很多，确定这些场所对静电防护工作意义重大。通常电子行业有静电防护要求的场所如下（见表 1-4）：

（1）集成电路制造与封装场所；

（2）电子元器件（SSD）生产与制造场所；

（3）电子通信、测量、音像、导航、自动控制、摄像、光电仪器、精密电源设备的制

造场所；

（4）家用电子、数码照相、汽车电子、航空航天、船舶电子产品、家用电器生产、维修场所；

（5）电子机房、计算机机房、程控机房、测控机房（调度控制室）、有特殊要求的移动机房（电子方舱、车辆）和维修站、电子产品的维修站等。

表 1-4　电子行业有静电防护要求的场所

有静电防护要求的产品及生产场所	涉及内容与范围
集成电路制造与封装	氧化、扩散、清洗、刻蚀、离子注入、光刻、检测、CMP、封装（划片、键合）
STN、TFT、大屏幕液晶显示屏生产及封装	阵列板制造、成盒、模块、C/F 等工序、封装与检测
半导体材料生产	生产过程与存储
硬盘生产（HDD）	生产过程与存储
等离子电视（PDP）； 彩色显像管制造、液晶电视机、液晶屏等	锥石墨涂覆、荫罩装配；生产过程与存储
磁头生产与清洗；高密磁带生产	生产过程与存储
锂电池	干工艺
CCD、LED 等电子光学元器件生产和装配	生产过程与存储
光纤生产	预制棒、拉丝工序；生产过程与存储
声表面波元器件与组件生产与装配	生产过程与存储
各类 MOS 元器件生产与装配	生产过程与存储
装备有静电敏感元器件的电子通信、光纤通信设备生产	组装过程
石英晶体与组件生产与装配	生产过程与存储
装备有静电敏感元器件的各专业用电子测量仪器生产	生产过程与存储
微波元器件生产与装配	生产过程与存储
计算机、微电子存储器	生产与装配
数码电子照相设备	生产、组装过程
装备有静电敏感元器件的音视频电子设备	生产、组装过程
装备有静电敏感元器件的家用电器	生产、组装过程
装备有静电敏感元器件的个人用通信设备	生产、组装过程
雷达装备	生产、组装过程
飞机、卫星、运载火箭、舰船控制、导航、汽车、高铁电子系统	生产、组装过程
装备有静电敏感元器件的光学电子仪器	生产、组装过程
装备有静电敏感元器件的自动控制电子设备	生产、组装过程
装备有静电敏感元器件的医疗电子设备	生产、组装过程
各类计算机房、程控机房、电子调度场所	使用与维护过程
电子仪器、设备的维修站	维修过程
装备有静电敏感元器件的精密光学产品	生产、组装过程

续表

有静电防护要求的产品及生产场所	涉及内容与范围
电子制导武器装备	生产过程
磁泡存储器、磁头等	生产过程
装备有静电敏感元器件的精密电源	生产、组装过程
薄膜、精密电阻网络	生产过程与存储
压电晶体	生产过程与存储
某些对静电敏感的晶体管、二极管、硅整流等电子元器件	生产过程与存储
某些对静电敏感的电子传感器	生产过程与存储
某些使用高压电源、大功率射频设备的场所	设备使用过程

1.2　静电对电子产品造成的损害

静电放电（ESD）问题属于电磁兼容（EMC）领域的一个分支，它和雷电、强电磁脉冲（EMP）、开关操作引起的电磁脉冲密切相关。在实际工作中，应注意它们的相互关系和各自特点，这样才能正确分析微电子失效的原因。静电有很多效应，这些效应会对微电子产生诸多不良影响。

1.2.1　静电吸附尘埃对微电子生产的不良影响

物体在产生静电后，会在其周围形成静电场。位于静电场中的任何其他带电体都会受到电场力排斥或吸引。点电荷之间的电场力可用式（1-2）表示：

$$F = q_1 q_2 / 4\pi\varepsilon r^2 \tag{1-2}$$

式中　F——电场力（N）；

q——电荷量（C）；

r——两个点电荷之间的距离（m）；

ε——介电常数。

当两种物体所带电荷极性不同时，物体之间产生吸引。当电荷极性相同时，物体之间产生排斥。实验表明，一般绝缘体或电介质带静电后，每平方厘米静电力仅几至数百毫克。这样小的力对重物毫无作用，但对质量仅为几毫克或更低的毛发、纸片、尘埃、纤维的吸附作用则非常明显。静电吸附尘埃对微电子生产业影响很大，在现代大规模集成电路（LSI）生产中，芯片的线间距非常微小。如果其产生静电则对几到几十微米的尘埃吸附作用明显。一颗直径几微米尘埃吸附在芯片上，即可造成几十根芯线之间的绝缘强度降低，使芯片漏电流增大，使用寿命缩短，甚至很快造成短路使芯片损坏。由于静电吸附灰尘，特别是对光电器件（CCD、LED、光电电池等），其转换效率会大大降低。如图 1-10 所示为尘埃粒度与 IC 芯片间距的比较。酸、碱、硅等微粒子吸附在芯片上，还可造成芯片腐蚀。我国大规模集成电路发展初期，较高的不良品率和生产环境、用品洁净度达不到相关要求密切相关。

1.2.2 静电放电及对微电子的损害

静电积累产生的高电压能够发生放电。当电场超过周边电介质的绝缘击穿电场时就可放电。通常气体的放电电压比其他介质的放电电压小。发生放电和周围气体类型、放电对象几何结构、放电对象导电性、环境相对湿度等诸多因素有关。另外，积累静电不但可以发生间隙空气放电，还可产生接触式放电和静电感应式放电。从式（1-3）可以看到，物体表面电场强度 E 和面电荷密度 Q 成正比。通常在一个大气压下空气的放电阈值大概在3000kV/m，也就是当表面积累的电荷密度大于 3×10^{-5} C/m^2 时易出现空气放电。

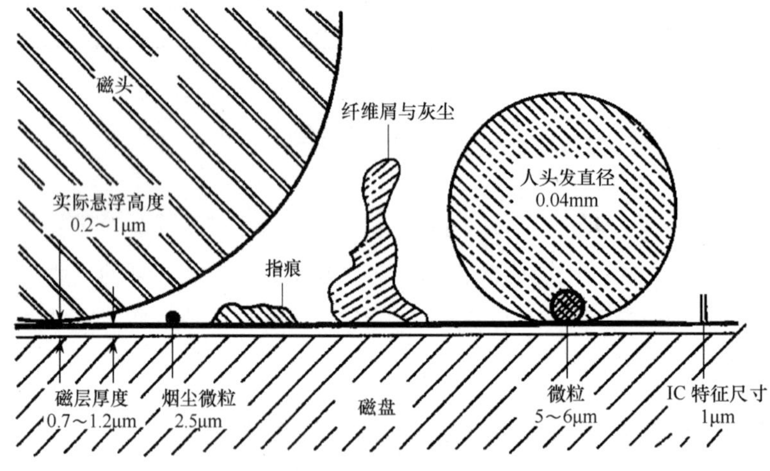

图 1-10 尘埃粒度与 IC 芯片间距的比较

实际情况要复杂许多，经测量很多情况下空气放电阈值低于上面所述。另外，当静电带电体对金属或非绝缘物体接触放电时，电压要低得多。

$$E=Q/\varepsilon_r\varepsilon_0 \tag{1-3}$$

式中 E——表面电场强度（V/m）；

Q——表面电荷密度（C/m^2）。

大规模集成电路（LSI）、超大规模集成电路（VLSI）、专用集成电路（ASI）和超高速集成电路（UHSIC）已在电子产品中日益广泛地得到应用。随着集成度的不断提高，集成电路的内绝缘层越来越薄，其连接导线宽度与间距也越来越小。如某些 CMOS 元器件绝缘层相应耐击穿电压为 10～100V。VMOS 元器件绝缘层更薄，其耐击穿电压只有十几伏，千兆位 DRAM 耐击穿电压为 10～20V，而在电子产品的实际生产和产品运输、存储等流转过程中所产生的静电电压远远超过其阈值。

1.2.3 静电放电产生的电磁干扰和静电噪声

1. 静电放电产生电磁脉冲

当物体表面积聚静电使其表面的电场强度达到某种空气击穿阈值时，就可向空气放电，也可出现高电位物体向周围低电位物体发生接触或非接触式放电（包括接地或不接地金属导体）。放电能量可以达到十几毫焦耳以上。人体静电放电瞬间的电流峰值可以达几安培以上，而设备、金属导体之间的瞬间静电放电电流峰值可达几十安培，峰值功率达到数百瓦，其辐射电场的频率在几百赫兹至数吉赫兹。

静电放电引起的电磁辐射大都属于近场脉冲辐射。雷电属于宏观静电放电，其放电电流可达数万安培，能量达数千焦耳以上。电场干扰距离和强度与波阻抗 Z 有关。在近场辐射时 Z 是个变量。当远场辐射时，即辐射距离大于 $\lambda/6$ 时，电场强度 E、磁场强度 H、波阻抗之间关系符合

$$E/H = Z = 120\pi = 377\Omega \tag{1-4}$$

ESD 不同于周期性的脉冲，它是非周期性脉冲，它的频谱能量分布是连续的，所以它既可干扰宽带设备，又可干扰窄带设备。对电子通信仪器、信息化系统、医疗监护系统等产生的电磁干扰，使逻辑电路产生错误的翻转效应。能量较大的放电产生的电磁脉冲（EMP），像雷电等可造成飞行器、通信系统联络中断，使其不能正常工作，甚至造成电子设备损坏。这种效应是造成电子仪器设备不能稳定工作和失效的重要原因之一。

2．静电噪声

静电噪声是不同于静电脉冲的一种电磁干扰，它可以是宽频的高、低不同的连续杂波，对通信系统、测量仪器、医疗监护小信号系统造成干扰。例如，人在穿着化纤服装连续活动时进行动态心电图测量，由于人体与服装的摩擦产生静电噪声，通过心电图仪的电极耦合会对心电图示波器图像造成很大干扰。

1.2.4　静电放电导致微电子失效模式

微电子元器件的静电损伤，大体上可分为两类失效模式：突发性完全失效和潜在性缓慢失效。元器件突发性完全失效占 10%左右，潜在性缓慢失效占 90%左右。

1．突发性完全失效

突发性完全失效是元器件的一个或多个电参数突然劣化，完全失去规定功能的一种失效。通常表现为开路、短路及电参数严重漂移。一种是与电压相关的失效，如介质击穿、pn 结反向漏电增大、铝条损伤等；另一种是与功率（电流）有关的失效，如铝条熔断、多晶电阻熔断、硅片局部区域熔化等。对于结型器件，通常与功率有关的热效应引起元器件损害。损伤部位往往在 pn 结边缘的 $Si\text{-}SiO_2$ 界面或接触孔边缘发生。在 ESD 引起的局部高温区，造成杂质微扩散，形成的杂质管道致 pn 结严重漏电和电流增益显著下降。

对于肖特基器件和浅结器件，静电损伤都集中在势垒区边缘的 $Si\text{-}SiO_2$ 界面处，该处电场集中，过电流形成热斑，热斑的不稳定导致器件失效，其失效模式完全类似热致二次击穿，失效部位往往集中在结区边缘。

CMOS 电路失效主要表现在输入端铝互连线与输入保护电阻周围 N^-保护环之间的介质击穿短路；输入对地保护二极管的 P 结击穿；扩散保护电阻的寄生 pn 结损伤；多晶保护电阻接触孔损伤。当损伤严重时，输入端金属化互连线烧熔。对于铝栅器件，ESD 引起 $Al\text{-}SiO_2$ 发生界面反应，铝穿透 SiO_2 并造成栅极漏电甚至短路。

采用 MOS 电容器作为补偿的运算放大器，往往表现为过电压引起电容器的薄氧化层

被击穿。

对于 CMOS 电路和 MOS 功率管，由于存在寄生可控硅效应，静电放电可能触发“闩锁”。如果供电回路无限流电阻存在，器件会被大电流烧坏。

2. 潜在性缓慢失效

对某些集成电路和微电子，虽然 pn 结已受到 ESD 损伤，但电路的电参数退化并不明显，只给电路留下了隐患，使该电路在以后的加电工作中，参数退化逐渐加重，因此 ESD 损伤具有潜在性和累积性的特点。如果带电体的静电位或存储的静电能量较低，或者 ESD 回路有限流电阻存在，在这种情况下，一次 ESD 脉冲不足以引起器件发生突发性完全失效，但它会在器件内部造成轻微损伤，这种损伤又是累积性的。随着 ESD 脉冲次数增加，器件的损伤阈值电压会逐渐下降，使器件的电参数逐渐劣化，这类失效称为潜在性缓慢失效。它降低了器件防静电的能力，降低了器件的使用可靠性。存在的这种潜在性缓慢失效问题，在日常使用过程中，对器件进行 100%的失效筛选实验是很难做到的。

1.2.5 静电放电导致微电子损害机理

ESD 对微电子损害机理主要有热损伤（电流、功率因素）和电压击穿两方面。

1. 热损伤

由于半导体的热时间常数比静电放电脉冲时间长，所以静电放电产生的热量从热量耗散面积向外散热较少，因而在器件内形成较大的温度梯度。其局部结温可接近材料的熔融温度，由于熔融而造成金属导电层融化和结构的短路或断路等。热击穿主要取决于瞬间静电放电的电流与功率大小［见图 1-11（a）、图 1-11（b）］。表现形式如下。

1）pn 结短路

pn 结的 ESD 电流型损伤一般由瞬间二次击穿引起。pn 结的二次击穿与一次击穿不同，二者之间有本质区别：一次击穿是雪崩击穿，它是电击穿并且无破坏性，一旦反偏电压下降，pn 结特性还可恢复正常，它是可逆的；但二次击穿是电热损害，具有破坏性，是不可逆的。因为二次击穿损害时，有很大的电流流过 pn 结，结上有很高的温升，会严重损伤 pn 结，甚至造成损毁。

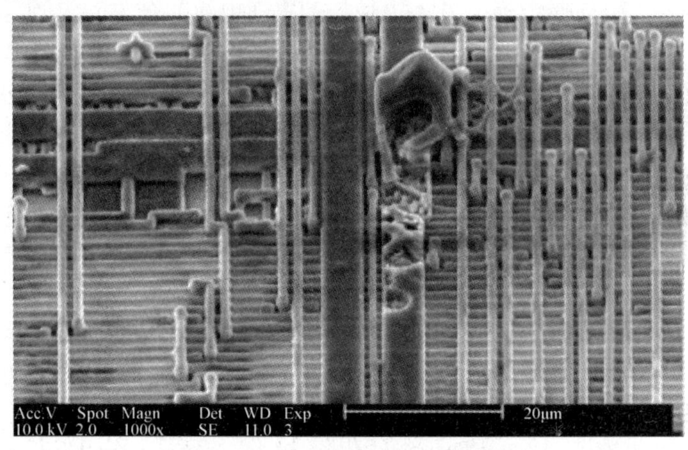

图 1-11（a）静电放电造成热损害

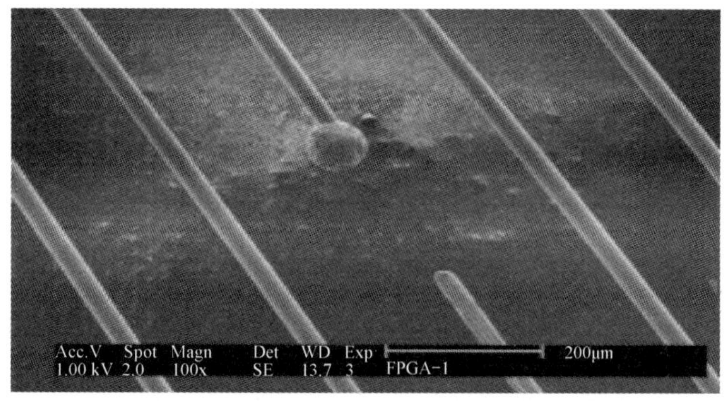

图 1-11（b）静电放电造成芯线熔融

pn 结出现二次击穿是发生反向雪崩击穿，当击穿电流较大时，因热电反馈效应导致电流在 pn 结的局部区域进一步集中并形成热斑。当击穿电流达到某阈值时，使 pn 结吸收能量达到了触发能量后，会立刻出现反向电压逆转和电流剧增的负阻效应，这种现象就是 pn 结的二次击穿。二次击穿出现的大电流将引起 pn 结的局部区域烧毁，从而导致 pn 结反向漏电流增大甚至短路。对热损伤比较敏感的器件包括：

（1）结型场效应管；

（2）超高频小功率管；

（3）小功率闸流管；

（4）线性电路的输入保护网络；

（5）MOS 电路的输入保护网络。

ESD 引起 pn 结短路是常见的失效现象。对于浅结器件 ESD 脉冲的瞬间过大能量会引起 pn 结发生二次击穿。产生的焦耳热导致局部温度超过铝硅共晶温度（577℃），引起接触孔内的合金钉沿纵向向下延伸，当达到与下 pn 界面相接时，则发生合金钉穿透 pn 结而失效的情况。

在 MOS 电路中，各端口都制作了由二极管和扩散电阻组成的保护网络，ESD 电流型损伤首先发生在这种保护二极管的 pn 结上，并且往往发生在 pn 结边缘或接触窗口边缘处。当 ESD 损伤能量不足以使硅熔化时，在这些地方或合金尖峰处会形成微扩散点或局部杂质扩散管道，造成 pn 结特性退化。这种退化具有累积性，随着 ESD 损伤次数的增加而逐渐恶化，且温度越高，这种累积效应越明显。

线性电路对 ESD 电流型损伤也十分敏感，即使低电压的静电放电也会引起双极型运算放大器的输入失调电流和失调电压的增大，这是由于输入端的差分对管受 ESD 损伤后，小电流增益出现下降所致。因为低电压 ESD 虽然没对 pn 结造成严重损伤，但使结区晶格受到某种程度的损伤或结区杂质重新分布，推进结区合金尖峰。另外，这种损伤是累积性的。

MOS 电路的输出端往往利用输出端 MOS 管漏极的 pn 结二极管作为 ESD 防护。它承受 ESD 能力取决于接触孔的大小、位置及结面积大小。发生失效的概率与接触孔周长和结面积大小成反比。因此在设计输出管尺寸时应考虑它防静电损伤能力的需要。

2）铝和多晶硅条在大电流下的损伤

当 ESD 电流流经铝金属化连线和多晶硅条时，可能会引起局部温度增至熔融而失效，现在已建立了理论模型来计算各种材料在一定横截面积下允许通过的电流，以确定多大电流会导致金属连线或多晶硅失效。

器件尺寸的大小直接反映了器件所能承受电流和功率的能力，其主要因素是多晶电阻和铝条宽度、接触孔尺寸、二极管结面积和电流分布等。铝互连线的电流承载能力是它的横截面积的函数，并且与电流聚集、台阶覆盖和热阱等因素有关。例如，铝条横跨陡峭的氧化层台阶，台阶处铝条的横截面积将减小，在大电流 ESD 脉冲的大功率作用下台阶上的铝条首先容易引起熔化开路，铝合金工艺变化会引起铝晶粒尺寸大幅度变化，它会影响铝金属化承受功率的能力，因此输入保护结构应尽量靠近压焊点以缩短铝互连线长度，铝金属走线应做得足够宽，以提高抗电流应力的能力。

ESD 损伤有时可使铝互连局部区域发生球化（局部电流集中处），它可能造成氧化层击穿后又发生自愈合，掩盖了氧化层短路现象，影响电路的可靠性。例如，在 ESD 作用下，氧化层真空被击穿短路。当再次发生 ESD 时，针孔处集中的电流将产生大量焦耳热，致使针孔处的铝层熔融球化并聚集在针孔上，而在针孔附近却因缺乏铝而形成隔离环。它会导致短路电流消失，出现氧化层穿通的自愈合。

当输入保护结构中有多晶电阻时，ESD 最容易使多晶电阻受到明显损伤，失效部位易出现在多晶电阻拐弯处和多晶与铝接触处。因为在多晶拐弯处，电流分布不均匀，电流集中于内侧，所以多晶拐弯处易出现烧毁。在多晶与铝的接触孔处的电流易集中于孔的四个角落。因为接触孔处除多晶电阻本身的电阻外，还存在接触电阻和接触热阻，它吸收热量后引起多晶电阻温度升高，从而加剧了多晶电阻或铝的熔断。所以 ESD 在接触角落处最容易发生烧毁。

多晶电阻在 ESD 作用下的特性如下。当电压超过多晶下氧化层的击穿值时，就有泄放电流流向衬底，这种现象往往发生在峰值电场集中处（如压焊电极或铝互连与多晶电阻的接触孔）在一定条件下对衬底有漏流的输入端再次施加 ESD，衬底漏电流反而会消失，这是由于多晶硅在氧化层损伤发生了累积性熔融，形成隔离环引起自愈。当损伤严重时会使整个接触孔上的多晶硅被熔融开路，在这种情况下往往单脉冲引起的氧化层穿通效应与多晶硅熔融同时发生。

多晶硅在电流应力作用下的特性类似于单晶硅，它同样会出现因电流集中引起局部区域熔融和电阻值下降，并造成丝状通路，产生龟裂。当多晶电阻较宽时，ESD 的失效阈值与多晶条无关，此时多晶电阻本身的失效阈值决定了输入保护电路的抗静电性。

扩散电阻的抗 ESD 能力优于多晶电阻，其原因是扩散电阻的衬底可提供有效热阱，而多晶电阻周围的氧化绝缘层却提供了热隔离。它的散热能力比扩散电阻差，所以能承受的功率较小。如果多晶电阻足够宽，则它虽然可抗大电流，但又带来集成度下降的问题。

多晶保护结构的 ESD 失效与工艺因素也有关系。例如，合金时间和温度不够，会造成铝与多晶接触不良，接触区电阻增大，它承受了较高 ESD 功耗而失效。工艺变化造成多晶电阻不均匀，局部高阻区也容易发生 ESD 过电流失效。

2. 电压击穿

由于 ESD 通过元器件引脚放电，导致元器件电压型损伤的类型大致分为以下四类。

1）栅氧化层穿通

MOS 晶体管或 MOS 电容器因 ESD 损伤的主要机理之一是栅氧化层击穿。当加在氧化层两端的静电电压超过 SiO_2 介质的耐电压时，会发生栅穿失效。一旦发生栅击穿，当存在足够的能量时，击穿点就会出现短路。由于铝栅 MOS 元器件的栅必须覆盖源与漏，即栅金属与源漏扩区边缘重叠，并且该处存在薄栅氧化层与厚栅氧化层交接的台阶。又因两次不同速率的氧化工艺造成台阶处存在应力集中，甚至存在微裂缝，因而导致该处介质击穿强度下降，所以台阶处最容易发生 ESD 击穿。对介质击穿比较敏感的元器件包括：

（1）MOS 单管；

（2）MOS 电容器（有的混合集成电路和线性集成电路中包括此元器件）；

（3）MOS 集成电路（跨过多晶硅条或 n^+扩区的输入/输出铝条）。

ESD 引起栅穿是 MOS 元器件最常见的电压损害，尤其是 MOS 单管对 ESD 更为灵敏。当栅氧化层上存在针孔或氧化层不均匀等工艺缺陷时，击穿首先在缺陷处发生。虽然 MOS 电路输入端保护结构中的二极管使其雪崩电压低于栅氧化层击穿电压，但由于保护电阻对 ESD 有缓冲作用，使保护二极管的雪崩击穿响应变慢。当 ESD 脉冲上升时间极短，在二极管还未发生击穿时，ESD 电压就会直接加到栅极氧化物上，因此栅穿失效仍时有发生。为此必须减小保护电阻的阻值，并提高二极管的开关速度，以便加快 ESD 泄放回路的开通速率。V_{SS} 和 V_{DD} 接触孔与保护二极管的距离对 ESD 性能有很大影响。如果接触孔与保护二极管相距过远，会导致保护二极管串联电阻增大，造成快速上升的 ESD 脉冲延迟过多，ESD 应力会直接作用于内部电路栅极，从而引起栅穿失效。相反，当接触孔与保护电阻太近时，保护二极管接触孔内又容易出现横向合金钉，造成 pn 结短路失效。

当输入端铝电极或铝条与相邻铝金属距离太近时，从输入端进入的 ESD 脉冲电压可感应到邻近铝条，并造成损伤或引起相连的多晶条和薄栅等失效。在芯片设计时，应全面考虑这个问题。

2）气体电弧放电

元器件芯片表面间距小，当其表面无钝化保护的金属化条时，由于 ESD 电压过高等原因，引起的气体电弧放电可造成元器件性能降低和金属化变质，甚至熔化。对这种失效机理比较敏感的元器件有声表面波器件和存在薄金属又无钝化保护的微电子与微波器件。其典型情况是键合引线与电源线之间的放电失效。

当键合引线与芯片水平夹角太小时，在 ESD 作用下，当键合引线与其下面的环绕芯片四周的电源或金属化线之间距离太近时，它们之间很容易发生电弧放电。

3）多晶电阻与铝金属化线间的介质击穿

多晶硅工艺的多晶电阻条是埋在氧化层内部的，多晶电阻上面氧化层比较薄，而多晶电阻条上又常有跨越的铝金属化线，当 MOS 电路的输入保护电路中的多晶保护电阻上方有跨越过的地线或电源铝金属化线时，输入端引入的 ESD 可造成该处介质发生击穿短路。

由于多晶条与铝金属化之间的介质为低温生长的氧化层，它的介质击穿强度比高温下生长的氧化层低很多。当 MOS 电路输入端有 ESD 脉冲引入时，就会导致该处介质击穿短路发生电弧放电，形成低阻通路并造成短路失效。因此在设计时，输入端的多晶条与铝金属化之间应留有足够距离，更要防止铝金属化条横跨输入保护电路中的多晶电阻条。

4）铝金属化与 n^+扩散区短路

铝金属化线与防反型 n^+扩散区短路，类似于铝金属化与多晶电阻之间的短路。短路部位经常发生在与压焊区连接的扩散电阻和跨越其上的电源线与接地的铝条之间。不同的是铝金属化与扩散电阻之间的氧化层比铝金属化与多晶电阻之间的氧化层要厚一些。因此出现击穿和短路的概率比较小一些。图 1-12 显示了电压击穿氧化层的图像。

图 1-12　电压击穿氧化层

以往人们普遍认为静电对元器件的损害主要是过电压造成的。但近年研究的结果表明，静电放电产生的焦耳热效应造成元器件损害的情况更多。

在实际工作中，微电子损伤还受其他一些因素的影响，但主要和上述有关。一般在实际工作中对于因 ESD 还是因 EOS 原因造成的产品失效，可以从产品内部的损害点进行大概的分析。通常 ESD 所致产品失效，在损害处（氧化膜等）多为针尖状细小点状，而 EOS 所致产品失效的损害处多为较明显且面积较大的点状或芯线呈现明显熔蚀、断路。

1.2.6　静电放电导致微电子损害的概率

静电放电（ESD）对元器件的损害具有普遍性、随机性和不易察觉性，在电子工业生产、存储、维护、运输等任意环节都有可能发生。电子工业的 ESD 问题往往不会造成人员的伤亡，不容易引起人们的重视，但其所造成的经济损失却远远超过 ESD 爆炸燃烧事故所带来的损失。20 世纪 90 年代，美国 3M 公司一篇文章曾报道过，美国在微电子大规模发展时期，ESD 问题直接造成的经济损失达 100 多亿美元/年。

Stephen Halperin 曾在文章 *Guidelines for Static Control Management* 指出，因静电造成的电子产品的平均损坏率为不良品总数的 8%～33%，见表 1-5。有关单位对上海市多家电子企业的调查表明，MOS 器件的 4%～10%是因 ESD 而失效的。表 1-5 报道的数据具有一定随机性，不同产品，不同的 SSD，不同的操作工艺会造成的失效率与表 1-5 列出有所不同。需要提出的是，上述损害的比例会随着科技发展和各企业质量管理水平不同而有所不同。

表 1-5　电子产品制造不良品总数中静电损害所占比例

部　门	平均损坏率	部　门	平均损坏率
制造厂	16%～22%	用户	27%～33%
承销商	8%～14%		

1.2.7　静电放电导致微电子损害的现象

常见的静电放电造成 SSD 产品失效的现象如下。

1．肖特基器件和浅结器件

静电损伤都集中在势垒区边缘的 $Si\text{-}SiO_2$ 界面处。该处电场集中，过电流形成热斑，热斑的不稳定导致器件失效，其失效原因完全类似于热致二次击穿，失效部位往往集中在结区边缘。

2．CMOS 器件的失效

CMOS 器件的失效主要表现为：输入端铝互连线与输入保护电阻周围 pn^-保护环之间的介质击穿短路；输入对地保护二极管的 pn 结击穿；扩散保护电阻的寄生 pn 结损伤；多晶保护电阻接触孔损伤等。当损伤严重时，输入端金属化互连线烧熔。对于铝栅器件，ESD 引起 $Al\text{-}SiO_2$ 界面发生反应，铝穿透 SiO_2 并造成栅极漏电甚至短路。

采用 MOS 电容器作为内补偿的运算放大器，往往表现为过电压引起电容器的介质击穿。

对于 CMOS 电路和 MOS 功率管，由于存在寄生可控硅效应，静电放电可能触发“闭锁”，如果供电回路无限流电阻存在，器件会被过大电流烧坏。

栅氧化层绝缘性降低：MOS 栅氧化物受到 ESD 的作用，会导致栅泄漏电流增加。这种情况是由于在放电时形成丝状铝硅合金，该合金尚不能跨接栅氧化层，但使受损的氧化层耐击穿电压降低，在使用过程中就可能因较低能量的 EOS、ESD 使得受损栅氧化层击穿。

栅氧化层愈合与再次短路现象：栅氧化层形成的丝状铝硅合金也可能在后续的 ESD 作用下被熔化，从而使栅氧化层得到“自愈”。但“自愈”的栅氧化层绝缘强度降低，其会在后续的 ESD、EOS 作用下使缺损扩大或造成栅氧化层二次失效。

3．高频小功率二极管

（1）反向漏电流增加、击穿电压降低；

（2）正向压降减小；

（3）电极金属熔蚀。

4．高频小功率三极管

（1）eb 结反向漏电流增大；

（2）β 值减小；

（3）噪声系数增大；

（4）电极金属熔蚀。

5．场效应管

栅一源或栅一漏短路或漏电，造成 MOS 器件栅穿或输入保护电路漏电流增大。

6．双极数字电路

（1）输入漏电流增加；
（2）参数退化或失去功能。

7．双极线性电路

（1）输入失调电压增大，失调电流增大；
（2）MOS 电容击穿短路。

8．MOS 集成电路

（1）输入或输出端与源或漏之间漏电流增大，输入保护网络的 pn 结击穿；
（2）其他参数退化；
（3）丧失功能、多晶硅布线膜熔断。

9．器件保护电路

因 ESD 导致起保护作用的钳位二极管受到损害，其 *I*–*V* 曲线变坏，使电流传输过程产生时间延迟作用导致器件性能劣化。

10．静电放电对器件损害形式

（1）引起器件多层布线间的介质击穿短路，尤其是输入端铝条与 n^+、p^+层间的击穿短路；
（2）造成器件 pn 结电损伤（如局部烧熔），引起结特性变坏和放大系数或阈值电压漂移；
（3）芯片与外接端相连的铝条被熔断开路；
（4）引起薄膜电阻熔断或阻值漂移；
（5）形成电荷陷阱：ESD 产生的高压瞬间脉冲会破坏器件上的电荷平衡，从而形成电荷陷阱，大量电荷积聚在器件表面形成反界面层并提供电流泄漏通路，反界面层是一个与时间、温度有关的因素，它会导致器件完全失效。

1.2.8　微电子容易发生静电损害的部位

易受静电影响的部位：元器件输入电路、输出电路、高阻部分。

易遭静电损害的器件和部位：芯片尺寸小的器件、热容量小的器件、小信号器件、高频器件、细小金属化部位、be 结（特别是浅结）、薄氧化膜（栅氧化层）。

电场集中的地方：器件扩散区边缘、金属化边缘、结构尖突部位。

1.3　静电敏感元器件（SSD 或 ESDS 器件）及分级

易被静电放电损害的电子元器件叫静电敏感元器件。对于静电敏感元器件的最高损害阈值，国际标准没有统一划分。建立静电放电模型，对电子元器件、设备开展静电放电实验及分级，分析失效原因，改进产品设计，提高器件和设备的静电防护性能，是一项非常重要的工作。目前我国所采用的静电放电模型基本上是参照 IEC、MIL、ANSI/ESD、EN 等标准建立的。需要指出的是，实际情况很复杂，有时与模拟情况存在较大差别。这些模型的提出，是为了建立统一测试的基准。目前，国际上根据静电放电导致元器件失效的模式主要分为三类：一是因人体静电放电导致元器件失效（HBM）；二是元器件本身因静电感应或其他因素带电对周围金属物体放电导致的失效（CDM）；三是在自动生产线上（SMT 等）带电金属对元器件放电导致的失效（MM）。当然还有分析 SSD 失效原因的静电放电模式（TLP 等），其他不具普遍性这里就不做详细介绍了。对于电子仪器设备也会受到静电放电影响而受到损害，这种静电放电模式为人体—金属放电模型（BMM）。它是对仪器设备放电导致其失效的一种方式。上述几种静电放电模式导致元器件、仪器设备失效方式普遍存在于实际工作中，其所占比例涵盖因静电导致失效总比例的 95%以上。

1.3.1 人体放电模型（HBM）及对静电敏感元器件分级

1. 人体放电模型

在电子工业生产中，特别是微电子大规模发展的初期，手工操作（劳动密集型工作）使人体静电对微电子造成的损坏比率非常大。1980 年，美国军方在广泛地研究、考察了电子行业中各种人体静电放电（ESD）模型之后，发布了 DOD-1686 标准，规定了标准的人体 ESD 模型，其用 100pF 的电容器串联 1.5kΩ 的电阻作为标准人体 ESD 模型（见图 1-13）。这种静电放电模型参数的提出，只为了建立统一的标准，并不能反映很多实际的放电事件。需要提出的是，HBM 模型是目前使用范围最广和最有影响的模型。

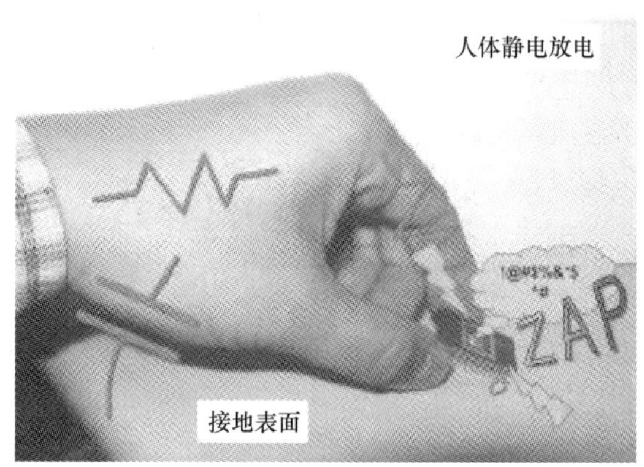

图 1-13 人体静电放电模型

这种模型参数很快被人们普遍接受，此后在 1988 年和 1989 年分别发布的美军标 MIL-STD-1686A、B、C、D 和 MIL-STD-883C 等中仍使用这一人体放电模型（我国军标 GJB 1649《电子产品防静电放电控制大纲》基本采用）。MIL-STD-883C 中对 ESD 模拟器输出的放电电流波形做了规定，当模拟器通过另一阻值为 1.5kΩ 的无感金属膜电阻模拟人体对地放电时，用带宽为 350MHz 的示波器和特定的电流探头得到的放电电流波形应与规定的波形类似。

美国ANSI/ESD协会标准ESD STM5.1及国际电工委员会标准IEC 61340-3-1不仅规定了标准人体模型的电路参数，而且规定了放电电流波形及电流参数，如图1-14、图1-15和表1-6所示。

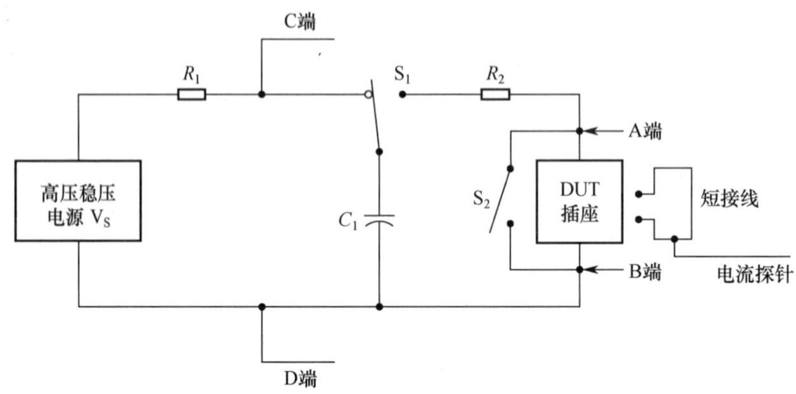

图1-14 人体模型器件分级实验电路

R_1—1～10MΩ；R_2—1500Ω±1%；C_1—100pF±10%；S_1—高压继电器（无抖动型水银继电器或等效的继电器）；S_2—普通闭合开关（在脉冲放电和电容测量时断开）

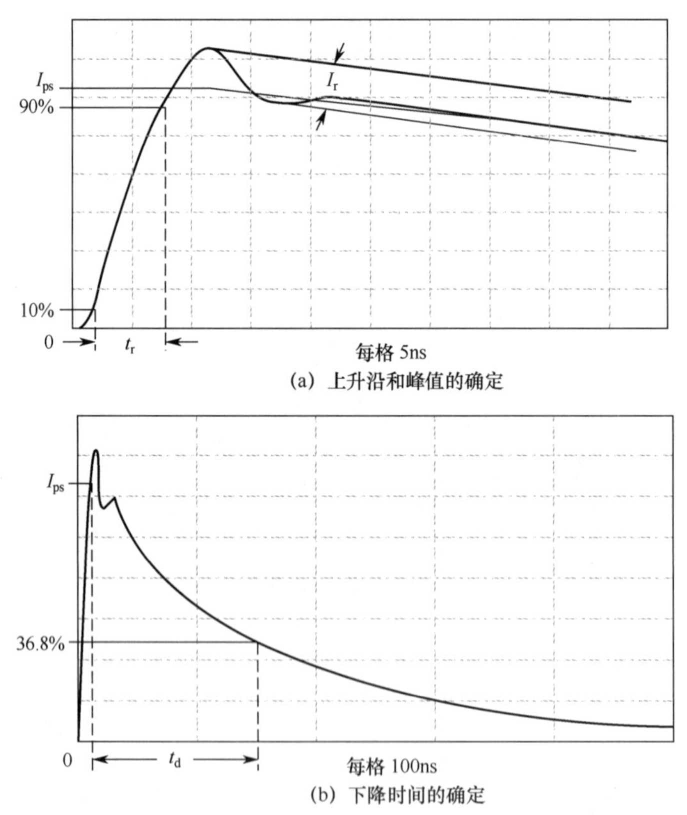

图1-15 人体模型ESD典型短路电流波形

表 1-6　HBM 模拟器充电电压等级与峰值电流的关系

等　级	短路放电波形峰值电流 I_{ps}/A	通过 500Ω 电阻放电波形的峰值电流 I_{pr}/A	放电电压/V
1	0.17（±10%）		250
2	0.33（±10%）		500
3	0.67（±10%）	0.375～0.550	1000
4	1.33（±10%）		2000
5	2.67（±10%）		4000
6	5.33（±10%）		8000

2. 实验设备和波形要求

1）实验设备

静电放电脉冲模拟器和 DUT 插座应符合如图 1-14 所示的电路，该电路能产生如图 1-15 所示的脉冲波形。

实验设备应注意下列问题。

（1）寄生效应对本模拟电路有强烈的影响。跨接继电器和电阻端的电容量及线路与各元件上的电感量应减至最小。

（2）为防止 C_1 瞬时再充电，在 S_1 接到充电位置时，将电源电压调小一些。

（3）在校准和实验期间，不允许变动 DUT 插座。

（4）不允许采用换接模拟器 A、B 端来获得相反的极性。

（5）C_1 代表了有效电容。

（6）电流探针应用双线屏蔽电缆连接到示波器的 50Ω 输入端。电缆长度不能超过 0.9m。

2）实验波形

实验波形应满足下列条件。

t_{ri}（上升时间）：小于 10ns。

t_{di}（衰减时间）：（150±20）ns。

I_p（峰值电流）：从表 1-6 中选取电压等级对应的 I_p±10%。

I_r（振荡电流）：衰减应平滑，出现的抖动、双时间常数或不连续的值应小于 I_p 最大值的 15%，且脉冲开始 100ns 后不应再观察到。

3）测量仪器

测量仪器能检查模拟器输出脉冲波形是否符合如图 1-15 要求的示波器、放大器和电流探针等。

（1）示波器和放大器。示波器和放大器组合电路应有最小 350MHz 的带宽和最低 0.25ns/cm 的扫描时基。

（2）电流探针。电流探针应有至少 350MHz 的带宽。

（3）充电电压探针。充电电压探针应有不低于 1000MΩ 的输入电阻和不高于 4%的分压比。

3. 利用人体放电“模型”（HBM）对静电敏感元器件分级

因为 HBM 模型能够模拟人体静电放电，另外构建该模型比较容易，所以目前被国内外的电子行业所采用，并为静电防护及工作区建立提供依据。目前该类标准有 GJB 1649《电子产品防静电放电控制大纲》（等效采用 MIL-STD-1686A）、GJB 128A《半导体分立器件实验方法静电放电敏感度分类》和 GJB 548A《微电子器件实验方法和程序静电放电敏感度分类》等。2018 年新修订 GJB 1649 分级见表 1-7（与 ESDA/JEBEC—2017 接轨）。美国 ANSI/ESDSTM5.1 分级见表 1-8。

表 1-7　SSD 的分级（ESDA/JEBEC—2017）

敏感类别	电压范围/V	敏感类别	电压范围/V
0z	<50	1C	1000～2000
0A	50～125	2	2000～4000
0B	125～250	3A	4000～8000
1A	250～500	3B	≥8000
1B	500～1000		

表 1-8　HBM 的分级（ANSI/ESDSTM5.1）

敏感类别	电压范围/V	敏感类别	电压范围/V
0	<250	2	2000～4000
1A	250～500	3A	4000～8000
1B	500～1000	3B	≥8000
1C	1000～2000		

根据行业的特点采用的人体 ESD 模型应有所不同。例如，对电火工品进行静电敏感度测试时，根据美国军标 MIL-STD-1512 采用的 ESD 人体模型的参数为电容 500pF，电阻为 5kΩ，而在汽车制造行业中，人体模型通常采用的参数为电容 330pF，电阻 2kΩ。

1.3.2　器件带电放电模型（CDM）及对静电敏感元器件分级

1. 带电器件模型（CDM）

随着器件生产和装配的现代化，对器件的大部分操作都是由自动生产线完成的，人体接触器件的机会相对减少，电子器件本身在加工、处理、运输等过程中可能因与工作面及包装材料等接触、摩擦而带电。当带电的电子器件接近或接触导体或人体时，或机器人接触带电器件时便会产生静电放电。在生产线上，由于带电器件静电放电对敏感电子器件造成的危害相当突出，通常用带电器件模型来描述带电器件发生的静电放电现象。由于带电器件模型描述的放电过程是器件本身带电而引起的，所以带电器件放电是造成电子器件损坏、失效的主要原因之一，如图 1-16 所示。

CDM 的概念提出很长时间了，但建立一台 CDM ESD 测试仪很难，这是由于放电路径的寄生参数对 CDM ESD 脉冲影响很大。寄生参数与 DUT 插座尺寸大小及放电头有关。

目前有两种通用的 CDM ESD 测试仪器：一种是基于普通 CDM 测试模型的测试仪，这种仪器直接对静电放电敏感器件进行测试；另一种是将 DUT 插座放入插槽中，通过插槽对 DUT 插座进行充放电，称为插槽式（Socketed）CDM。

CDM ESD 测试模型有两种形式：直接充电和场感应充电。前者是通过直接接触对 DUT 插座充电，在充电时必须注意不能损坏 IC 件。后者是通过电场感应对 DUT 插座进行充电，避免了在充电过程中可能损坏器件的事情发生。CDM 直接充电 ESD 模型示意如图 1-17 所示。

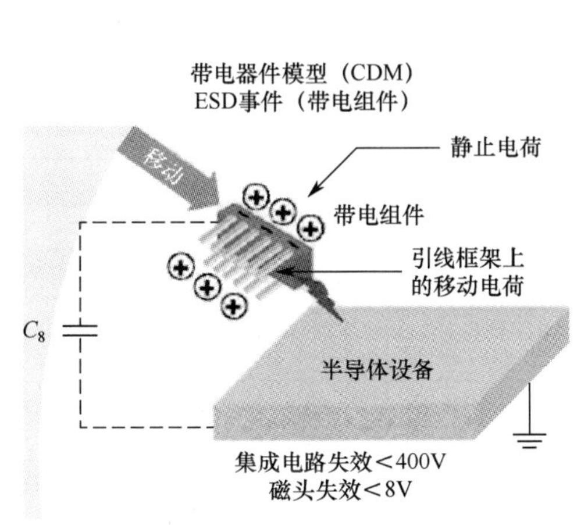

图 1-16　带电器件模型放电

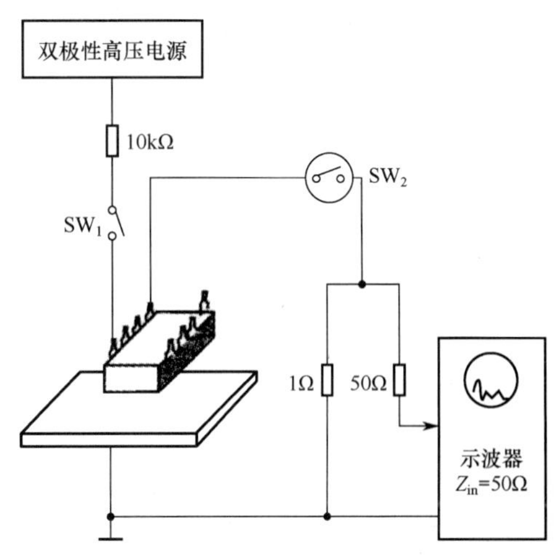

图 1-17　带电器件直接充电 ESD 模型示意

由于带电器件 ESD 模拟器的静电源与被测物体是器件本身，在测试时，首先高压电源通过 10kΩ 的限流电阻给器件充电到某一电位，之后启动高压继电器 SW_2，使带电器件对接地线放电。图中的示波器是用来采集放电电流波形的。

电子元器件对 CDM ESD 的静电敏感度测试需要用 CDM ESD 测试仪，测试仪产生的 CDM ESD 波形必须符合标准。美国 ESD 协会标准 ESD STM5.3.1 规定了 CDM ESD 波形的校验电路、测试系统带宽及波形参数。带宽为 3.5GHz 测试系统测得的带电器件模型 ESD 波形如图 1-18 所示。校验采样电路有两种，一种是 4pF 的校验模块，另一种是 30pF 的校验模块。ESD STM 5.3.1 对这两种校验模块都做了详细的规定。图 1-18 所示波形的要求及参数见表 1-9 和表 1-10。ESD STM5.3.1 还规定了带宽为 1GHz 的测试系统测得的标准 CDM ESD 波形。

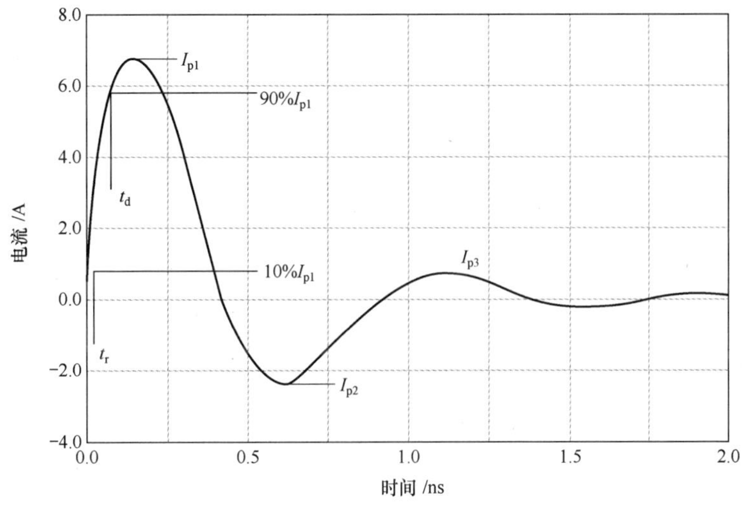

图 1-18　用带宽为 3.5GHz 测试系统测得的带电器件模型 ESD 波形

表 1-9　CDM ESD 波形要求

充电电压/（U±5%）	符　　号	4pF 校验模块/（I±20%）	30pF 校验模块/（I±20%）
125	I_{p1}	1.9	
250	I_{p1}	3.75	
500	I_{p1}	7.5	18.00
1000	I_{p1}	15.0	
1500	I_{p1}	22.5	
2000	I_{p1}	30.00	

表 1-10　波形参数

波形参数	符　　号	4pF 校验模块（所有放电电压）	30pF 校验模块（仅 500V）
上升时间	t_r	<200ps	<250ps
半峰值脉宽	t_d	<400ps	<700ps
二次峰值	I_{p2}	$<50\%I_{p1}$	$<50\%I_{p1}$
三次峰值	I_{p3}	$<25\%I_{p1}$	$<25\%I_{p1}$

过去很长时间一直对印制电路板（PCB）上元器件的 ESD 有误解，认为 PCB 上的元器件由于分布很多电容和电阻能起到抗浪涌、阻尼、旁路、抗 ESD 等作用。但很多事实表明，导致 PCB 上元器件损坏的 ESD 放电电压比单个元器件 CDM 或 HBM 测试的 ESD 放电电压还要低，如图 1-19 所示。

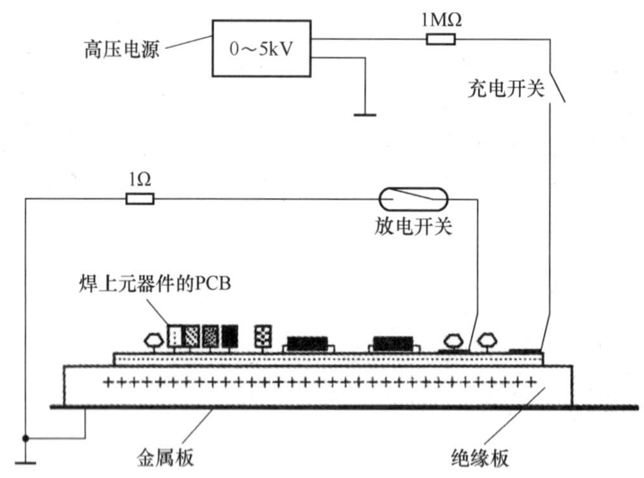

图 1-19　PCB 带电器件模型原理

在图 1-19 中，待测 PCB 置于绝缘板上，接地金属板支撑此绝缘板。PCB 由高压电源充电，经由一连接器和不大于 1Ω 的电阻对地放电。PCB 上元器件发生失效有两种常见原因：第一种原因是带电人体用手直接接触电容性接地的电路板发生放电；第二种原因是手持电路板的人体获得电荷，当人体将这块电路板放置在金属架子上时，电路板电路接触金属，电荷就迅速泄放形成静电放电。

2. 带电器件模型（CDM）对静电敏感元器件的分级

有关 CDM 的分类国内标准还有待制定及完善。表 1-11 列出了 ANSI/ ESD STMDS5.3.1 CDM 的分级。

表 1-11　CDM 的分级

敏感类别	电压范围/V	敏感类别	电压范围/V
C1	<125	C5	1000～1500
C2	125～250	C6	1500～2000
C3	250～500	C7	≥2000
C4	500～1000		

注：ANSI/ESDA/JEDEEC JS-002-2014　C5（含 C5）以上 SSD 没设置。

由于传统的带电器件模型存在几种不同版本标准，使测试结果有一定差异性。近年 ESDA 发布了 ANSI/ESDA/JEDEEC JS-002 标准版本，将 ESDAS5.3.1、JEDEEC（JESD22-C101）、AECQ100-011、EIAJ ED-4701/300-2 等测试标准统一为单一标准（见图 1-20），利用电场感应 CDM 模式，测试模型有统一的规范版本，解决了直接充电 CDM 模型易造成 DUT 损害等一些技术问题，能更好地为用户服务（JEDEEC 与 JS-002 技术改进与不同点探讨略）。

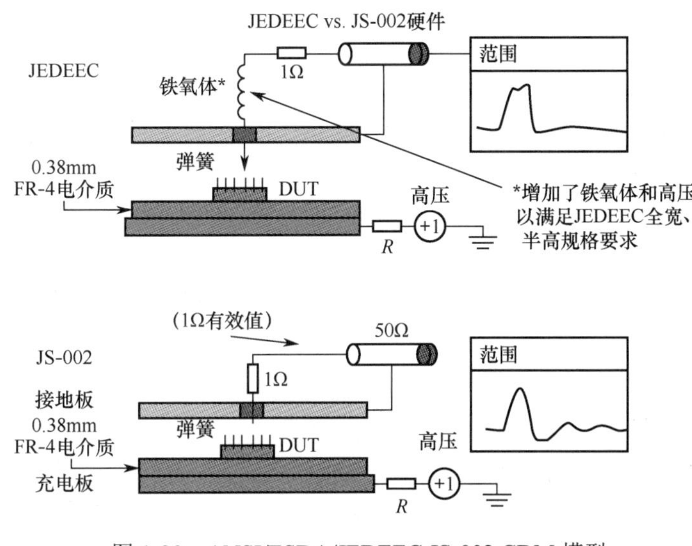

图 1-20　ANSI/ESDA/JEDEEC JS-002 CDM 模型

1.3.3　设备放电模型（MM）及对静电敏感元器件分级

1. 设备放电模型（MM）

设备放电模型（MM）用来模拟带电导体对电子器件发生的静电放电事件。设备放电模型最初由日本人提出，试图产生“最严酷”的静电放电。设备放电模型的基本电路是 200pF 的电容不经过电阻直接对器件进行静电放电。设备放电模型模拟导体带电（静电、电磁感应等）后对器件的放电，如在自动装配线上的元器件遭受带电金属构件对器件的静电放电，也可模拟带电的工具、机器人和测试夹具等对器件的放电。设备放电模型的示意和电路原理分别如图 1-21、图 1-22 所示。

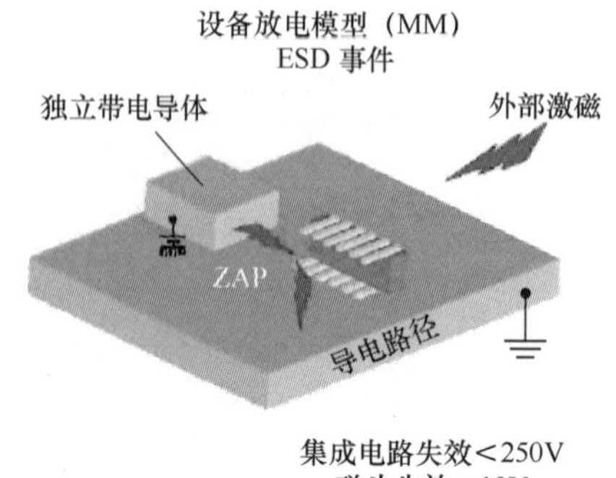

图 1-21　设备放电模型示意

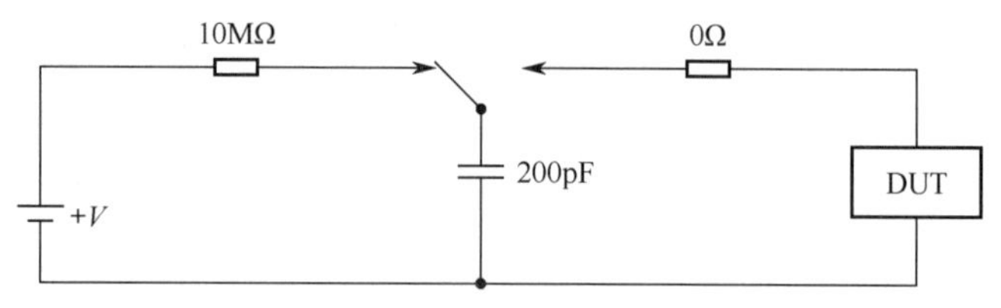

图 1-22　设备放电模型电路原理

设备放电模型（MM）的电路配置与人体模型（HBM）原理相同，不同的是 MM 包含 200pF 的放电电容及阻值尽可能低的放电电阻。由于回路电阻接近零，设备耦合能量较大，所以 MM 可以视为“较严酷”的模型。

对比元器件对 MM 和 HBM 测试结果表明，元器件对 MM 静电放电比对 HBM 静电放电更敏感。美国 ESD 协会标准 ANSI/ESD STM 5.1 和国际电工委员会标准 IEC 61340-3-2 规定了 MM 放电电流波形发生器实验电路及典型 MM 放电电流波形参数。IEC 61340-3-2 提出的电流波形参数见表 1-9。

放电电阻 R 为耐压 1000V 的低电感金属膜电阻器，阻值 500Ω±1%；电流传感器的最小带宽为 350MHz。放电电流波形参数见表 1-12。

表 1-12　MM ESD 波形参数

等　级	放电电压/V	I_{p1} 短路放电波形峰值电流/A	I_{PR} 通过 500Ω 电阻放电波形的峰值电流/A	I_{100} 通过 500Ω 电阻放电波形在 100ns 时的电流/A
1	100	1.7（±15%）		
2	200	3.5（±15%）		
3	400	7.0（±15%）	$<I_{100}\times4.5$	0.29（±15%）
4	800	14.0（±15%）		

设备放电模型 ESD 典型的短路电流波形如图 1-23 所示，通过 500Ω 电阻放电的 MM ESD 短路电流波形如图 1-24 所示。

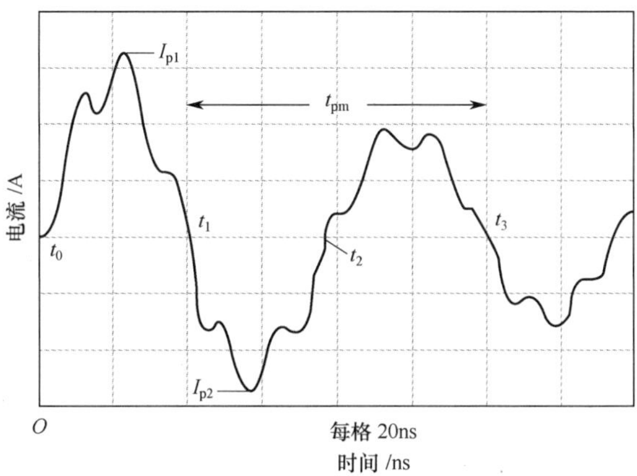

图 1-23　设备放电模型 ESD 典型的短路电流波形

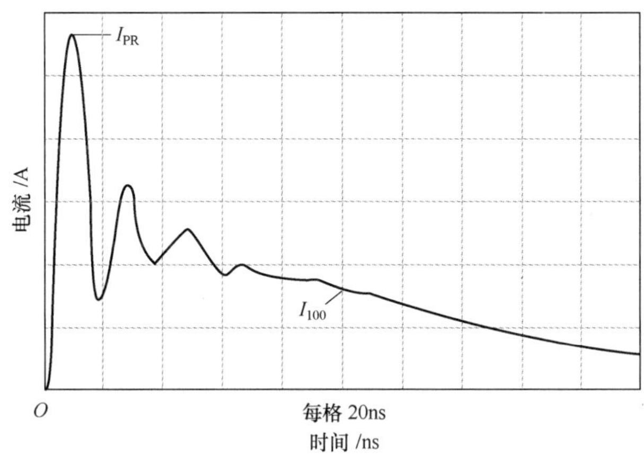

图 1-24　通过 500Ω 电阻放电的 MM ESD 短路电流波形

2. 设备放电模型（MM）对静电敏感元器件的分级

MM 模型对静电敏感元器件的分级（ESD STM5.2）见表 1-13。

表 1-13　MM 的分级

敏感类别	电压范围/V	敏感类别	电压范围/V
M1	<100	M3	200～400
M2	100～200	M4	≥400

随着科技发展，人们发现 MM 模型放电模式所造成 SSD 损害在放电模型机理与代表性方面存在局限性，近年在欧美有逐渐弃用的趋势。

1.3.4　传输线脉冲模型

前述 ESD 放电模型具有相同的缺点，在实验时对 ESDS 产品都有损害，只提供 ESDS 产品失效阈值，不能提供 ESDS 产品失效机理方面的信息。而这些信息恰恰对 SSD 和 ESD 防护电路设计很重要。而传输线脉冲模型（TLP）实验能获得这方面的信息。目前 TLP 技术大量用于 ESDS 产品和电路的 ESD 防护设计方面。TLP 测试原理是利用一段有源传输线产生的易于控制的方波，利用此方波对 ESDS 产品进行耐压实验。TLP 测试系统有多种，图 1-25（a）所示为一种固定阻抗 TLP 测试系统。该系统将传输线预充电至特定实验电压，然后通过固定匹配电阻对 ESDS 产品放电。固定匹配电阻由另一个 50Ω阻抗的传输线组成。用示波器同时测量 ESDS 产品的瞬时电流和电压。每次 ESD 放电后都测 ESDS 产品的直流泄漏电流。图 1-25（b）所示是 TLP 测试等效电路。此电路与其他的实验电路类似，不同的是用方波源代替充电电容。图 1-25（b）中的衰减器用来吸收受试 ESDS 产品的反射信号。TLP 系统参数容易控制。例如，电压方波的脉冲高度 $V_{TLP}=V_C/2$，V_C 为充电电压；放电电流 $I=(V_C-V_{DUT})/R$；脉冲时间取决于传输线长度，$t=2L/C$，C 为电缆中传播的相速度；脉冲上升时间保持不变，取决于 50Ω固定阻抗。逐步增加 TLP 脉冲高度，获得受试 ESDS 产品过压时的 $I–V$ 曲线，通过查看第二次击穿点与直流泄漏雪崩阈值来判定 ESDS 产品的可能失效水平（过压时 $I–V$ 曲线）。从本质讲，TLP 测试是无破坏性测试，这是由于 TLP 测试易于控制且持续时间短。设计者在优化设计时，瞬态 $I–V$ 曲线和泄漏电流信息是很重要的。TLP 测试结果与 HBM/CDM 测试结果具有相关性。

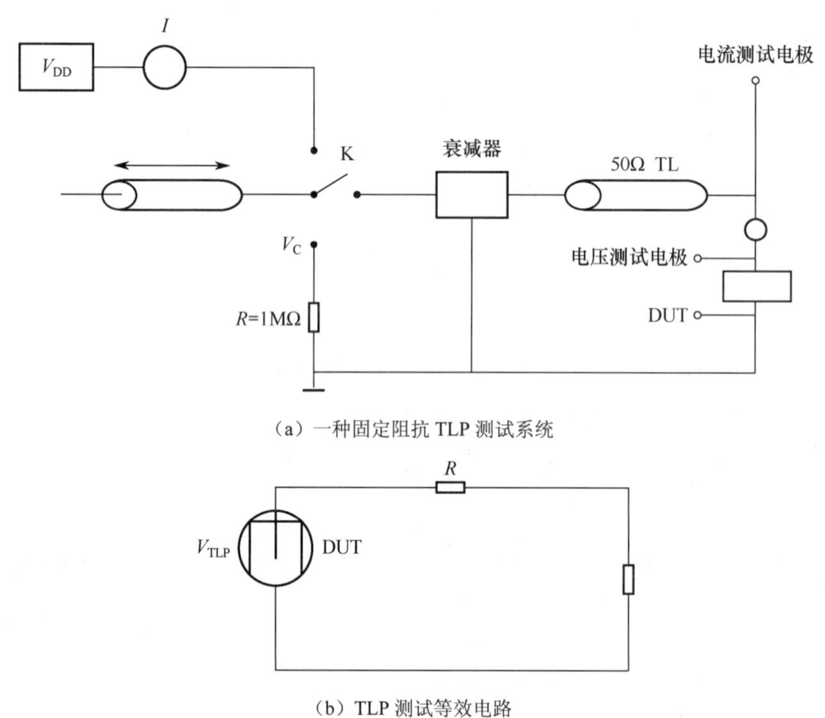

（a）一种固定阻抗 TLP 测试系统

（b）TLP 测试等效电路

图 1-25　一种固定阻抗 TLP 测试系统及其等效电路

1.3.5　人体对设备放电模型（BMM）

在实际工作中，除了微电子元器件直接遭受静电放电损害，很多装有微电子器件的仪器在遭受静电放电时，也常出现故障。人们在实践中通过测试和总结提出人体—设备（金属）放电模型来模拟测试设备和仪器的抗 ESD 性能。

1. 人体对设备放电模型（BMM）的基本电路

人体—设备（金属）ESD 模型的基本电路如图 1-26 所示，其中主要部件有高压电源、充电电阻 R_{ch}、储能电容 C_s、放电电阻 R_d、放电开关、放电电极和回路电缆。

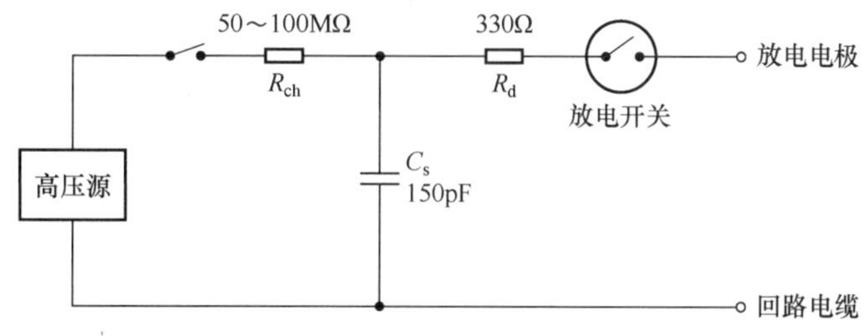

图 1-26　人体—金属 ESD 模型的基本电路

2. 人体—金属模型的实验

1）实验基本要求

对于静电敏感设备的实验方法是根据人体—金属模型设计的。目前通行的国际标准为 IEC 61000-4-2。

IEC 61000-4-2 标准规定对静电敏感设备进行实验时施加的电压分五个等级，见表 1-14。

表 1-14　实验电压等级

等　级	接触放电时的实验电压/kV	空气放电时的实验电压/kV
1	2	2
2	4	4
3	6	8
4	8	15
X*	专门规定	专门规定

注：X*为开放等级，由产品标准或订货合同规定。

在接触放电时，实验电极与受试设备相接触，放电由电压发生器内的开关来控制。在空气放电时，放电电极靠近受试设备，放电由电极至受试设备之间的放电火花间隙来控制。

实验电压的选择与环境相对湿度、受试设备的表面材料有关。当环境相对湿度较大时，静电发生少，需要的实验电压低；反之，则要用高电压。因为在低湿度环境下，操作人员走路、操作后的带电明显增强。实验电压、环境相对湿度、设备表面材料三者的关系见表 1-15。

表 1-15　实验电压等级选择参考

等　级	环境相对湿度/（%）	防静电材料	合成材料	最大实验电压/kV
1	≤35	√		2
2	≤10	√		4
3	≤50		√	8
4	≤10		√	15

整机、设备或系统失效的判别与元器件有着明显的不同，整机失效的判别相对比较

复杂。

2）测试部位选择。

按下列要求选择测试部位。

（1）对于实验设备，应选择操作人员可能触及的部位，如键盘、开关、按钮、检测插孔等或与工具接触的部位。

（2）对于实验桌面上的设备，实验部位应选在支撑实验设备的金属板表面上（参考 IEC 61000-4-2），如图 1-27 所示。

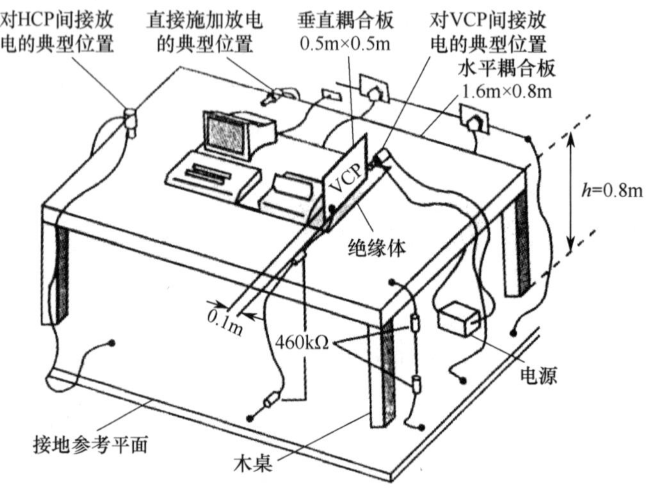

图 1-27　桌面实验设备的放电实验

（3）对于地面设备，实验部位应选择在那些电气与接地系统（大地）绝缘的金属板上，如图 1-28 所示。

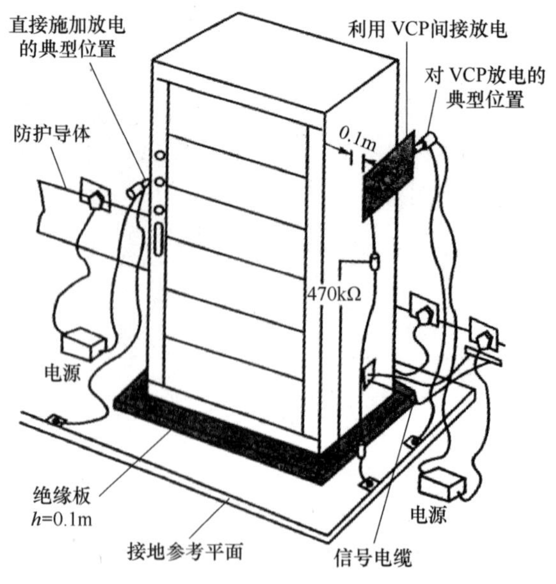

图 1-28　地面设备的放电实验

（4）在使用间接放电方式时，无论是利用垂直耦合板还是水平耦合板，均应选择与电路绝缘的导电外壳最靠近的区域。

以上介绍的四种静电放电模型具有广泛使用意义，并具有较大的放电概率。目前国内和国际都是通过这些放电模型测试出元器件、电子仪器设备的静电敏感度并对其进行分级。当然，在一些特殊场合下，还会使用传输线模型、电场感应模型、带电芯片模型、带电包装模型等。由于其使用不如前述模型广泛，故在此不做介绍。表 1-16 列出目前最常使用的、最具代表性的 ESD 模型参数。

表 1-16　常见 ESD 测试模型的典型参数及 DUT

模　　型	电容/pF	电阻/Ω	DUT
人体模型（HBM）	100	1500	电子元器件
设备放电模型（MM）	200	0*	电子元器件
带电器件（CDM）	6.8	0*	电子元器件
人体对设备放电模型（BMM）	150	330	电子设备、系统等

注：* 表示放电路径典型电阻值为零到几十欧姆。

1.3.6　静电放电模拟器简介

1. ESD 模拟器的放电方式

在用 ESD 模拟器对静电敏感器件、设备进行检测时，放电方式可分为两种，即空气放电方式（又称为非接触式放电）和电流注入法（又称为接触式放电）。

1）非接触式放电

用 ESD 模拟器对被测物体进行测试时，使模拟器的放电电极逐渐接近被测物体，直到电极与被测物体之间形成火花击穿通道导致放电发生为止。非接触式放电的特点是放电由外部空气击穿形成火花通道而触发，在设计 ESD 模拟器时不需要内部的高压继电器来触发放电。另外，在采用此种放电方式时，为了减少电极的电晕效应，放电电极的顶端一般都做成球状。

随着对 ESD 过程及其模拟、测试技术研究的深入，人们逐渐发现采用非接触式放电作为一种主要的 ESD 测试方法有致命的弱点，即放电重复性相对差。由于非接触式放电涉及外部火花通道的形成过程，温度、湿度及模拟器放电电极接近被测物体的速度等因素都会引起放电过程的显著变化。这种方法虽能获得放电重复性，但却反映不出真实 ESD 过程中所包含的高频成分。由于上述原因，非接触式放电逐渐被一种称为接触式放电的新方法所替代。

2）接触式放电

接触式放电指的是在放电之前，先将 ESD 模拟器的放电电极与被测物体的敏感部分保持紧密的金属接触，之后由模拟器内部的高压继电器触发静电放电。接触式放电与非接触式放电相比最大的不同就是用内部高压继电器触发装置替代了非接触式放电中难以驾驭的空气击穿过程。其放电的重复性很好，也能反映实际 ESD 过程的主要特点。现行的主要 ESD 检测标准，如 IEC-801-2、ECMA/40 及 IEC 61000-4-2 都把这种放电方式作为主要的实验方法，为使金属紧密接触，放电电极的顶端做成锥尖状。

虽然接触式放电已被人们广泛采用，但是它也有缺点。例如，当被测设备的敏感部分被封装在非金属材料制成的壳内，而壳上的孔缝很小时，放电电极不能进入壳内与敏感部分形成紧密的金属接触，这种放电方式便不能实施。在这种情况下，仍需要采用非接触式放电。另外，接触式放电与实际情况下的静电放电过程还是有所不同的。

（3）带电器件 ESD 模拟器。

由于带电器件 ESD 模拟器的静电源和被测物体都是器件本身，因此它与上述两类模拟器在结构上有所不同。在测试时，首先高压电源通过 10kΩ 的限流电阻给器件充电到某一电位，之后启动高压继电器 SW_2，使带电器件通过 1Ω 的电阻对地放电。

2. 常用 ESD 模拟器介绍

1）NSG435 ESD 模拟器（设备实验用，近年已有改进）

NSG435 ESD 模拟器是由瑞士 SCHAFFNER 公司制造的。由于采用集中参数放电电路及内部电池供电，NSG435 ESD 模拟器体积小，易于移动，便于测试。NSG435 ESD 模拟器采用了先进的微处理控制技术和测量系统，可通过五个多功能输入键设置放电功能和参数，并且通过液晶屏显示出所设置的功能及放电参数。

其中，所采用的基本放电电路为 IEC 标准所规定的人体－金属模型的放电电路，此放电电路也符合新标准 IEC 61000-4-2 的要求，即由 150pF 的储能电容和 330Ω 的放电电阻构成的串联电路。在放电时，它即可采用非接触式放电又可采用接触式放电，在使用时可通过功能键设置所需要的放电方式，并更换与放电方式相应的放电电极。另外，其放电电路是可更换的，除基本的 150pF、330Ω 放电电路之外，它还备有 150pF、15Ω 的家具模型放电电路及 IEC-801-2 标准所规定的 150pF、150Ω 和美国国家标准 ANSI-C63.16（1991 版）所规定的 180pF、330Ω 的人体－金属模型放电电路及配套的放电电极。在更换放电电路和放电电极之后可做到一机多用，因此 NSG435 ESD 模拟器具有多重模拟功能。

NSG435 ESD 模拟器在接触式放电时，可设置的放电电压为 0.2～9kV，而在非接触式放电时为 0.2～16.5kV。无论采取哪种放电方式，在放电时均可使用单次或重复放电，在接触放电时，重复放电的最大重复频率为 10Hz，在空气放电时为 25Hz。另外，还可通过功能键设置放电电压的极性，并通过计数器对放电次数进行计算或预置。在使用时，如闲置时间超过 30min 可自动关机，并且内部寄存器对开机前的功能、参数设置进行储存，因此使用安全可靠。

总之，NSG435 ESD 模拟器使用方便，能实现多重的模拟功能，不足的是可设置的最高放电电压较低，使它的使用范围受到了一定限制。

近来，为了满足人们对具有较高放电电压的 ESD 模拟器的需求，日本的 Noiseken 及德国的 Ronde&Schwarg 等公司分别推出了最高放电电压可达 30kV 的 ESD 模拟器，这些模拟器不仅能满足 IEC 标准的要求，同时也能满足 ISO/SAE 标准（用于汽车工业，要求 ESD 放电电压应达到 25kV）及其他一些标准的要求，因此模拟器的使用范围得到了很大的扩展。

Noiseken 公司生产的 ESD 模拟器 ESS-200AX 输出电压为 0.2～30kV，从结构上讲，其储能电容、放电电阻、高压继电器与放电电极靠得很近，使得放电的重复性很高。另外，其放电电路更换方便，具有多种模拟功能。

2）ESS-606A 模拟器（器件实验用，近年已有改进）

ESS-606A 模拟器是 Noiseken 公司生产的基于人体模型和设备放电模型的 ESD 模拟器，其测试对象主要是数字 IC 器件。该模拟器能模拟人体带电，最高电压为 6kV。通过对器件进行静电放电，测试器件的静电放电敏感性。符合 MIL-STD-883D 和 EIAJ ED-4701 标准的要求，其中包括两种电容电阻（CR）单元的标准附件。另外，还有 24 引脚和 48 引脚集成电路测试板，用来连接 IC 器件。该模拟器的参数见表 1-17。

表 1-17　ESS-606A 模拟器的参数

参　数	范　围
输出电压	高压范围：100～6000V，低压范围：100～1500V
极性	正、负极性
电容（C）	100pF±5%（EIJJ &MIL），200pF±5%（EIAJ）
放电电阻（R_2）	1.5kΩ±1%（EIJJ & MIL），0Ω（EIAJ）
循环放电时间	0.5～9.9s（每次 0.1s），10～99s（每次 1s）
放电次数	1～99 次

目前，这种功能的模拟器很多。例如，美国 Oryx 仪器公司的 System11000 和 System700 两种模拟器，能对 IC 器件进行人体模型和设备放电模型的 ESD 模拟测试。System11000 测试的器件引脚范围为 128～512 针，System700 测试的器件引脚范围为 2～144 针。

3）Orion 模拟器

Orion 模拟器是由美国 Oryx 仪器公司基于 CDM 生产的 ESD 模拟器，能测试 IC 器件的 CDM 敏感性水平。其测试引脚能力为 2200 针，电压范围为±25～±4000V（最小电压间隔为 10V）。符合美国 ESD 协会标准 DS 5.3.1 和电子器件工程师联合会标准 JEDEC C101-A 的要求。

1.3.7　静电放电实验注意事项

1. HBM 实验

关于人体模型的国内外测试标准较多，最新的标准相比原先标准有较多的改进。在进行人体模型静电敏感度实验时，应根据实验内容和要求选择较好的实验标准。

（1）当实验分为多个引脚组合时，最好按照有关标准选定最敏感的引脚进行实验。

（2）器件实验可以参照有关标准规定在相应引线上施加电压。对于无极性元器件，一般可不必考虑实验电压的连接极性。

（3）元器件实验的关键设备（硬件）可参照 ANSI/ESD STM5.1 的要求。

2. MM 实验

基于设备放电模型的静电敏感度测试标准参考 ESD STM5.2《静电放电敏感度测试—设备放电模型—元器件等级》和 IEC 61430-3-2《静电效应模拟方法—设备放电模型—元器件测试》。

标准规定的实验电压等级为 100V、200V、400V。

关于实验的引脚组合，与 ANSI/ESD STM5.1 中规定的人体模型元器件测试引脚组合相同。

3. CDM 实验

基于带电器件模型的静电敏感度测试标准参考 ESD DS5.3.1《静电放电敏感度测试—带电器件模型—元器件等级》和 IEC 61430-3-3《静电效应模拟方法—带电器件模型—元器件测试》。

标准的实验电压等级为 125V、250V、500V、1 000V、1 500V、2 000V。

CDM 元器件敏感度测试程序如下。

从任一电压等级开始测试，如果元器件失效，降低电压等级进行测试，直到找到元器件耐受电压为止；如果元器件通过了起始电压等级，升高电压等级进行测试，直到元器件失效或者达到最高充电电压为止。

即使测试过程中元器件不失效，CDM 测试也应视为破坏性实验。值得注意的是，如果元器件包装、制造工序、设计或者材料发生变化，就应按照标准重新对元器件进行敏感度测试，甚至使用不同包装的同种芯片后也应重新进行测试。

第 2 章 电子工业静电防护原理

在电子产品生产、装配、存储、运输、使用过程中，都会产生静电，但产生静电并非危险所在，危害在于静电积累，以及由此产生的静电感应、吸附和放电。对静电积累的限制（采取等电位措施或维持在低电位）及采取各种防护措施尤为重要。在实际工作中，有可操作性且有效的静电防护措施主要有以下几方面。

2.1 静电耗散、泄漏、等电位接地

将生产环境和各种操作过程中产生的静电迅速耗散、泄漏和采取等电位接地是防止静电危害行之有效的方法。静电耗散及泄漏、等电位接地指通过替换电子生产过程中接触到的各类绝缘物制备的用具（包括各种工装夹具、包装、生产工具、物流转递用品、工作台、人体用品等），而改用防静电材料制备并使之全部等电位接地，防静电材料又称为 ESD 防护材料。

2.1.1 静电耗散、泄漏、等电位接地一般要求

静电耗散原理：将电子生产用的各类用品（装备）用 ESD 防护材料（能耗散静电的材料）来制备。当因各种原因在其上产生静电时，通过静电消散使静电不能在用品（装备）某点或某区域积累，降低单位面积的静电电量，增大对地的分布电容，从而起到降低静电电位的作用，防止静电放电的发生。防静电包装就是静电耗散原理的典型应用。

静电泄漏的定义：带电体上的电荷通过内部和其表面等接地途径，而使之部分或全部消失的现象。

静电耗散及泄漏的一般要求是将各类 ESD 防护用品或装备、仪器设备、生产存储环境的导体（或防静电用品）等与大地之间进行电气连接。

等电位接地原理：将有静电防护要求的场所中的所有防静电装备、仪器设备、金属体、人员等(包括其他可以共接的接地系统)采取并联方式连接到共用接地极并接地(见图 2-1)，尽可能地使场所内各点之间静电电位为零。

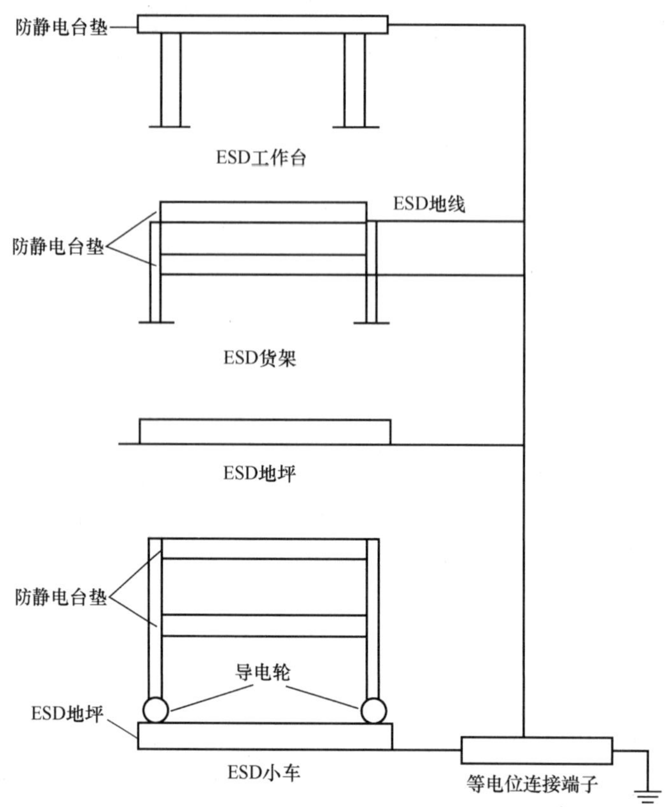

图 2-1　静电耗散、泄漏、等电位接地

一般情况下，人体、ESD 防护用品（装备）任一表面与接地极之间的静电泄漏电阻（或称为系统电阻）小于 1GΩ，都可认为是符合要求。对于防静电接地，如无特殊要求，应与供电系统的保护接地相连。电子工业的防静电接地电阻可按 SJ/T 10694 规定，其接地电阻不大于 10Ω（主要考虑和防雷接地等电位连接）。但对某些无固定接地系统的，需要临时设置的军用器材维修场所或军用装备的防静电接地，因受环境条件局限性影响，接地电阻不大于 100Ω即可。ANSI/ESD DS20.20 规定等电位连接电阻小于 $1\times10^{9}\Omega$。GB12158 规定（主要针对石化、火工系统）：每组专设的静电接地电阻值，一般不应大于 100Ω。对于山区可允许不大于 1000Ω。对于独立的防静电接地装置，如果不考虑与防雷接地共用接地极和等电位连接，其接地电阻小于 100Ω即可。

电子工业环境的防静电接地，有软接地（间接接地）和硬接地（直接接地）之分。软接地是指通过在接地线串联电阻（或采取其他有关措施）来限制人体触电时流过人体电流过大的一种接地方式。软接地的目的在于，当人在触电时将通过人体的电流限制在人身安全范围之下（通常为 5mA 以下）。软接地所需要的电阻大小，取决于靠近接点的人员可能接触到的交、直流电压。很多标准将软接地串接电阻定为 1MΩ，功率定为 0.25W 或 0.5W。硬接地是指直接与大地进行导电性连接的一种接地方式。一般情况下，硬接地用于静电屏蔽或仪器、生产设备、电动工具、金属体等的接地。设备保护接地属于硬接地。

2.1.2　耗散与接地的特殊情况

当不便设置接地桩的情况下，可采取防静电系统的悬浮接地与等电位连接。

1. 悬浮接地

当无法设置与大地相连的接地系统时，如航空器、移动式电子方舱、不直接设置接地的特殊电子机房等，通常将航空器、电子方舱、电子机房内所有仪器、金属结构、装备的金属外壳接地线连接到一表面积较大的金属物体（或静电耗散材料）表面，即人为设定的基准地（航空器外壳、电子方舱外壳、没有接地的防静电地坪等）。连通后该接地对整个系统提供基准地电位。有时由于某些悬浮接地体，像特殊要求的机房等对地电容很大，即使没有设置接地，但由于基准接地体对地电容很大，其表面静电电位也很低。

2. 等电位连接

静电放电的发生，通常是指某个带静电体对大地的静电电位高于周围物体对大地的静电电位，当其电位差达到某一阈值，高电位体就可以向周围低电位体放电。电子生产环境中的静电放电基本上都属于这一类。如果将环境中的设备、金属导体、工装器具、人员、各类防静电装备（用品）等进行电气连接，使其相互之间处于零电位，即使整个系统没有设置接地，也可解决静电放电问题。

在某些特殊情况下，例如，两个静电带电体（其本身是导体、静电导体），由于存在静电电位差，在连接时会发生静电放电。由于两个物体是静电导体，当带的电荷量差异或电位差较大时，放电过程可能时间很短且瞬间能量较大或宽频带干扰较强，有可能对周围电子系统或带电体本身电子系统或其他的安全造成影响。此时如果利用电阻较高的静电耗散体（接触探针、接触垫等）将这两个静电带电体先通过接触探针进行等电位连接。两个带电体先通过静电耗散材料制备的接触探针进行连接，其放电电流、放电强度、宽频带干扰由于较高电阻的阻尼作用会降低很多，从而避免不良影响的产生。这种方法在两个航天器对接、石化系统静电带电体上的静电泄放与两个金属带电体连接中常常使用。

2.1.3　防静电材料（装备）使用中的安全问题

在电子工业生产中，使用的电源有 220V、380V 或更高电压源。为确保人员安全，凡涉及人身安全所用的防静电装备（用品）最低电阻值确定，从式（2-1）看到，均应使用静电耗散材料（通常材料的最低电阻值定为 1MΩ），以防在触电时通过人体的电流超过 5mA（IEC 标准规定不大于 125μA）造成伤亡事故发生。

在电子产品生产环境中，由于电源电压大都是 220V、380V，操作人员有触电危险。因此涉及人员安全的防静电用品或装备，如鞋、腕带、地坪等，都应使用静电耗散材料。导静电材料通常使用在不涉及人身安全的环境中。国外有些国家使用的电源电压为 110V，所以在有关标准对涉及人身安全的防静电用品下限保护电阻值规定低于我国标准规定值。另外，对于直接接触 SSD 的包装和工装器具等不宜使用表面电阻和体积电阻较低的导静电材料和金属制品（IEC 规定不宜使用表面电阻低于 $1\times10^4\Omega$的材料），因其不能防止器件带静电时对其放电或低电阻材料对器件的感应放电（CDM 效应）和放电电流过高造成的 SSD 损坏。

$$U/R = IR = \frac{U}{I} \quad 380/0.005 = 7.6\times10^{4} \approx 1\times10^{5}\Omega \tag{2-1}$$

式中 U——电源电压（V）；

R——绝缘电阻（Ω）；

I——流过人体限定电流（A）。

为确保静电泄漏，在使任何物体带静电时，对地电压小于±100V（目前国际、国内有关标准提出的要求）。根据式（2-2），以物体带静电时对地电压 5000V，对地分布电容 200pF，在 2s 时间内衰减到 100V 时静电泄漏为例，其电阻为

$$U = U_0 e^{-T/RC} \qquad R = 2.63\times10^{9}\Omega \tag{2-2}$$

式中 U_0——初始电压（V）；

U——衰减电压（V）；

T——衰减时间（s）；

R——静电泄漏电阻（Ω）；

C——物体对大地分布电容（pF）。

在实际中，上述参数会有一定差异，国际标准为了统一，从满足静电防护的角度和经济性考虑，一般以静电泄漏电阻值 $1\times10^{9}\Omega$作为防静电装备或整个防静电系统的上限界定值（不包括包装材料）。

随着科技的发展，有些 SSD 的耐电压值较低。例如，磁头、磁性存储器等，其静电敏感电压只有 5V 左右，此时对防静电装备（用品）残留静电上限电压值要求更加严格，要求静电泄漏电阻值更低。

2.2 静电中和

2.2.1 静电中和原理

静电中和定义：带电体上的表面电荷和外部相反符号的电荷（电子或离子）的复合而使所带表面电荷部分或全部消失的现象。

静电中和原理：将直流高压或交流高压等施加在针状物体上，随着电压升高，当达到某阈值时，针状物体的针头会发生电晕放电，使针头周围的空气发生电晕放电，同时产生带正电荷和负电荷的空气离子。此时，根据施加高压极性，空气离子可呈现单极性或双极性。空气离子在静电源所带不同极性静电荷的电场力作用下（也可以在气流作用下），与静电源所带电荷发生吸附中和作用，消除静电源表面存在的静电荷（见图 2-2）。也可以利用接地的金属针，接近带有很多静电荷的静电源，发生自感应现象，使金属针发生电晕放电产生空气离子来消除静电源存在的静电荷。

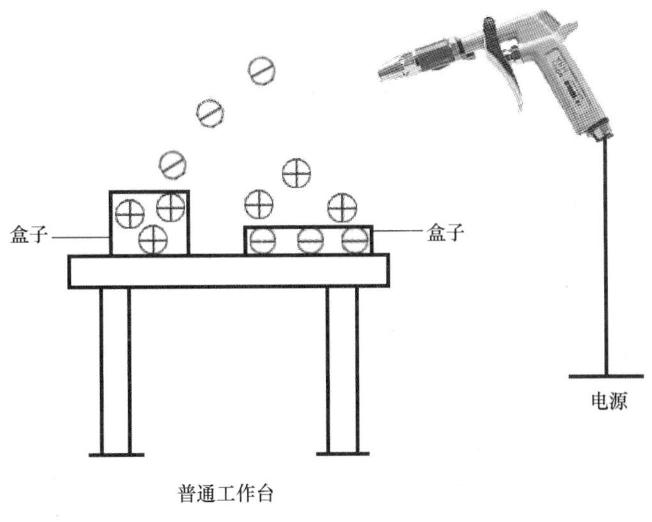

图 2-2　静电中和

另外，像电离辐射，也就是 X 射线、放射性同位素产生的 α 等射线也可使空气产生电离形成正或负的空气离子来消除静电源存在的静电荷。

通常在电子工业生产中，静电主要来源于绝缘物体相互摩擦或其与导电物体摩擦，电荷积聚在绝缘体或导电体表层。绝缘体是不能通过接地来泄漏静电的，此时只有依靠空气中极性相反的空气离子来消除绝缘体表面的静电。导体是可以在无外电场作用下通过接地来泄放静电的。

需要提出的是，通常所需要消除静电的物体或其周围，既存在带正电荷的物体，同时也存在带负电荷的物体。所以消除静电的空气离子，既有正离子也有负离子。但有时有些工艺操作，如绝缘涂料喷涂作业等，往往涂料只带有单极性静电荷，此时要消除其静电，只能用单一极性的空气离子实行中和，这点在实际工作中必须关注。

2.2.2　采取静电中和措施时的注意事项

通常在实际工作中，要求离子化静电消除器产生的电离空气中的正负离子数量相等，才能取得较好效果。但通常做不到这一点，正负离子数量不相等，在被保护点或工作面上呈现静电充电，存在对地电位（称为残余电压或偏移电压）。如果残余电压低于 SSD 敏感电压，这个是可以接受的，如果高于敏感电压就会对 SSD 造成损害，这在实际工作中必须避免出现。

在利用电离辐射消除静电时，要防止电离辐射对人身的伤害。对于普通高压静电消除装置，要防止臭氧、其他有害气体和高压对人员的伤害。

对于封闭空间和洁净度要求极高场合的静电消除应使用电离辐射（放射性）静电离子消除装置或特殊结构、放电针的静电消除装置。

存在于易爆、易燃环境中的绝缘体，或者其他物体上的静电，应使用防爆型非电离辐射、电离辐射式离子化静电消除装置消除。

2.3 静电屏蔽与接地

静电屏蔽与接地通常用于对直流高压电源或静电源产生的静电场屏蔽，以及某些对静电极敏感电路的屏蔽，从而避免静电对 SSD 和 PCB 的感应发生直接放电。静电屏蔽和射频屏蔽概念不同，在实际中应分别考虑。

静电屏蔽是通过将一个区域封闭起来的壳体实现的。壳体可以做成金属隔板式、盒式，也可以做成电缆屏蔽和连接器屏蔽。静电屏蔽的壳体不允许存在孔洞。静电屏蔽分主动屏蔽和被动屏蔽。通常将静电场封闭在屏蔽体内称为主动屏蔽，其静电屏蔽效果与接地有很大关系，只有将屏蔽体接地，才能保证屏蔽体上感应的静电荷泄漏，使屏蔽体外的电路不受静电场干扰；而将静电场屏蔽在屏蔽体以外则称为被动屏蔽（见图 2-3），由于被动屏蔽体内空间处电场矢量和为零，是等电位。其可以通过高斯定律证实。

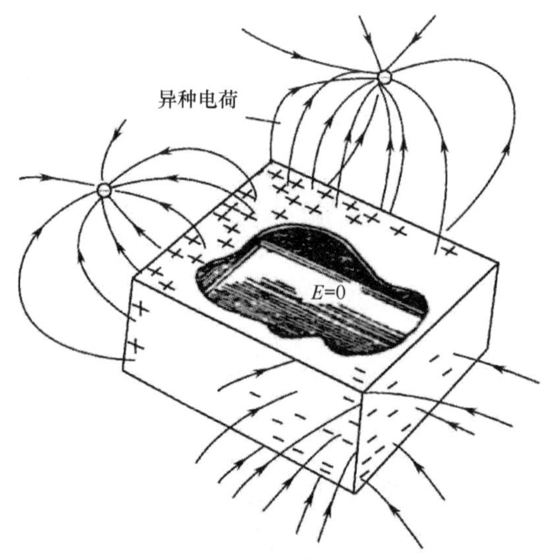

图 2-3　空腔导体对外电场的静电屏蔽

反之，如果空腔导体内有带电体产生电场，则当导体外表面不接地时如图 2-4（a）所示，由于静电感应，导体外部仍有电场；而当导体外表面接地后，如图 2-4（b）所示，外表面感应电荷由于接地而中和，电场只存在于空腔导体内部。静电屏蔽包装是静电被动屏蔽原理的典型应用。静电屏蔽与接地是很多种仪表电路上防静电干扰的重要措施之一，同时也用于防止静电源对外界的干扰。例如，对旧式 CRT 监视器静电感应问题，可以采取屏蔽网及接地措施解决。在实际工作中，屏蔽效果和屏蔽体表面电气连续性（封闭程度）密切相关。通常设置屏蔽体并接地满足防护要求即可。

目前有关静电屏蔽在实际应用中有两个方面：一是对静电场屏蔽及效果评估；二是对静电放电屏蔽及效果评估。目前国内、国际静电防护标准主要提出了对静电放电屏蔽效果的评估方法及指标，对静电场屏蔽方法的评估方法并没有提出。

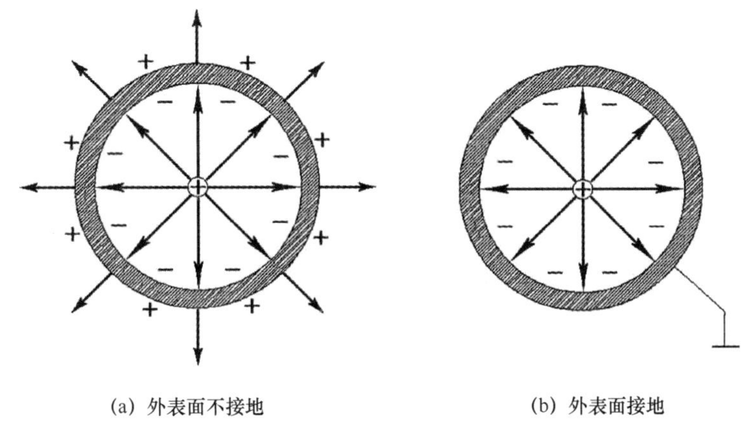

图 2-4 空腔导体对内部带电体静电场屏蔽

2.4 环境增湿

环境相对湿度越低，则静电起电现象越明显。环境相对湿度增加，则很多物体、材料（衣服织物、工作台、包装等）表面的电阻和静电泄漏电阻减小。实验表明，当纸在环境相对湿度为65%RH时，含湿量可达3%。布料、丝绸、木材、皮革、麻、纸、水泥、石材等制品吸湿性很强，在高湿度环境中，物体积蓄的静电荷可以更快地耗散和泄漏。例如，放置在相对湿度90%环境中纸的表面电阻在 $1\times10^{9}\Omega$左右，同样的纸放置在相对湿度20%RH以下的环境中时，表面电阻可达 $1\times10^{11}\Omega$以上。有静电防护要求的场所，在工艺条件许可时，可以安装空调增湿设备、大功率喷雾器、水雾空调装置、喷水气流风幕、局部封闭环境增湿等（或在集中空调送风口设置大功率加湿装置）以提高空气的相对湿度来减少静电的产生。在一般情况下，用增湿法消除静电的效果是很明显的，但环境相对湿度应保持在65%RH以上时才会有明显消除静电的效果。必须注意到，有些高分子材料，如聚氨树脂、环氧树脂、苯胺树脂、丙烯聚合物等在分子结构中亲水基很少，仅靠提高湿度来防止静电的效果是不明显的。

在电子工业中，提高湿度这种方法不能得到广泛应用，因为湿度过高（通常大于70%RH）会使工作人员感觉不适，而且会使设备生锈和材料受到损害。另外，对于面积较大的工作场所，增湿则需要很大的费用，在干燥的季节里，有很多条件较差的厂房是无法实现增湿的。

微电子生产环境的湿度保证在合理的区间内，可以减少防静电装备（用品）的成本，同时也可以降低防静电系统的构建成本。在干燥环境中，对防静电用品质量要求会更高。同时构建防静电系统的成本也会大幅提升。通常在环境非常干燥的情况下，静电放电事件数量会大幅上升。如果静电防护措施和操作人员培训不到位，则SSD损害概率可增加15%以上。表2-1、表2-2给出几种材料的吸湿性。

表 2-1　热可塑性塑料的吸湿性

种　类		聚　乙　烯	聚　丙　烯	聚苯乙烯	聚四氟乙烯
体积电阻率/Ω·m	常态	10^{14}	10^{14}	10^{14}	10^{14}
	浸水后	10^{14}	10^{14}	10^{14}	10^{14}
吸湿率/%		0.01	0.01	0.03	0.005

表 2-2　层压品的吸湿性

种类		酚醛树脂		环氧树脂	三聚氰胺树脂	聚酯树脂	硅酮树脂
		纸	玻璃布	玻璃布	纸	玻璃布	玻璃布
吸水性/%		0.2～4.5	0.3～1.5	0.08～0.13	1～2	0.3～0.9	0.05～0.1
体积电阻率/Ω·cm	常态	10^{12}	10^{13}	10^{14}	10^{12}	10^{14}	10^{15}
	浸水后晾干	10^{10}	10^{12}	10^{13}	10^{10}	10^{12}	10^{14}

2.5　电子产品 ESD 的防护设计

对 SSD 设置 ESD 保护电路和仪器的防 ESD 设计，是防止器件损害的有效手段之一。目前国内外已研制出多种保护电路和仪器防护设计方案。需要提出的是：保护电路往往由一些不同敏感度的 SSD 或其他元器件组成，主要是分流、抗浪涌、阻尼、耦合、高扼阻流、旁路等原理的应用，可以降低元器件对 ESD 的敏感性，但不能彻底消除。仪器的保护设计除涉及上述原理外，还包括屏蔽、滤波、接地等 EMC 设计（详见第 5 章）。

2.6　防静电材料划分及其使用

在静电安全和防护领域里，静电防护材料防静电性能的划分通常是以材料电阻的大小进行的。科学和严格地界定阈值对静电防护工作具有重要意义。

需要指出的是，材料划分仅是以有关标准规定作为界定的。在实际工程应用中，应考虑界定值区间功能的趋向性。也就是不同场合、不同标准对界定值的规定是有差别的，尽管差别不是很大，但在具体使用时，要根据实际情况确定。从使用方面来划分，目前国内外主要有四类防静电材料。

2.6.1　防静电材料划分

1. 导静电和静电放电屏蔽材料

静电放电屏蔽材料定义：防止静电场通过和穿入的材料。

导静电定义：带电体上的电荷能迅速耗散和泄漏，使之消失的现象。

GB 12158《防止静电事故通用导则》规定：表面和体积电阻率分别小于 $1\times10^7\Omega$、$1\times10^6\Omega\cdot m$ 的材料为导静电材料。IEC 61340-5-1 规定：表面电阻或体积电阻小于 $1\times10^4\Omega$的

材料为导静电材料。ANSI/ESD S541 规定：体积和表面电阻小于 $1\times10^3\Omega$的材料为静电屏蔽材料；ANSI/ESD S20.20、IEC 61340-5-1 规定：利用 1000V 的 HBM 模型对静电屏蔽材料放电（接触式），通过该材料耦合的静电放电能量小于 50nJ（新颁布的标准改为 20nJ），GJB 3007 规定为小于 30V，可定义为满足静电放电屏蔽要求的材料。美国军标则规定为小于 10nJ。

2. 静电耗散材料

静电耗散的定义：带电体上的电荷由于静电中和、泄漏、放电而使之部分或全部消失的现象，称为静电耗散。

GB 12158《防止静电事故通用导则》规定：表面电阻率在 $1\times10^7\Omega$以上，但小于 $1\times10^{11}\Omega$；体积电阻率在 $1\times10^6\Omega\cdot m$ 以上，但小于 $1\times10^{10}\Omega\cdot m$ 的材料为静电耗散材料。

ANSI/ESD S20.20、IEC 61340-5-1 规定：表面电阻和体积电阻为 $1\times10^4\sim1\times10^{11}\Omega$的材料称为静电耗散材料。

3. 静电绝缘材料

静电绝缘材料的定义：不能耗散和泄漏静电荷的材料。

GB 12158《防止静电事故通用导则》规定：体积和表面电阻率分别大于 $1\times10^{10}\Omega\cdot m$ 和 $1\times10^{11}\Omega$的材料为静电绝缘材料。

ANSI/ESD S20.20、IEC 61340-5-1 规定：表面和体积电阻在 $1\times10^{11}\Omega$以上的材料为静电绝缘体。

4. 低起静电材料

在实际应用中，还有些材料导电性并不好，但在实际使用当材料受到摩擦时，往往积聚静电荷很少，呈现低起电现象。例如，几种带电序列不同的纤维混织在一起，在摩擦时所带电荷极性不同，之间发生电晕放电，中和静电使其呈现低电荷量。又如，某些木质纤维材料、水泥，天然石材等在摩擦时呈现低起电现象，这类材料统称低起电材料。搞清这类材料的判定方法与使用特点，对于建立防静电工作区、降低构建工作区成本具有极重要的意义。

2.6.2　防静电材料性能探讨与分析

ANSA/ESD S20.20《静电放电控制程序》、IEC 61340《静电》等标准将静电防护材料分为静电耗散、导静电、静电屏蔽、低起电性四种类型，并对其技术参数做了统一规定。

我国标准（包括国标、军标、电子行业标准）对静电耗散、导静电、静电屏蔽材料参照 ANSA/ESD S20.20、IEC 61340 等做了划分，对低起电材料，一般标准没有划分与规定。

1. 低起电性材料种类及耗散静电原理

最常见的低起电性材料大致有两类。

（1）吸湿性较强的物体，如木材、纯棉布、含木纤维的纸壳或者加入表面活性剂的材料等。这类材料在环境湿度较高的环境中（50%RH 以上），通过水分子降低材料的表面或体积电阻来耗散静电，常见的这类材料有木质包材、纸张、水泥、纯棉纤维等。

（2）两种摩擦带电序列不同物体编织或组合的材料。当受到其他物体摩擦时，两种不同物质产生正、负静电荷，通过电晕放电消散静电。这类组合材料的电阻值有可能较高，但在受到摩擦时往往产生的静电较少。常见的这类材料有导电丝混纺织物或不同带电序列的纤维编织物等。这类材料也包括了在高分子材料体中含有带电序列不同的高分子粒子，当其表面受到摩擦时，产生不同极性电荷发生静电中和，从而呈现低起电。

2. 低起电性材料确定

依据国际标准，可以用摩擦带电量实验方案确定低起电性材料。这种方法为摩擦起电实验法，即通过对物体采取极端情况的摩擦，测试其电荷量。这种实验方法适用于两种摩擦带电序列不同物体编织与不同材料的组合体的低起电性实验；有关实验方法和判定阈值，ANSA/ESD S20.20、IEC 61340 都有明确表述。对低起电性材料的判定阈值，国际没有统一规定，主要根据实际静电防护要求确定。

2.6.3 防静电材料在实际使用中的区别

1. 导静电材料

导静电材料主要用于无触电，同时不会造成人身伤害的场所，通常可以作为 SSD 输入、输出端的短路连接器（线）使用，也可作为仪器输入、输出端的等电位连接插件使用。在使用这类材料时要注意以下方面。

（1）由于电阻值较低，电阻值$<1\times10^4\Omega$。带电 SSD 可对其发生静电放电产生 CDM 效应，所以不适合作为防静电内层包装和直接作为工作表面使用，并在其上放置 SSD。

（2）在电子工业厂房中，当环境中有较高的交、直流电（超过安全电压时）时，这类材料不适合制作成涉及人身安全的防静电用品使用。

2. 静电耗散材料

静电耗散材料用于工作环境为 220V、380V 的电源（不包括交流、直流 500V 以上电源）且涉及人身安全场所的各类防静电制品和材料制备。该材料使用不会产生 CDM 效应，可以制作成各类防静电用品和装备（包装、地坪、各类工作表面、操作器具等），是目前用量最大和使用范围最广的一类防静电材料。

3. 静电放电屏蔽材料

用于防静电工作区（EPA）之外 SSD 的包装和 SSD 周边有较强静电场（源）的屏蔽用品制备。该材料导电性能良好，电阻值$<1\times10^3\ \Omega$。该材料在使用时可产生 CDM 效应，一般作为屏蔽壳体或柔性防静电屏蔽袋中间层材料使用，不能作为直接接触 SSD 产品的材料使用。

4. 低起电材料

用于防静电包装、织物、工作表面或某些特殊防静电用品制备。通常在接触摩擦分离后，材料表面产生的静电荷很少，在使用时不会产生 CDM 效应。

第3章 防静电工作区（EPA）构建要求

3.1 防静电工作区（EPA）构建技术要求

3.1.1 防静电工作区构建基本技术要求

在电子工业生产与组装场所中，为降低电子产品不良品率和防止 SSD 的失效，对于 SSD 的生产、装配和带有 SSD 的仪器组装、维修场所必须构建防静电工作区（electrostatic discharge protected area，EPA）。对于构建 EPA 基本要求如下。

（1）凡是直接接触 SSD 的区域都应视为 EPA。通常在 EPA 内随着产品不同可能接触不同敏感度的 SSD，因此对 EPA 根据 SSD 的敏感度进行分级设计及构建没有实际意义（特殊情况除外）。建立的 EPA 通常用于那些易被大于或等于 |100| V 人体模型（HBM）和 |200| V 以上带电器件模型（CDM）确定的 SSD 的生产、加工、装配、安装、包装、标签、服务、测试、检查。EPA 内对地绝缘的金属导体（包括 SSD）对地电压要小于 |35| V。当操作人体模型敏感度小于 |100| V、带电器件模型小于 CDM |200| V 敏感度的 SSD 时，所建立 EPA 还应根据实际要求，增加一些额外的技术和质量管理要求。同时根据实际情况，本着投入资金合理，取得较好效果来建立 EPA。

（2）对于计算机机房、程控机房、电子信息调度中心等非生产、维护电子产品的区域，要求设备、金属体与绝缘物体表面静电电位不高于 |1000| V（见 GB 50174）。

（3）EPA 由硬件系统和软件系统（可称 ESD 防护系统）两部分组成，缺少任一部分都会使静电防护效果受到影响。硬件建立要考虑九个方面：人体静电防护用品；防静电物流传递用品；防静电地坪；防静电操作系统；防静电接地系统，环境控制系统；专用生产装联设备；离子化静电消除装置、防静电剂；静电测量（监控）仪器与系统。管理系统（软件）相对硬件方面具有同等重要意义，经常涉及的软件管理内容有：防静电系统质量保证体系（包括监督检查、实验、失效分析、质量保证体系认证）；培训与考核；防静电工艺、工程设计文件与验收；所在企业执行国内外防静电标准；各岗位职责和管理规章；设备操作管理规程；材料设备采购制度、存储运输、标识、环境管理等。

（4）目前国内外各电子企业基本是依据 ANSI/ESD S20.20《静电放电控制程序》、IEC 61340-5-1、GJB 3007《防静电工作区技术要求》等国内外标准来建立 EPA，主要针对电子行业制造、加工、使用、维护、存储和运输等工作。需要提出的是，以下提出的EPA构建要求可以根据实际需要选择或删除。

3.1.2 防静电工作区各项要求

构建一个完整的防静电工作区各个环节见表3-1（a）和表3-1（b）。

表3-1（a）防静电工作区硬件构成环节

序号	构成环节	备注
1	生产环境	温度、湿度；洁净度；电磁环境控制系统
2	防静电接地系统	防静电接地与其他接地设施
3	人员安全	人员与设备安全设施
4	人员接地	人员接地及要求
5	防静电地坪、地垫	各类地坪与地垫（环氧地坪等）
6	防静电座椅、工作台（桌垫）、运转车、货架	各种形式座椅、工作台、运转车、货架、移动装备
7	防静电传输运送设备	各类金属、非金属输送带
8	防静电鞋、鞋套、脚束、袜	各类防护鞋、鞋套、脚束
9	防静电手套、指套、腕带	各类手套、指套、腕带
10	防静电工作服、帽	各类工作服、帽（包括洁净防静电服）
11	防静电包装与静电放电屏蔽包装（柔性包装袋、箱、吸塑盒、盒、泡沫等）	各种包装、盒、箱子等
12	离子化静电消除（风蛇、风幕、风嘴、风枪等）；离子化风淋室、净化工作台	各类离子化静电消除器及相关装备（包括同位素离子化源、X离子化设备）
13	防静电工具	各类防静电工具（镊子、毛刷等）、手持真空吸笔、吸锡器等
14	防静电焊接器具	各类电烙铁、断电焊接烙铁、恒温烙铁等
15	防静电清洗设备和生产设备	各类清洗设备与生产设备
16	各类防静电标识、警示标识	工作区、设备、包装、接地标识等
17	防静电杂品	文件夹、静电泄放门帘、泄放柱、瓶子、短路条、产品夹具、胶带、捆扎带、窗帘、墙布（纸）、胶液等
18	防静电蜡、剂、清洗剂	各种防静电蜡、剂
19	防静电检验设备与监测系统（门禁系统、接地线、关键工位静电电压监测等）	(a)各类电阻测试仪及测试电极；(b)各类充电极板测试仪；(c)各类非接触式和接触式静电电压表；(d)包装静电放电屏蔽能量、电压测试仪；(e)接触式静电电量表与法拉第筒；(f)温、湿度测试仪；(i)接地电阻测试仪；(g)空气尘埃测试仪
20	各种特殊工艺操作过程的（喷涂、剥离等）防静电设施	

表3-1（b）防静电工作区软件构成环节

序号	构成名称	备注
1	质量控制目标	
2	各岗位管理制度（包括ESD协调员）	

续表

序　号	构成名称	备　注
3	防静电装备、产品采购认证制度	
4	检测仪器设备管理与计量制度	
5	防静电标准化管理制度	
6	防静电工艺文件、工艺卡管理制定制度	
7	防静电质量体系认证和管理制度	
8	生产设备、工装管理维修制度	
9	防静电损害检查、分析管理制度	
10	全员防静电培训与考核制度	
11	防静电工程设计、验收、管理制度	
12	各类防静电文件档案保管制度	
13	质量责任制度	
14	防静电用品使用及管理制度	
15	SSD 产品存储、运输、使用管理条例	
16	防静电工作区各环节检查条例	

1. SSD 敏感度分级和标识要求

企业所用 SSD 产品应依据人体模型（HBM）、带电器件模型（CDM）进行分级。有必要时可对 SSD 产品进行设备放电模型（MM）和电子仪器进行人体—金属模型（BMM）分级。通常应给出采购明细和实验报告，并在 SSD 或包装上张贴符合规定的标识。对于敏感度 | 100 | V（HBM）、 | 200 | V（CDM）以下的 SSD 应进行说明，为防静电工作开展提供依据。

2. EPA 接地

（1）EPA 内所有防静电用品、装备应设置防静电接地。生产设备、测试仪器、隔断、管道对地绝缘的金属框架等应设置接地并与设备安全保护接地相接。

（2）应采取设备安全保护接地和防静电接地共用接地极方式，同时接地极与大地之间的电阻应以要求最严格（最小电阻值）的电阻值为基准。

（3）防静电接地系统在设置或单独设置时，其接地装置与防雷接地装置间隔 20m 以上（电子工程防静电设计规范 GB 50611）。当因客观条件，两者之间间隔小于该距离时，则应在防雷接地装置和防静电接地装置之间采取防雷电措施（设置浪涌保护、钳位措施）。

（4）接地线设置方式符合 GB 50169《电气装置安装工程接地装置及验收规范》。对于等电位共用接地系统，各接地系统不得混接或串联，应先连接到各自的接地汇流母线或局部等电位接地端子板（LEB）后再连接到各类接地的共用总等电位接地端子板（MEB），再与共用接地极相接。防静电接地系统必须采取各防静电装备并联等电位连接，不能采取串联方式。

（5）防静电接地连接系统宜采用裸导线（带），以便检查和维护。若带有绝缘外皮，则外皮颜色宜为黄绿色。同时，线径应有足够的截面积，以保证某机械强度并具有防腐性。

（6）防静电地线与防静电用品等（桌垫、地垫、传输带等）的连接点必须保证一定接触面积。通常采取面接触（GB 50611 规定不小于 20cm²），不允许点接触。对非移动用的防静电装备（工作台、存放架、柜等）应设置固定的接地线。

（7）接地系统的相互连接可采用钎焊、锡熔焊、压力连接件，或焊接在接地端子再用螺栓连接等，不应简单缠绕连接。要保证一定的机械强度和良好的电气连接，并采取防锈蚀措施。各连接点的接触电阻值小于 0.1Ω。腕带与地线连接宜采用专用的香蕉插头（座）。当需要穿越墙壁时，应穿金属管铺设。应避免防静电接地干线、接地汇流母线和非屏蔽的电源、信号线等有电磁兼容要求的电缆线长距离平行铺设。

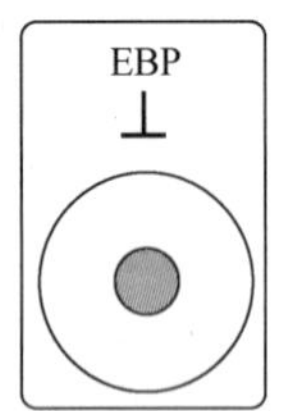

图 3-1　接地连接点符号

（8）共用接地系统的防静电接地系统的引出线应就近连接到接地极（桩）。EPA 内地线铺设点应贴有标识（IEC 61340-5-1 规定），如图 3-1 所示。

（9）必要时，可使用接地监测仪监测接地连接。这种仪器的使用如图 3-2 所示，可以在 EPA 接地系统完好状况，或电阻发生变化，或出现断路时通过其测试到。

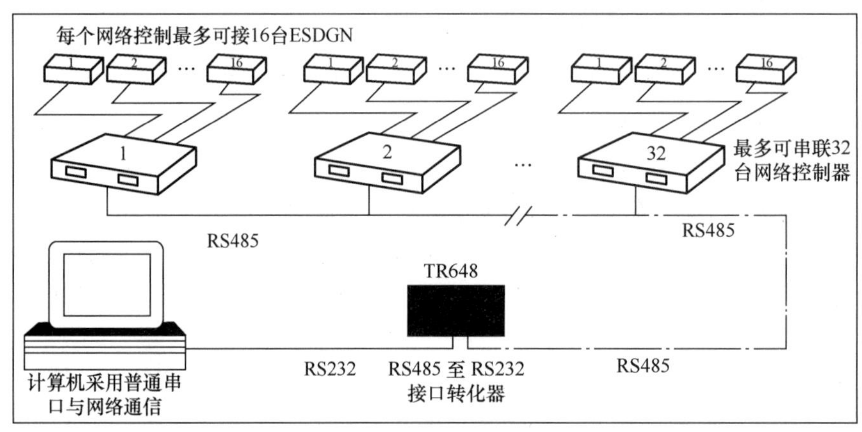

图 3-2　接地监测仪

（10）通常对设置防静电地线直径参数没有强制性要求，只要满足机械强度和防锈蚀要求即可。

（11）ANSI/ESD S20.20 规定：设备接地线电阻（至设备接地极电阻）<1Ω（AC）；辅助接地电阻（至公共接地端电阻）<25Ω；防静电等电位连接电阻<$1\times10^9\Omega$。

3．人员安全

（1）涉及人身安全的防静电装备（地坪、工作台面、鞋、脚束、腕带等）都应采取间接接地（串联 1MΩ、1/4W 电阻或其他方式的软接地）和防静电接地。所有设备、仪器、电动工具、金属体外壳必须采取直接接地并与安全保护接地相接。

（2）电气系统应有漏电保护或过电流、过电压保护装置。

（3）EPA 内有危害人身安全的电压设备，应有如图 3-3 所示标识。

（4）导静电鞋不能用于有触电危险的环境。防静电鞋不能用于高于动力电（380V）的交、直流（500V）用电环境。

图 3-3　EPA 内有危害人身安全的电气设备标识

4. 人员接地

EPA 内所有的人都应该接地。当人员在 EPA 时，他们应通过腕带系统、工作服接地或防静电鞋和防静电地坪连接。满足以下三项要求之一就可认为符合 EPA 内人员接地要求。

（1）通过腕带和工作服的接地：在 EPA 的人员操作 SSD 时，必须佩戴接地的腕带或将工作服通过接地扣接地。

（2）通过鞋一地坪系统接地：通常在 EPA 内的人员应穿着防静电鞋、袜、鞋垫；鞋与防静电地坪组成人员接地系统。

（3）通过腕带、工作服系统接地：通过腕带及与工作服连接的接地系统接地。

在采取上述措施后，人体对地电阻和行走对地电压要符合相关标准规定。如果考虑成本，且在静电防护要求不高的情况下，在不设置防静电地坪时，人员佩戴接地的腕带是非常重要的。

5. EPA 环境要求

EPA 应有环境温度、湿度控制系统，湿度保持在 45%～75%RH（对湿敏电子元器件，可根据工艺要求确定），温度符合企业工艺要求。

对于干燥环境，生产厂区密闭和设置增湿、除湿的通风系统或局域密闭环境是有必要的。如无条件建立环境湿度控制系统，对防静电用品与生产质量管理则需要更加严格要求。

EPA 环境洁净度和电磁环境符合企业规定。对于磁头、IC、CCD、LED 等光电器件、液晶显示板、精密电子光学仪器等的生产企业，除对湿度和温度的控制外，还应有洁净度控制系统（风淋室、新风系统等）。

6. EPA 地坪

（1）在电子行业，不能使用对地电阻太低的导静电地坪，即静电泄漏电阻值不宜低于 $1\times10^5\Omega$。每个独立地坪至少有两个以上接地连接点。

（2）当 EPA 内不是防静电地坪时，对活动人员接地，并且座椅、运转车等移动装备必须有相关静电防护技术要求。

（3）有关不同类型地坪（塑胶类、树脂类、瓷砖、水泥类、高架地板类等）的防静电性能，例如，防静电持久性、静电泄漏电阻与测试电压非线性关系、地坪含水率影响等问题要给予足够关注。同时，其不同类型的地坪对环境洁净度的影响也应予以考虑。

（4）地坪表面的对地电阻符合有关标准要求。

7. 座椅、工作台、存放柜、运转车、传输带等移动装备

（1）不能使用整体金属结构的椅子，椅面宜为静电耗散材料。运转车、椅子等移动装备至少有两个以上接地轮（导电橡胶轮或对地面接触较好并经防腐处理的金属轮）或设置接地链（较粗的不锈钢链条）。

（2）工作台、运转车、存放柜表面应使用静电耗散材料。但为金属材料时，表面必须铺垫接地的静电耗散材料或者将 SSD 放置在防静电容器中，不要裸放在金属表面上。

（3）工作台接地点（铆接处）要进行绝缘处理；所有固定装备，像工作台、存放架（柜）单独与地线相接，并设置固定接地线。

（4）传输带材料宜为静电耗散材料并接地（设备保护接地）。传输带若为金属材料（金属链或带），可根据实际情况考虑静电中和措施或将 SSD 产品与金属带之间用静电耗散盒、垫进行阻隔。

（5）座椅、存放柜、工作台、运转车、传输带、移动防静电装备表面的对地电阻和表面点对点电阻符合有关标准要求。

8. 服装、腕带、工作鞋、手套、指套、帽等用品

（1）服装耐洗涤实验符合标准规定要求。服装、腕带、鞋、手套、指套、帽等防静电性能和使用期限相一致，防静电性能符合相关标准要求。

（2）服装的非防静电衬里不超过总面积的 20%，结构为“三紧式”。有洁净要求时还应符合相关标准要求（SJ/T 11412）。工作服应将胳膊和身体区域覆盖，表面电气连通性好。

（3）防静电鞋底无破损、无绝缘物。腕带内侧带体必须含有导电丝，带体外侧电阻大于 $1\times10^7\Omega$。

（4）服装、手套、帽子所用织物可以根据环境湿度选用低起电性材料。

（5）手套、指套应在有洁净要求时使用，并应符合相关洁净规定，在一般情况下，其对人手和 SSD 之间的放电有遏制作用。

（6）操作 SSD 器件时，一定要使用上述人体防静电用品。严禁在工作情况下穿脱工作服和做剧烈活动。

（7）腕带带体与接地导线要串接一个 1MΩ的电阻。

（8）穿用分体式工作服时，衣服和裤子都必须具有防静电功能。

（9）纯棉工作服在相对湿度低于 40%的环境中，不适于做防静电工作服使用。

9. 离子化静电消除装置

以下情况出现时，可考虑离子化静电消除措施：

（1）因各种原因，将某些高绝缘在操作过程中易产生静电的用品存放在工作台或工艺线上时。

（2）在操作 SSD 时使用的各类器具（包括绝缘工具和金属制品）相互摩擦接触产生静电放电时，或者喷漆、喷砂等喷涂作业、绝缘物相互剥离时（液晶屏上保护膜剥离作业或

胶粘带剥离作业等）。

一般情况下，对局部工作区域（工作台）可采取局部静电中和措施，对某些洁净度和防静电要求较高的环境，可采取整体环境静电中和措施。

（3）离子化静电消除器的残余电压要低于操作的 SSD 静电敏感度，通常国际标准规定残余电压绝对值不高于 35V。对于某些极敏感 SSD（如磁头等），残余电压绝对值不高于 5V，甚至更低。

（4）离子化静电消除器种类很多，像交流和直流高压式、交流消峰脉冲式、电离辐射源式等。使用何种离子化静电消除器，用户可根据实际情况自行确定。对应不同洁净要求使用不同类型离子消除器（普通风扇式、净化压缩空气式、放射源式、无气源式等）。

（5）离子消除器消除静电距离范围和针对不同工艺过程消除静电效率、环境干扰气流影响、对电源高电压形成的静电源、封闭空间内静电不能消除（指非电离辐射形式）要给予关注。

（6）操作的 SSD 敏感度较高时。

（7）因工作表面、洁净衣等物体所带静电吸附大量尘埃的清除。

SJ/T11446（离子化静电消除器通用规范）对离子化静电消除器的防静电指标规定如表 3-2 所示。

表 3-2　离子化静电消除器防静电指标

<table>
<tr><th>类　型</th><th>级　别</th><th>残余电压绝对值/V</th><th>静电消散时间/s</th></tr>
<tr><td rowspan="3">离子化静电消除器</td><td>A</td><td><5</td><td></td></tr>
<tr><td>B</td><td><10</td><td></td></tr>
<tr><td>C</td><td><50</td><td rowspan="5"><20</td></tr>
<tr><td rowspan="2">离子枪或风嘴</td><td>A</td><td><10</td></tr>
<tr><td>B</td><td><50</td></tr>
<tr><td rowspan="2">离子棒</td><td>A</td><td><20</td></tr>
<tr><td>B</td><td><50</td></tr>
</table>

注：1. 测试点的位置见 SJ/T 11466 附录。

2. 静电消散时间是指充电板监测仪测得的静电压从±1000V 降到±100V 的时间间隔。

3. 测试时离子风机调节到最大风速。

4. 本表之外的其他电性能要求，可由供需双方协商确定。

10. 防静电包装容器（各类软包装、盒、箱、垫等）

防静电包装分导静电、静电耗散、静电放电屏蔽、低起电四类包装（包装标识见图 3-4）。在实际工作中注意区分和正确使用。

（1）使用不同功能包装应具有图 3-4（b）所示标识。通常 EPA 以内使用静电耗散包装。以外应使用静电放电屏蔽包装或静电耗散和低起电型（纸和木制品等）组合的二层隔离封闭包装。包装表面无破损、无起尘、无污染。不能使用表面、体积电阻 $<1\times10^{4}\Omega$ 的材料做 SSD 内包装。

(a) 静电敏感产品警示标志

*—代表包装功能的字母：
S—静电放电屏蔽包装；D—静电耗散包装；
A—低起电性包装；C—导静电包装。

(b) 防静电包装标识

图 3-4　包装标识

（2）防静电包装规格多种多样，其中的一些种类和技术包括低起电包装、静电耗散包装和泡沫、静电屏蔽容器（袋）、导体分路棒及电磁/射频屏蔽袋等。所有这些包装类型可以配合使用以达到较高的防护水平。材料包括导电薄膜，特别是导电瓦楞纸箱、附碳塑料、硬化导电塑料和各种金属薄片等。一些防静电包装材料会自潮，而且使用寿命有限（用防静电剂处理的包装）。而破裂、穿刺和折叠也会使静电屏蔽包装失去静电屏蔽性能。包装材料（硬质塑料表面涂覆型）会因污染和表涂层脱落，使防静电性能丧失。根据生产环境湿度、储藏等要求，对防静电包装进行评估是很重要的。对于短时效和长时效使用的防静电包装要注意予以区分。

（3）在储运和储放过程中，严禁将高绝缘材料直接放置在静电耗散包装外表面上。

（4）在 EPA 内所有的文件资料均应放置在防静电包装内进行交换和保存。

（5）IC、CCD 等静电敏感器件在没使用前，采用导静电泡沫或不锈钢导电片将其引脚短路连接是很有必要的。

（6）屏蔽包装在使用中，要将袋口封好。不能裸露包装内的 SSD。

（7）在湿度较高环境中，低起电性包装（木纤维材质、含导电离子材料等）使用对降低成本具有很大意义。

（8）培训操作人员在不同情况下，正确使用不同类型的防静电包装。

11．设备（仪器、仪表、生产设备）

（1）EPA 内的所有测试、生产设备（仪器、仪表等）或其他各类设备外壳、金属导体要和设备保护接地相连接。如经常使用的插头接地不良时，可采取设备外壳重复接地措施。但要保证外壳接地时，去除连接端绝缘漆和锈蚀，并采用螺栓将地线与外壳连接端牢固连接，电气接触良好，并作防锈蚀处理。

（2）对于生产设备（焊接、贴片等）、高电压设备（CRT 显示器、交直流高压电源等），GJB 3007 规定：在其周围有较强静电场辐射，且在 SSD 操作位置 300mm 以内的静电电位超过±100V 时（需要提出的是：如有必要，可控制在±35V 以下），应有屏蔽、隔离或移出等技术方案并予以实施。ANSI/ESD S20.20、IEC 61340-5-1 规定：在某位置静电场强超过 2000V/英寸，则操作 SSD 的位置应距离该位置 30cm 以外。某点静电电场要高于 125V/英寸，该点距 SSD 产品 1 英寸以外。ANSI/ESD S20.20、IEC 61340-5-1 规定：EPA 区域内对地绝缘金属体对地的静电电位不能高于｜35｜V（包括 SSD 器件）。如达不到上述要求时，要使用离子化静电消除技术或采取静电屏蔽或隔离措施。

（3）某些设备操作或工艺过程产生静电较高时，要采取静电中和或其他消除静电措施。

（4）各种有可能接触 SSD 产品的测试仪器、生产设备的漏电要符合相关标准或管控要求，不应造成 SSD 产品因漏电出现损坏。

12. 工具类（焊接工具）

（1）使用交流电或直流电的金属外壳工具（电烙铁、金属外壳吸锡器等）时，其外壳要和设备保护接地相接；使用焊接器具时，漏电流小于 10mA，漏电压小于 20mV（ANSI/ESD S20.20）。

（2）使用的电池动力、气动工具或其他各类手工操作工具（刷子、镊子、改锥等）外壳采用绝缘材料的，使用过程中因摩擦等原因导致外壳起电时，静电电位应小于±｜100V｜，如有必要可控制在±｜35V｜以下。如超过上述电位，应有静电消除措施。

（3）对于工具尽可能使用静电耗散材料制作。在使用金属工具时如有受力或强度要求，可采取金属表面涂覆静电耗散树脂，防止 SSD 带电对金属体的放电。或采取静电中和措施消除 SSD 的静电，防止 SSD 与带电金属之间的相互放电。

13. EPA 区域划分及管理

（1）EPA 可以是一个库房、厂房、工作台或机房，应有明确界限，并在醒目位置张贴区域标识，并按 EPA 有关规定管理。

（2）EPA 内不能放置与工作无关的绝缘制品（杯子、鸡毛掸、塑料封皮、垃圾箱等其他塑料制品）。不能将普通作业区和 EPA 混杂在一起。所有非必要使用的绝缘体（如咖啡杯、食品包装和私人物品等）必须从 EPA 中移出。

（3）如有实际需要，EPA 应有电磁防护措施。电子生产厂房周围区域应无超高压输电线、大功率射频设备等。

（4）配置满足测试要求并经周期计量合格的测试仪器。

14. 防静电工作区的智能化管理

有些产线面积很大、工位很多，对其日常管理和监测的工作量也很大，有时仅靠人工管理是满足不了要求的，因此防静电系统的智能化监测和管理很有必要。可以在防静电系统建立智能化管理及监测的主要环节有以下方面：

（1）防静电系统接地系统（手腕带、防静电装备、生产设备等）；

（2）生产环境（温湿度、洁净度、电磁等其他环境指标）；

（3）防静电用品、装备、地坪等周期性防静电自动检测系统；

（4）各重要生产环节的静电放电报警与监测记录；

（5）离子化静电消除系统时实监测与控制；

（6）重要工位等静电电位监测与记录；

（7）防静电系统智能化管理。

3.2 国内外标准有关防静电工作区的技术要求

3.2.1 国内标准有关防静电工作区的技术要求

有关防静电要求见表 3-3（GJB 3007 防静电工作区技术要求）。

表 3-3 EPA 防静电要求一览表（GJB 3007）

项目名称	检测指标	计量单位	技术指标要求
防静电接地电阻	接地电阻	Ω	<100
各类地面、地垫	系统电阻（对地电阻）	Ω	$1.0\times10^{6}\sim1.0\times10^{9}$ 静电耗散型
			$<1.0\times10^{6}$ 导静电型
各类工作台面（垫）	系统电阻（对地电阻）	Ω	$1.0\times10^{5}\sim1.0\times10^{9}$
	衰减期	s	≤2、|1000|～|100|V
各类墙面、天花板	系统电阻（对地电阻）	Ω	$\leqslant1.0\times10^{10}$
座椅和运转车	系统电阻（对地电阻）	Ω	$\leqslant1.0\times10^{9}$
工作服	摩擦电荷量	μC/件	≤0.1
			<0.6
手套、指套	点对点电阻	Ω	$1.0\times10^{5}\sim1.0\times10^{9}$
	衰减期	s	≤2、|1000|～|100|V
帽	点对点电阻	Ω	$1.0\times10\sim1.0\times10^{10}$
工作鞋（鞋底）	系统电阻（对地电阻）	Ω	$1.0\times10^{5}\sim1.0\times10^{9}$ 静电耗散型
			$<1.0\times10^{5}$ 导静电型
柔韧性包装类	衰减期	s	≤2、|1000|～|100|V
	静电屏蔽性能	V	<30
	表面电阻率	Ω/□	$1.0\times10^{6}\sim1.0\times10^{11}$ 内表面
			$<1.0\times10^{12}$ 外表面
各类防静电周转箱（盒、托盘、发泡海绵）	衰减期	s	≤2、|1000|～|100|V
	表面电阻率	Ω/□	$<1.0\times10^{6}$ 导静电型
			$1.0\times10\sim1.0\times10^{11}$ 静电耗散型
烙铁、焊接设备对地之间电阻	点对点电阻	Ω	<20
腕带穿戴下电阻	系统电阻（对地电阻）	Ω	$7.5\times10^{5}\sim1.0\times10^{7}$
腕带内表面对电缆扣电阻	点对点电阻	Ω	$\leqslant1.0\times10^{5}$
腕带连接电缆两端电阻	点对点电阻	Ω	$7.5\times10^{5}\sim1.0\times10^{7}$
进入 EPA 人员的人体对地电阻	系统电阻（对地电阻）	Ω	$1.0\times10^{6}\sim1.0\times10^{9}$ 静电耗散型
			$<1.0\times10^{6}$ 导静电型
工位器具（刷、气动工具、存放架、传递用品、吸锡器等）	点对点电阻	Ω	$<1.0\times10^{9}$
	衰减期	s	≤2、|1000|～|100|V
鞋束（袜）	点对点电阻	Ω	$1.0\times10^{5}\sim1.0\times10^{9}$ 静电耗散型 $<1.0\times10^{5}$ 导静电型
电离器（离子枪、离子栅）	衰减期	s	<20、|1000|～|100|V
	残余电压	V	<|50| 单台消除器
			<|100| EPA 环境

续表

项目名称	检测指标	计量单位	技术指标要求
窗帘	点对点电阻	Ω	$1.0\times10\sim1.0\times10^{10}$
防静电蜡	表面电阻	Ω	$1.0\times10^{5}\sim1.0\times10^{9}$
传输带	系统电阻（对地电阻）	Ω	$1.0\times10^{5}\sim1.0\times10^{9}$
集成电路包装管	摩擦电压	V	≤ | 50 |
	带电量	nC	≤0.05
EPA 静电电位	操作位置对地电压	V	< | 100 |

3.2.2　国际电工委员会标准有关防静电工作区的技术要求

IEC 61340-5-1—2016 有关防静电工作区接地、技术要求见表 3-4、表 3-5、表 3-6 和表 3-7。

表 3-4　接地/连接要求

技术要求	接地方法	测试方法/标准	要求限值
接地/连接系统	保护接地	国家电力系统标准	国家电力规范限值
	功能接地	国家电力系统标准	国家电力规范限值 如果国家电力系统规范没有明确规定的要求，则功能接地和保护接地之间的电阻不应超过 25Ω
	等电位连接	见表 3-5 和表 3-6	见表 3-5 和表 3-6 中每个 ESD 防护物品的限值

表 3-5　人员接地要求

技术要求	ESD 防护物品	产品认证		符合性验证	
		测试方法	限值②	测试方法	限值②
人员接地	腕带（腕带和接地线）	IEC 61340-4-6	$R<5\times10^{6}\Omega$ 或用户定义的值	见腕带系统	
	腕带电阻	IEC 61340-4-6			
		内表面	$\leqslant1\times10^{5}\Omega$	不适用	
		外表面	$>1\times10^{7}\Omega$	不适用	
	腕带系统①	不适用		IEC 61340-4-6 腕带连续性测试	$R<3.5\times10^{7}\Omega$
	鞋类	IEC 61340-4-3③	$R\leqslant1\times10^{8}\Omega$	见人员/鞋系统	
	人员/鞋/地板系统	IEC 61340-4-5	$R_g\leqslant1.0\times10^{9}\Omega$ 和人体电压的绝对值<100V（5 个最高峰值的平均值）	IEC 61340-4-5	$R_g\leqslant1.0\times10^{9}\Omega$④⑥
	人员/鞋系统	不适用		见附录 A⑤	$R_{gp}<3.5\times10^{8}\Omega$

注：① ESD 服装作为腕带接地路径一部分的情况下，总系统电阻应小于 $3.5\times10^{7}\Omega$，总系统电阻包括人员、服装和接电线电阻。

② 本表中使用的符号：R_g 是指对地电阻，R_{gp} 是指对接地点的电阻。

③ 对于鞋类的产品认证测试环境条件，采用 IEC 61340-4-3 标准，宜为（12±3）%RH 和（23±2）℃。

④ 宜定期进行人体产生电压测试,以验证电压值小于 100V。

⑤ 电阻限值适用于对每只脚逐个测试，不适用于对两只脚同时测试。

⑥ 指标限值 $<1.0\times10^{9}\Omega$ 是允许的最大值。用户宜记录产品认证人体产生电压<100V 时，测量人－鞋－地系统总电阻，并设置该电阻值为上限，作为符合性验证的电阻限值。

表 3-6 EPA 要求

EPA 要求	ESD 防护物品	产品认证[①]		符合性验证[②]	
		测试方法	限值[③]	测试方法	限值[③]
	工作表面[⑦]，储存架和手推车	IEC 61340-2-3	R_{gp}<1×10⁹Ω R_{p-p}<1×10⁹Ω[⑥]	IEC 61340-2-3	R_g<1×10⁹Ω
	腕带连接点				R_g<5×10⁶Ω
	地板	IEC 61340-4-1[④⑤]	R_{gp}<1×10⁹Ω	IEC 61340-4-1	R_g<1×10⁹Ω
	离子化静电消除器	IEC 61340-4-7	消散时间（±1000～±100V）<20s 残余电压<±35V	IEC 61340-4-6 腕带连续性测试	消散时间(±1000～±100V）<20s 残余电压<±35V
	座椅	IEC 61340-2-3[③]（测量对接地点的电阻）	R_{gp}<1×10⁹Ω	IEC 61340-2-3[③]（测量对地的电阻）	R_g<1×10⁹Ω
	防静电服	IEC 61340-4-9 或用户规定的方法	R_{p-p}<1.0×10¹¹Ω 或用户规定的限值	IEC 61340-4-9 或用户规定的方法	R_{p-p}<1.0×10¹¹Ω 或用户规定的限值
	可接地的防静电服	IEC 61340-4-9	R_{gp}<1×10⁹Ω	IEC 61340-4-9	R_{gp}<1×10⁹Ω

注：① 对于产品认证，测试环境条件为（12±3）%RH 和（23±2）℃。当相关标准没有规定时，进行产品认证的最少环境预处理时间为 48 小时。

② 在符合性验证表中所列的测试方法仅采用基本的测试程序。

③ 本表中使用的符号，R_{p-p} 是指点对点电阻，R_g 是指对地电阻，R_{gp} 是指对接地点的电阻。

④ ESD 地板的测量，宜使用的最大允许测试电压为 100V。

⑤ 如果操作 ESDS 产品的人员通过地板接地，则人员接地系统参照表 3-5 中的要求执行。

⑥ 在易遭带电器件模型（CDM）损坏的状况下，点对点电阻最低限值是 $1×10^4$Ω。

⑦ 工作表面是指放置了未受保护的 ESDS 产品的任何表面。

表 3-7 防静电包装要求

技术要求	ESD 包装分类	测试方法[②]	要求的范围
包装表面电阻	静电耗散	IEC 61340-2-3	$1×10^4 ≤ R_s < 1×10^{11}$Ω[①]
	绝缘体	IEC 61340-2-3	$R_s ≥ 1×10^{11}$Ω
	导静电	IEC 61340-2-3	$<1×10^4$Ω
	静电放电屏蔽（柔性包装袋）	IEC 61340-4-8	<50nJ[③]

注：① 进行包装测量时参见 IEC 61340-2-3，并使用表面电阻参数 R_s。

② 测试包装产品评价检验时，环境测试条件应为湿度（12±3）%RH 和温度 23℃。

③ 静电放电屏蔽（柔性包装袋）指标，最新 IEC 标准已改为<20nJ。

3.2.3 美国 ANSI/ESD S20.20 标准有关防静电工作区的技术要求

2014 年 ANSI/ESD S20.20 修订发布的有关防静电工作区的技术要求见表 3-8、表 3-9、表 3-10 和表 3-11。

表 3-8 接地要求

技术要求	项 目	测试方法	指标要求
接地/等电位连接	设备接地导体	ANSI/ESD S6.1	$<1.0\Omega$（AC）
	辅助接地	ANSI/ESD S6.1	$<25\Omega$ 至公共接地端
	等电位连接	ANSI/ESD S6.1	$<1.0\times10^{9}\Omega$

表 3-9 人员接地要求

技术要求	产品检验		认证检验	
	测试方法	指 标	测试方法	指 标
手腕带系统	ANSI/ESD S1.1（6.11 节）	$<3.5\times10^{7}\Omega$	TR53 手腕带章节	$<3.5\times10^{7}\Omega$
地板/鞋系统（方法 1，ANSI/ESDS20.20 删除该项）	ANSI/ESD STM97.1	$<3.5\times10^{7}\Omega$	TR53 地板章节	$<3.5\times10^{7}\Omega$
			TR53 鞋类章节	$<3.5\times10^{7}\Omega$
地板/鞋系统（方法 2）	ANSI/ESD STM97.1	$<1.0\times10^{9}\Omega$	TR53 地板章节	$<1.0\times10^{9}\Omega$
	ANSI/ESD STM97.2	＜100V（五个最大峰值的平均值）	TR53 鞋类章节	$<1.0\times10^{9}\Omega$

表 3-10 防静电工作区要求

技术要求	项 目	产品检验要求		认证检验要求	
		测试方法	指标要求	测试方法	指标要求
	腕带接地线	ANSI/ESD S1.1	$0.8\sim1.2\times10^{6}\Omega$	手腕带系统认证检验见表格 3-9。腕带接地线电阻小于 10Ω（S6.1ANSI/ESDS20.20-2014）；腕带连接点电阻小于 2Ω	
	腕带	同上	内$<1\times10^{5}\Omega$		
			外$>1\times10^{7}\Omega$		
	腕带接地线弯折寿命	同上	>16000 次（S20.20—2014 删除该项）		
	鞋类	ANSI/ESD STM9.1	$<1.0\times10^{9}\Omega$（对地电阻）	见表 3-8	
	地板接地	ANSI/ESD SP9.2	$<1.0\times10^{9}\Omega$	同上	
	地板	ANSI/ESD S7.1	$<1.0\times10^{9}\Omega$（表面对地电阻）	同上	
	非环境系统空气电离装置	ANSI/ESD STM3.1	用户自定消除时间	TR53	用户自定消除时间
			偏移电压 $<\pm35V$		偏移电压 $<\pm35V$
	环境系统空气电离装置	同上	用户自定消除时间	TR53	用户自定消除时间
			偏移电压 <150V（S20.20—2014 删除该项）		偏移电压 $<\pm150V$（S20.20—2014 删除该项）
	座椅	ANSI/ESD STMSTM12.1	$<1.0\times10^{9}\Omega$（表面对地电阻）	TR53 座椅章节	$<1.0\times10^{9}\Omega$（表面对地电阻）

续表

技术要求	项　目	产品检验要求		认证检验要求	
		测试方法	指标要求	测试方法	指标要求
	货架	ANSI/ESD S4.1	<1.0×10^{9}Ω（表面对地电阻）	TR53 工作表面章节	<1.0×10^{9}Ω（表面对地电阻）
	移动设备	同上	<1.0×10^{9}Ω（表面对地电阻）	TR53 移动设备章节	<1.0×10^{9}Ω（表面对地电阻）

表 3-11　防静电包装要求

技术要求	ESD 包装	测试方法	要求的范围
包装内、外层表面电阻（R_s）	静电耗散	ANSI/ESD STM11.11	$1\times10^4\leqslant R_s<1\times10^{11}$Ω
同上	导静电	ANSI/ESD STM11.11	$R_s<1\times10^4$Ω
同上	绝缘体	ANSI/ESD STM11.31	$R_s\geqslant1\times10^{11}$Ω
同上	静电放电屏蔽（袋子）	AANSI/ESD STM11.31	<20nJ

注：低起电包装参见 ANS/ESD　ADV11.2。

图 3-5 展示防静电工作区基本构成。

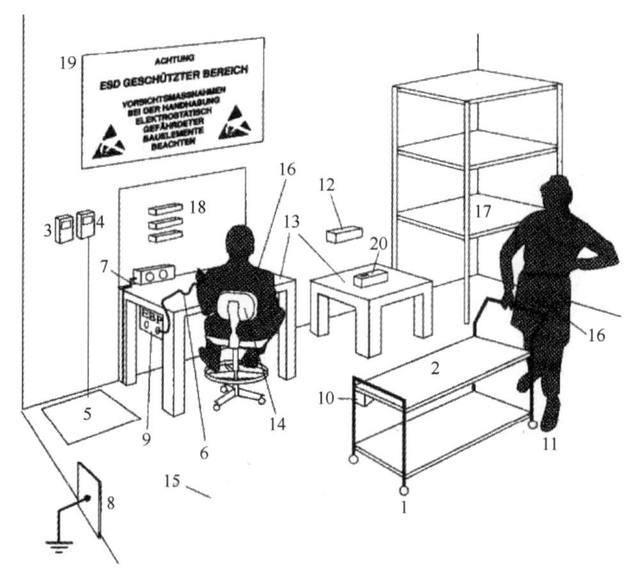

图 3-5　防静电工作区构成

1—运转车接地轮；2—运转车上面板；3—腕带测试器；4—脚束测试器；5—脚跟接地底脚板；6—腕带及接地线 7，12—离子化静电消除器；8—静电接地设施；9—接地搭接点；10—运转车；11—防静电鞋；13—防静电工作台；14—防静电转椅；15—防静电地板；16—防静电工作服；17—防静电货架；18—元件盒；19—EPA 标志；20—元件盒

3.3　电子洁净厂房有关防静电与洁净度要求

静电带电与放电是电子洁净厂房的一个严重问题，这里考虑的静电影响包括：

（1）带静电物体和人员对污染物的吸附，以及随后的污染物向关键器件表面转移造成污染和降低产品品质。

（2）静电吸附尘埃对产品造成的直接损坏。

（3）静电直接接触或非接触放电造成 SSD 损害。

对于大规模集成电路、光学电子器件、磁头、显示屏等光学电子产品的生产环境有较高的洁净度要求。通常洁净厂房（或洁净室）分工业洁净厂房、生物洁净厂房。工业洁净厂房又分为电子工业用洁净厂房、医药工业用洁净厂房、食品或保健品生产洁净厂房。这里只讨论电子工业用洁净厂房（或洁净室）。电子工业用洁净厂房（或洁净室）按气流分类可分为非单向气流洁净厂房。此类洁净厂房适用于 GB 50073 规定的洁净度 6～9 级；单向气流洁净厂房（分水平气流和垂直气流）广泛应用于电子产品生产用洁净厂房，适用于 GB 50073 规定的洁净度 1～5 级的厂房；混合型气流洁净厂房可以用于任何洁净等级的厂房。电子工业用洁净厂房的防静电要求和一般无洁净要求的防静电厂房没有不同。电子工业洁净厂房的设计和施工应达到 GB 50472《电子工业洁净厂房设计规范》、GB 50073《洁净厂房设计规范》、GB 51110《洁净厂房施工与质量验收规范》有关规定。对地坪和墙壁、生产设备和工装用品表面、人员用品、厂房或局部空间空气洁净度还应符合以下方面。

1. 电子厂房洁净度要求

对于洁净厂房的洁净度划分可参照表 3-12（a）（美国 IEST RP CC-003.2 规范）和表 3-12（b）（GB 50073）。GB 50073 与 ISO 14644-1 等同。

表 3-12（a） 净化级别（IEST）

级别	检测的粒径/μm				
	0.1	0.2	0.3	0.5	5.0
0.1μm 1 级	35×1	（35×0.2）	—	—	—
0.1μm 5 级	35×5	35×1	—	—	—
0.1μm 10 级	35×10	35×2	35×0.86	—	—
1 级（0.1μm 35 级）	35×35	35×7.5	35×3	35×1	—
10 级	35×350	35×75	35×30	35×10	—
100 级	—	35×750	35×300	35×100	—
1000 级	—	—	—	35×1000	35×7
10000 级	—	—	—	35×10000	35×70
100000 级	—	—	—	35×100000	35×7000

注：1. 表中“×”号后面的数字为每立方英尺空气中的粒子数，括号内的数字为参考值。表中“×”号前为每立方米空气中粒子数。

2. IEST 为美国环境科学与技术学会。

表 3-12（b） 洁净室及洁净区空气中悬浮粒子洁净度等级（GB 50073）

空气洁净度等级/N	大于或等于表中粒径的最大浓度限值/（PC/m^3）					
	0.1μm	0.2μm	0.3μm	0.5μm	1μm	5μm
1	10	2				
2	100	24	10	4		
3 （IEST 1 级）	1000	237	102	35	8	

（续表）

空气洁净度等级/N	大于或等于表中粒径的最大浓度限值/（PC/m³）					
	0.1μm	0.2μm	0.3μm	0.5μm	1μm	5μm
4（IEST 10 级）	10000	2370	1020	352	83	
5（IEST 100 级）	100000	23700	10200	3520	832	29
6（IEST 1000 级）	1000000	237000	102000	35200	8320	293
7（IEST 10000 级）				352000	83200	2930
8				3520000	832000	29300
9				35200000	8320000	293000

注：1．每点至少采样 3 点。

2．本标准不适用表征悬浮离子的物理、化学、放射及生命性。

3．根据工艺要求可确定 1～2 个粒径。

4．各种要求粒径 D 的最大允许浓度由下式确定（粒径 0.1～5μm）。

$$C_N.\ C_N=10^N\times(0.1/D)^{2.08}$$

式中　C_N——大于或等于要求粒径的粒子最大允许浓度（PC/m³）。C_N 是以四舍五入至相近的整数，有效位数不超过三位数；

N——洁净度等级，数字不超过 9，洁净度等级整数之间的中间数可按 0.1 为最小允许递增量；

D——粒径（μm）；

0.1——常数，量纲微米。

电子、光电子产品生产环境的洁净度要求可参照表 3-13（a）～表 3-13（c）。随着集成电路集成度提高，对空气洁净度要求越来越高。表 3-13（d）示出 SIA（国际半导体协会）对电子生产环境洁净度控制趋势的预测。

表 3-13（a）　电子、光电子产品生产环境的洁净度要求

产品工序		空气洁净度等级/级	温度/℃	相对湿度/%RH	洁净室气压/Pa
半导体材料	拉单晶	4～5（0.3μm）	23±2	45±5	≥5
	切、磨、抛	5～7（0.3μm）	23±2	45±5	≥5
	清洗	4～7（0.3μm）	23±2	45±5	≥5
	外部	3～5（0.3μm）	23±2	45±5	≥5
芯片制造（前工序）	氧化、扩散、清洗、刻蚀、薄膜、离子注入	2～5（0.1～0.3μm）	23±1	45±5	≥5
	光刻	1～4（0.1～0.3μm）	22±1	45±5	≥5
	检测	3～6（0.1～0.3μm）	23±2	45±5	≥5
	设备区	6～8（0.1～0.3μm）	23±5	45±10	≥5
封装（后工序）	划片、键合	5～7（0.3μm）	21±1	50±5	≥5
	封装	6～8（0.3μm）	23±1	50±5	≥5
TFT-LCD	薄膜光刻、刻蚀、剥离	2～3（0.1μm）	23±1	45±5	≥5
	涂复	1～3（0.1）	23±1	45±5	≥5

续表

产品工序		空气洁净度等级/级	温度/℃	相对湿度/%RH	洁净室气压/Pa
TFT-LCD	模块	4～5（0.3μm）	23±2	45±10	≥5
	组装	6～7（0.3μm）	23±2	45±5	≥5
STN-LCD 生产		5～7（0.3μm）	23±2	45±5	≥5
HDD	制造区	3～4（0.1）	23±1	45±5	≥5
	其他区	6～7（0.3μm）	23±1	45±10	≥5
PDP	核心区	5（0.3μm）	23±2	45±5	≥5
	支持区	6～7（0.3μm）	23±2	45-60	≥5
锂电池	干工艺区	6～7（0.5μm）	23±2	2	≥5
	其他区	7～8（0.5μm）	23±2	15	≥5
彩色显像管	涂屏电子枪装配荧光粉	7（0.5μm）	23±2	45±5	≥5
	锥子墨涂复荫罩	8（0.5μm）	23±2	45±5	≥5
电子仪器	电子产品装配	8（0.5μm）	23±5		≥5
印制电路板	照相、制版、干膜	7～8（0.5μm）	23±2	40～60	≥5
光导纤维	预制棒	6～7（0.3μm）	24±2	50±5	≥5
	拉丝	5～7（0.3μm）	22±1	50±5	≥5
	光盘制造	6～8（0.3μm）	23±1	50±10	≥5
高密度磁带制造		5～8（0.5μm）	23±1	50±10	≥5
磁头生产	核心区	5（0.3μm）	23±2	60±5	≥5
	清洗区	6（0.3μm）	21±2	<70	≥5

表 3-13（b）　8 英寸、4 英寸、5 英寸硅单晶及硅片加工环境洁净度要求

加工环境	8 英寸（洁净度等级）	4 英寸、5 英寸（洁净度等级）
单晶拉制、原辅材料腐蚀	8	二级过滤
照片清洗、喷砂、加热炉室、测试封装	7	二级过滤
石英管清洗、腐蚀清洗、加热炉后室	6	
磨片、腐蚀清洗	7	二级过滤，局部 5 级
抛光室	7	二级过滤，局部 5 级
抛光贴片	6	二级过滤，局部 5 级
清洗、检验、包装	4	6 级，局部 5 级
最终检验	3	6 级，局部 5 级

表 3-13（c）　集成电路的芯片制造用洁净厂房空气洁净度要求

厂房类型	A 厂（级）	B 厂（级）	C 厂（级）	D 厂（级）	E 厂（级）
光刻	4.5	4	5	5	5
氯化、扩散、清洗、离子注入	5.5	5	6	5	3.5
检验	7	6	7	5/7	7

续表

厂房类型	A厂（级）	B厂（级）	C厂（级）	D厂（级）	E厂（级）
设备区	6/7	7	7	5/7	7
外延		5			

表 3-13（d） SIA 集成电路发展和对洁净生产环境控制趋势的预测

项目年代	1995	1998	2001	2004	2007	2010	2015	2022
集成度/μm	64M	256M	1G	4G	16G	64G	256G	1.5MG
线宽/μm	0.35	0.25	0.18	0.13	0.10	0.07	0.04	0.01
空气含尘浓度（个/m^3，0.1μm）	114	64	35	20	12	8	4	2
控制粒径/μm	0.035	0.025	0.018	0.013	0.01	0.007	0.004	0.001
洁净等级（推荐）	2	1.5	1.5	1	1	0.5	0.3	0.1

2．洁净厂房的净化系统和装备配置与技术要求

对于洁净厂房，通常需配置的系统或装备的洁净要求有：

1）整体厂房空气净化系统（新风系统）

配置空气净化和过滤系统，使空气洁净度达到所需要求。

2）洁净工作台和工作表面

工作表面往往是最接近静电敏感产品和敏感工艺的表面，因此，工作台与工作表面的防静电性能和洁净要求符合相关标准要求。IEST-RP-CC 018 给出了工作表面洁净度的检测方法。使用不锈钢工作表面时，要注意人员安全和防止 CDM 效应发生。

3）风淋室和风幕

有时需配置离子化防静电功能的风淋室和风幕。使用的空气应经过滤净化处理。

4）恒温恒湿控制系统

设置整体厂房环境相对湿度和温度控制系统，并采取空间和外部环境的封闭对洁净度控制起重要作用。

5）防静电地坪和墙壁

有若干种可供选择的防静电地坪和墙体材料，最终用户应考虑所选材料符合洁净度等要求。所选地面和墙壁材料防静电性能应在规定的静电耗散材料范围之内。可用的地面、墙面材料和地面处理方法包括：

（1）通气地砖或隔栅地面。主要用于单向流洁净厂房的高架地板；常用产品为留有通风口的高压铸铝地板、钢地板、高压铸铝隔栅；或表面喷涂不起微粒、耐磨、光洁的其他防静电格栅地面。

（2）地面覆盖物。主要用于非单向空气流动洁净厂房；像防静电 PVC、环氧树脂、不锈钢和与地面粘接、接缝用的不起尘密封胶等。

（3）地面不起尘、微粒的耐磨涂料等。

（4）不起微尘的橡塑地垫。

（5）墙壁为不起纤维、微尘的塑钢，彩钢吊顶板、防火板、不锈钢板、铝合金等金

属板。

洁净环境使用地坪、墙壁、吊顶等建筑材料，应光洁、不起尘、易清洗、防火、无化学污染等。使用金属不锈钢地坪或高架铝格栅地板时，要注意设备漏电对人员安全产生不良影响。

6）座椅

所用材料应不起尘埃、细小纤维，防静电性能符合要求。

7）粘尘垫

用于人员在洁净厂房进口处所穿鞋具底部尘埃去除，并注意定期更换。

8）防静电无尘服装、帽、织物洁净技术和防静电要求（见表 3-14）

（1）防静电洁净工作服防尘性采用滚筒法测试（≥0.3μm 或≥0.5μm）；其质量技术分级指标如表 3-14 所示。

表 3-14　防静电洁净工作服尘粒数质量分级技术指标　　单位：尘粒数/min

级别	≥0.3μm 尘粒数	≥0.5μm 尘粒数
一级	<2000	<1200
二级	2000≤*P/C*<20000	1200≤*P/C*<12000
三级	20000≤*P/C*<200000	12000≤*P/C*<120000

（2）防静电洁净工作服 NVR（不挥发性残留物）的质量分级技术指标分为一级、二级、三级。

① 防静电洁净工作服一级 NVR 指标应小于 3μg/cm^2。

② 防静电洁净工作服二、三级 NVR 指标均应小于 10μg/cm^2。

（3）防静电洁净工作服离子含量的质量分级技术指标见表 3-15。

表 3-15　防静电洁净工作服离子含量的质量分级技术指标　　单位：ng/cm^2

级别	Cl^-	SO_4^{2-}	Na^+	Ca^{2+}
一级	<100	<100	<100	<200
二级	<200	<200	<200	<300
三级	<300	<300	<300	<500

（4）防静电性能见表 3-16。

表 3-16　防静电工作服防静电性能质量分级技术指标　　单位：μC/件

级别	带电电荷量
一级	≤0.1
二级	≤0.3
三级	<0.6

防静电工作帽、围裙、手套微尘控制可参照洁净工作服要求执行。

（5）所用洁净防静电工作服、帽等的注意事项如下。

① 设计要简单，接缝尽可能少，尽量不要口袋或将口袋放在内面。

② 接缝处不要让织物纤维露头，以免因磨损脱落而发尘。

③ 不用金属拉链、纽扣要少、可用尼龙拉链。在领口、袖口、裤口、门襟最好不使用尼龙搭扣。

④ 兜帽用在 IETS 标准 100～1000 级洁净厂房时，除眼睛和脸部外整个头部包在里面。

⑤ 头部紧紧包在兜帽内，直到连身服的拉链止，把人员完全裹住。

⑥ 帽子用于 IETS 标准 10000～10 万级洁净厂房，其形式类似医院手术室里用的帽子，应使头屑不掉落出来。

9）防静电洁净鞋具

洁净厂房或受控环境中穿戴的鞋具可以分为两类：

（1）防静电鞋具，包括鞋套、防静电鞋两个部分，即与防静电的地面或地垫接触的鞋；带有静电耗散特性的防尘鞋套。鞋与鞋套所有布料的脱绒和脱尘特性都应符合洁净要求。鞋底材料应使服装、鞋套和人体的静电通过导电带传至鞋底，并从鞋底传至静电耗散型地面或地垫。其他洁净指标应符合服装洁净方面的有关规定。

（2）另一种防静电鞋具是洁净厂房专用靴（和防尘服连接），这类靴具在更衣室穿上，仅在洁净厂房内使用。靴上有耗散和泄漏静电的通路，该通路将人体和服装的静电电荷通过靴传至地面。

（3）洁净鞋具使用注意事项。

① 洁净厂房不能使用布鞋和拖鞋，因为它们是发尘源。

② 鞋、鞋套、鞋罩均可洗涤，鞋底用不发尘塑料制作。其余材料指标应满足洁净工作服材料要求。

③ 在鞋套边缘和脚脖处要缝松紧带，防止鞋套下滑。

④ 鞋套应是长筒，其长度应能将整个裤腿下摆包在里面。在光滑地面，鞋子应采用防滑鞋底。

10）防静电洁净手套、指套

防静电手套和指套用于在干工艺和湿工艺中保护产品免受静电的伤害和人的污染。佩戴手套或指套的人可能偶尔不接地，鉴于此，应对防静电手套的静电耗散特性和再次接地时的静电泄放进行评估。接地通路可能会通过 ESD 敏感器件，因此，操作敏感器件时最好采用缓慢释放静电的静电耗散型材料，而不是使用导静电材料制作手套和指套。

评估防静电手套的另一个需要关注的问题是耦合，即手套表面与手套内的手不断接触摩擦可能产生的局部电荷。如果考虑出汗，将改善静电耗散。干手与湿手对静电的影响不同，湿漉的手能保持较好的电接触。防静电手套的制造材料可以是：

（1）含有平行或网格导电长丝纺织物；

（2）在制造弹力聚合物或橡胶的手套中加入导电添加剂；

（3）纯棉或与其他的静电耗散纤维材料混合的复合织物；

（4）不起尘橡胶、橡塑、PU 等材料。

用户应认真评估添加剂和脱落纤维。诸如颗粒物（例如碳黑脱落）、可析出物（例如在水浴中操作或接触湿物而析出氨盐）、脱落纤维数量等添加剂不应成为新的污染源。洁净手套、指套防静电指标应符合有关标准要求。

11）生产、检验设备和工具

生产、检验设备要可靠接地，其和工具表面应作到光洁、易清洁、不积尘和不挥发化学物质和不起微粒。

12）防静电化学品——表面防静电液、地板蜡

表面防静电喷雾液、地板蜡应无毒、不燃、不污染表面、符合环境使用要求。溶液不能引起过敏性反应，在用户规定的环境湿度下防静电有效。溶液使用时需经过去除颗粒物的过滤。建议用防静电清洁液清洁防静电区的塑料件，像工作面、护网等。在 EPA 内，若其他物品不是由防静电材料和导体材料制造的，应施用表面防静电清洁液。

表面施用防静电清洁液的方法包括喷雾、擦拭、滴洒，但喷雾可能产生污染洁净厂房环境的气溶胶，施用不均可能造成热岛效应，这些必须要防止。应定期检测防静电性能，并根据需要重复施用防静电液、蜡。防静电清洁液中可能含有化学品和微量离子，可能造成污染和腐蚀，在使用前应进行评估。

13）防静电包装

一般来说，应对用于洁净厂房产品防护、操作、储存、运输的柔性和硬质塑料包装材料进行综合性能评估，包括强度、隔离特性、ESD 防护、表面清洁度等。

应根据 SSD 产品的敏感水平选择包装物。有些产品只需要防静电，而有些产品还要增加额外的防电磁干扰和射频干扰功能。

所谓污染，说的不只是颗粒物或导电碳粉，对于含有添加剂的塑料和其他辅助材料的化学性能，像腐蚀、粒子析出性等也要考虑。用户可按表 3-17 的方法对塑料材料和其他辅助材料进行性能评估。

表 3-17　评估塑料材料和其他辅助材料的相关标准

物理性能	实验方法标准
密封强度	ASTM F88
抗冲孔	FTMS 101C 方法 2065.1 MIL-STD-3010 实验方法 2065
撕裂强度	ASTM D1922
伸长率	ASTM D882
透光率	ASTM D1003
水蒸气穿透率	ASTM F1249
接触腐蚀	FTMS 101C 方法 3005 MIL-STD-3010 实验方法 3005

14）无尘抹布

抹布的性能及评估方法见表 3-18～表 3-22。抹布与缠绕材料和书写材料类似，应考虑对其规定技术要求并进行检测。如果抹布被用来涂覆抗静电剂，应确定其适应性。应对抹布及使用情况进行有关防静电性能方面的评估和测试，并符合有关标准要求。无尘抹布标准 SJ/T 11480 有关洁净度要求见表 3-18。

表 3-18　无尘抹布 IC 含量

离子种类	IC 含量			
	A 类/（μg/g）	B 类/（μg/g）	C 类/（μg/g）	D 类/（μg/g）
F^-	≤0.1	≤0.5	≤1.0	≤2.0
Cl^-	≤0.2	≤1.0	≤2.0	≤3.0
Br^-	≤0.1	≤0.5	≤1.0	≤2.0
NO_2^-	≤0.1	≤0.5	≤1.0	≤1.5
NO_3^-	≤0.2	≤1.0	≤2.0	≤3.0
PO_4^{3-}	≤0.2	≤1.0	≤2.0	≤3.0
SO_4^{2-}	≤0.2	≤1.0	≤2.0	≤3.0
IC^-	≤0.5	≤2.0	≤4.0	≤10.0
Li^+	≤0.1	≤0.5	≤1.0	≤1.5
Na^+	≤0.2	≤1.0	≤2.0	≤3.0
NH_4^+	≤0.1	≤0.5	≤1.0	≤2.0
K^+	≤0.1	≤0.5	≤1.5	≤2.0
Ca^{2+}	≤0.2	≤1.0	≤3.0	≤5.0
Mg^{2+}	≤0.1	≤0.5	≤1.5	≤3.0
IC^+	≤1.0	≤4.0	≤10.0	≤15.0

注：1．IC^-和 IC^+分别表示阴离子和阳离子的总含量。

2．F^-、Br^-、NO_2^-、Li^+、NH_4^+为可选项目，根据用户要求检测。

无尘擦拭布根据 NVR（不挥发性残留物）含量的不同，分为 A 类、B 类、C 类和 D 类，技术要求见表 3-19。

表 3-19　NVR 技术要求

萃取溶剂	NVR 含量/（μg/g）			
	A 类	B 类	C 类	D 类
异丙醇	≤100	≤300	≤600	≤1000

无尘擦拭布根据微颗粒数的不同，分为 A 类、B 类、C 类和 D 类，技术要求见表 3-20。

表 3-20　微颗粒数

微颗粒数（≥0.5μm）	技术要求			
	A 类	B 类	C 类	D 类
APC/（个/min）	≤50	≤100	≤200	≤500
LPC/（个/cm^2）	≤750	≤1500	≤3000	≤8000

注：以上 APC 为 22.9cm×22.9cm 无尘擦拭布的技术要求，其他尺寸的无尘擦拭布请自行换算，如 10.2cm×10.2cm 无尘擦拭布的 A 级技术要求为≤50，其中 A_4 为 10.2cm×10.2cm 无尘擦拭布的面积，A_9 为 22.9cm×22.9cm 无尘擦拭布的面积。

无尘擦拭布根据有机硅含量的不同，分为 A 类、B 类和 C 类，技术要求见表 3-21。

表 3-21 有机污染物技术要求

污染物种类	技术要求		
	A 类	B 类	C 类
有机硅 （ng/g）	不得检出	≤13	>13
邻苯二甲酸酯类（DOP） （ng/g）	不得检出		
酰胺化合物 （ng/g）	不得检出		

无尘擦拭布根据表面易脱落纤维含量不同，分为 A 类、B 类、C 类和 D 类，技术要求见表 3-22。

表 3-22 易脱落纤维技术要求

单位：根

项目	技术要求			
	A 类	B 类	C 类	D 类
易脱落纤维数	≤10	≤30	≤100	≤200

注：以上大颗粒数及纤维数均为 22.9cm×22.9cm 无尘擦拭布的技术要求，其他尺寸的无尘擦拭布请自行换算，如 10.2cm×10.2cm 无尘擦拭布的纤维数的 A 级技术要求为≤10，其中 A_4 为 10.2cm×10.2cm 无尘擦拭布的面积，A_9 为 22.9cm×22.9cm 无尘擦拭布的面积。

15）洁净厂房离子化静电消除器

由于存在非导电（绝缘）材料和非接地表面，因此有必要对洁净室环境进行静电带电控制（ESCC）和静电放电控制（ESDC）评估。不同材料因接触摩擦而带电，进而使电位不同的物体间产生静电放电。有些场合利用离子化技术来中和电荷是唯一可行的消除静电方法。

（1）使用 4 类离子化静电消除器来消除洁净厂房静电的原理。

① 放射性电离器，利用放射性同位素衰变与环境气体电离产生消除静电正负两种离子。

② 交流高压电离器，在交流高压电晕放电针产生消除静电正负两种离子。

③ 直流高压电离器，在直流高压电晕放电针（分正、负）产生正、负极性离子，有脉冲型和稳态型两种直流高压电离器。

④ X 射线电离器，X 射线中的光子将能量传给环境气体，产生正负两种离子。

在洁净厂房及受控环境中使用上述电离器时，有各自的优点和局限性。

（2）洁净厂房电离器的应用。以下是洁净厂房常见的 4 种离子化静电消除器。

① 全室离子化。全室离子化系统是洁净厂房和非洁净厂房的大面积静电中和系统。在靠近天花板的位置，通过电晕放电产生正负两种离子，通过洁净气流和电场的作用，离子扩散至洁净厂房各个角落。气流既要慢得无涡流出现，又要在离子消失前到达工作面。

② 离子化工作台。离子化工作台靠单向垂直气流或其他方向气流提供工作台内区域的离子化。

③ 台式离子化装置。台式离子化装置用于控制静电，所处区域可能是洁净区，也可能是非洁净区。台式离子化装置包括工作台上部的离子风幕和离了棒。洁净室环境中的层流状态和风速是关键参数，为了控制气流和离子扩散，应仔细布置离子风机。所用风机应符合洁净区的污染控制要求。

④ 离子枪、风嘴等。在中和工作表面静电的同时利用高压气体清除表面颗粒物和污染物。离子枪、风嘴还可用于特殊操作工序产生的静电消除。

（3）使用离子化技术对洁净度的影响。最新研究给出了静电电荷和关键表面吸引微粒污染物的关系。若安装离子化系统的目的是减少产品或关键表面上的颗粒物污染，就要通过实验表明系统的能力是否符合这一目的。这种验证并不困难，在洁净行业，测量表面和空气粒子计数的仪器随处可见。SJ/T 11446—2008《离子化静电消除器通用规范》给出了一般离子化静电消除器在 GB 50073 规定的 4～8 级环境洁净度中的使用要求（见表 3-23）。

表 3-23 在不同环境洁净度中消电器使用要求（GB 50073 规定等级）

洁净度等级	≥0.5μm 的悬浮粒子数不大于以下规定
4	352 粒/m^3
5	3520 粒/m^3
6	35200 粒/m^3
7	352000 粒/m^3
8	3520000 粒/m^3

对于洁净度要求较高的洁净室（GB 50073 规定的 1～4 级），通常使用 X 射线、同位素离子化静电消除器。一般电晕放电式离子化静电消除器只能用于洁净度要求不太高的场合（GB 50073 规定的 4～9 级）。由于离子化静电消除器的放电针是造成污染原因之一，所以对放电针使用要求是：硅化碳针（CVD-SI C）的使用环境洁净度等级为 GB 50073 规定的 1～9 级；钛针（Ti）的使用环境洁净度等级为 GB 50073 规定的 4～9 级；钨针（TG）的使用环境洁净度等级为 GB 50073 规定的 4～9 级。

另外定期去除放电针氧化层和表面污物对消除静电的效果很重要。在洁净环境中，离子化静电消除器放电针所用针材料的溅射率要低。像上述材料（钨针、钛针）基本可以满足 4 级以上的洁净环境要求。如采用不锈钢针等由于存在溅射率高等原因，很容易污染环境，不适合在洁净度要求较高环境中使用。碳化硅针是一种比单晶硅密度更大、更重的非金属材料，溅射率极低，颗粒脱落、爆裂率很低，可用于最高等级的洁净环境中（GB 50073 规定的 1 级）。

（4）安全影响。对于 X 射线、同位素电离器和普通离子化静电消除器的安全使用，像放射性剂量、臭氧、氮氧化物、电气安全、抗电磁干扰等要符合相关标准要求，同时要进行安全评估后方可使用。

16）粘尘辊子等器具

表面经过无尘处理和采用不起尘材料，用于各种物体表面尘埃的粘尘处理。其表面洁净技术要求可采用无尘抹布相关技术要求。

17）洁净室用水、气体、溶剂

洁净室用水、气体、溶剂都要经过净化处理。洁净环境的电子产品生产使用的干燥压缩空气，例如离子化静电消除器（气棒、气嘴等）使用的压缩空气应符合表 3-24 的规定。

18）洁净厂房净化设备

洁净厂房的净化设备很多，如过滤器（超高效（HEPA）、高效（ULPA）、中效、低效等过滤器）、FFU、高效送风口、自净器、层流罩、风淋室、传递箱、真空清扫等设备，其使用要符合净化厂房洁净、安全规定，定期清洗、维护、测试。

表 3-24　一些电子产品对干燥压缩空气品质的要求

品质指标	集成电路芯片制造	TFT-LCD	光纤制造	液晶显示器
含水量（露点）/℃	−90～−80	−80～−70	−60	−60～−50
微粒限控粒径/μm	0.01～0.1	0.1～0.2	≥0.3	0.3
微粒控制浓度/（个/m^3）	1～10	10～30	10～30	10～20
含油量	n+	n	n	n

19）洁净人体用品选用要求

无尘用品应定期进行洁净清洗处理。像工作服、鞋、鞋套、帽子、工作台表面等物品的无尘清洗时，应按相关技术标准进行清洗和处理，必须防止因洗涤剂、清洗用具表面不洁净而二次沾污洁净用品。

洁净厂房工作服、鞋子、手套等的选用要求详见表 3-25。

表 3-25　洁净度等级与洁净用品选用关系（IEST RP CC-0003.2）

洁净用品	10000 级（GB 50073 规定的 7 级洁净厂房）	1000 级和 100 级（GB 50073 规定的 6 级和 5 级洁净厂房）	10 级和 1 级（GB 50073 规定的 4 级和 3 级洁净厂房）
长服（大褂）	×	×	×
分体服	0	×	×
连体服	√	√	√
鞋套	0	0	×
靴子	√	√	√
发罩	√	√	√
头罩	√	√	√
屏障手套	√	√	√
口罩	√	√	√

注：√表示推荐使用；×表示不推荐使用；0 表示根据具体情况确定。

20）洁净室人员培训

洁净工作人员必须经过职业培训，符合要求后方可上岗，培训的内容（ISO 14644-5）如下：

（1）洁净室的基础知识（设计、气流和过滤技术）；污染控制方法；温湿度的控制；

（2）洁净室洁净度的等级标准（ISO 14644-1）的等级与FS 209的习惯叫法的对应关系；

（3）污染源；

（4）作业人员的个人卫生；

（5）洁净室的清洁、定期清扫；

（6）洁净工作服的穿脱和清洗（ISO 14644-5）；

（7）洁净室的调湿和检测；

（8）洁净室内工作人员的行为规范；

（9）安全应急措施。

3.4 构建防静电工作区时常见的一些问题

下面列出在实际工作中，构建EPA时常遇到的一些不正确或不规范的做法。

（1）各接地系统混接、搭接。例如：将工作接地（中性点接地）或保护接地串接在防静电接地腕带接地支线上。当设备漏电或电网不平衡时，防静电接地通过电流，造成戴腕带的职工有针刺触电感。

（2）工作台面为不锈钢板面，或用金属容器、金属存放柜裸放SSD器件（PCB）。造成带电SSD器件（PCB）对金属体放电，导致不良品率提高。

（3）某些防静电装备（工作台、柜、传输带等）和防静电地坪没设置防静电等电位接地。

（4）EPA以外所用防静电包装不具备屏蔽性能或没有采取二层隔离措施。

（5）采用金属纤维毯直接接触PCB的静电消电措施。

（6）没有将EPA和非EPA划分开，在EPA内使用大量非防静电的绝缘包装材料（器具）并和防静电包装（器具）混用。

（7）所用电烙铁和金属外壳的电气工具、设备（包括检测仪器、金属表面的测试探头）没有采取外壳硬接地措施。

（8）在EPA操作位置近距离放置CRT显示器、直流高压设备等，使SSD（PCB）感应电压过高。

（9）防静电装备串联接地。例如将多个工作台串联接地。

（10）防静电包装封口使用普通胶粘带。

（11）采用分体式防静电上衣，没有配备防静电裤；穿戴短袖防静电工衣。

（12）使用绝缘测试夹具、不干胶带剥离作业、绝缘用具操作SSD时，在起静电较强时，没用使用离子化静电消除器。

（13）短时效防静电包装长时间重复使用。

（14）利用非永久性防静电剂改性的地坪防静电性能已丧失，还在使用。

（15）所用腕带的松紧带不含导电丝。

（16）EPA区域没有划分，无标识。没采取防静电措施的人员自由进出，并随意拿取

SSD。

（17）EPA 内配置的防静电用品没有检验报告，使用的很多防静电用品为不合格品。

（18）没有配置静电检验仪器和相关检验设备，对 EPA 内防静电系统质量没有实行实时监控。

（19）所用防静电工作服表面电气连通性不好。

（20）EPA 所有金属体（隔断、架子等）没有采取接地措施。

（21）防静电椅、车与防静电地坪等电位接地不良。

（22）EPA 环境湿度没有采取措施进行控制。

（23）不知道操作的 SSD 敏感度，所用离子化静电消除器的残余电压高于 SSD 的敏感电压。

（24）职工不了解离子化静电消除器使用方法，使用时放置位置不正确。

（25）职工对导静电、静电耗散、静电屏蔽包装功能不知道，错误使用。

（26）防静电接地不规范。采用缠绕连接，或将地线与桌垫（地垫）用点接触方法，常造成接地不良。

（27）利用防静电地坪表面作为工作台、存放柜等固定防静电装备的接地线。

（28）在干燥环境中，大量使用一些没经过防静电剂处理，而表面电阻值在 $1\times10^{12}\Omega$左右或以上的所谓抗静电包装材料。

（29）防静电地线接地极已腐蚀断路。

（30）生产 SSD 的环境洁净度和所用洁净用品不符合相关标准要求。

（31）在 EPA 外区域放置的 SSD 组件（成品）的输入和输出端没采取静电防护措施。

（32）EPA 内各接地系统没采取等电位连接措施。

（33）在 EPA 内，职工穿着导静电工作鞋。

（34）在 EPA 内，职工使用无接地线腕带。

（35）在 SSD（PCB）旁边，放置有功率较大高频辐射设备。

（36）离子化静电消除器、生产设备所用压缩空气没有采取净化措施。

（37）绝缘介质剥离作业、SSD 组件上喷涂树脂（绝缘漆），没有采取静电中和措施。

（38）虽然 EPA 设置防静电地坪，但职工没有穿防静电鞋。

（39）在干燥环境中，穿棉织物防静电工作服。

（40）EPA 内设置多个独立接地系统，接地电阻不同，没采取等电位连接措施。

（41）对 EPA 的防静电系统验收、检验时，环境相对湿度过高（70%RH 以上）。

（42）铺设防静电地坪时所用材料不具有防静电性能（瓷砖、环氧树脂、塑胶等），只是用防静电蜡、防静电剂涂覆表面，没有对材料整体进行防静电改性或实时监控处理。

第 4 章 静电防护技术与静电检测原理

静电防护技术与 EPA 防静电系统检验是整个静电防护工作中不可缺少的重要组成部分。为了防止静电危害，必须采用静电防护技术。同时掌握静电起电、放电的情况，了解生产、储运等过程中静电产生情况，判断该过程中静电放电的危险性，确定静电源，了解 EPA 静电防护措施、用品的质量，还必须进行静电检测。另外，在防静电工作的工艺设计、实验、施工、生产等过程中，也需要测试静电的参数。应当指出，有些静电参数在理论上虽然可以进行计算，但由于实际情况往往比较复杂，单靠理论计算得出结果，通常和实际相差很大，所以必须依靠检测。

1．静电测试的目的

（1）为防静电工程设计和改善产品自身防静电性能提供依据。

（2）在实际运行条件下，检验人体、设备、工装器具等是否可能成为静电源。

（3）检测静电防护用品（装备、工具、设备、材料）和工程的防静电性能和质量。

（4）评价静电防护措施的效果。

（5）当发生静电放电危害后进行模拟测试，分析事故原因，为采取有针对性的措施提供依据。

2．静电测试的特点

静电测试具有下列特点。

（1）通常静电测试仪器要有很小的输入电容和极高的输入电阻。由于带电体的静电电量很小，所以在静电测试过程中即使有少量电荷从带电体流入测试仪表泄漏掉，都会造成很大的测量误差。另外，有些材料本身电阻很高，利用较小输入电阻的电阻测试仪测试，也会造成较大测试误差。而且引入的测试仪器对原来静电场分布也会产生很大的影响。为了降低测试仪器对静电测试的影响，要求测试仪器具有很小的输入（耦合）电容和极高的输入电阻（一般要求不低于 $1\times10^{13}\Omega$）。

（2）静电测试结果往往与测试方法和测试电压等诸测试条件有关。在实际工作中往往因测试方法不统一，测试环境条件不一致，所用仪器性能不同，出现测试误差大等问题。这就要求测试人员尽量采用科学合理的测试方法，选用的测试仪器符合实际测试要求并定期进行计量，以避免测试结果出现较大误差。不同的测试方法、不同的带电方式、不同的测试电压和电极，将导致不同的测试结果，因此，必须按国际标准、国家标准规定的测试方法、测试电压、测试电极、环境条件等进行测试。

（3）静电测试受各种环境条件的影响显著。静电测试受到环境条件的影响较之普通的强电或弱电测试要大，而且显著得多。用同样的测试方法、同样的测试仪器、在同一地点做同样的测试时，如果环境温度、相对湿度、被测物品与环境的平衡时间等测试条件不同，则测试结果会有很大的差别，环境相对湿度对测试结果的影响尤其显著。因此，测试报告中必须要注明温度、湿度等环境条件。

以下介绍一些最基本的静电防护技术和按国际标准等（国际电工委员会 IEC、ANSI/ESDA、MIL、国标 GB、军标 GJB、电子行业标准 SJ）规定的测试方法，掌握这些方法基本能满足电子工业实际工作的需要。

4.1　EPA 内常见的几种接地及检测

4.1.1　常用接地名词术语

（1）防静电接地连接系统（ESD grounding system）。将静电荷泄放到大地（或实现静电等电位）的接地连接导体的总汇。

（2）接地极（桩）（earthing electrode）。为达到与地连接的目的，一根或一组与土壤（大地）密切接触并提供与土壤（大地）之间的电气连接的导体。

（3）等电位连接（equipotential bonding，EB）。设备与接地装置导电部分或其各相互之间实现电位基本相等的连接。

（4）接地装置（earth–termination system）。接地线和接地极的总和。

（5）安全保护性接地（protective earthing）。保护人身和设备安全为目的的接地。

（6）功能性接地（functional earthing）。用于保证设备（系统）正常运行，实现设备（系统）或实现某种功能的接地。

（7）接地线（earthing conductor）。从接地端子或接地汇集排至接地极的连接导体。

（8）公共接地点（common connection point）。把两个或两个以上接地引下线或不同功能接地线用导体连接在一起的接地装置或连接点。

4.1.2　EPA 内的几种接地

接地系统的构成是比较复杂的，不同领域有不同要求。这里主要讲电子 EPA 接地系统的构成，下面将防静电工作区内常见的几种接地作用和概念做详细的介绍。

1．安全保护接地

安全保护接地概念：将电气设备不带电的金属外壳部分与接地体之间进行良好的金属连接，以保护人员免遭电击伤害。

当没有保护接地的电气设备绝缘损坏时，其外壳有可能带电，如果人体触及电气设备的外壳就可能被电击伤或造成生命危险。在中性点直接接地的电力系统中，触电短路电流

I_d 经人体、大地流回中性点；在中性点不直接接地的电力系统中，触电电流经人体流入大地，并经线路对地电容构成通路，这两种情况都能造成人身触电，如图 4-1（a）所示。

如果装有接地装置的电气设备绝缘损坏使外壳带电时，接地短路电流将同时沿着接地体和人体两条通路通过，如图 4-1（b）所示。图中，$I_d = I'_d + I_R$，我们知道：在一个并联电路里，通过每条支路的电流值与电阻的大小成反比，如式（4-1）所示。

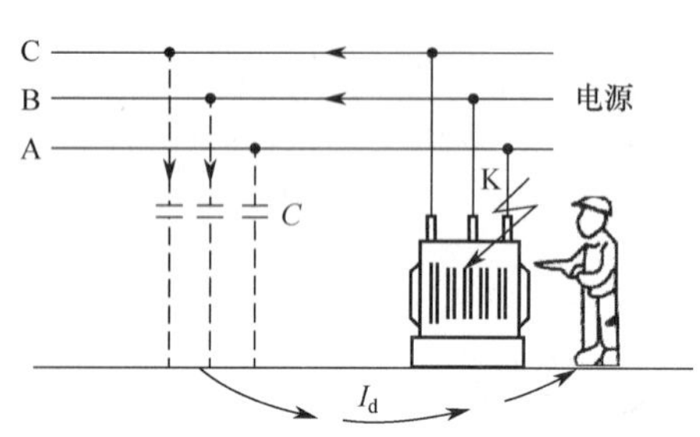

(a) 人体触及绝缘损坏的电气设备外壳时，电流的通路

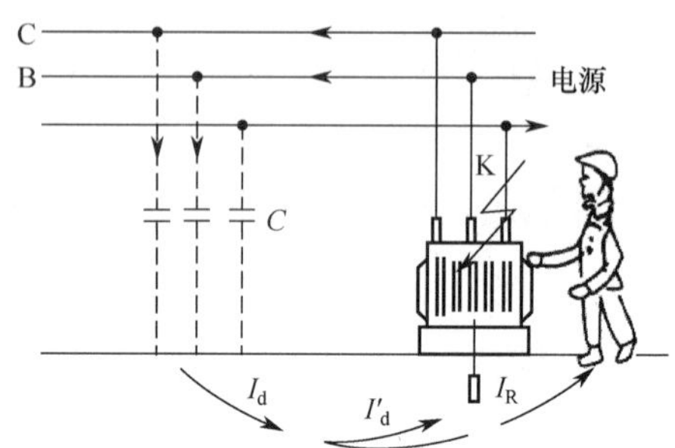

(b) 当设有接地设置时，人体触及绝缘损坏的电器外壳时的电流通路

图 4-1　两种情况造成人身触电

$$I_R / I'_d = R_D / R_r \tag{4-1}$$

式中　I'_d——沿接地体流过的电流；

I_R——流经人体的电流；

R_r——人体的电阻；

R_D——接地装置的接地电阻。

由式（4-1）可以看出，接地装置的接地电阻越小，流经人体的电流也越小，通常人体电阻要比接地电阻大数百倍，流经人体的电流为流过接地体的电流的数百分之一。当接地电阻极小时，流过人体的电流几乎等于零，即 $I_d \approx I'_d$。实际上，由于接地电阻很小，接地短路电流流过时所产生的压降很小，故外壳对大地的电压是不高的。人站在大地上去碰触外壳时，人体所承受的电压很低，不会有危险。电气设备加装保护接地，并且降低它的接地电阻是避免触电危险的有效措施。

2. 工作接地

工作接地概念：将电力系统中的某一点（通常是中性点）直接或经特殊设备（如消弧线圈、阻抗、电阻等）与大地之间用电缆或导线进行连接，称为工作接地。工作接地的作用如下。

（1）系统运行的需要。在高压系统里，采取中性点接地方式可使接地继电保护准确动作并消除单相电弧接地过电压。中性点接地可以防止零序电压偏移，保持三相电压基本平衡，对于低压系统很有意义，可以方便地使用单相电源。另外在两线一地供电系统中，由于将一相工作接地，借助大地做一相导体，降低了线路建设投资。

（2）降低人体的接触电压。在中性点绝缘的系统中，当一相接地，而人体又触及另一相时，人体所受到的接触电压将超过相电压而成为线电压，即相电压的 1.41 倍。当中性点接地时，中性点的接地电阻很小，或者近似于零，与地间的电位差亦近似于零。当一相碰地而人体触及另一相时，人体的接触电压接近或等于相电压，从而降低了人体的接触电压。

（3）迅速切断故障设备。在中性点绝缘系统中，当一相短路时接地电流很小，保护装置不能迅速地切断电流，故障将长期持续下去。在中性点接地系统中就不同了，当一相接地时，接地电流成为很大的单相短路电流，保护装置能准确、迅速地切断故障线路，保证其他线路和设备正常运行。

（4）降低电气设备和电力线路的设计绝缘水平。如上所述，因中性点接地系统中一相接地时，其他两相的对地电压不会升高至相电压的 1.41 倍，而是近似于或等于相电压，所以在中性点接地系统中，在设计电气设备和线路时，其绝缘水平只按相电压考虑，故降低了建设费用，节约了投资。

3. 重复接地

重复接地的概念：在电力系统中某点（通常为中性点）重复引出与大地连接的接地线。

重复接地的作用：在有重复接地的低压供电系统中，当发生接地短路时，能降低零线的对地电压；当零线发生断路时，能使故障程度减轻；对照明线路能避免因零线断线又同时发生某相碰壳时而引起的烧毁灯泡等事故。

在没有重复接地的情况下，当零线发生断线时，在断线点后面只要有一台用电设备发生一相碰壳短路，其他外壳接零设备的外壳上都会存在接近相电压的对地电压。而有重复接地时，断线点后面设备外壳上的对地电压 U_d 的高低，由变压器中性点的接地电阻与重复接地装置的接地电阻分压决定，即

$$U_d = U_x R_r / (R_0 + R_r) \tag{4-2}$$

式中　U_d——设备外壳上的对地电压；

U_x——相电压；

R_0——变压器中性点接地电阻；

R_r——重复接地电阻。

当 $R_r>R_0$ 时，外壳电压仍然较高，对人体仍可造成危害。

如果是多处重复接地（并联），则接地电阻值很低，零线断路点后面碰相外壳的对地电压 U_d 也就很小，对人身伤害的危险就会大大减轻。

由上述分析可知，零线断线是影响安全的不利因素，故应尽量避免发生零线断线现象。这就要求在零线施工时注意安装质量，零线上不得装设熔断丝及开关设备，同时在运行中注意加强维护和检查。

工作接地、保护接地和重复接地如图 4-2 所示，其接地电阻值均不大于 4Ω（参见 GB 50174）。具体要求详见 GB 50169《电气装置安装工程接地装置及验收规范》。

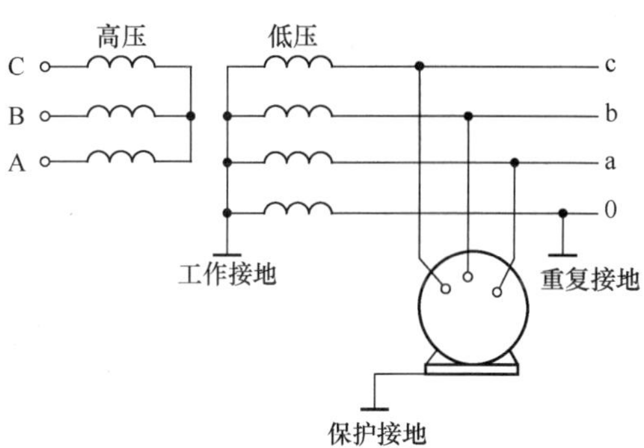

图 4-2　工作接地、保护接地、重复接地示意图

4. 中性点、零点和中性线、零线

发电机、变压器和电动机的三相绕组星形连接的公共点称为中性点，如果三相绕组平衡，由

中性点到各相外部接线端子间的电压绝对值必然相等。如果中性点是接地的，则该点又称为零点。从中性点引出的导线称为中性线；从零点引出的导线称为零线。

5．我国采用的低压配电系统

目前根据 IEC 的推荐和我国采用的低压配电系统有 3 类。

（1）TN 系统：电力系统有一点直接接地，用电设备的外露可导电部分，通过保护线与该接地点连接。如按中线（N）和保护线（PE）组合的情况，又可分为 3 种形式：TN-S；TN-C；TN-C-S 系统，如图 4-3（a）、（b）、（c）所示。

（2）TT 系统：电力系统只有一点直接接地，用电设备的外露可导电部位，通过保护线接至大地，它与电力系统接地点无直接关联，如图 4-3（d）所示。

（3）IT 系统：IT 系统组合类似 TT 系统，但在电力系统有一连线直接接地，并在线中串联一个接地电阻，如图 4-3（e）所示。

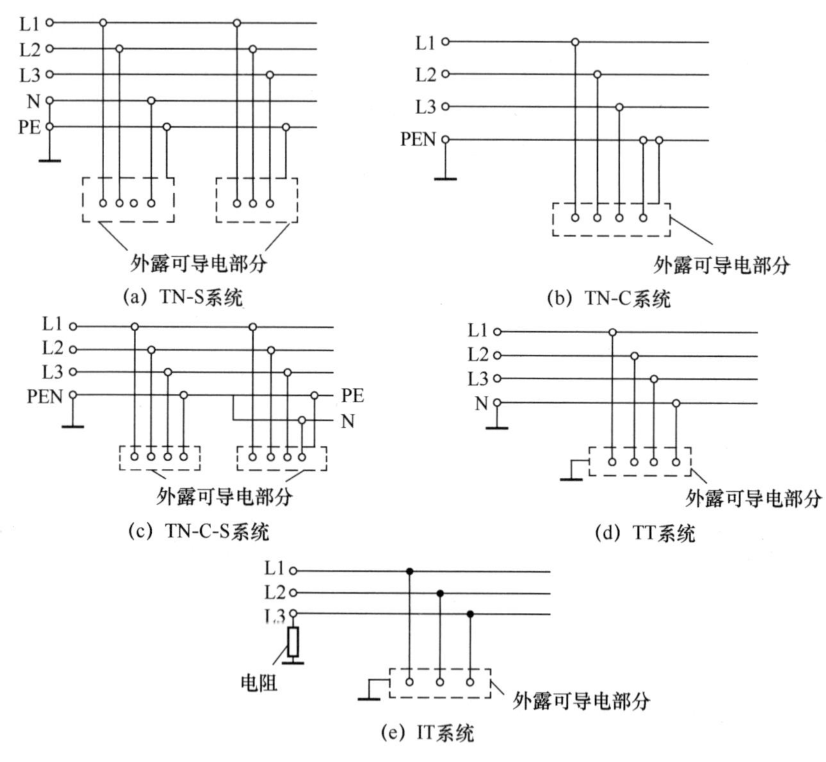

图 4-3　电力接地系统接地

6．保护接零

有时设备接地在漏电时电流较大，也会造成人员伤害，此时往往设置保护接零，即将保护接地直接和零线相连接，则可在设备漏电时，因电流过大，快速启动保护开关切断电源。

7．屏蔽接地

屏蔽接地（功能性接地）的目的是将电磁干扰波引入大地，抑制屏蔽室内和外部的电磁辐射及传导对电子设备的干扰。

8．信号接地

信号接地是为保证信号具有稳定的基准电位而设置的接地（功能性接地），例如检测微小电流、电压和放电损耗等电气参数的接地。信号接地的电位可被视为零电位，可作为各种电压信号的比较基准。接地表面作为各种信号电路的返回电流的通道。

9．防静电接地

防静电接地是为防静电用品（装备）设置的接地（功能性接地）。用来泄放静电并实现等电位连接，防止静电积累对 SSD 造成损害。

10．防雷接地

防雷接地是为把雷电流迅速导入大地以防止雷害为目的的接地（功能性接地）。具体要求详见 GB 50057《建筑物防雷设计规范》、GB 50343《建筑物电子信息系统防雷技术规范》、SJ/T 11147《电子避雷器通用规范》。

4.1.3　EPA 内的防静电接地与其他接地关系

1．我国标准有关 EPA 内防静电接地的要求

1）与其他接地共用接地极方式

在工作区 TN 交流配电系统供电时首选采用 TN-S 或 TN-C-S 方式（GB 50611 推荐），并采取防静电接地和其设备安全保护接地共用接地极。防静电接地和各类配电系统的共用接地示意图如图 4-4（a）、（b）、（c）、（d）所示。对于 IT 低压配电系统与防静电接地关系与 TT 系统一样。此时对于多个 EPA 内防静电接地系统和低压配电系统共用接地关系如图 4-5 所示。值得注意的是：为保证实现 EPA 的等电位，通常要求防静电接地和交流配电系统的设备安全保护接地采取共用接地极方式。接地线设置应符合 GB 50166《电气装置安装工程接地装置及验收规范》。

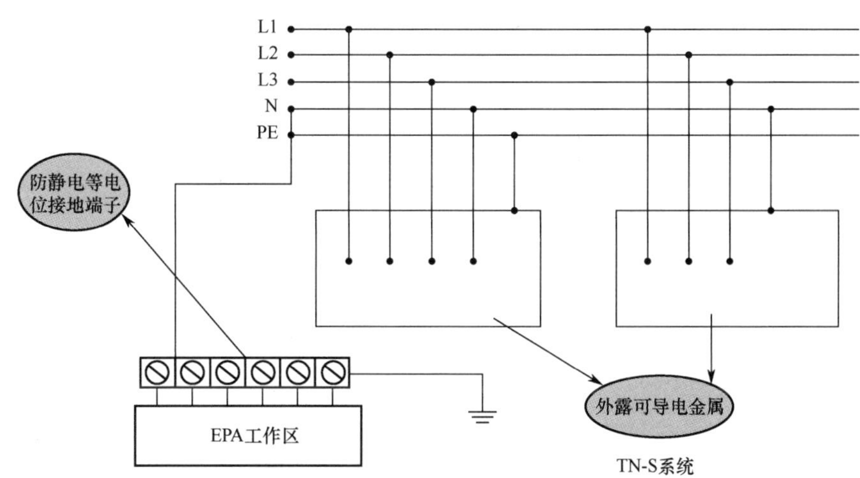

（a）防静电接地与TN-S低压配电系统接地关系

图 4-4　防静电接地和各类配电系统的共用接地示意图

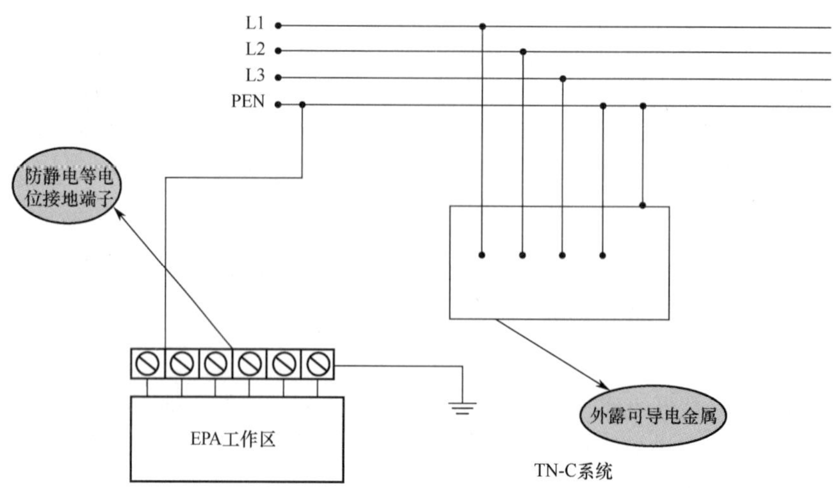

(b) 防静电接地与TN-C低压配电系统接地关系

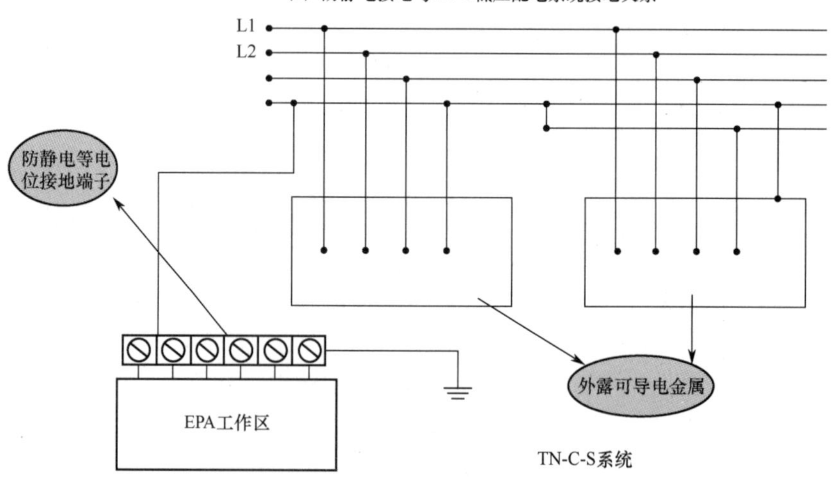

(c) 防静电接地与TN-C-S低压配电系统接地关系

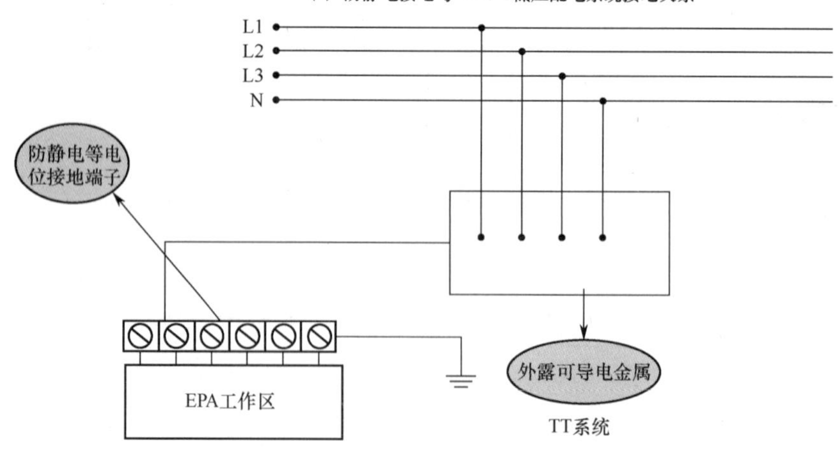

(d) 防静电接地与TT低压配电系统接地关系

图 4-4　防静电接地和各类配电系统的共用接地示意图（续）

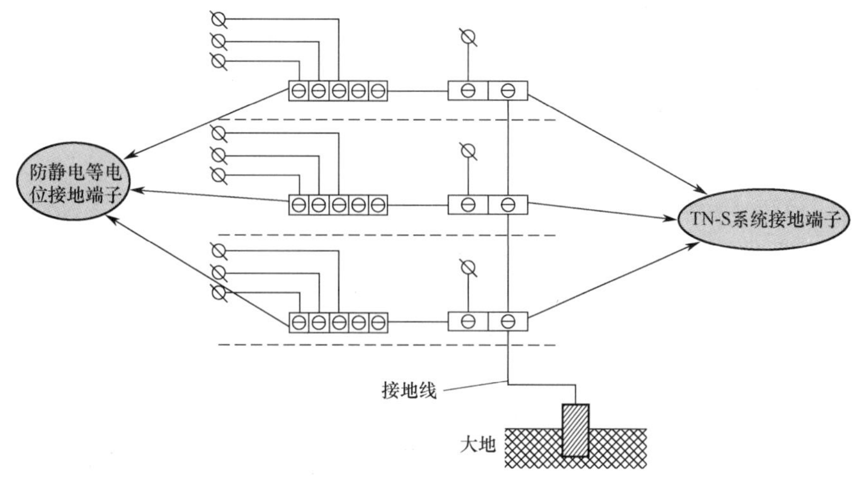

图 4-5 多个 EPA 内防静电接地系统和低压配电系统共用接地关系

2）独立防雷接地和防静电接地系统关系

特殊情况下，在 EPA 内也可设独立防静电接地系统（注意：通常不建议采取防静电独立接地方式），其接地极（桩）与低压配电系统接地线的接地极距离符合相关安全要求即可。相关标准没做明确规定时，独立防静电系统接地极距防雷系统接地极符合 GB 50611《电子工程防静电设计规范》要求，如达不到该距离要求时则应在防雷接地与防静电接地系统之间采取防雷电反击措施（设置避雷器、浪涌保护器件等），见图 4-6。防雷保护器件可按 GB 50057《防雷设计规范》、SJ/T 11147《电子避雷器通用规范》确定。此时防静电系统接地连接和线径应符合上述防雷规范要求。这里需要特别明确的是，国内有些标准规定：在有易燃、易爆气体、易爆物质的环境中，防静电接地不允许与防雷接地、电气系统的零线相连接。

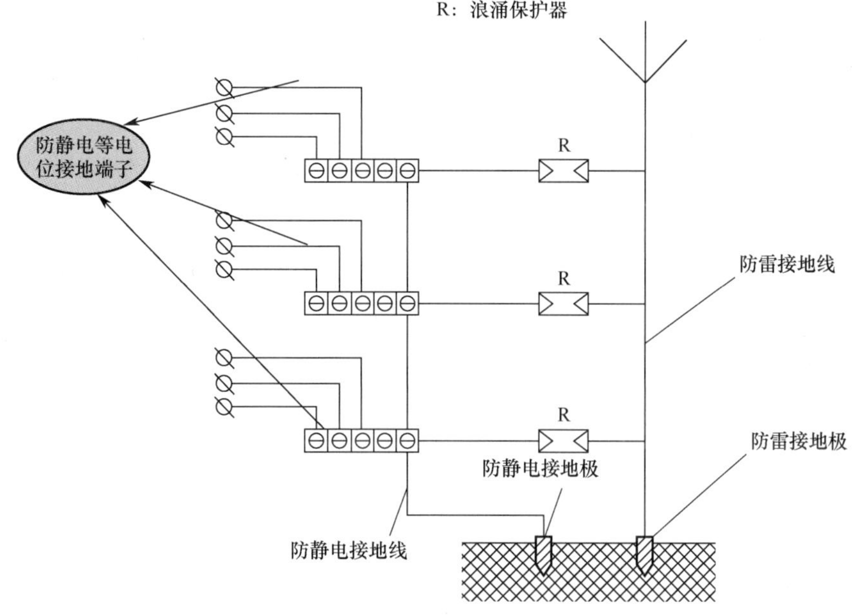

图 4-6 独立防静电接地系统采取防雷电反击措施示意图

3）EPA 内实现等电位连接

在无法实施接地的情况下，应将 EPA 内的所有防静电装备和其他需要控制的 ESD 器具连接到等电位端子以实现 EPA 内的等电位。

2．IEC、ANSI/ESDS20.20 有关防静电接地及与其他接地关系

1）IEC 61340-5-1 推荐的 EPA 接地和等电位连接方式

（1）使用设备安全保护性接地实现接地。

防静电接地首选的是和设备安全保护性接地共用接地极方式。这种情况下，将 ESD 装备、用品接地，接地的人员与设备安全保护性接地相连接。

（2）使用功能性接地实现接地。

防静电接地可作为功能性接地。功能性接地是实现某种功能而设置的接地，有时可用来连接 ESD 物品接地线。为消除设备安全保护性接地和以静电防护为目的的功能性接地系统之间的电位差，建议把两个系统的电气连接在一起。注意：不是所有的功能性接地都可以共用的，如图 4-7 所示。

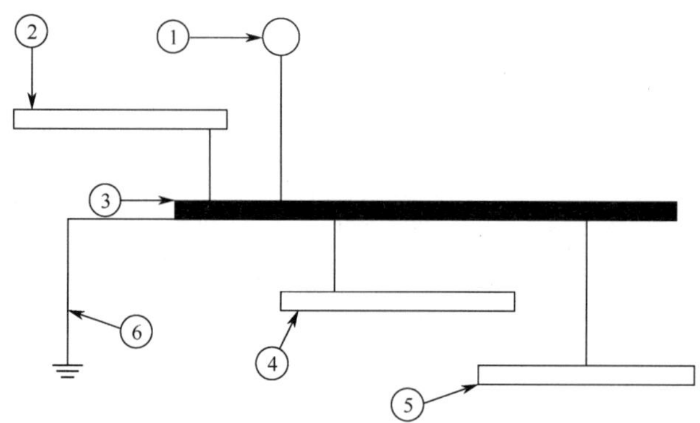

图 4-7　利用功能性接地示意图

1—腕带和线缆；2—工作表面；3—共用接地点；4—ESD 地板垫；5—ESD 地板；6—功能性接地线

（3）等电位连接。

如没有接地设施，可以把所有 ESD 物品连接在一个共用连接点，如图 4-8 所示。

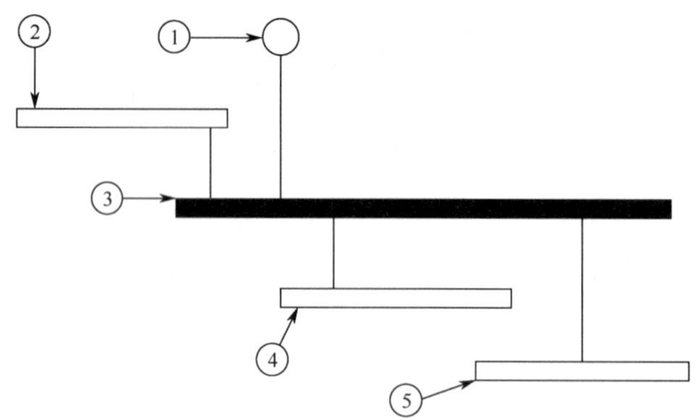

图 4-8　EPA 等电位连接

1—腕带和线缆；2—工作表面；3—共用接地点；4—ESD 地板垫；5—ESD 地板

任何需控制的 ESD 物品和共用连接点间的最大电阻，必须与表 3-4 和表 3-5 规定的限值相符。

2）ANSI/ESD S20.20 推荐的 EPA 接地方式

安全保护接地、静电接地（或称辅助接地）共用接地极方式。

辅助接地（为实现某种目的的功能性接地）概念：某些设备（装备）或为某种使用要求设置的单独或专用的附加接地导体，其不同于常规使用的设备安全保护接地装置。

辅助接地可以是防静电接地，也可以是从安全保护接地等电位接地端子引出的接地，也可以是从某些设备外壳专门引出的接地等（包括建筑物钢筋网组成的基础接地、接地的金属管道等)。辅助接地系统用于防静电接地应该和设备安全保护接地连接在一起，确保两者之间没有电位差。如不能连接到一起，应当注意设备和防静电物品可能存在的电位差。

ANSI/ESD S20.20 推荐的低压配电系统的接地系统与我国电力系统推荐的 TN-S 基本相同，其接地连接图如图 4-9、图 4-10 所示。火线、零线、设备安全保护接地按 ANSI/NFPA-7.0 规定连接。有些用于某些特殊目的的独立接地（或功能性接地）不能与防静电接地连接，因为其可能降低独立接地系统的功能。

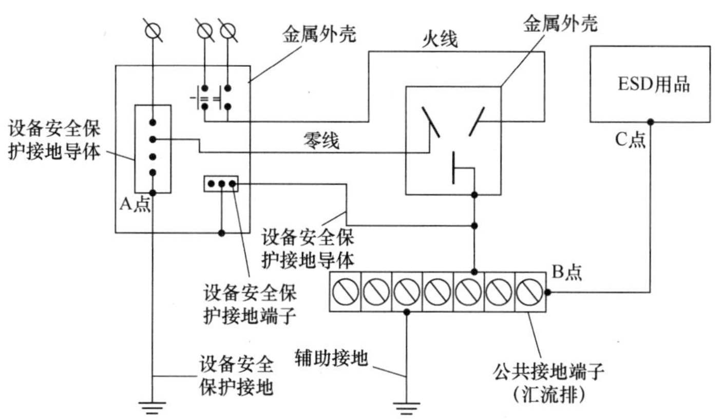

图 4-9　ANSI/ESD S20.20 推荐防静电与保护接地示意图

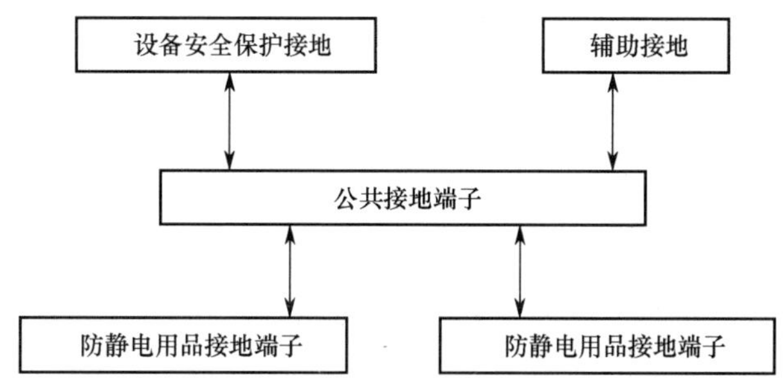

图 4-10　ANSI/ESD S20.20 推荐防静电与保护接地示意图

4.1.4　防静电接地测量及计算

接地电阻 R_0 是指设备（或防静电装备、中性点等）的接地线连接点至大地零电位之间的电阻，其由式（4-3）构成

$$R_0=R_1+R_2+R_3+R_t \tag{4-3}$$

式中 R_1——接地系统各连接点接触电阻；

R_2——接地线电阻；

R_3——接地极电阻；

R_t——接地极与大地之间的电阻（零电位点）。

相关标准规定设备的安全保护接地电阻、工作接地电阻（中性点接地电阻）R_0不大于4Ω（GB 50174）、防静电接地电阻R_0不大于10Ω（GB 50611、SJ/T 10694）。火工、石化系统防静电接地电阻不大于100Ω。对于交流低压配电系统的接地电阻是交流参数，称为阻抗。其测试值和配电系统的电源频率、电压值、土壤电阻率、地线分布等参数密切相关。而静电接地电阻和静电泄放的脉冲电压、土壤电阻率、地线分布、放电频谱参数等密切相关。从理论上讲交流低压配电系统的接地电阻和防静电接地电阻定义有所不同。对于交流接地电阻接地测试标准已经制定。通常对于防静电接地线电阻往往采用直流电阻仪测定，而其接地极与大地之间电阻则测试交流阻抗。

1．接地极与大地之间电阻计算

以下给出n根等距离接地桩的电阻R_p的计算公式。

1）n根垂直接地体

$$R_t=\rho/2\pi nL\cdot[\ln(4L/b)-1+2kL/a(\sqrt{n}-1)^2] \tag{4-4}$$

式中 ρ——土壤电阻率（Ω·cm）；

L——接地桩深度（cm）；

n——接地桩数量；

b——接地桩直径（cm）；

a——接地桩表面面积（cm^2）；

k——接地桩表面长度与宽度比系数。

以下给出几个平板形接地体的R_P简易计算公式。

2）平板形接地体（水平埋设地下）

$$R_t=0.22\rho/\sqrt{s} \tag{4-5}$$

式中 s——平板面积（m^2）。

3）平板形接地体（直立埋设地下）

$$R_t=0.22\rho/\sqrt{s} \tag{4-6}$$

2．接地电阻测量

仅凭计算有时是不准确的，因为实际情况比较复杂，往往不可能考虑各种因素影响，计算结果和实际相差较大，此时还要依靠测试。

1）测试仪器

这类仪器有 ZC-8、MS2302、双钳形接地电阻测试仪等，这些属于交流接地电阻测试仪，用于电力系统等交流接地电阻（或设备安全保护接地电阻）测量。这里介绍ZC-8接地电阻测试仪原理。仪器测试电路由手摇交流发电机、相敏整流放大器、电位器、电流互感器及检流计等组成。电路原理如图4-11所示。测试仪器的测试频率、电压等对测试结果会有一定影响。ZC-8 接地电阻测试仪器符合 GB 7676、ZBN 21011 标准要求。MS2302 仪器符合 GB 4793-1（IEC 1010-1、IEC 61016）标准要求。

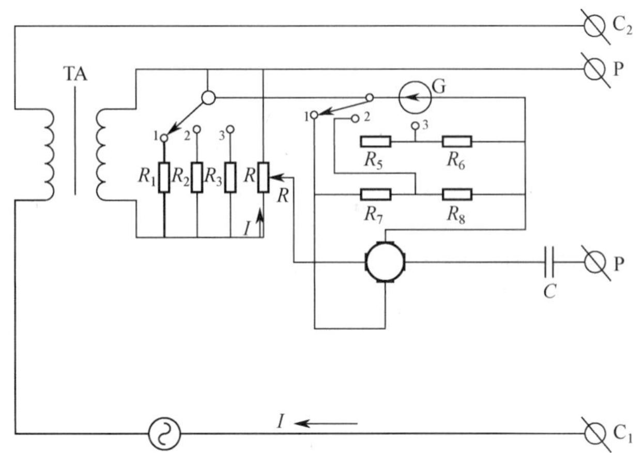

图 4-11　ZC-8 接地电阻测试仪原理图

表 4-1　ZC-8、MS2302 接地电阻测试仪参数

<table>
<tr><th colspan="3">ZC-8（测试频率范围≤200Hz、测试电压 200V）</th><th colspan="4">MS2302（测试频率范围≤800Hz，电流 3mA，测试电压 50V）注：对地电压小于 10V 时测量</th></tr>
<tr><th>范围/Ω</th><th>量程/Ω</th><th>最小分辨率/Ω</th><th>测试功能</th><th>量程</th><th>精度</th><th>分辨率</th></tr>
<tr><td rowspan="5">1～10～100</td><td>0～1</td><td>0.01</td><td rowspan="6">接地电阻</td><td rowspan="2">0～29.99Ω</td><td rowspan="2">±2%</td><td rowspan="2">0.01Ω</td></tr>
<tr><td rowspan="2">0～10</td><td rowspan="2">0.1</td></tr>
<tr><td rowspan="2">30.0～99.9Ω</td><td rowspan="2">±3%</td><td rowspan="2">0.1Ω</td></tr>
<tr><td rowspan="2">0～100</td><td rowspan="2">1</td></tr>
<tr><td>100～999Ω</td><td>±3%</td><td>1Ω</td></tr>
<tr><td rowspan="3">0～100～1000</td><td>0～10</td><td>0.1</td><td>1.00～4.00kΩ</td><td>±3%</td><td>10Ω</td></tr>
<tr><td>0～100</td><td>1</td><td rowspan="2">对地电压</td><td rowspan="2">0～200V（50/60Hz）</td><td rowspan="2">±1%</td><td rowspan="2">0.1V</td></tr>
<tr><td>0～1000</td><td>10</td></tr>
</table>

2）防静电接地电阻测量

对于防静电接地电阻的测量可利用万用表（量程 0.1Ω～1MΩ 即可）测量（DC）。防静电装备的地线连接点到接地极的电阻测试如图 4-12（a）所示。利用万用表测试出 A 点与 B 点（B 点是接地端子）之间的直流电阻值 R_2、R_1（连接点电阻）。对于电阻 R_t、R_3 测试如图 4-12（b）所示，通常防静电接地与设备安全保护接地对 R_t、R_3 测试是同样的，再加上它们之间是共用接地极方式，所以测出的交流电阻 R_t、R_3（接地极本身电阻）是其共用的电阻值。将 R_t、R_3、R_2、R_1 电阻值相加就得出防静电接地电阻 R_0（其中有交流阻抗和直流电阻。一般针对防静电接地电阻测量时，交流与直流参数的不同影响可忽略。因为现在市场销售的接地电阻测试仪都是测试交流电阻的，没有测试直流接地电阻的）。测试时要特别注意：测试 R_t 时，接地电阻测试仪的 E 极连接在接地桩（或接地端子）上。另外，测试接地桩对大地电阻时，保护接地线不允许断开，因此在埋设保护接地桩时可多设置接地点和接地桩。这样在测试其中一个接地桩接地电阻时，为避免干扰就可断开连接测试接地桩的接地线进行测量，测试完毕再连接好。这样不影响整个保护接地系统的安全保护功能。

3）设备安全保护接地电阻测量

对于设备安全保护接地电阻测试如图 4-12（c）所示。利用交流接地电阻测试仪测试图 4-12（c）所示 C 点（通常指设备外壳接地点）与 P 点（接地桩）之间的交流电阻值 R_2、R_1（连接点电阻）。再测出 P 点（接地桩）对大地的交流电阻 R_t、R_3（接地极电阻），将这些电阻相加就得出设备安全保护接地电阻 R_0（注意：测试接地电阻有两级法和三级法）。

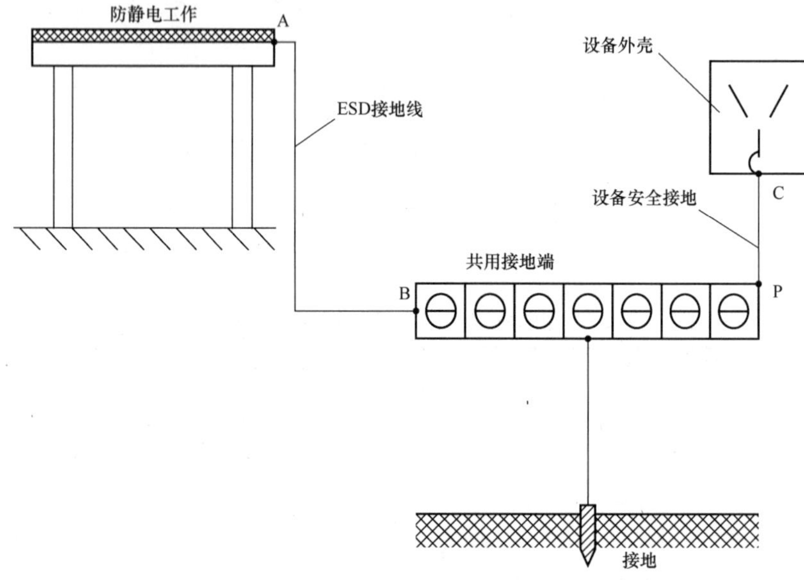

（a）防静电接地线电阻测量

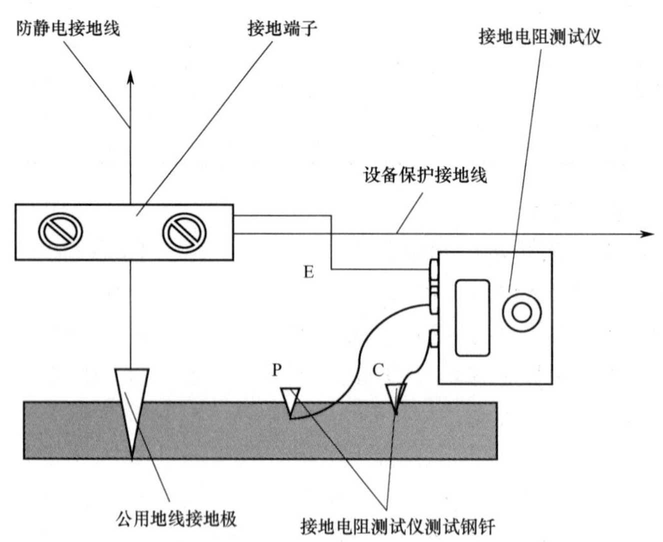

（b）设备安全保护接地桩对大地电阻（R_t）测试

图 4-12　防静电接地电阻测量

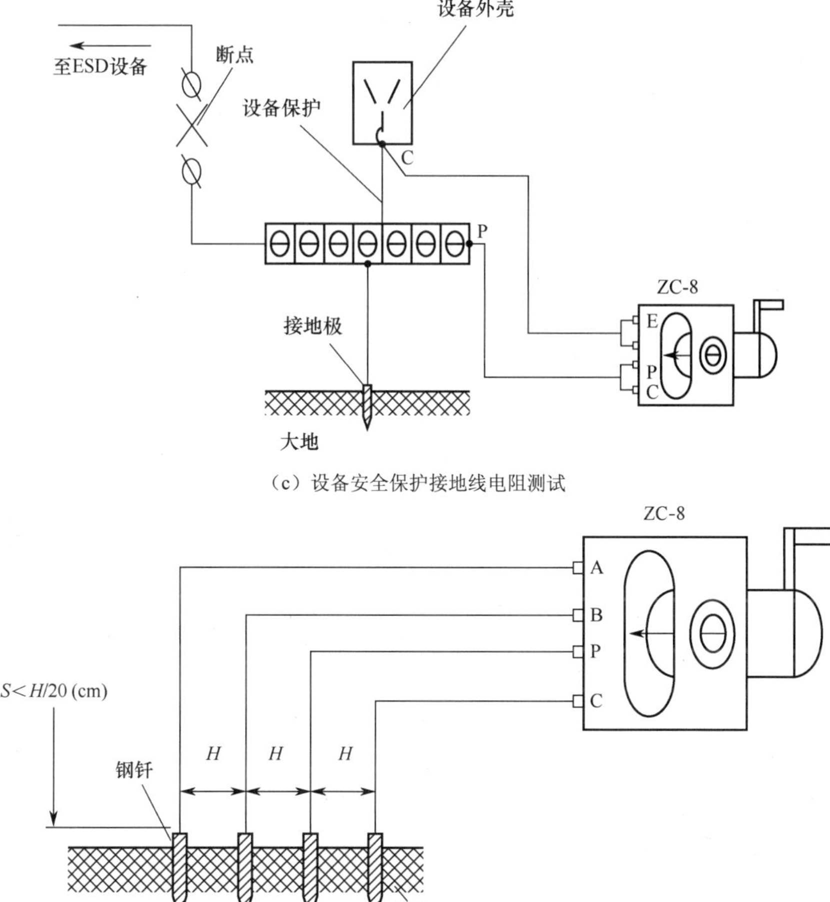

（c）设备安全保护接地线电阻测试

（d）土壤电阻率测量

图 4-12　防静电接地电阻测量（续）

3．土壤电阻率测量

通常只有四端接地电阻测试仪才能测试土壤电阻率。测试如图 4-12（d）所示，将四个测试钢钎插入地下。测试钢钎之间的距离为 H（cm)，插入的深度 S 小于 H 的 1/20，摇动摇把达 120r/min（ZC-8 型），测出电阻 R_w，通过下式即可算出电阻率。

$$\rho = 2\pi H R_w \tag{4-7}$$

式中　ρ——电阻率（Ω·cm)；

H——测试钢钎之间距离（cm)；

R_w——接地极对地电阻。

4．接地电阻测量时的注意事项

防止测试时出现的干扰：通常测量交流接地电阻时会受到电网接地系统的杂波干扰，影响测量结果或无法测量，此时可采取下列措施：

（1）对于设备安全保护接地电阻（实际是交流电阻）应用交流接地电阻测试仪进行测试。

（2）如条件允许，可将负载设备停止运行，再测试接地电阻。设备安全保护接地设置多处接地桩时，可以选择测试桩与接地线断开时测试接地桩接地电阻，测试完毕再连接好，但对于单点接地桩接地时是不适用的。

（3）通常接地电阻测试仪具有一定抗扰能力，如在仪表测试允许的接地线对地干扰电压之下，仍可以进行测试。

（4）如经常遇到干扰问题，可采取在接地线附近的干扰点串联低通滤波器（注意：应不造成对接地功能的影响）或设置隔离变压器消除设备之间传导干扰等方法（见图4-13）解决。

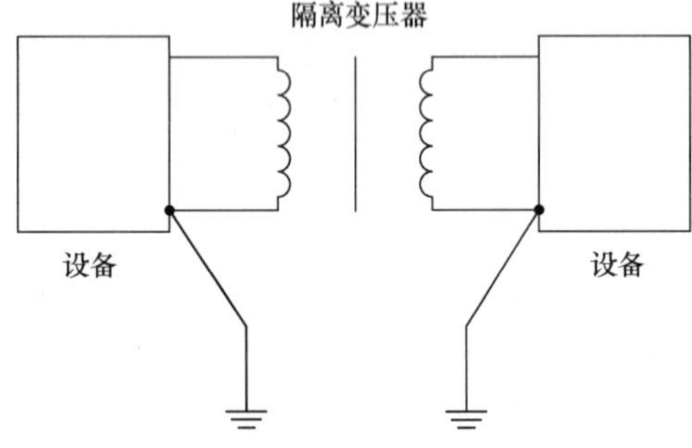

图4-13　隔离变压器去除接地干扰

（5）测试接地电阻时的环境湿度应低于85%RH，且在干燥季节每年进行测试。

（6）接地电阻测试仪的P、C测试点接地钢钎之间及与E（A+B）极之间［见图4-12（b）］距离按照仪器说明书规定执行（假设大地零电位点）。

（7）接地电阻值和仪器测试频率、实际接地电源频率有关，而且和接地系统的电压及测试仪的测试电压密切相关。如有特殊要求，应综合考虑这些因素的影响。如仅是测试一般的设备安全保护接地电阻，按相关仪器测试规定执行即可。

5．ANSI/ESD S20.20.6.1有关EPA内接地电阻的测量及限值

（1）设备安全保护接地线电阻（AC）测试及限值。ANSI/ESD S6.1要求其接地电阻测量使用频率范围400Hz的接地电阻测试仪测试，其连接位置如图4-12（a）所示的C点至P点（接地极的等电位端子或接地桩），电阻值小于1Ω（AC）。

需要提出的是，很多企业在实际接地系统构建中很难做到小于1Ω（AC）电阻值。

（2）防静电装备的接地线（辅助接地）电阻测试及限值。防静电装备的接地连接点至与设备安全接地的公共接地端或防静电接地桩［见图4-12（a）］的A点与B点之间的直流电阻应小于25Ω。其值是利用万用表测试的，测试时，注意不要将万用表测试线本身电阻计入。

（3）静电等电位连接电阻测试（ANSI/ESD S20.20.TR53）。用直流高阻仪（测试电压100V）和标准电极（IEC 61340-5-1/ANSI/ESD S20.20）测试防静电装备表面（工作表面）至设备保护接地线之间电阻小于$1\times10^9\Omega$（DC）。

4.1.5　单独简易防静电接地埋设

单独设置防静电地线接地体埋设有多种方式，可根据地质状况、土壤的电阻率、距防雷接地距离等做出选择。以下介绍在地下水位较高，一般区域常用的埋设法。

埋设地的土壤电阻率要小，接地体尽可能与土壤接触面积大，接触要密实。首先，选择接地体埋设地点。由于厂房建筑的避雷针一般与建筑物的钢筋焊接在一起接地，当雷击发生时，接地点乃至整个大楼的钢筋都将成为高压大电流的泄放点，一般认为在距接地点

20m 范围内都有可能受到雷电反击，即在此范围内不再是零电位。另外，三相供电的零线由于不可能绝对平衡而会有不平衡电流产生并流入零线的接地点。为了安全，单独的防静电地线的埋设点应距防雷接地系统 20m 以外或距电气安全设备接地极数米以外。埋设地点不能是沙土地、建筑废料回填地、垃圾埋设地、热源地、腐蚀性土地、乱石地及干燥地点等。对于极干旱地区或沙漠、山区要针对现场提出专门方案。

防静电接地线接地体埋设方法如下：

1. 钢钎接地体垂直埋入方法

先挖一直径 1m，深 0.5m 的圆形地沟，将一根长 2.5m 的接地钎（也可以是其他结构，参照表 4-2）打入坑内，钎露出坑底面 0.3m，用宽 40mm，厚 4mm 经防腐处理的扁钢与钢钎牢固焊接（注意：应电焊或气焊，不要电烙铁锡焊），其焊接面积至少大于 $8cm^2$。将扁钢就近固定引入 EPA 工作区，如图 4-14（a）所示，将坑内埋土并夯实。利用接地电阻测试仪测试钢钎对地电阻 R_P，测试值符合要求即可。如电阻值超过要求，则在图 4-14（b）中所示 B 点再按同样方法埋设接地钎，并用同样规格扁钢和 A 点钢钎焊接引出并通往 EPA 工作区。经测试如不符合要求，可在 C 点再埋设钢钎和其他接地钢钎并联引出，直至测试电阻 R_P 达到要求为止。注意埋设钢钎之间距离一定大于钢钎长度，否则因屏蔽效应，接地效果会受到影响。

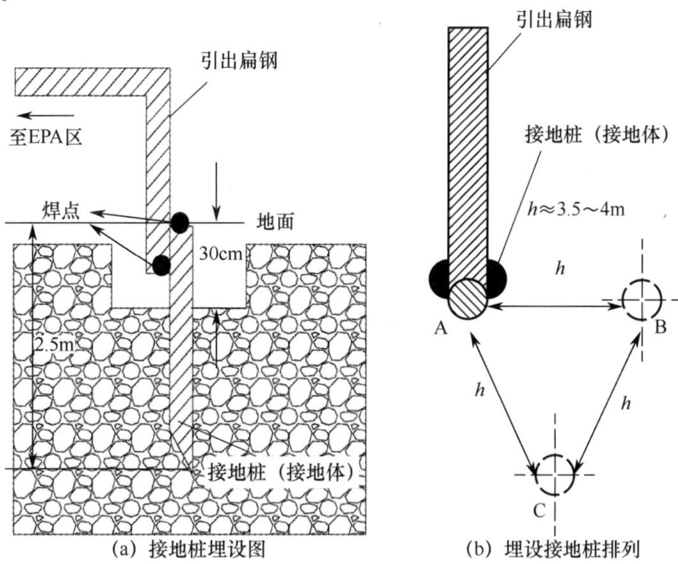

图 4-14 钢钎接地极埋设方法

2. 平板接地体埋入方法

首先在地面挖一直径 2.5m，深 2～2.5m 的圆柱状坑（视土壤潮湿程度确定），可用铜板和镀锌钢板作接地体平放入坑底，规格见表 4-3，用螺栓将引出扁铜、扁钢和平板的中心位置两点紧密连接，并电气焊接（铜板和扁铜采用锡焊）在一起，钢质材料电气焊面积不小于 $8cm^2$，铜质材料不小于 $12cm^2$，然后将扁铜、扁铁引出坑口外。用周围的挖出土填到坑内 0.5m 处（注意：回填土必须是无石子、无腐蚀性、无沙土、无建筑废料、垃圾的潮湿细土）

并夯实。用接地电阻测试仪测试电阻 R_t，如符合要求则将坑用土填满并夯实（注意：每填30cm，夯实一下）。如电阻值不符合要求，则可在土内倒入重量比 10：1.5（土：降阻剂）的降阻剂，与土拌匀，按每 30cm 一层土夯实即可。最后将扁铜或扁钢按相关要求引入 EPA 工作区。

表 4-2　钢钎接地体的最小规格

种类、规格	直径续/mm	角钢厚度/mm	角钢几何尺寸/mm	接地体长度/m	钢管管壁厚度/mm
钢钎（电镀处理）	≥30			2.5～3	
削尖圆钢管（电镀处理）	≥40			2.5～3	5
削尖角钢（电镀处理）		5	35×35（边长×边长）	2.5～3	

表 4-3　铜板、镀锌钢板接地体的最小规格

种类	板面积/m²	板厚度/mm	引出扁铜、扁钢尺寸/mm
铜板	S>0.8	4	40（宽）×5（厚）
镀锌钢板	S>1	5	40（宽）×5（厚）

注：S 表示面积。

4.1.6　接地电阻测量方法的探讨

1．静电泄漏电阻和防静电接地电阻测试

我国标准（GB/GJB/SJ/T）规定静电泄漏电阻和防静电接地电阻要分别测试。在实际工作中，特别对高楼多层 EPA 的防静电接地线电阻测试很麻烦，往往因客观条件无法实施。ANSI/ESD.S20.20.TR53 规定测试静电等电位连接电阻的方法很简单，可以方便测试出静电等电位连接电阻［见图 4-16（b）］，还可以了解接地线电气连接性。通常对非独立防静电接地系统采用 TR53 规定的方法即可。对独立防静电接地线也可采用图 4-16（a）所示方法，即增设辅助测试线，测试接地线连接状况。辅助测试线由直径 3mm 带绝缘外套的铝线、铜线、多股绞线等构成即可。这种方法由于实施起来比较麻烦，故在实际工程中用的不多。也可采用电流钳形接地电阻测试仪测试。

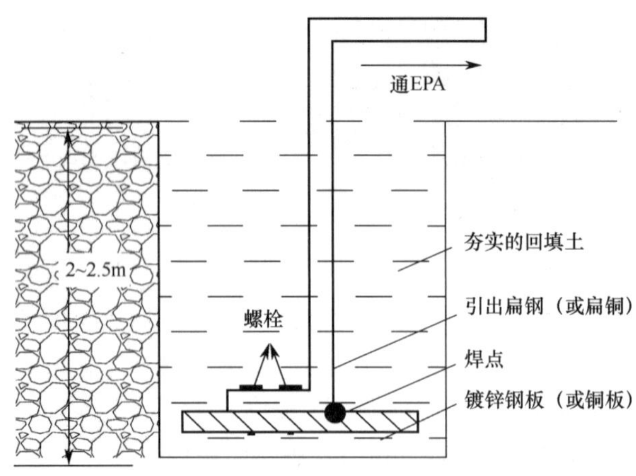

图 4-15　平板接地体的埋设

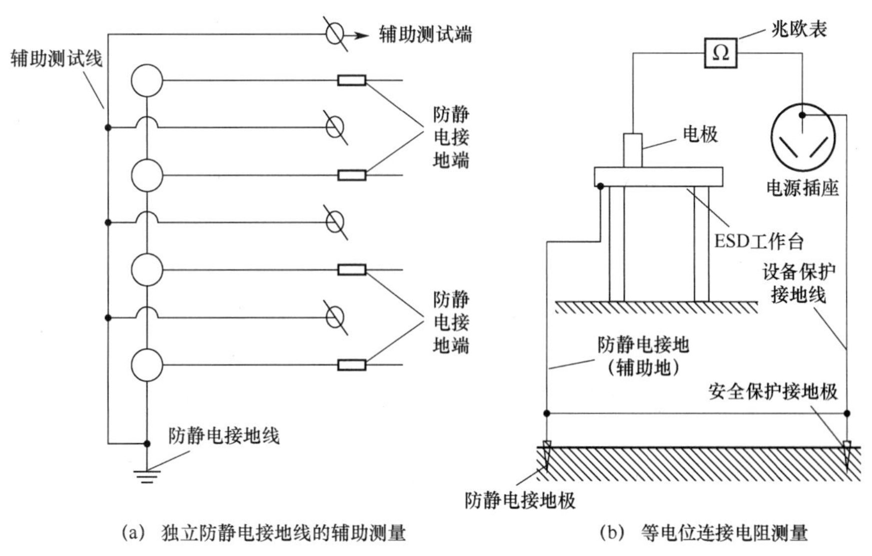

(a) 独立防静电接地线的辅助测量　　(b) 等电位连接电阻测量

图 4-16　接地系统测量

2. 测试仪器要求

测试接地线直流电阻，国内外测试仪器要求基本统一，对交流接地电阻（阻抗）测量由于测试频率、测试交流电压、抗扰度等要求不同会有一些差别。一般情况下，测试频率越高，阻抗越高［见式（4-8）］。测试电压越高，接地电阻值越小，这会对测试结果产生影响。考虑一般电网频率为工频 50H/60Hz 和避免电网高次谐波的影响，将仪器测试频率范围定为<400Hz 较好。

$$|Z_C| = \sqrt{\frac{\omega\mu}{G}}\ (\Omega),\ \omega=2\pi f \tag{4-8}$$

式中　Z_C——导线阻抗；

μ——导线金属材料的相对导磁率；

G——导线相对电导率；

f——电流频率。

因为电网电压为 220V 左右，在考虑低压安全用电区域时，测试电压设定 50～250V 较合适。一般交流接地测试仪技术参数可参照表 4-4。

表 4-4　推荐交流接地电阻测试仪参数

技术指标	数　值	技术指标	数　值
频率范围/Hz	＜400	抗干扰电压/V AC	10
测试电压范围/V AC	50～250	阻抗测试范围/Ω	0.01～1000

4.2　EPA 内的静电场、静电电位及其测量

在 EPA 内各种情况下产生静电的方式有所不同，其静电场大都不是匀强电场，且空间、

物体表面各点分布电荷及电场强度不同。了解这些静电场分布特点，确定静电源，了解静电危害程度，对开展检测、预防静电危害具有重要意义。

4.2.1 静电荷、静电电位、电场强度

1．点电荷

所谓点电荷是指带电体尺寸比带电体之间的距离小得多，且可看作是体积很小的一点电荷。在实际中，IC、元器件金属部位带静电时都可看作点电荷。

1）库仑定律

在无限大的均匀电介质中的两个点电荷，在其周围形成静电场。位于静电场中的任何其他带电体都会受到电场力的排斥或吸引。两点电荷之间的电场力可用式（4-9）表示。作用力的方向平行于两个点电荷的中心连线。两电荷同号相斥，异号相吸。

$$F=\frac{q_1q_2}{4\pi\varepsilon r^2} \tag{4-9}$$

式中 F——电场力（N）；

q——电荷量（C）；

r——两个点电荷之间的距离（m）；

ε——介电常数。

在空气介质中，存在两个以上点电荷式 q_1、q_2、q_3，…时，在介质某点的作用力 F 为各点电荷在该点作用力的矢量之和 $\boldsymbol{F}_0$，见式（4-10）。

$$\boldsymbol{F}_0=\boldsymbol{F}_1+\boldsymbol{F}_2+\boldsymbol{F}_3+ \tag{4-10}$$

2）点电荷电场强度和电位

（1）点电荷的静电电场强度。

静电场是一种弥漫于静电荷周围的一种物质，相对观察者为静止的电荷或带电体周围存在的一种能量。静电场具有如下性质：

① 在静电场中的任何带电体都将受到电场力的影响。

② 在静电场中的任何导体都会产生静电感应现象，在静电场中的电介质都会产生极化。

③ 当点电荷在电场中移动，静电场都会对其做功，静电场存储能量。

某个点电荷为 q，所受电场力为 $\boldsymbol{F}$，其电场强度 $\boldsymbol{E}$ 见式（4-11），静电场是矢量。

$$\boldsymbol{E}=\frac{\boldsymbol{F}}{q}\ \text{（V/m）} \tag{4-11}$$

当存在若干个点电荷时，在均匀介质中某点的静电场为

$$\boldsymbol{E}=\frac{\boldsymbol{F}}{q_1}+\frac{\boldsymbol{F}}{q_2}+\frac{\boldsymbol{F}}{q_3}+ \tag{4-12}$$

场强叠加原理：电场中任一点处的总场强等于各个点电荷（或面电荷、体电荷等）单独存在时在该点的场强矢量和。通常在防静电工作区空间任意一处电场强度都是各点静电荷场强的矢量和。

（2）点电荷的静电电位。

静电电压概念：在静电场中，实验电荷 q_0 从某点 A 移动到另一点 B 电场力所做的功 A_{ab} 与其所带电量之比，称为该两点的电位差，或称电压见式（4-13）、式（4-14）。

$$V_{ab}=A_{ab}/q_0 \tag{4-13}$$

$$V_{ab}=V_a-V_b \tag{4-14}$$

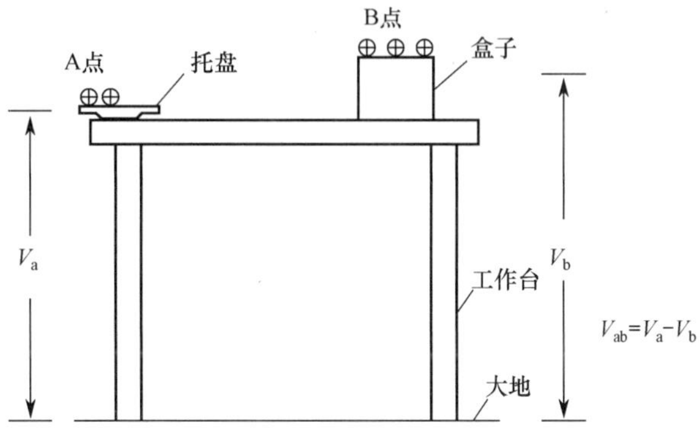

图 4-17　点电荷电位、电压

静电电位概念：在静电场中，若任意选定一点 C 作为参考基点，那么 A 点与 C 点的距离为 L_{ac}，A 点电位：

$$V_a==EL_{ac} \tag{4-15}$$

在实际工作中，一般取大地作为零电位参考点。所以所说的该点电位都是相对大地而言。电位和电压的电位一样，都是伏（V）。

① 点电荷的电位。在点电荷 q 产生的电场中，距该点电荷 r 远处的 P 点处电位 V 为

$$V=\frac{q}{4\pi\varepsilon r} \tag{4-16}$$

② n 个点电荷的电位

$$V=\frac{1}{4\pi\varepsilon}\sum_{k-1}^{n}\frac{q_k}{r_k} \tag{4-17}$$

电位叠加原理：在电荷系产生的电场的某点电位，是各个电荷单独存在时的电位的代数和见式（4-18）。

$$V_0=V_1+V_2+V_3+\cdots+V_n=\sum_{j=1}^{n}V_j \tag{4-18}$$

2．几种典型带电体的电场强度、电位

1）均匀带电体电场和电位

设球的半径为 R、电荷体密度为 ρ，源点到任意点距离为 r，球外空气的介电系数为 ε_r，r 球外任一点的电场、电位为

$$E=\frac{R^2\rho}{\varepsilon_r r^2}\quad (r>R) \tag{4-19}$$

$$V=\int_r^{\infty}\frac{R^2\rho}{\varepsilon_r r^2}\mathrm{d}r=\frac{R^2\rho}{\varepsilon_r r} \tag{4-20}$$

球内任一点电场强度为零，电位就等于球面电位；球表面的电场强度最大，电位最高。

$$R=r，E=\rho/\varepsilon_r，V=\rho r/\varepsilon_r \tag{4-21}$$

2）无限大均匀带电平板的电场强度

对于无限大均匀带电平板，它的面电荷密度为 ρ，距平板 r 处的空间电场强度 E、电位 V 为

$$E=\rho/2\varepsilon_r，V=Er \tag{4-22}$$

3. 电场强度与电位关系

某点电场强度等于电位梯度的负值，从电位梯度的定义可知，电场梯度某点电场强度 E 的数值等于该点电位的最大变化率，方向为电位减小最快的方向见式（4-23），电位梯度的单位为 V/m。

$$E=-\nabla U \tag{4-23}$$

4.2.2 静电电压、电场强度测量原理

1. 静电电压测量原理

静电电压的测试分接触式测试和非接触测试。对于导体的静电电压，当在无外界静电场影响时，导体的静电电位就是整个导体对大地的静电电位。由于在实际工程中，很少测定某点对参照点之间的电位或是电压，而且意义不大，通常关心的是导体对大地的电位。一般对导体静电电位可采用接触式测试，也可采用非接触式测试。

1）接触式静电电压表测试原理

将测试电极直接与导体接触或通过金属电极连接二次感应方式，如图 4-18（a）、（b）所示。

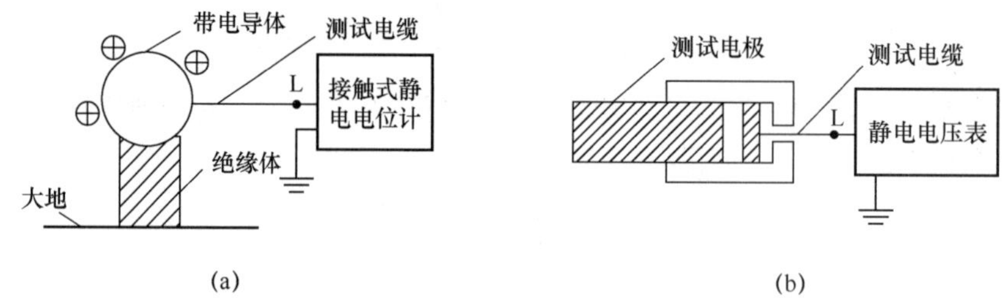

(a)　　(b)

图 4-18　利用接触式静电电压表测试导体静电电位

一种是利用静电力来测量的，即将静电荷引导测试机构［见图 4-19（a）］，在 A、B 两金属体之间形成静电场并存在静电力，形成静电力矩 M_a。金属 B 在 M_a 影响下会发生偏转，其偏转角度 α 和 M_a 成正比。M_a 和 A、B 两金属体的静电电压 V 的关系见下式：

$$M_a=KV^2 \tag{4-24}$$

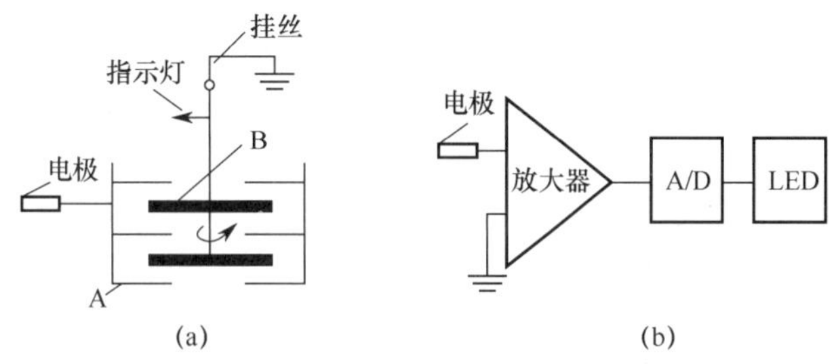

图 4-19　接触式静电电压表测试原理

式中，K 是取决于结构的一个常数。通过标定即可从金属 B 偏转角度测试被测物的静电电位。另一种则是利用直接输入的方法或静电感应原理［见图 4-19（b）］测试带电体的电位。

在测试之前，仪器通过计量校准，就可比较准确地测试。这类仪器主要有 Q_2-V、Q_3-V 等系列仪器和 TREK 型仪器（可测动态电压）等。

利用接触式静电电压表测试导体静电电位的探讨如下（见图 4-20）。

（1）仪器的输入电阻和电容影响。测试电压 V_1、带电体实际电压 V_0 和仪器的输入电阻 R 和输入电容 C_1 与被测体的分布电容 C_0 的关系见式（4-25）。

$$V_1 = \frac{C_0}{C_0 + C_1} V_0 \mathrm{e}^{-\frac{t}{R(C_0+C_1)}} \tag{4-25}$$

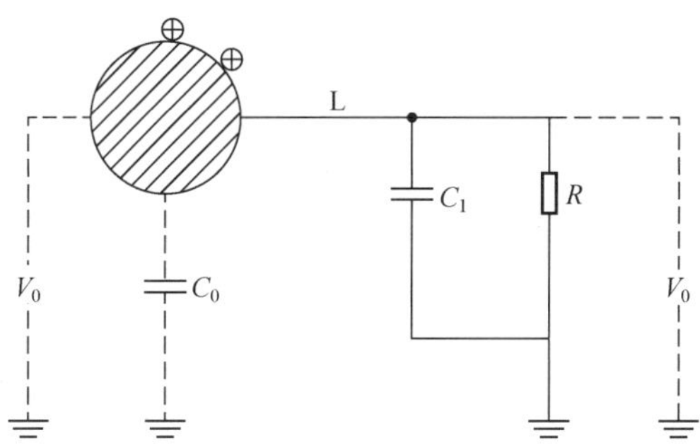

图 4-20　接触式静电电压表等效电路

从式中看出测试电压 V_1 和仪器输入电容 C_1 与输入电阻 R 有关，通常 C_1 越大，则测试电压越小，误差越大。因此 R 越大，则测试数据越精确；C_1 越小，测试结果越精确。

（2）测试电缆、电极结构。测试电缆的分布电容越小、绝缘电阻越大，测试结果越精确。电缆长度越长，由于分布参数影响，测试误差越大。普通的低绝缘电缆（$R<10^{12}\Omega$）是不能使用的。电极结构决定测量精度，一般使用静电力矩原理的测试仪器适用于精度不太高，但可测试范围很大的带电体电位（如 Q_3-V 系列）。而电子直接放大式仪器［见图 4-19（b）］，则适用于精度较高，且带电体电位不太高的测试（如 TREK 型）。

（3）带电体受外电场影响。对于金属导体直接处于外电场时，由于静电感应的影响，表面静电荷分布不均，会影响测试结果。

（4）测试结果呈指数衰减。由于仪器输入电阻不能做到很大，电极的测试电压呈指数衰减。此时要求仪器的输入电阻越大越好，见式（4-25）。

（5）仪器电路设计和标定技术的影响。仪器结构设计合理，电路设计可靠性和一致性好，分布参数影响小，标定计量电源精度较高，都会提高测试精度。这些因素变化都会影响测试结果。

（6）利用接触式静电电压表测试导体静电电位时，如果利用电子耦合式静电电压表直接测试带电体电位，有时会因电位过高，使仪表输入端过载而造成损害。此时测量可考虑安置前置电压衰减器进行测试。

（7）利用接触式静电电压表测试人行走时的人体电压时（按标准 ANSI/ESD S20.20 要求测试），因为所测试电压是动态静电电压，有峰值和峰谷，此时采用仪器电路为交流放大式电路，如图 4-19（b）所示，即通过振动电容将静电感应电压变为交流信号，解决电压采样和零点漂移问题。另外在电压表显示输出端连接数字存储示波器（记忆示波器）或记录仪，可观测电压波形。

2）非接触式静电电压表测试原理

非接触式静电电压测试一般是利用对带电体（金属、绝缘体）表面的静电场测试来得到相关数据的。利用非接触式测量电压原理，对于均匀面积相对较大的平面匀强场强测试相对准确，而表面几何形状不规则，电场分布不均匀时，则测试会有较大误差。对于绝缘体只是测量被测部位的局部电压，而不是整个绝缘体的对地电位差。

通常 EPA 内静电电压的测试都是利用非接触静电场感应原理来测试的。目前用的较为广泛的测试原理为静电感应式。在某些场合也有用电离式的。

（1）静电感应式。

直接利用静电感应原理，也就是通过测试电极感应，再与被测物体的分布电容 C_0 和仪器的输入电容 C_1 采取分压的方式将电极感应的微小信号进行放大等一系列处理后用显示器示出。静电电压表根据原理不同，分为直流放大和交流放大两种形式。而交流放大式又分为振动电容式和旋转叶片式。

① 直流放大式静电电压表。一般仪器是直接选用差动式直流放大器将测试电极信号放大并进行处理，通过数字显示将带电体对地电压显示。这种仪器的电路设计决定其易出现直流放大零点漂移问题（见图 4-21），不能测试动态静电电压。

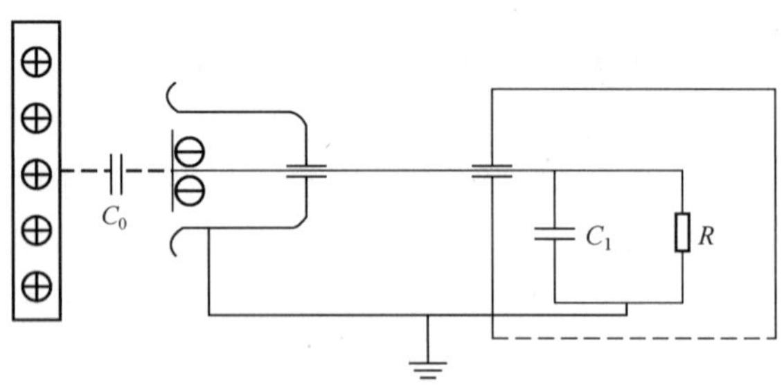

图 4-21　直接感应式静电电压表测试原理

② 旋转叶片式静电电压表。由旋转叶片式的测试电极、放大器、显示器等组成。三个金属片将测试电极感应的直流信号转变成交流信号，经阻抗变换、交流放大、检波后由显示器显示。这种仪器克服了直接感应式静电电压表漂移问题，但在使用时易受叶片产生的干扰（见图 4-22）。

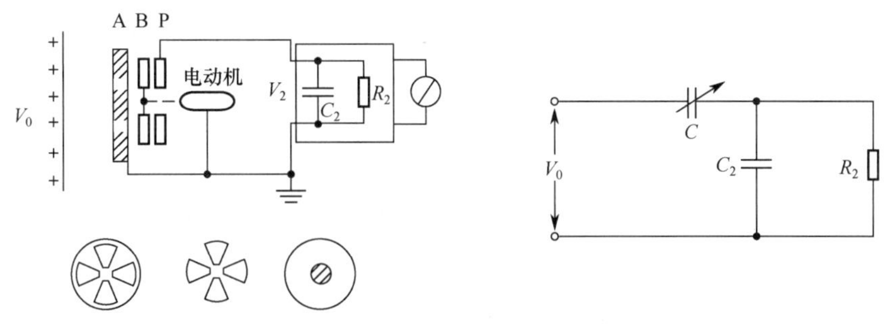

(a) 叶片式静电电压表原理　　(b) 等效电路图

图 4-22　旋转叶片式静电电压表测试原理

③ 振动电容式静电电压表。仪器的电极是一个可振动的金属片，由于其机械振动与被测带电体之间的电容产生周期性变化，作为电极的金属片感应出周期性的电压信号，故采用高输入阻抗变换来接受信号经交流放大、相敏检波用显示器显示。这种仪器灵敏度高、稳定性好。现进口的很多仪器都采用该原理（见图 4-23）。

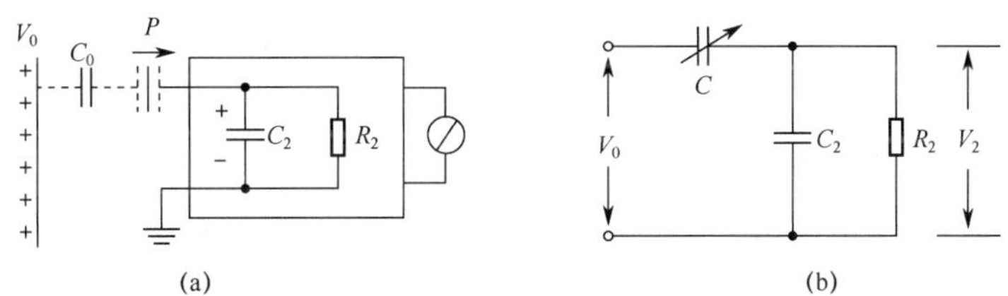

图 4-23　振动电容式静电电压表测试原理

（2）电阻分压式静电电压表。

这种仪器利用放射性同位素将被测带电体附近空气电离，然后再利用带电体与电极之间、电极（处于电离区）与大地之间的等效电阻分压，测量带电体对地电位。用这种仪器测量时，受外界电场影响小，精度比直接感应式高一些。但材料放射性对带电体起静电中和作用。其值比实际带电体电位测得要低。故对小电量静电带电体电位测试不适用（见图 4-24）。

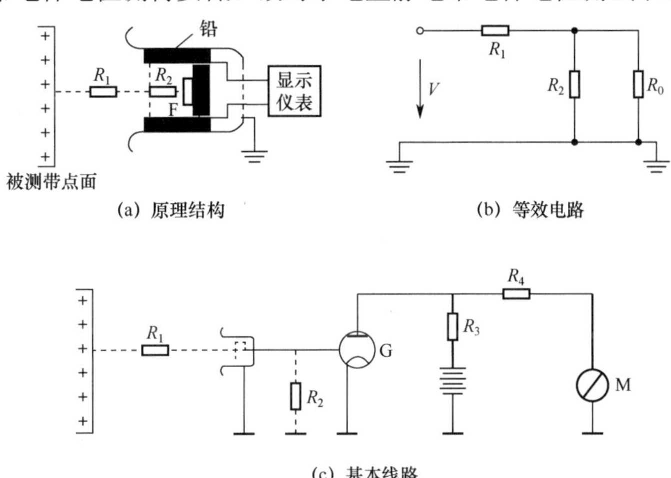

图 4-24　电阻分压式（集电式）静电电压表测试原理

2．静电场测试仪的测试原理

一般在实际电子静电防护工作中，直接测量静电场的情况比较少。但也应当了解常用方法。

电压标定法介绍如下。

电场中放置测试电极，在测试电极上会感应出与其电场成比例的电压，通过电压来求得电场。通常在均匀电场中，电极垂直于电场方向，则

$$E\mathrm{d}L=-\mathrm{d}V,\quad V=-\int E\mathrm{d}L=-EL,\quad E=V/L \tag{4-26}$$

测量中只要知道测试点的电压 V 和距带电体的法线距离 L，通过式（4-26）就可计算该点电场强度。采用此法的前提是在均匀电场中测试，没有多个静电源情况下。对于实际EPA 工作区非均匀场强中，会有很大误差。

除此之外还有其他一些方法，由于在电子行业静电防护方面应用不多，在此不介绍。

4.2.3 影响静电电压和电场测试精度的诸多因素

静电电压和电场测试精度除了和静电测试仪器的可靠性、一致性、稳定性、电路元器件质量、电路设计合理性等因素有关外，还和下列因素有关。

1．被测带电体和电极几何尺寸

被测带电体（指导体）几何尺寸相对于电极很大且平整时，其测试值相对准确，但当带电体呈不规则状，且具有一定曲率半径时，测试值会出现较大误差。此时电极尺寸越小，测试越精确。对于 EPA 工作区电场分布不均匀情况下，为使测试电极的放入尽可能减小对原有静电场的影响，所用电极几何尺寸尽可能小一些，像球状电极、针状、棒状电极使用。

2．电极分布电容

使用小几何尺寸电极，测试精度会提高，但仪器会更加敏感，往往随着仪器测试电极移动导致电极的分布电容变化，使测试出的电压值或电场值有相应变化。此时仪器稳定性会有变化，所以仪器应有瞬间数值锁定功能。

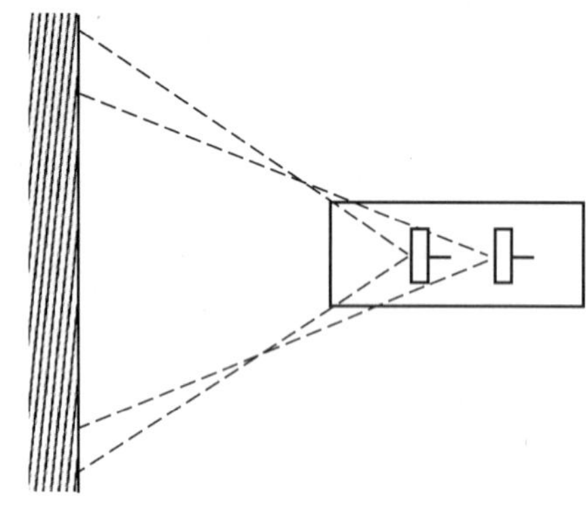

图 4-25 屏蔽角度影响

3．电极屏蔽筒影响

为减少测试时周边静电场对测试结果的影响，非接触式静电电压表及测试电极通常安装在接地屏蔽壳体内。测试电极在屏蔽筒内位置过浅会影响准确性，而过深会降低分辨率。通常根据情况，电极中心法线和屏蔽筒开孔成 60°角较为合适（见图 4-25）。在测试电极接近带电体时，由于静电感应，屏蔽筒的表层感生电荷对测试结果会有一定影响。测试高电位带电体时，由于电压很高，会出现屏蔽筒外壳电晕放电，空间电荷出现会对带电体的静电场起到屏蔽作用，降低仪器分辨率，此时仪器显示值低于实际值。反之高压带电体产生的电晕放电出现的空间电荷耦合到测试电极上，也会使仪器测试发生漂移，使

结果出现误差。

所以测试时，离高电压体尽量远一些（但电子行业中带电体一般电压不高，不用特意考虑）。测试电极周边屏蔽体表面要光滑、曲率半径尽可能大一些，采用圆弧状的屏蔽筒口。

4．仪器输入电阻

仪器输入电阻尽可能高一些（大于 $10^{12}\Omega$），这样仪器受环境相对湿度影响小一些。

由于仪器输入电阻不能做到很高，通常仪器读数呈指数规律衰减。如设定数值锁定功能，在使用中就比较方便。

5．仪器输入电容

通常带电体与测试电极的屏蔽筒之间存在电容 C_0，带电体与测试电极之间存在电容 C_X。

C_0 与带电体对地电容 C_E 并联，C_X 与仪器输入电容 C 串联后也与 C_E 并联。这些电容并联后使测试值低于带电体的实际值，所以尽可能减小这些电容值确保测试精度是很重要的。

4.2.4　测量离子化静电消除器残余电压原理

离子化静电消除器是利用直流高压电晕放电或交流高压电晕放电、电离辐射等方法来同时产生带正电荷和负电荷的空气离子，利用电场力或气流将空气离子与静电源的静电荷接触发生静电中和，从而消除静电。由于电离器设计和实际使用等原因，静电消除器产生的正、负空气离子浓度有所不同，如果正、负离子数量相差很大，在工作面上会保持有较高的正或负的电压，这不但消除不了静电反而会使微电子充电发生损害。因此测试离子化静电消除器工作时的正、负离子数量不一样而产生的残余电压（平衡电压、偏移电压）就非常重要。

通常空气离子流带正、负电荷，且分布不均匀。此时要直接测试这些离子的对地电压是很困难的。主要表现为在局部范围不是匀强电场，且受周边接地体、垂直和水平气流扰动影响很大。此时可以采取平板模拟校准法测试。首先利用一块平面金属板（面积要远远大于测试电压传感器几何面积），将其平行放置在测试电极前端，金属板与传感器之间距离是仪器校准标定距离并和仪器壳体呈绝缘状态（见图 4-26）。

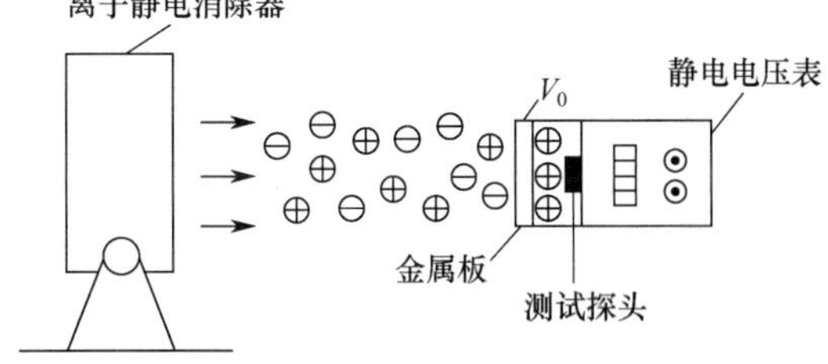

图 4-26　测量离子化静电消除器残余电压原理

测试时，金属板会接收到电离器产生的正、负空气离子。正、负空气离子接触到金属板会发生中和作用，最终会使金属板形成一个带正或带负电荷的带电体，并对地存在一个电位差（残余电压）。由于金属板所带电压和仪器测量值经过校准，测试出的金属板上的电压就是电离器的残余电压。通常电离器技术指标符合相关标准要求时，这个电压值要远小于 EPA 内带电体的表面电压。为了保持测试精度，一般情况下，测试残余电压量程小于±200V，其分辨率为±1V。金属板面积大小和其对地分布电容对测试结果有很大影响，通常要对金属板的感应（充电电压）电压和被测值关系曲线进行校准。

4.2.5 接触式静电电压表与非接触式静电电压表的校准

1. 接触式静电电压表校准

接触式静电电压表的校准环境：其环境温度（20±5）℃，湿度小于 70%RH，无较强电磁场且洁净无粉尘。

使用的直流校准电压源精度、一致性、稳定性、输出电阻等符合国家计量仪器规范要求。将校准电源放置在绝缘平台上，与被校准电压表连接（见图 4-27）。调节每个校准电压和被校准电压表示值比较，记录绝对误差和计算出相对误差、线性误差、显示稳定性、不确定度等。如被校准仪器符合要求则通过；不符合要求，则需调试被校准仪器，直到符合要求为止。高压端串联保护电阻值的确定要保证任何时候，人体不慎接触高压电极时流过人体的电流小于 5mA。耐压大于最大校准电压的 30%。

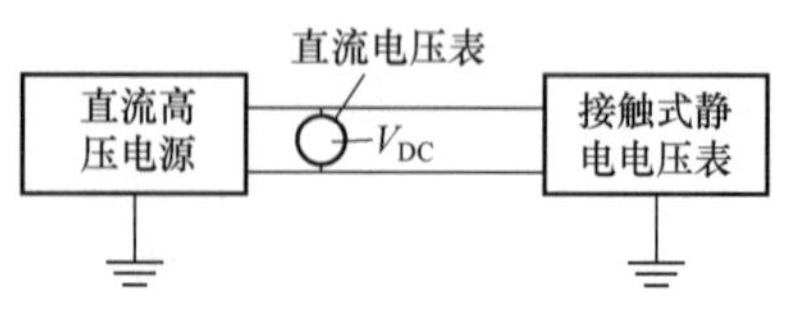

图 4-27 接触式静电电压表校准原理

2. 非接触式静电电压表校准（参见 GJB/J 5972）

该校准方法适于电子行业用静电电压表、静电场测试仪。

1）校准环境要求

环境温度（20±5）℃，湿度不大于 70%RH，无较强电磁场且洁净无粉尘。

2）校准用设备

所用校准仪器、设备、器具都要计量，并在有效期内。

（1）直流输出高压电压范围-20～20kV；连续可调的最小挡位为±10V，测量不确定度小于被校仪器允许误差极限的 1/4。

（2）直流高压电压表量程范围-20～20kV；测量不确定度小于被校仪器允许误差极限的 1/4。

（3）绝缘支架的对地绝缘电阻应大于 $10^{12}\Omega$，耐压大于 25kV。高压端串联保护电阻值的确定要保证任何时候，人体不慎接触±20kV 高压电极时流过人体的电流小于 5mA。耐压大于 25kV。

（4）校准用平板电极应为圆形或正方形圆角，电极边缘的曲率半径以不产生电晕放电为宜。平板的面积要足够大，直径至少不小于 0.4m。

3）校准项目

（1）电压表外观和附件。

（2）工作正常性。

（3）示值误差。

（4）校准选点。每个量程的校准点至少应包括 10%～90%满量程点的 5 个点，或由用户指定校准点，正、负电压分别校准。

（5）校准测试距离。被校准仪器应接地（保护接地），其校准距离就是仪器说明书给定的测试距离。

（6）短期稳定性。将平板电极电压设置在最大量程的 50%，分别设置正电压和负电压，并记录时间。每隔 5s 记录被校值的变化。变化量超过该量程允许误差时，则计时停止。计量示意如图 4-28 所示。

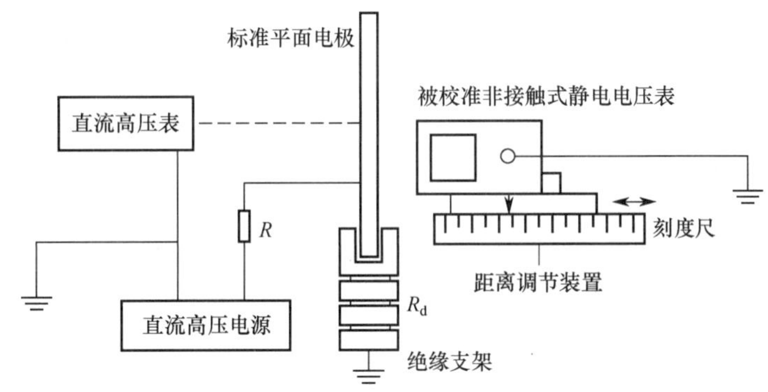

图 4-28　非接触式静电电压表校准

在进行静电电压表校准时，特别是非接触式静电电压表，由于校准标准电极及形成的电场分布和实际 EPA 的情况相差很大，这种校准只是相对值的反映，往往和实际存在差异性。

因为校准距离往往就是仪器实际测试时所使用距离，根据式（4-26），这点测试值既是电位值（V）也是该点电场值（V/m）。

4.2.6　非接触式静电电压表使用方面的注意事项

1. 测试环境湿度影响

一般要求测试环境湿度在 60%RH 以下，测试值较为准确，湿度超过该值时，其输入电阻的变小会带来较大误差。

2. 仪器外壳接地

仪器采取被动屏蔽措施，外壳不接地测试时，影响不会很大，如不是被动屏蔽，则应考虑电路敏感部分设置屏蔽并接地。这个接地应和设备保护接地相连。

3. 仪器清零设置

由于残余电荷影响，会使仪器测试出现误差，所以每次测试前应进行仪器清零，去除残余电荷。

4. 被测电位和电场的关系

由于是使用电压参数校准，所以任何空间点的测试都是空间电位测试。只有在标准校准距离所得的测试值才是电场值。

5. 仪器校准极板和被测带电体几何尺寸与形状的影响

仪器在校准时所用的标定电极几何尺寸和实际被测试带电体的几何形状及面积有关。带电体形状和面积与标定电极结构、尺寸越接近，则仪器测试结果越精准，反之则误差越大。

6. 仪器的采样速度与读数衰减

对于流动或移动带电体（液体、输油管道）表面电压测试时，由于表面电压变化和速度太快，仪器反应速度跟不上，不能精准测试。另外仪器读数因仪器输入电阻不够大，呈指数衰减，不能长时间连续监控带电体电位。

7. 带电空气离子的影响

当带电体表面空间存在很多空气离子时，也不能用感应式静电电压表测试其表面静电电压，此时会出现较大误差。

8. 绝缘带电体对测试结果的影响

当测试绝缘体表面电压时，由于表面电荷分布不均匀，绝缘体两面所带电荷极性不同，都可能导致测试结果出现不同。同时测试的是绝缘体局部表面电压而不是整体电压。

9. 测试环境中粉尘的影响

当仪器电极附近存在很多带电粉尘时，由于粉体带电体影响，也会对结果有较大影响。

10. 易燃、易爆环境因素影响

本节只讨论非易燃、易爆环境中使用的静电电压表及测试原理，不涉及在易燃、易爆环境使用的静电电压表。

4.2.7 几种静电电压表简介

表 4-5、表 4-6 介绍几种接触式和非接触静电电压测试仪，供使用时参考。

表 4-5 常用国产接触式静电电压测试仪

型号	名称	级别	量程	特性
Q_2-V	静电伏特计	1.0	30、75、150、300、750、1500、3000（V）	20℃、湿度≤90%RH 时，输入电阻 $R>10^{12}$，输入电容 $C≈30pF$
Q_3-V	高压静电电压表	1.5	7.5、15、30（kV）	15～25℃、湿度≤85%RH 时，输入电阻 $R>10^{10}$，输入电容 $C≤12pF$
Q_4-V	高压静电电压表	1.0	20、50、100（kV）	20℃、湿度≤85%RH 时，绝缘电阻 $R>10^{10}$，绝缘电容 $C≤20pF$
Q_5-V	静电伏特计	1.0	30、75、150、300、600、1000、1500、3000（V）	0～40℃、湿度≤85%RH 时，输入电阻 $R>10^{10}$，输入电容 C=12～25pF

表 4-6 几种非接触静电电压测试仪

性能、型号、产地	测试电压范围	误差	其他功能
FMX-002(03-04)型数字静电场测试仪（非接触式）（见图 4-29，USA、SIMCO）	（L0）0～±1.49kV （HI）±1.0～±20kV （残余电压）0～±200V，分辨率 1V， 10～40℃，湿度<60%RH	±10%	带耦合极板可测离子化静电消除器的残余电压。 测试电场，并有锁定功能
TI300 型模拟式静电场测试仪（非接触式）（USA、MT）	0～±30kV 10～40℃，湿度<65%RH	±10%	
TREK 541A 型数字人体静电位测试仪（接触式）（见图 4-30，USA、TREK 公司）	0～±1kV，湿度<65%RH 分辨率 1V（振动电容式探极）	±1%	带手持式接触电极

(a) FMX-002 (03-04) 型数字静电场测试仪

(b) 无测距功能的静电电压表

图 4-29 非接触式数字静电场测试仪

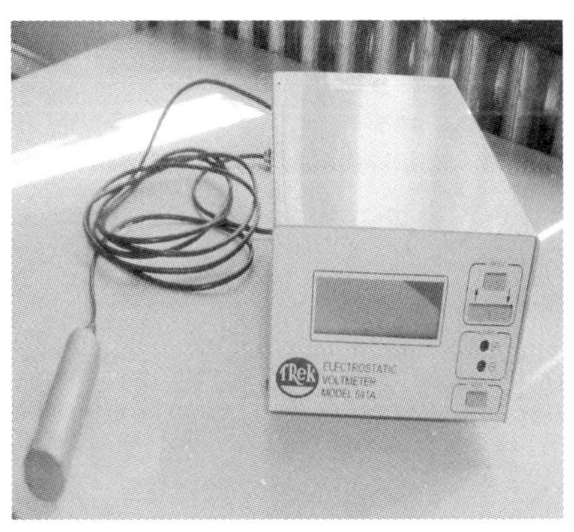

图 4-30 TREK 541A 型数字人体静电位测试仪（接触式）

4.3 EPA 防静电（装备）用品电阻的测量与电阻率计算

EPA 所使用的防静电材料和装备的电阻值直接反映静电耗散和泄漏的能力，通过对该参数的测试基本可对 EPA 系统中所用防静电材料、产品、系统的防静电性能进行评价。

4.3.1 电阻、电导率和电阻率的定义

（1）点对点电阻：在一给定的通电时间后，施加材料表面任意两点间的直流电压与流过这两点间直流电流之比（单位为 Ω）。

（2）静电泄漏电阻（系统电阻、对地电阻）：在一给定的通电时间后，施加于被测物体表面与被测物体接地点之间直流电压与流过电流的比值（单位为 Ω）。

（3）表面电阻：在一给定的通电时间后，施加于材料表面上的标准电极之间的直流电压对于电极之间的电流的比值，对在电极上可能引起的极化现象忽略不计（单位为 Ω）。

（4）体积电阻：在一给定的通电时间后，施加于材料的相对两个表面上的接触电极之间的直流电压与两电极流过的比值，对在电极上可能引起的极化现象忽略不计（单位为 Ω）。

（5）表面电阻率：沿试样表面电流方向的直流电场强度与该处电流密度之比（单位为 Ω、Ω/□）。

（6）体积电阻率：沿试样体积电流方向的直流电场强度与该处电流密度之比（单位为 Ω • m）。

（7）电导率：表征液体导电性能的物理量，既液体电阻率的倒数（单位为 s/m）。

4.3.2 固体材料、物品电阻测试原理

固体材料、物品电阻类参数测试原理很多，这里仅介绍几种常用的方法。

1．恒压比较法

此种测量原理多用于电阻值较高材料的测量。图 4-31 中 R_X 是被测电阻，R_0 是标准电阻，若高阻直流放大器的放大倍数为 A，且其输入阻抗远远大于 R_0，则可求得

$$R_X = (AU/U_0 - 1)R_0 \tag{4-27}$$

式中 U——直流稳压电源的输出电压；

U_0——高阻直流放大器的输出电压。

调整 A 即可扩大量程范围。

2．伏安法

伏安法是将测试电压加在被测材料（物品）上，通过检测流过材料（物品）的漏电流利用式（4-28）计算出被测电阻值。伏安法适用于电阻值很宽的不同材料（物品）的测量（见图 4-32）。

$$R_X = U/I \tag{4-28}$$

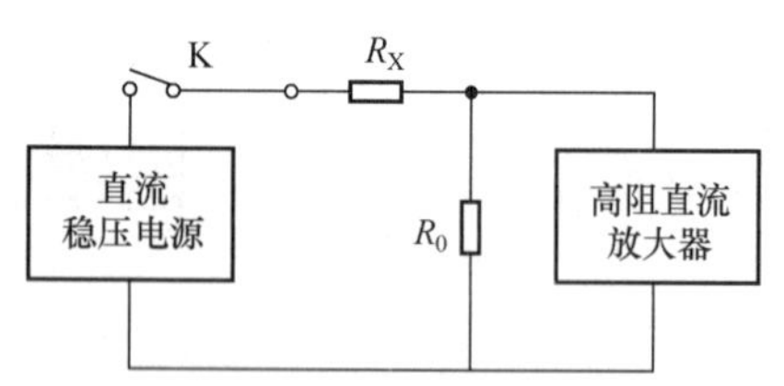

图 4-31 恒压比较法测试电阻原理图

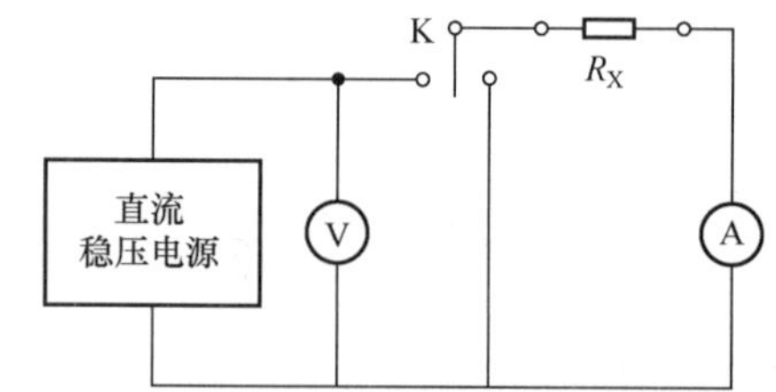

图 4-32 伏安法测试电阻原理图

3．比电流计法

在测量准确度要求不高，测量范围 10GΩ 以下时，常用比电流计法（摇表法）。测量的实质是给被测电阻加直流脉动电压，通过与标准电阻比较，测量通过它的泄漏电流的相对值，并在表盘上给出经过换算得出的电阻值。摇表法主要由手摇发电机的电源和磁电式流比计的测量机构组成，其工作原理如图 4-33 所示，其中 R_1 为标准比较电阻，R_2 为保护电阻（防止被测电阻过小时烧坏仪表），R_X 为被测电阻。仪表指针偏转的角度取决于通过流比计两个线圈的电流 I_1 和 I_2 之比，即取决于 I_1/I_2。由于 I_2 取决于被测电阻 R_X 的大小，则电流比 I_1/I_2 也取决于被测电阻 R_X 的大小。这个电流比只取决于图 4-33 中两条并联支路的电

阻值，而与施加的电压无关（忽略被测电阻的高压非线性时），由此可见，仪表指针偏转的角度可直接指示被测电阻的大小。

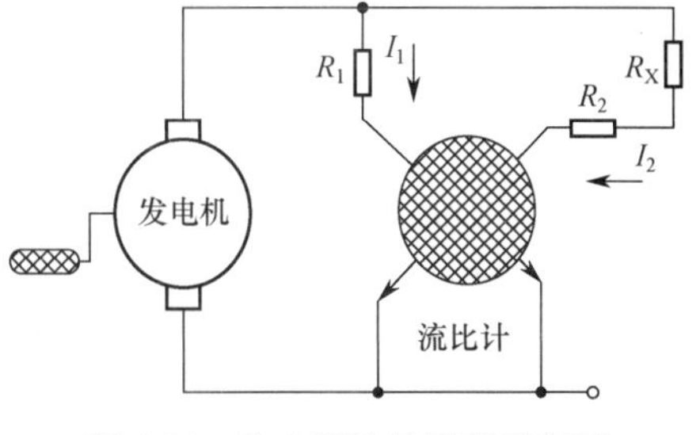

图 4-33 比电流计的原理示意图

比电流计法多用于工程现场和防静电测试准确度要求不高的场合。由于采用模拟电路测试方式，受干扰相对小一些，但测试精度差一些。

4．充电法

充电法测量原理是用被测介质材料的电流对电路中的电容器充电，测量电容器两端电压随时间的变化来求得介质材料的电阻。

4.3.3 固体材料、物品电阻和电阻率参数的测试与计算

1．表面点对点电阻、静电泄漏（对地电阻）电阻的测试

对表面几何尺寸较大材料、产品或地面测试时，通常用表面点对点电阻参数测试和静电泄漏电阻参数测试（见图 4-34）。对产品和材料，点对点电阻测试时的电极之间距离规定为 30cm。对于地面为 90～100cm（IEC 61340-5-1）。对于静电泄漏电阻测试，各标准对电极之间距离没有规定，而是随机选取。

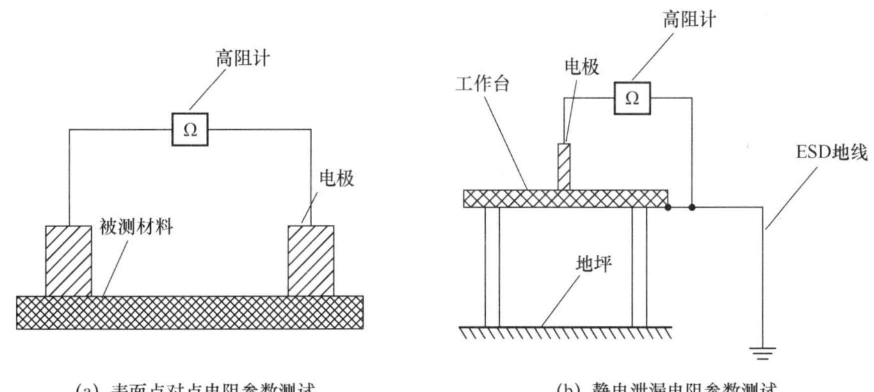

图 4-34 表面点对点电阻、静电泄漏电阻的测试

2．使用三电极对固体材料、物品表面电阻、体积电阻测试

对小几何固体物体、材料（包装袋、板材等）表面、体积电阻的测试如图 4-35 所示。使用的应是 GB 1410 或 IEC 61340-5-1 规定的电极。

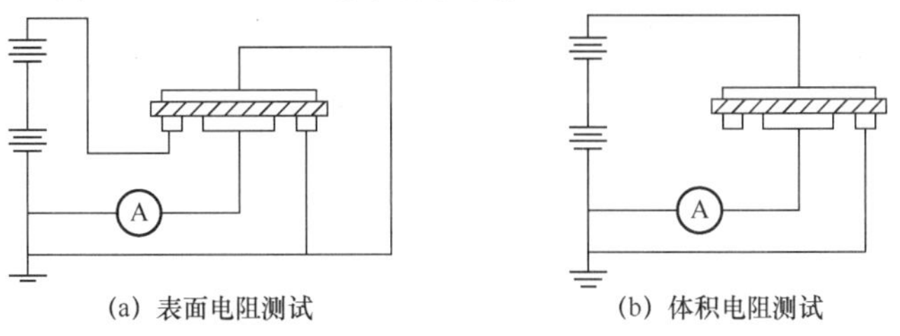

图 4-35 表面、体积电阻的测试

3. 使用条形电极测试固体材料的表面电阻

在实际工作中，为便捷操作往往还使用条形电极（金属丝或导电橡胶）测试物体的表面电阻（见图 4-36）。当材料表面不平整或具有一定曲率半径时（例如，测试矿工安全帽表面电阻），可使用宽 3mm 的铜箔（两条）涂覆体积电阻小于 1000Ω 导电胶平行粘接在材料表面，待干燥后，测试其表面电阻。

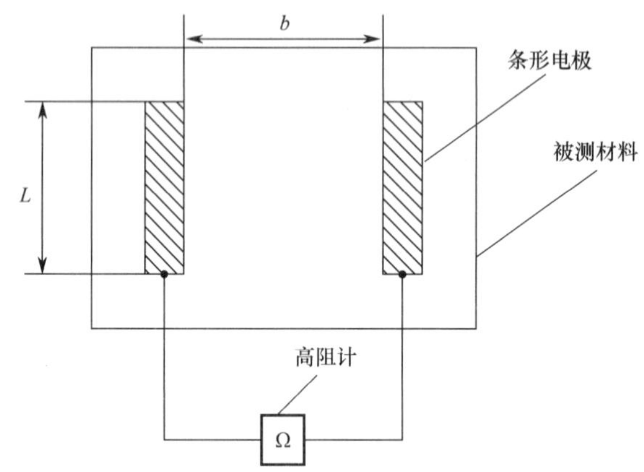

图 4-36　使用条形电极测试材料表面电阻

4. 固体材料表面电阻率、体积电阻率的计算

1）表面电阻率的计算

采用三电极时的计算方法见式（4-29）（参照 GB 1410），测试电压符合 IEC 61340-5-1 规定。

$$\rho_S = R_S P/g \tag{4-29}$$

式中　ρ_S——表面电阻率（Ω）；

R_S——测出的表面电阻（Ω）；

P——有效周长；$P=\pi(D+g)$（m）；

g——柱状电极与环状电极内径的距离（m）；

D——柱状电极直径（m）。

或用式（4-30）计算（新版 GB 1410 没给出电极尺寸，可参照旧版标准给出的电极尺寸。环状电极内径为 60mm 时，系数用 34.54）：

$$\rho_S = (34.54\text{或}81.64)\cdot R_S \tag{4-30}$$

采用 IEC 电极的计算方法见式（4-31）：

$$\rho_S = 10R_S \tag{4-31}$$

采用条状电极的计算方法主要用于带有曲面的防静电用品的测量，见式（4-32）：

$$\rho_S = (L/b)R_S \tag{4-32}$$

式中　L——条形电极长度（m）；

b——两条形电极之间的距离（m）。

2）体积电阻率计算

采用 GB 1410 时的计算方法见式（4-33），测试电压的要求符合 IEC 61340-5-1 要求。

$$\rho_V=21.2R_V/h \quad (4\text{-}33)$$

式中　h—— 被测材料厚度（m）；

　　R_V——测出的体积电阻（Ω）；

　　ρ_V——体积电阻率（Ω·m）。

或采用式（4-34）：

$$\rho_V=R_VA/h \quad (4\text{-}34)$$

A 的计算公式为

$$A=\pi(D+g)^2/4 \quad (4\text{-}35)$$

式中　A——测量电极的有效面积（m^2）。

4.3.4　粉体材料体积电阻、电阻率测试与计算

1．粉体材料体积电阻的测试

在实际工作中，导体粉（金属氧化物、乙炔炭黑、金属粉等）的使用比较多，对其电阻性能测试也是较常见的。通常对于粉体电阻测试有探针法、二电极法、平板三电极法和同心圆筒三电极法。探针法测试误差大，同心圆筒三电极法较复杂。实际工作中多用二电极法和平板三电极法。二电极法测试粉体电阻如图 4-37 所示。通常 A、B 两电极相距 10mm，在 A、B 两电极加上直流电压，测试 A、B 两电极流过的电流，用欧姆定律即可求出粉体的体积电阻。

平板三电极法测试粉体电阻如图 4-38 所示。高压加在 A 和 B 电极上，C 电极作为保护电极，测试流过 A、B 的电流，用欧姆定律即可计算粉体的体积电阻。测试粉体的电压一般选用直流 10V、100V 和 500V。对于电阻值小于 $10^5\Omega$ 的粉体可采用 10V 电压测试。对于等于或大于 $10^5\Omega$ 的粉体可用 100V 电压测试。

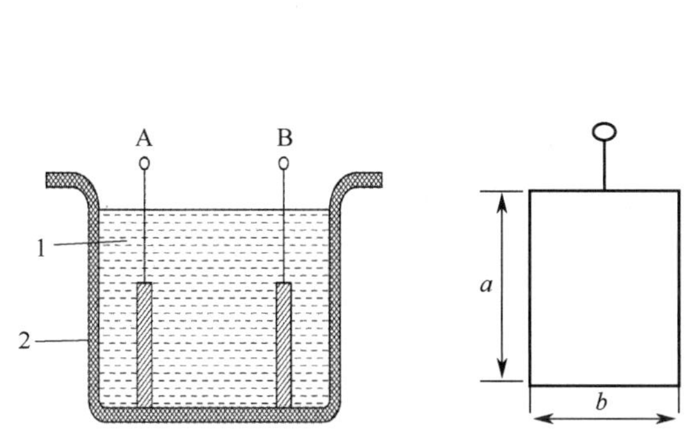

图 4-37　二电极法测试粉体电阻

1—粉料；2—容器

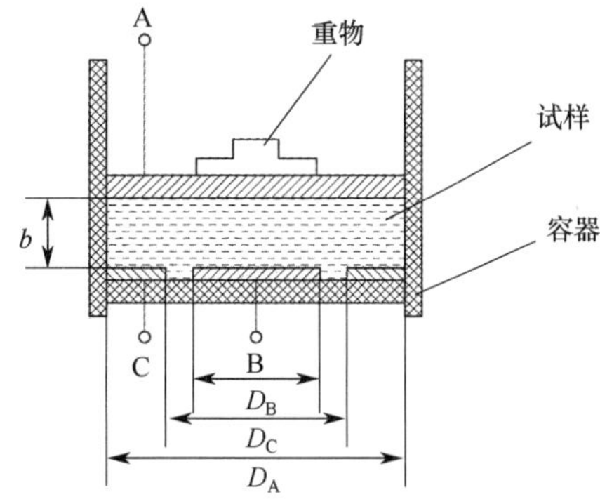

图 4-38　平板三电极法测试粉体电阻

2．粉体材料电阻率计算

1）二电极法

将待测粉体放入绝缘容器内（见图 4-37），已知两电极长度为 a、宽度为 b 和体积电阻 R_V。且采用二极法计算公式［见式（4-36）］求出体积电阻率 ρ_V。采用二电极法测试误差

稍大点，但由于方法简单，在实际中用得比较多。

$$\rho_V = R_V \cdot a^2/b \tag{4-36}$$

2）平板三电极法

将粉体放入绝缘容器内（见图 4-38），A、B 是测量电极，C 是保护电极，取 D_A 为 40mm、D_B 为 25mm、D_C 为 30mm；则 $r=(D_B+D_C)/4$。通过式（4-37）计算出电阻率。平板三电极法测试误差较小，测试比较精确。

$$\rho_V = R_V \cdot \pi r^2/b \tag{4-37}$$

4.3.5 绝缘液体电导率测试

在实际工作中，向 PCB 进行喷涂、高纯水清洗、喷漆等作业时，绝缘液体的摩擦分离可以产生较高的静电电压，因此对绝缘液体电导率测试和评价起电状况很有必要。绝缘液体电导率测试如图 4-39 所示。将电导率测试仪连接电极 A、B 就可测试出液体的电导率，通过式（4-38）就可计算出液体的体积电阻率。对于高电导率液体的测试电压一般选择 10V，低电导率选择电压 100V。

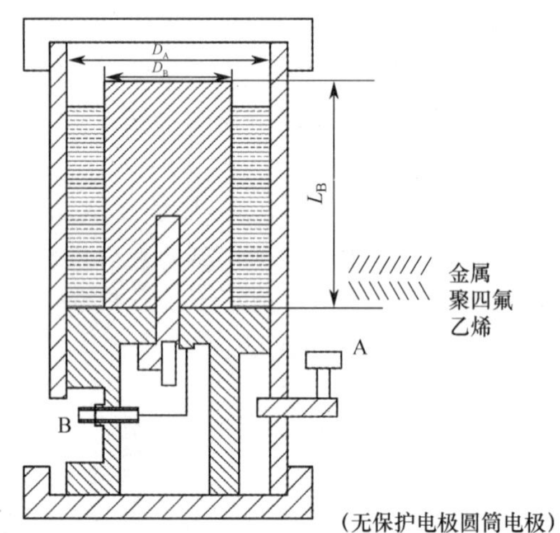

图 4-39 绝缘液体电导率测试

A—对电极端子；B—主电极端子

$$\rho_V = 1/\gamma \tag{4-38}$$

式中 ρ_V——液体电阻率（Ω·m）；

γ——液体电导率（S/m）；

1CU（电导纲量）$=1\times10^{-12}\Omega^{-1}\cdot m^{-1}=1\times10^{-12}$S/m。

4.3.6 测试各类电阻参数所用电极

1. 固体材料、物体表面点对点电阻、系统电阻（静电泄漏电阻）测试电极

点对点电阻、系统电阻测试电极结构如图 4-40 所示（IEC 61340-5-1）。需要提出的是：对于工装夹具、工具、手套等表面积较小的物体进行表面点对点电阻测试时，图 4-40 所示

电极是不适用的。这时可根据实际情况，选用合适的电极。例如：测试手套、指套时可选用直径为 10～25mm、厚度为 5mm 的圆柱状不锈钢或导电橡胶电极；对于工具（静电耗散材料制作的工具，如镊子等），可用有一定接触面积（直径为 10mm）的铜箔或导电橡胶电极。导电橡胶体积电阻小于 1kΩ。不能用像万用表的测试探针一样的电极（或选用 ANSI/ESD S20.20、STM11.13 推荐的电极）。

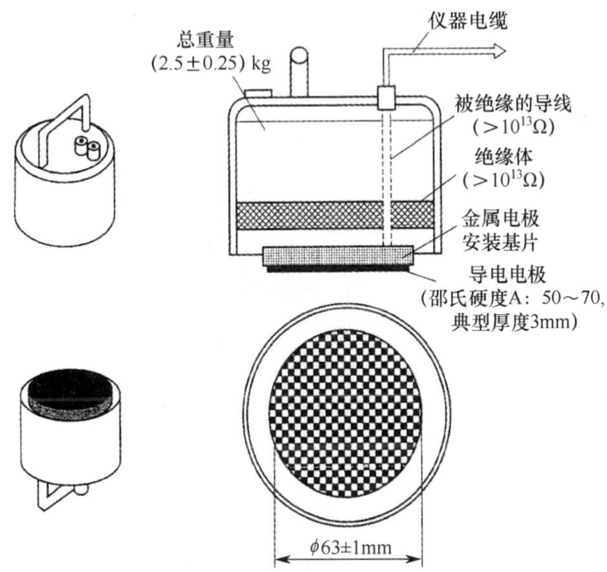

图 4-40　点对点电阻、系统电阻测试电极结构

2．固体材料、物品表面电阻和体积电阻测试电极

（1）IEC 标准规定的电极（见图 4-41）。

（2）GB 1410 规定的同轴三电极结构（见图 4-42）。

需要指出：使用 GB 1410 规定的三电极时，要求样品表面平整度较高，否则测试会出现较大误差。

（3）国际标准规定的条形电极见图 4-36。

3．粉体体积电阻测试用电极

采用二电极法测试粉体体积电阻所用电极结构如图 4-37 所示，采用三电极法测试粉体体积电阻的电极结构如图 4-38 所示。

4．绝缘液体电导率测试用电极

绝缘液体电导率测试用电极结构如图 4-39 所示。

IEC 61340-5-1、SJ/T 10694 规定对于固体材料、物体电阻测试时所用电压：

初始施加的测试电压为 10V：

——如果 $R_X \leqslant 10^5\Omega$，测量值则为结果。

——如果 $R_X > 10^5\Omega$，把电压改为 100V。

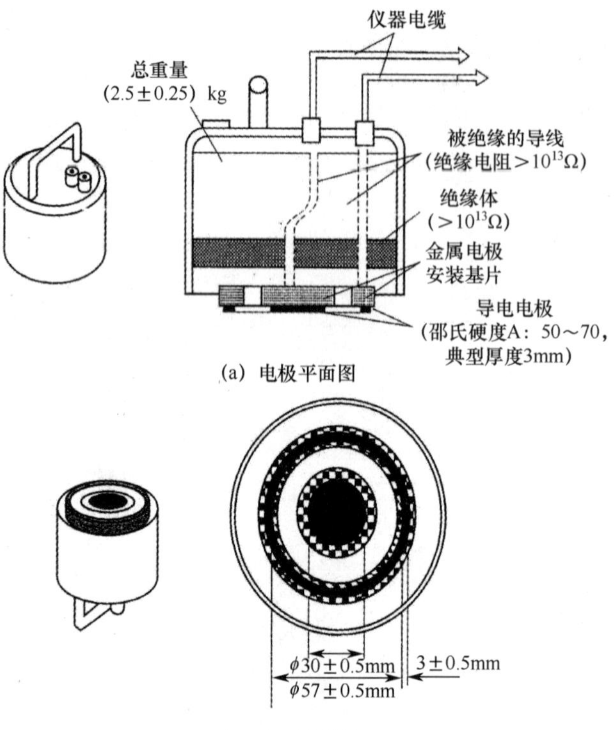

图 4-41　表面电阻测试电极结构（IEC 标准规定的电极）

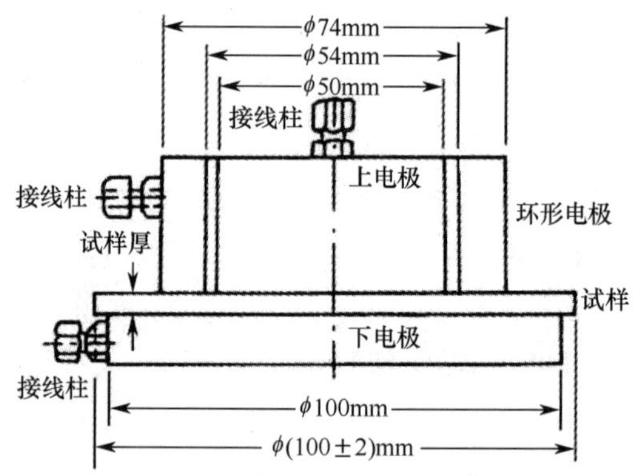

图 4-42　GB 1410 规定的同轴三电极结构（参考尺寸）

施加电压为 100V：

——如果 $10^5<R_X\leqslant10^{12}\Omega$，测量值则为结果。

——如果 $R_X\leqslant10^5\Omega$，测量值可视为结果。

4.3.7　测试电阻参数所用电压规定

在我国由于电源电压高于欧美一些国家（110V）为 220V、380V，从安全方面考虑，标准 SJ/T 10694 规定有实际要求时，可以使用 500V 电压测试物体的电阻，同时检测材料绝缘性能，以保护人体安全。

4.3.8　影响电阻参数精确度的因素

1．影响固体材料、物品电阻测试结果的因素

1）测试平台电阻的影响

物品或各类材料测试时应放在绝缘平台上（体积电阻和表面电阻应大于 $10^{12}\Omega$）。如使用电阻较低的平台，由于表面或体积电阻过低使测试等效分布电阻降低，会使测试电阻值偏低。

2）测试仪器的输入电阻和测试电缆的绝缘电阻的影响

在实际测试中，被测材料电阻、仪器输入电阻和测试线对地电阻成并联关系，即

$$\frac{1}{R_0}=\frac{1}{R_1}+\frac{1}{R_2}+\frac{1}{R_3} \tag{4-39}$$

式中　R_0——测试电阻；

R_1——被测材料电阻；

R_2——仪器输入电阻；

R_3——电缆对地电阻。

从式（4-39）看出 R_2、R_3 电阻值越高，则 R_0 值越接近 R_1。通常测试材料、物品防静电耗散和泄漏电阻值，其 R_2、R_3 阻值都要高于 $10^{12}\Omega$ 时，测试结果才比较准确。通常万用表测试线绝缘电阻低，不适用于高电阻测量。

3）电极接触压力和电极与被测物表面接触度的影响

对于高电阻测量，当被测物为固体时，电极和被测物表面接触密实度和接触压力对测试结果有很大影响。当接触面积很小或表面接触不良或接触压力不同，都会出现较大测试误差。所以国际很多标准对测试电极接触面规定使用导电橡胶（邵氏硬度 50～70、体积电阻低于 1000Ω），同时对电极重量做了规定（5 磅，1 磅）以增加接触密实度。对于无导电橡胶的测试电极在测试时，通常要使用乙炔炭黑、银粉等导电粉配制的导电粘接剂均匀涂抹在电极表面再与被测物接触进行测试。

4）测试电压不同的影响

由于很多防静电材料是通过对高分子绝缘材料加入导电粉使其具有导电性的。加入的导电材料因各种原因，不可能使高分子改性材料呈均质导电材料。在测试电阻外加直流高压时，材料内部电场分布不均匀，导致被测材料电阻和施加电压不呈欧姆定律关系（见图 4-43），具有非线性的压敏电阻特性。高分子改性防静电材料在不同电压下，测试电阻有时呈现很大差异。

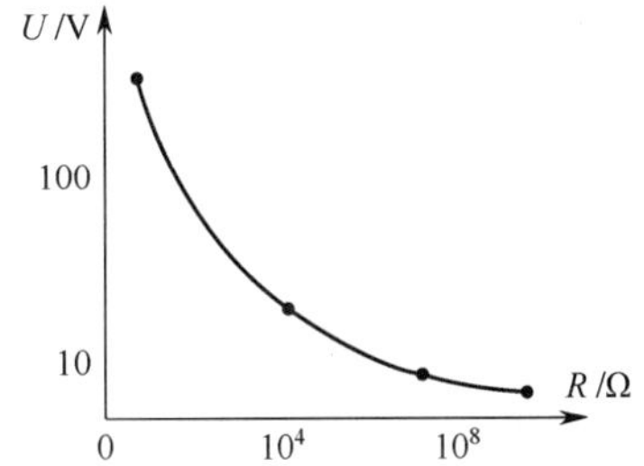

图 4-43　高分子改性防静电材料电阻与测试电压非线性关系示意图

5）测试环境温/湿度的影响

对于电阻参数测量，周围湿度对测试结果影响很大。一般环境的相对湿度值越高，测试电阻值越小。湿度影响有以下方面。

（1）环境湿度对物体电阻的影响。

通常环境湿度值越高，在一些非浸润式物体表面会形成细微水膜，导致物体表面电阻值降低。对于浸润性物品，湿度值过高可使物品含水率提高，从而使物体的体积电阻值降低。特别是对棉织品、水泥类等材料影响很大。表 4-7 给出水泥含水率不同时其体积电阻值的变化。

表 4-7　水泥类材料含水率不同时其体积电阻值的变化（测试环境相对湿度 50%RH）

含水率（重量比%）	体积电阻/Ω	含水率（重量比%）	体积电阻/Ω
5.28%	3.70×10^{5}	1.03%	1.91×10^{10}
2.10%	6.55×10^{8}	0.18%	5.11×10^{10}

（2）环境调湿、调温的重要性。

某些物品在较高湿度环境放置时间较长时，其含水率较高，在测试电阻值时，物体的电阻值会下降。如果要准确地测试其电阻值，应当将物品在相对湿度较低环境中（IEC 规定 12%±3%RH；25%±3%RH；50%±3%RH）放置 24h 或更长时间，将大部分水分蒸发，再测试。通常对防静电材料的调湿处理是非常重要的环节。很多防静电地坪（环氧、水泥类等）测试，地坪含水率多少对测试结果影响很大。通常在干燥环境（湿度小于 40%RH）测试能够客观反映情况。

6）测试电极的保护电极屏蔽探讨

对于高电阻测量，当物体漏电流很小时，测试结果会受到环境杂波（环境电磁场、静电感应等）影响，此时要对电极设置屏蔽或将整个测试电极放入屏蔽箱体内。对于三电极系统所用的保护电极就是对主电极起屏蔽作用（见图 4-35），防止外界干扰。此时保护电极或屏蔽箱的良好接地就比较重要。

7）外加电压发生材料极化时对高灵敏度仪表测试结果的影响

有些材料属于偶极性材料，在测试刚开始施加电压时，偶极性分子在电场作用下会发生极化现象。导致初始测试电流不稳定，使灵敏度较高的数字电阻计显示不稳定，因此在测试时，应当等极化和测试电流稳定后再读取数据，通常时间为 15～60s。对于模拟电路仪器，材料极化产生的影响不大。

8）材料电阻和电阻率之间的关系

通常电阻测试值与电极的几何尺寸及之间的距离有关。而电阻率只与被测材料、物品的导电状况有关。当被测材料为均质导电材料时，测试和计算材料的电阻率很有意义，而且结果较电阻值测试精准。如果被测材料不是均质导电材料，则测试或计算的电阻率就存在很大误差。因此在实际工作中（在很多国际标准明确规定的条件下，如测试电极、仪器、测试环境等）测试电阻参数满足实际需要时，电阻率参数可不考虑。

2．影响粉体电阻测试结果的因素

1）粉体含水率

粉体含水率越高测试的电阻值越低。通常对被测粉体要进行干燥处理，当其含水率低于 1%（质量比）时，测试结果才比较准确。

2）电极质量和粉体密实度

粉体密实度越高，测试电阻值越小。通常将粉体放入电极中，根据实际情况要规定粉体密实度（粉体单位体积所承载质量，kg/cm^3），并统一各类粉体的测试条件，这样测试结果才有可比性。

除此之外，测试电极结构、测试电压、环境温/湿度等因素对测试结果也会有较大影响，要统一规定。

3．影响液体电导率测试结果的因素

1）静止时间的影响

将绝缘液体倒入电极中要静置一定时间，通常 2～3min 后再测试。

2）试样的清洁度

被测试样不要被污染，否则掺入杂质后，会使测试出的电导率增大，出现误差。

3）电极的材料与清洁度

测试电极须清洁，不要沾染污物。测试电极材料应使用不锈钢等不易锈蚀材料。

4.3.9　中、外标准有关电阻参数测试方法的差异

1．静电泄漏电阻与静电等电位连接电阻测试

ANSI/ESD S20.20、TR53 规定测试防静电装备的等电位连接电阻时（要求安全保护接地和防静电接地共用接地极方式），测试物体表面与保护接地之间的电阻即可。该方法简便易行，由于静电泄漏电阻较大，保护接地线电阻可忽略不计。此方法较我国标准静电泄漏电阻的测试方法优点在于，对静电接地线的电阻可以不用单独测试（一般现场无法测试），可方便检验防静电接地线连接情况。

2．测试环境湿度

IEC 有关标准规定所有防静电材料、装备防静电性能测试时的环境湿度为 12%±3%RH。该指标严于我国标准规定（通常为 30%～60%RH），对检验产品防静电性能，保证产品防静电性能具有重要意义。

4.3.10　常用的几种电阻测试仪

几种电阻测试仪如图 4-44～图 4-47 所示，其技术参数如表 4-8 所示。

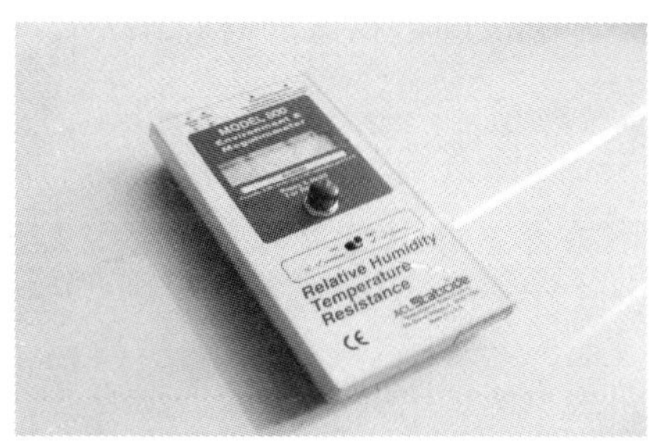

图 4-44　ACL-800 数字便携式高阻测试仪

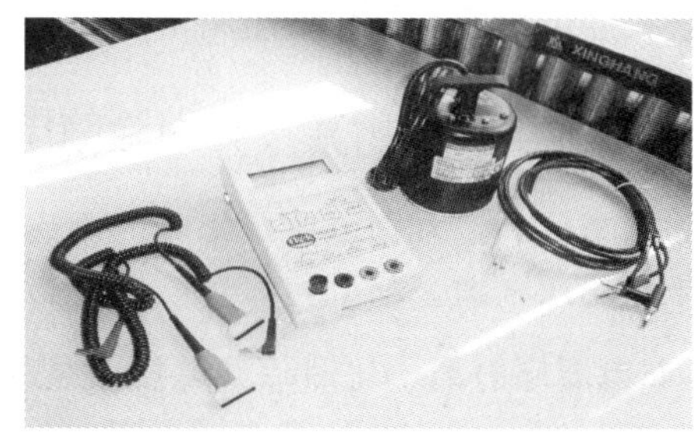

图 4-45　TREK152 数字便携式高阻测试仪

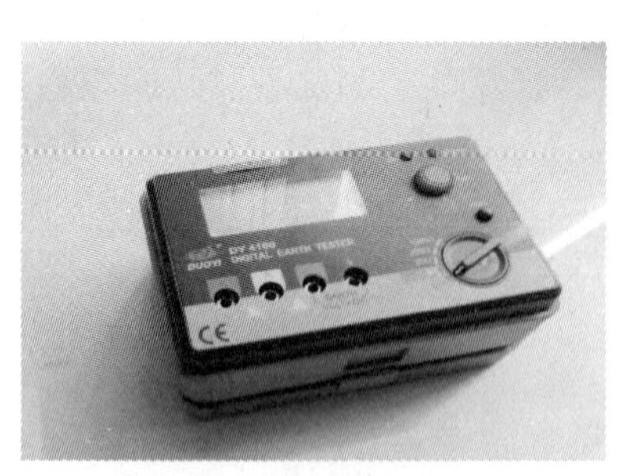
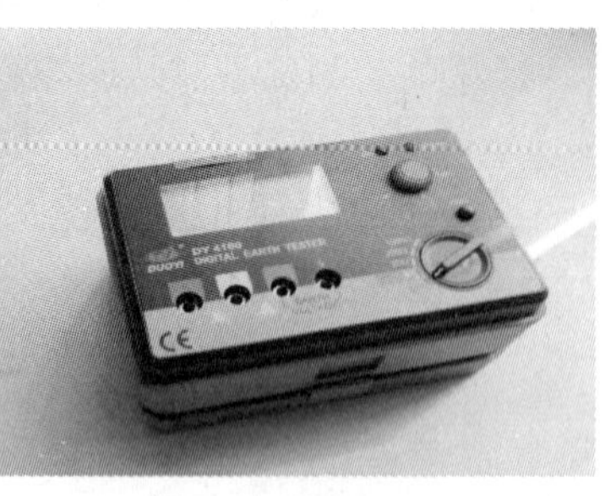

图 4-46　DY-4100 接地电阻测试仪　　　图 4-47　ZC-90B、PC-27 系列表面数字电阻测试仪

表 4-8　几种高阻测试仪技术参数

型号	测试范围/Ω	测试电压/V	测试精度
ZC-90B（数字台式）	$1\times10^{3}\sim1\times10^{12}$	10 100 500	<5%
PC-27-3、4（数字便携式）	$1\times10^{3}\sim2\times10^{10}$	100 250 500	
ACL-800（数字便携式高阻测试仪）（美国 ACL 公司）	$2\times10^{2}\sim2\times10^{12}$	10 100	<±5%
ETS-1000（模拟便携式）（美国 ETS 公司）	$0\sim1\times10^{12}$	10 100 1000	<±5%
TREK152（数字便携式高阻测试仪）（美国 TREK 公司）	$1\times10^{3}\sim1\times10^{12}$	10 100	<±5%

4.4　离子化消除静电技术与静电衰减测试原理

在 EPA 内有时不便将绝缘用品移出，或将绝缘物剥离、摩擦，绝缘液体喷涂作业和存在对地绝缘带静电荷的导体时，由于这些物体对地呈高绝缘状态，不能依靠静电耗散、泄漏方法解决静电积聚，往往采用离子化静电中和措施解决静电积聚的问题。

4.4.1　非电离辐射离子化消除静电原理

在实际工作中，利用离子化消除静电原理有两方面：非电离辐射产生空气离子和电离辐射产生空气离子消除静电。

1．非电离辐射离子化消除静电技术原理

当将针形物体连接到可调的高压电源电压输出端时，随着电压提升，针尖对地存在不

断提升的电位，同时在针尖上积聚电荷并在周围逐渐形成强度很高的静电场。当电场强度达到某一阈值时，在针尖周围会发生电晕放电（发生电晕阈值与环境湿度、空气洁净度、放电针等和周围物体的分布参数有关），使空气中性分子发生电离，变为带正、负电荷的空气离子。在带电体电场或气流作用下，中和带电体表面的静电电荷，起到消除静电的作用。

频率在毫米波段以上的电磁辐射（包括直流电、静电荷产生的电场），它不引起生物分子的电离，一般统称非电离辐射，其对人体不良影响主要是热效应，也包括一些生物学效应。这种影响相对放射性射线对人体的伤害要小得多。目前电子行业使用离子化静电消除器原理大都属于非电离辐射。

2．非电离辐射离子化静电消除器消除静电的几种模式

离子化静电消除器（以下简称静电消除器）种类很多，按照使空气发生电离的方式不同，可分为无源自感应式、高压电源式两大类。其中，高压电源式按使用电源性质不同又可分为直流高压式、低频交流高压式、高频交流高压式、脉冲高压、交流消峰式等数十种。按使用场所不同，还可分为非防爆型和防爆型（包括无风源型、有风源型）。此外，还有一些适用于存储油气管道、化工品等场合和特殊结构的静电消除器，像离子风幕、风淋室、风蛇、风嘴（枪）、离子棒等。

1）无源自感应式静电消除器

无源自感应静电消除器是一种最简单的静电消除器，不需外加电源，它的工作原理如图 4-48 所示。在靠近带电体的上方安装一些接地的针电极（针电极对于消电对象可以有多种结构形式），由于带电体的静电感应，针尖发生静电感应积聚和带电体静电荷符号相反的电荷，并使针尖周围的空气被电离，形成电晕放电产生大量的正、负离子。在电场力作用下，迁移到带电体上与带电体上符号相反的电荷发生中和。

一般无源自感应静电消除器因其消除静电的方式决定了用于带电体对地电位较高的场合（2000V～100kV）。其构造简单，在窄小空间可方便安装。但存在对带电体的静电消除不彻底问题，一般对地残余电压较高（根据静电消除器结构和静电源特点可在500～1000V 以上），消电效率要低一些。另外消电效果和静电带电体与放电针（线）距离有很大关系。所以在要求残余电压较低的电子行业用的很少，只在橡胶、印刷、饲料加工等行业使用。

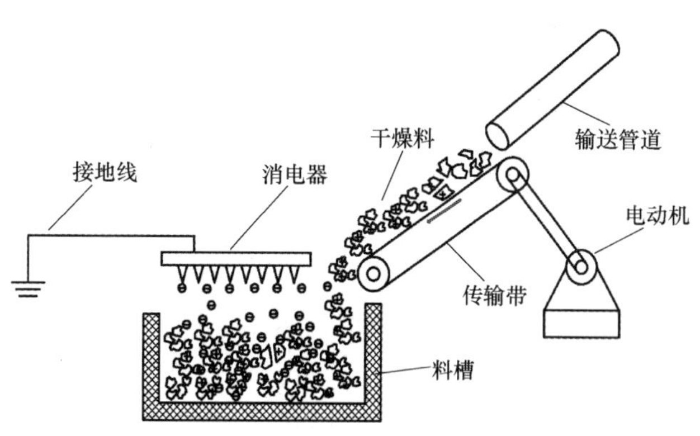

图 4-48　无源自感应静电消除器的工作原理

2）一般高压电源静电消除器

高压电源直接或间接地向放电针供电，在针尖附近安装有接地感应极。由于接地极和高压电晕放电针的静电感应，在放电针尖端附近产生强电场并发生电晕放电，使针尖附近的空气电离，产生正、负空气离子。其与带电体符号相反的静电荷在电场力作用下（或气流作用）相互吸引发生中和作用，从而消除带电体上的静电。

一般高压电源静电消除器按所接高压电源种类的不同分为很多种。以供给的电压波形分，大致可分为直流高压、交流高压（消峰形式）等［见图 4-49（a）、图 4-49（b）］。在很多场合下，有的静电消除器配置风扇、压缩空气等气源，所以又称离子风静电消除器。从使用特点不同分为红外感应工作式、非红外感应工作式、平衡电压自动调整式等。

直流高压静电消除器［图 4-49（a）］是用接通正高压电压的放电针产生正离子和用负高压电压接通的放电针产生负离子，不同极性放电针之间保持一定距离。利用风扇、压缩空气或带电体的电场力将正、负离子和带电体静电荷中和。技术上要求在单位时间、单位体积内正负离子浓度尽可能保持数量相同。否则可能因正、负离子数量不等，在离子工作面上出现残余电压。直流高压静电消除器的电路一般由电源控制电路、交流稳压电路、交流变压电路、整流电路、放电针等组成。直流高压静电消除器一般分为稳态直流和脉冲直流两种。

交流高压静电消除器一般分为工频、高频、脉冲静电消除器三种。工频交流高压静电消除器［见图 4-49（b）］是利用交流或消峰交流高压接通同一放电针来产生正、负离子对。电压正半周产生正离子，负半周产生负离子。由于交流频率大致在 50Hz～100kHz 范围，在一根针上产生的正、负离子随时都在中和，而且频率越高，中和作用越显著，这就导致消除静电能力降低。所以交流高压静电消除器都要配置风源，将随时产生的正、负离子分开，输送到静电带电体消除静电。只要交流电压和频率稳定，正、负离子浓度偏差较直流静电消除器就小得多。通常工频交流高压静电消除器电路由电源控制电路、交流稳压电路、振荡电路、交流变压电路、放电针等组成。

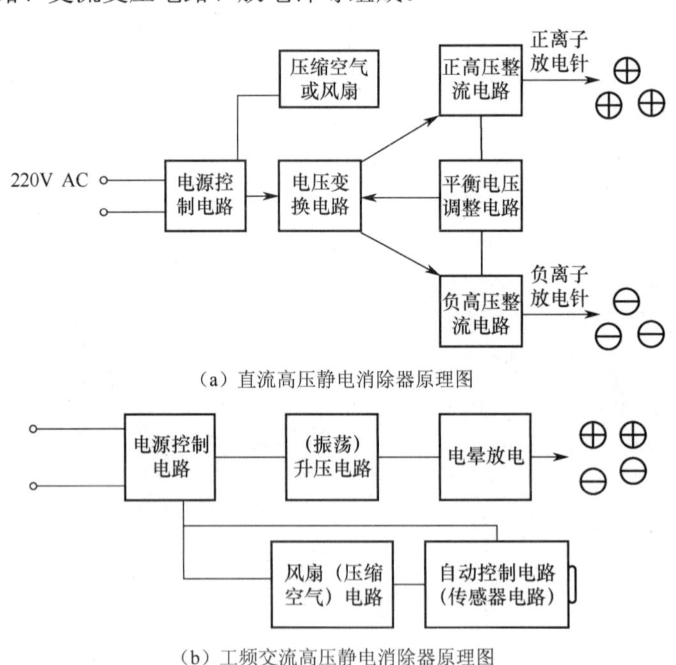

（a）直流高压静电消除器原理图

（b）工频交流高压静电消除器原理图

图 4-49　直流高压、交流高压静电消除器原理

3）防爆型高压电源静电消除器

防爆型高压电源静电消除器，实际上就是离子风静电消除器附加上防爆手段制成的。

这种静电消除器可以用于航天运载器、石化工业、火工等有爆炸危险的场所。目前生产的种类不多，结构比较复杂，一般由防爆高压电源和电晕放电针、电极火花检测器、输出电压监视器、压缩空气压力检测器、异常情况报警器、防爆电器元件、防爆结构等组成。如图4-50所示是一种有代表性的防爆型静电消除器的原理框图。其工作原理是：压缩空气直接送至电晕放电器，当压力足够时，压力检测器给出信号，使时间继电器延时动作，并由时间继电器自动启动低压电源开关，低压电源向高压电源供电，高压电源工作后即带动电晕放电器工作。反之，当压力不足或发生故障时，压力检测器发出停机信号，使时间继电器释放，电晕开关断开，电晕放电针停止工作。这样的过程就保证了静电消除器只在压缩空气正常压力的情况下才能工作，而正常压力的气流可使环境中的爆炸性混合物不与针尖附近的电晕层和高压电源相接触，并且正常压力的空气流的吹入，还能避免放电针尖与附近的爆炸性混合物的接触，从而保证静电消除器具有防爆功能。有的防爆静电消除器是通过电晕放电能量控制使其放电能量不会超过使用环境可燃气体、物质的最小燃爆能量来达到防爆目的。例如：AP-AB1601A、AP-AB1602A（防爆合格证号GYB16.1549X）可用于纺织、橡胶生产等有燃爆危险的场所。但这类防爆静电消除器市场销售要取得有国家授权的专业防爆合格证和检验机构的认可。

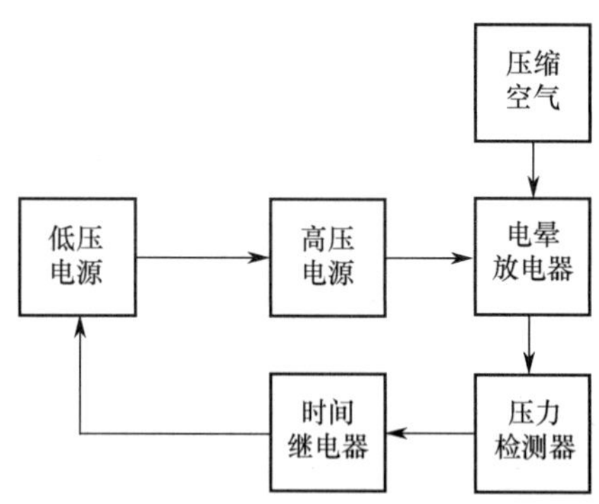

图4-50　防爆型静电消除器的原理框图

3．非电离辐射离子化静电消除器具有的特点

（1）低频交流、高频交流（包括消峰波形和脉冲）、直流静电消除器具有各自特点，在使用时一定根据具体要求选型。根据作用范围和距离，选择满足要求的不同功率和不同导向方式的离子化静电消除器。一般有风源静电消除器作用距离可达1m以上，消除静电效率远高于无风源。而无风源的作用距离要小一些（60cm以内）。非电离辐射离子化静电消除器结构简单、维护方便、使用相对安全，在实际工作中用量很大。

（2）离子化静电消除器的放电针可能与环境中易爆、易燃气体的爆炸性混合物直接接触，当有源放电的能量较大时，就有可能引爆或引燃。另外电路的放电、过流等原因都可能引燃或引爆易燃、易爆气体。所以一般非电离辐射高压离子化静电消除器不能用于易燃、易爆场合。

（3）离子化静电消除器气源所用空气要洁净、干燥。使用压缩空气时，最好将使用的过滤器定期清洗，使气流净化，否则会使消电效率降低和污染产品。通常在洁净度高于GB 50073规定的1～4级的环境时，普通静电消除器不宜使用。不同环境洁净度要使用符合其要求的静电消除器。

（4）环境湿度应保持在80%RH以下，没有腐蚀性气体。否则会腐蚀放电针，使消电效率降低。

（5）安装离子化静电消除器时，窗口附近应无大面积接地金属导体和有源高压电源（或有源静电场）。因为离子流的静电感应，会影响空气离子迁移距离和方向。

（6）放电针材料应为抗氧化、耐腐蚀、表面不易在高温变形和剥离的材料。不宜使用普通不锈钢针等，否则针头会很快氧化使消电效率降低。

（7）定期除去放电针氧化层和进行维护，同时定期检验静电消除器消除静电性能和残余电压。

（8）离子化静电消除器不能用于有源静电源的静电消除。

4.4.2 电离辐射离子化消除静电技术原理

能够使生物分子发生电离的辐射统称电离辐射。一般放射性射线 X、α、β、γ 等都属于电离辐射范畴。放射源式静电消除器也称为同位素静电消除器，它是利用放射性同位素（或 X 射线等）发出的射线使空气电离，产生正负离子对，中和带电体上的静电。放射性同位素种类较多，放出的射线有 α、β、γ 等。其中 α 射线的电离能力最强，一个 α 粒子在空气中每厘米长度上能产生 1 万个离子对，但是它穿透物质的能力不强，在空气中只能穿透几十厘米，一层普通写字纸即可吸收它。β 射线的电离能力和穿透能力为中等，γ 射线的空气电离能力很弱。静电消除器中放射源一般选择电离能力强、穿透能力差的放射源。近年利用 X 软射线（电离能力尚可，见图 4-51）的放射源式静电消除器逐步增多。它是利用 X 射线管作为放射源，根据不同射线管所加电压和产生放射线材料的选择，来提供符合实际静电消除要求的电离辐射。

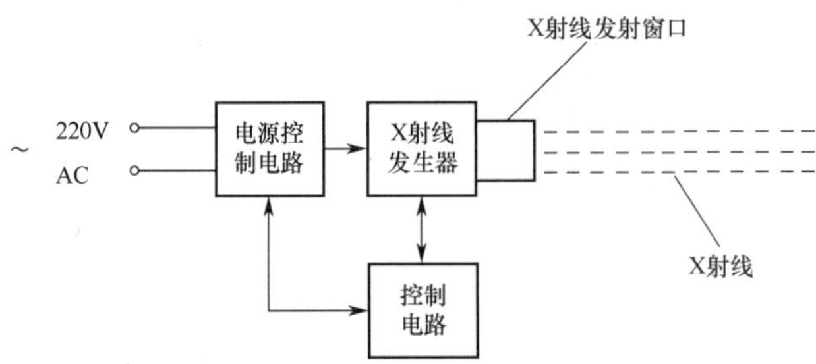

图 4-51　X 软射线静电消除器

一般简易型同位素放射源式静电消除器的结构：同位素放射源式静电消除器由放射源、屏蔽框和保护网等部分组成，其结构如图 4-52 所示。放射源（一般为镭、钋、钚等以 α 射线为主的同位素）一般是厚度为 0.3～5mm 的片状同位素放射源，用紧固件固定在屏蔽框的底部；屏蔽框应有足够的厚度，防止射线危害；为了防止操作者不慎直接触及放射源，静电消除器前面装有保护网。

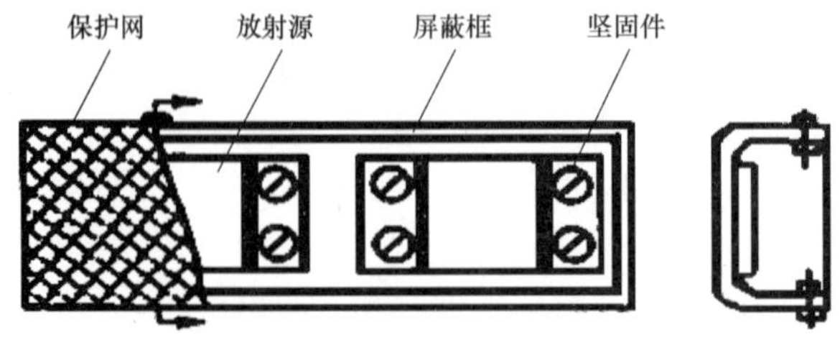

图 4-52　同位素放射源式静电消除器的结构

针对带电体的表面形状不同，可将同位素放射源式静电消除器设计成条形、环形、盘形和送风型等。条形静电消除器适用于消除幅面宽的平整材料的静电，如塑料薄膜、橡胶板材、纸张、化纤织物、照相胶片等。为了消除圆柱状材料的表面静电，同位素放射源式静电消除器还可制成环状或其他形式的。同位素放射源式静电消除器也可制成送风型结构的形式，构成离子风防爆型静电消除器。

由于目前同位素放射源式静电消除器所用同位素放射源大都采用 α 射线源，它的有效范围一般在 2～5cm。

X 软射线放射源静电消除器主要利用高压 X 放电管产生的 X 射线，其有效消除静电距离可达 1～2m 以上。

同位素放射源式离子化静电消除器具有的特点：

（1）同位素放射源式离子化静电消除器结构简单，使用和维护方便，不需要外接电源，工作时不会产生电火花，特别适用于存在易燃易爆物质的石油、化工等危险场所。

（2）在使用中，应特别注意射线对人体的伤害和对周围物质的放射性污染，在使用区域内，其剂量不超过 $0.0025\text{mSv}\cdot\text{h}^{-1}$。（GB 9228《静止型放射性静电消除器》），要严格防范放射源外逸和操作者直接接触放射源（包括 X 射线源和 X 光）。

（3）同位素放射源式离子化静电消除器因其产生的射线使空气电离，所以可以消除封闭空间内的静电。这是非电离辐射离子化静电消除器做不到的。

（4）同位素放射源式离子化静电消除器能用在环境洁净度要求很高的环境中，可在 GB 50073 规定的洁净度 1 级环境中使用，像光学电子器件、液晶、制药、生化、胶片生产等领域。

表 4-9 介绍了各类离子化静电消除器使用特点。如果对离子化静电消除器的使用方法不当或质量有缺陷，则会使消除静电效果降低，甚至导致静电危害的发生，必须掌握各种静电消除器的特性和正确的使用方法。

表 4-9　离子化静电消除器的种类、特点及消电对象

静电消除器的种类	特　点	主要消除静电对象
无源自感应式	结构简单，不会成为点火源，带电体电位在 0.5kV 以下时难以消除静电，残余电压高	塑料、纺织、印刷、橡胶等生产行业等
直流离子化静电消除器（含气源、无气源）	稳态直流离子化静电消除器：离子产生利用率高；对外界电磁干扰小；电极损耗较大。 脉冲直流离子化静电消除器：离子产生利用率最高；消电覆盖距离最远；正负离子输出比可调节，便于智能化控制；电极损耗比稳态直流静电消除器小很多	塑料、造纸、电子工业 EPA
交流离子化静电消除器（带气源）	工频交流离子化静电消除器：离子产生利用率较低；灰尘耐受性较好；瞬间关机不会引起残余电压超标；易对外界产生较强电磁干扰；电极损耗较直流静电消除器小很多。 高频交流离子化静电消除器：离子产生利用率最低；由于放电电压低，灰尘耐受性较好，易造成电晕闭塞；瞬间关机不会出现残余电压超标；电极损耗最小。 交流脉冲离子化静电消除器：离子产生率高于工频交流静电消除器，但低于直流静电消除器；放电频率可调，可延长消电覆盖距离；正负离子输出比可调节，便于智能化控制。瞬间关机不会出现残余电压超标；电极损耗较直流静电消除器低	塑料、造纸、电子工业 EPA

续表

静电消除器的种类	特　　点	主要消除静电对象
防爆型高压离子化电源式（含无气源、有气源）	不会成为燃爆源、结构复杂、电离方式同上	有防爆要求的场所。石油、化工、药品生产等领域
放射源式（含无气源、有气源）	不会成为燃爆源，应注意放射线防护	密闭空间及有防爆要求的场所和环境洁净度要求较高场合

4.4.3　影响离子化消除静电效果的因素

安全、高效消除静电和仪器便于维护、成本较低是各生产企业的需求目标。决定静电消除器消除静电效率的主要因素有以下方面。

1．放电针的影响

放电针材质和针尖的曲率半径设计对电晕放电产生的离子浓度有较大影响。普通针材料像不锈钢等，在接通高压发生电晕放电时，氧化的速度较快，在针尖表面形成很薄的氧化层阻止在恒定电压下的电晕放电，产生离子浓度降低，从而影响静电中和效率。另外还会因高压和热产生微孔效应，使放电针使用寿命很短。

针尖曲率半径过大，使电场场强变低，导致电晕放电效率降低。针尖曲率半径减小，可使电场场强变高，增强电晕放电效率。实验表明，针直径为0.4～1mm，曲率半径角度不大于60°效果较好。有几种材料适合作为放电针材质使用，一种是硅化碳，还有钛、钨合金材料。

2．电路波形及设计与布局的影响

1）电压波形的影响

（1）直流波形。通常采用直流高压的离子化静电消除器，其波形有稳态直流和脉冲波。直流起电阈值较高，针尖的电压达到3500～4000V以上时，才会产生电晕放电。由于直流电压要较高时，才能达到一定效果，所以对仪器绝缘强度要求也高。在高电压下，仪器分布参数影响也变大。直流放电针通常分正和负放电针，之间有一定距离。所以电晕自身放电产生的离子不易中和，工作效率相对高一些。在很多情况下，即使不用风源，利用静电带电体的电场力对异号离子吸引也能消除静电。直流高压静电消除器的正、负离子是通过两个直流高压电源产生的，由于元器件参数的不一致性、分布参数、接地环距离等多因素影响，会使正、负离子浓度不一样，在静电源静电荷中和结束时，存在一个残余电压（平衡电压、偏移电压）。一般情况下，如果设计和工艺及调试存在问题，直流消除器的残余电压容易产生且幅度较高。

（2）交流波形。采用的交流波形有正弦波、方波、梯形波、尖波、三角波、正弦消峰波、锯齿波、脉冲波等（见图4-53），其频率有低频50～100Hz和高频几十千赫兹的。由于交流受频率的集肤效应影响，频率越高越易产生电晕放电。所以交流高频消除器的工作电压要低于直流波形（2000V以上），安全性要高于直流静电消除器，同时耗电相对直流静电消除器要低一些。但电路要复杂而且受分布参数影响比直流静电消除器要大得多。不同的波形，消除静电效率也不尽相同。梯形波、正弦消峰波效率较高，因其正、负转换有迟滞时间，不易使产生的正、负离子快速中和。而尖波和正弦波的正负转换较快，迟滞时间

短，正、负离子易中和。所以波形和电压的正确选择是很重要的。工频静电消除器结构比较简单。对于交流静电消除器，为使其可靠工作，一般要配风源，否则无法正常工作。

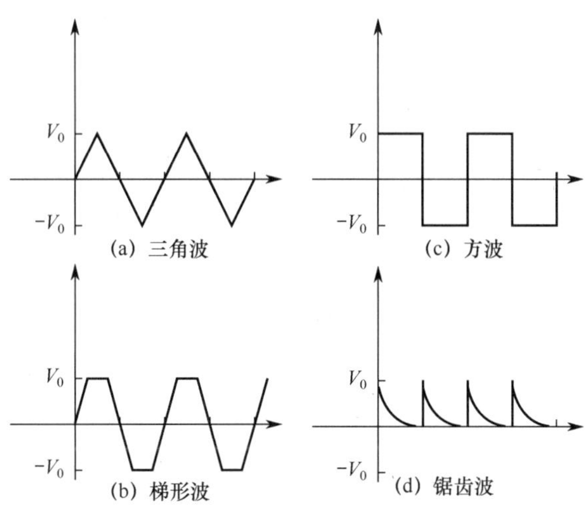

图 4-53　波形选择

2）高压电路设计、布局的影响

直流参数和交流参数都会受到分布参数影响，高压线路布局不合理可影响静电消除器的工作效率和使正、负离子浓度的不平衡加大。

（1）高压线路的路径。高压线路受分布参数影响很大。例如，线径越长，其受分布电容旁路、电感感抗的影响越大，电压衰减越大。所以高压输出端距放电针距离越短越好（不包括放射性静电消除器）。

（2）高压线路的绝缘性。对高压线路的绝缘要求很高。普通的绝缘电线满足不了要求，通常其绝缘强度达到 20kV/mm 以上的高压绝缘电缆才能满足静电消除器高压输出要求。高压电路部分（包括高压变压器）对地绝缘性要很好才能使静电消除器稳定工作，否则会出现输出不稳定，甚至影响其可靠性。

（3）高压电路的工艺布局。由于电压越高其分布参数影响越大，通常高压部件及电路布局在电路设计、调试和整体工艺布局（包括风源、高低压电路和电源分布安装、接地环及外壳等）时应固定下来。在生产和修理时不应随意变动位置（包括走线位置）。因为位置变动，会导致分布参数改变从而影响输出或出现残余电压。

（4）电子元器件可靠性。所选用的元器件的稳定性应当高，量值误差小，绝缘性好，电路漂移要小，同时电路抗扰性要强。这些因素都决定静电消除器工作的稳定性。

3）气源影响

电子行业一般静电带电体对地电压较低（100V～10kV），其产生的电场力相对小，对无风源直流静电消除器产生的离子迁移作用缓慢，且作用距离较近。对交流静电消除器，会产生正负离子中和问题，使消电效率降低。当静电消除器带有风源时，可利用气体作用迅速将放电针或放射源产生的正、负空气离子送到较远带电体表面消除静电，使消电效率提高，同时减少交流静电消除器自身中和带来的空气离子的损失。另外随着消电效率的提高，可降低静电消除器的功率消耗。

4）高压输出功率与放电针数量影响

通常放电针的数量越多，所需的高压输出功率也越大。在设计静电消除器时，要根据带电体所带静电荷多少和对地电压的大小，设计静电消除器高压输出功率。如果功率过小，产生的离子数量满足不了使用需要。一般在电子工业领域用的静电消除器，这个问题不太突出，但在石化、药品干燥、饲料加工等系统，离子化静电消除器输出功率与消除带电体的静电效果有很大关联。因为这些行业静电源的静电量都比较大。

3．离子化静电消除器对环境洁净度的影响

利用空气离子消除带电体静电荷的方法，往往会因空气离子产生的方式而出现对电子器件和其生产环境的污染。这些污染来自以下方面。

（1）气源的洁净度。使用风扇时，来自生产环境的尘埃。使用压缩空气时，来自过滤器污染物；压缩机气体压缩室内腔的污染物。

（2）静电消除器产生的污物。风扇表面污染物的剥离；放电针氧化物的剥离；静电消除器外壳和元器件等表面的污染物。

磁头、光学电子器件、液晶、大规模集成电路等生产环境中，对环境洁净度要求很高。普通静电消除器因使用时自身产生污染物对环境的影响，因此不适合使用。通常要使用放射源式静电消除器，或对使用的普通高压式静电消除器要严格地检测，符合要求方可使用。对于普通高压静电消除器产生污染物的测试可参照模拟空气尘埃粒子计数测试法评估。

模拟空气尘埃粒子计数测试法：通常测试一个密闭洁净空间的洁净度。再将静电消除器放入密闭空间中连续工作 24h 或更长时间后测试密闭空间的对应洁净度。其测试静电消除器工作后的洁净度与背景洁净度的差值就是静电消除器的污染水平。这个实验应当有一个批量，按有关数理统计方法计算结果。如果统计的污染水平小于洁净室规定对应水平的界限值，该款静电消除器即可在对应环境中使用，否则不能使用。SJ/T 11446《离子化静电消除器通用规范》给出离子化静电消除器在 GB 50073 规定的 4～9 级环境洁净度中的技术要求。

4.4.4　离子化消除静电效果的测试和测试仪器原理

对于绝缘体，其摩擦分离产生的静电荷通常在绝缘体的最表层（偶电层）。对于金属体，所带电荷由于是自由电荷，其在静电场感应下，也是在金属最表层。通常带电体静电的中和是指上述表层静电荷的中和。目前国际上比较统一的测试仪器和测试方法是利用充电极板测试仪（或称离子平衡分析仪）模拟实际测试。该仪器由充电极板（金属）、接触式充电器（正负高压）、静电电压检测仪、时间计数器等组成（见图 4-54）。极板面积为 150mm×150mm（长×宽）。不同仪器极板面积不一样，其对地电容 15pF（不同仪器也有所不同），仪器输入电容 20pF，充电极板对地电阻 $10^{14}\Omega$ 以上。

仪器测试原理为：利用接触式充电器（或用空气离子充电法）直接对极板充电（相当对电容充电），模拟绝缘体或金属体的表面带电。其带电荷量和极板对地电压成正比。极板充电电压可用静电电压检测仪监测。当达到某一阈值后停止充电。再利用静电消除器产生的空气离子在规定距离中和极板集聚的静电荷，同时用静电电压表监测极板电压下降幅度，利用时间计数器测试电压下降的速率及在离子中和区域内的残余电压，即可评价静电消除器消除静电效果和效率。通常在同样的距离和环境测试，残余电压越小，静电消散时间越短，说明静电消除器中和效果越好。

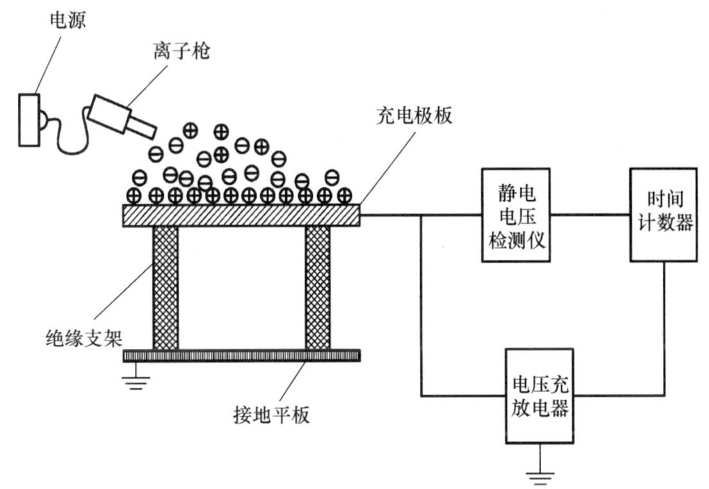

图 4-54　充电极板测试仪原理图

残余电压（平衡电压、偏移电压）定义：离子化静电消除器正常工作时，在离子中和区域内（该区域无静电源），用静电电位测试仪监测的对地电压绝对值。

EPA 区域的静电带电体各种各样，另外静电消除效果和离子化静电消除器使用及环境状况有关。所以不同的充电极板测试仪模拟测试和实际情况存在一定的差异，有时会有很大误差。IEC 和 ANSI/ESD 提出的方法只不过是为各国提供一个统一标准。

由于各种原因，在离子化静电消除器离子保护范围内各点残余电压有时是不一样的。所以应在测试标准规定条件下，在离子化静电消除器离子保护区域（使用范围内）的各典型方位测量残余电压，测试值都应符合标准要求。

4.4.5　静电衰减期测试原理

静电衰减期的定义为：带电体上静电电位减少到起始值的设定百分数（通常电子行业规定 10%）所需要的时间。

对于均匀导电的静电耗散或导静电材料，静电衰减呈指数曲线。但对某些非均质导电材料，如两种带电序列不同的纤维编织物材料，静电衰减不呈指数曲线。

静电衰减期测试有以下几种方法：

1）被测材料喷电带电衰减测试法

原理：利用电晕放电产生的空气离子对被测材料充电，使其带电并对地达到满足测试要求的电压，然后将被测材料接地，监测对地电压下降时间。

该测试法的优点在于测试重复性较好，受环境测试条件影响较少。缺点是被测材料充电电压精准控制较困难。

2）被测材料直接充电衰减测试法

原理：利用高压电源直接接触被测材料充电至规定的对地电压，将材料接地监测对地电压下降时间。

该测试法的优点在于测试重复性好，受环境测试条件影响较少，充电易于控制。该方法目前在电子行业用得很广泛。

3）被测材料摩擦起电衰减测试法

原理：模拟实际使用情况，利用各种规定摩擦法使物体或材料摩擦带电，然后将其接地监测对地电压下降时间。

该方法虽能模拟实际使用情况。但受环境测试条件和摩擦方式影响很大，再现性差，易受干扰，很难定量测试，只能定性测试。

目前电子行业大都是对材料（物品）直接充电，测试其电压衰减时间。即直接对材料或物品充电，然后将材料（物品）接地，利用充电极板测试仪（或称离子平衡分析仪）模拟测试带电体静电电位下降幅度和时间，来评价材料或物品静电耗散和泄漏性能。对于离子化静电消除器，则是测试离子化静电消除器中和静电效率和效果。

1．有关初始测试电压设定和衰减限定时间

目前国际电子行业标准一般将材料（物品）充电最高电压限定在±1000V，衰减下限值定为±100V。±100V是国际标准（IEC、ANSI/ESD）上对EPA的静电电位限定值（有些特殊个例的电压在±5V时，才能满足实际要求）。

实际EPA的静电电位有可能高达±5000V以上，显然±1000V电压偏低。鉴于实际实验数据证实，不管哪种材料只要是静电耗散材料，电压高低因素影响并不大，其衰减时间通常都可满足实际需要（见表4-10）。

表4-10　不同电压衰减时间的对比（一种材料）

衰减电压 \ 衰减时间/s和批次	1	2	3	4	5	6
±1000～±100V	0.3	0.6	0.5	0.4	0.2	0.5
±5000～±100V	0.4	0.7	0.7	0.6	0.4	0.7

有关材料静电衰减时间，国际标准IEC将其判定指标限定在2s之内（电子行业），不同材料静电衰减时间是不同的。IEC标准设定2s，是从经济和产品品质保证的综合角度来考虑的。在纺织行业大都是测试充电电压下降50%的时间。

2．物品直接充电法静电衰减期测试原理

对于物品静电衰减期的测试（见图4-55），通常将物品放置在充电极板测试的平板电极上，对极板充电（也就是对物品充电）。如果是导静电或静电耗散材料，对极板充电也就是对材料充电，如果是绝缘材料则根本充不上电。待极板电压达到标准规定值后停止充电。将材料接地线连通后，观测极板静电对地泄放时间，来评价物品泄漏或耗散静电的性能。如果是绝缘物品，则极板上的电荷需要很长时间才能泄放到规定值。

对于离子化静电消除器的测试，通常在离子化静电消除器正常工作时，利用充电极板测试仪测试。也就是对极板充电到规定阈值后，在规定距离，用离子化静电消除器产生的空气流中的正、负离子中和极板的静电荷，检验离子化静电消除器消除静电的能力。做静电衰减期测试时，测试结果和下列因素有关：

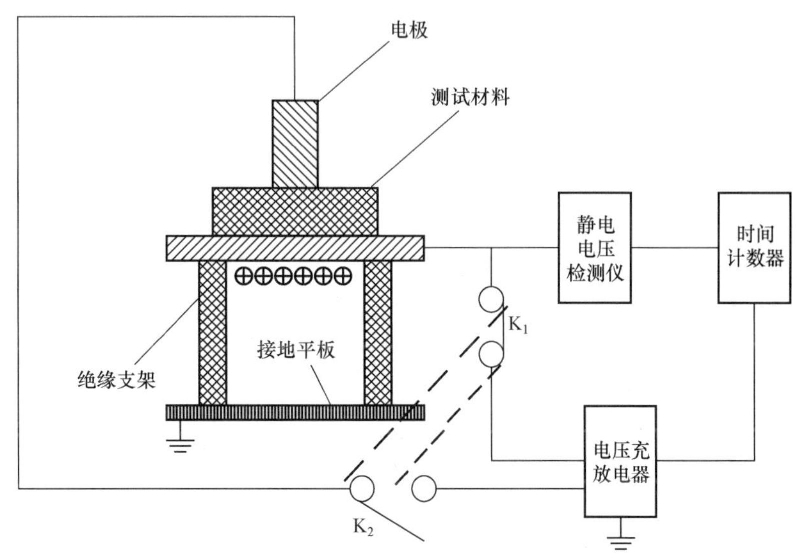

图 4-55　物品静电衰减期的测试原理

K_1、K_2—联动开关

环境湿度：通常环境的湿度在 12%～25%RH 比较合适，过高的湿度反映不出被测材料泄漏静电的实际效果。

测试距离：对离子化静电消除器测试，因其消除静电能力和其测试距离密切相关，通常距离越近（离子浓度越高），测试效果越好，所以测试距离应选择离子化静电消除器实际应用时的使用距离。

环境水平和垂直方向气流：来自水平和垂直方向气流会吹散离子化静电消除器产生的离子气流，使检测结果出现偏差。因此要防止来自各方向气流的影响。

电极接触良好：将物品作静电衰减期测试时，接地电极要和被测物品良好接触，以防接触不良，使接触电阻增大带来较大的测试误差。

环境电磁干扰（EMI）：环境的电磁干扰和静电场、较大面积接地体，会对离子化静电消除器测试产生干扰。因此测试时，环境的电磁干扰电平应满足 GB 4824 的规定值，距充电极板测试仪周围 100cm 以内应无静电源。

4.4.6　国内外有关离子化消除静电技术与测试标准差异

有关残余电压指标及测试要求，我国标准 GJB 3007、SJ/T 10694 等同采用 IEC 61340-5-1、ANSI/ESD S20.20。SJ/T 11446 对残余电压做了分级，其要求要严于前几项标准（见表 4-11）。

表 4-11　残余电压

标准名称	残余电压指标（绝对电压值/V
IEC 61340-5-1	单个离子化静电消除器：<35
ANSI/ESD S20.20	生产环境：<150（ANSI/ESD S20.20—2014 删除）
	单个离子化静电消除器：<35（S20.20—2014）
GJB 3007	生产环境：<100
	单个离子化静电消除器：<50
SJ/T 10694	单个离子化静电消除器：<50
SJ/T 11446	单个离子化静电消除器：A 级<5；B 级<10；C 级<50 离子风枪（嘴）：A 级<10；B 级<50 离子棒：A 级<20；B 级<50
防静电工程施工与质量验收规范 GB 50944	生产环境：<100；<10

有关离子化静电消除器消除静电的指标及测试要求。我国标准基本采用 IEC 61340-5-1 的规定值。ANSI/ESD S20.20 对消除时间和测试距离要求用户自定（见表 4-12）。

SJ/T 11446《离子化静电消除器通用规范》对静电消除器其他指标做了规定，可对实际工作进行参考（见表 4-13）。

表 4-12　离子化静电消除器测试距离与测试时间的要求

标准名称	测试距离与时间要求/s
ANSI/ESD S20.20	时间要求：用户自定 测试距离要求：用户自定
IEC 61340-5-1	时间要求：<20s 测试距离要求：见第 4.7 节
GJB 3007、SJ/T 10694	时间要求：<20s 测试距离要求：见第 4.7 节
SJ/T 11446	时间要求：<20s 测试距离要求：见第 4.7 节
防静电工程施工与质量验收规范 GB 50944	时间要求：<20s 测试距离要求：SSD 操作位置（工作台）

表 4-13　离子化静电消除器其他指标要求（SJ/T 11446）

检验项目名称与标准代号	具体要求
臭氧浓度 GBZ 2.1—2007	0.3mg/cm^3
电磁干扰 GB 4824—2004	符合要求
电气安全性 GB 4793—2007	符合要求
噪声控制 GB 50073—2001	不大于 65dB（A）

1．离子化静电消除器残余电压

随着微电子发展。很多 SSD 的静电敏感度低于 20V，甚至为 5V。SJ/T 11446 标准涵盖这方面使用情况，较其他国际和国内标准的要求更高，能够满足发展需要。

2. 离子化静电消除器的使用环境

不同的离子化静电消除器对应不同环境洁净度使用要求，在 SJ/T 11446 已经提出，但并不全面。没给出 GB 50073 规定的 1～4 级和粒径 0.5μm 尘埃以下更严格洁净环境的使用限定，国际标准也缺少这方面资料。对于微电子的发展及提出越来越高的环境洁净度要求的情况下，提出粒径 0.5μm 尘埃以下环境中离子化静电消除器评判使用标准是非常重要的。

4.4.7 几种静电衰减测试仪

目前有几种测量静电衰减和残余电压的测试仪，综述如下：

（1）TI7000 充电极板测试仪（见图 4-56）用于静电衰减测试（符合标准 ANSI/ESD S3.1）。主要仪器参数为：充电极板与接地之间电阻应大于 $1\times10^{14}\Omega$；充电极板的尺寸为 150mm×150mm，其对地电容为 15pF；仪器总输入电容为 20±2pF；静电电压测量误差不大于±1%；时间计数器分辨率为 0.1s；接地电极的直径为 50±0.5mm；表面光洁平整。测试电压±5000～±500V，±1000～±100V。

（2）FMX-002-003（Cimco 品牌）静电场测试仪用于 EPE 静电电压测试和残余电压测试。测试残余电压的主要参数为：0～±200V，分辨率±1V。

（3）268A 充电极板测试仪（Monroe 品牌）符合标准 ANSI/ESD S3.1。用于测试静电衰减期、残余电压、峰值电压。

（4）288 充电极板测试仪（Monroe 品牌）符合标准 ANSI/ESD S3.1。用于测试静电衰减期、残余电压、峰值电压。内置 RS-232 接口下载测试数据。

（5）CPM374 充电极板测试仪（见图 4-57）。用于测试电压±1000～±100V，分辨率 0.1s。同时具有测物体表面静电电压和场强的功能。

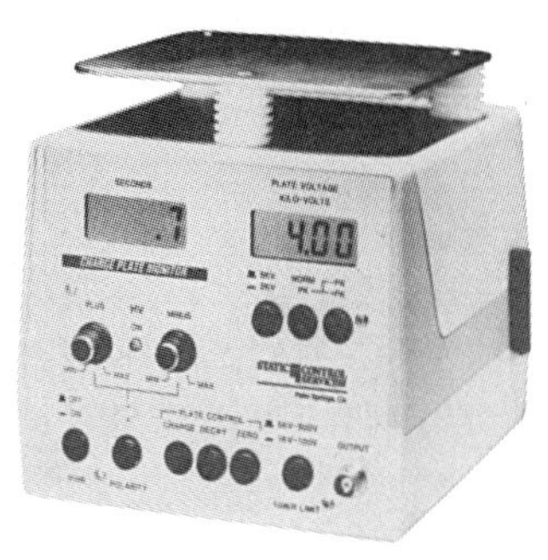

图 4-56 TI7000 充电极板测试仪

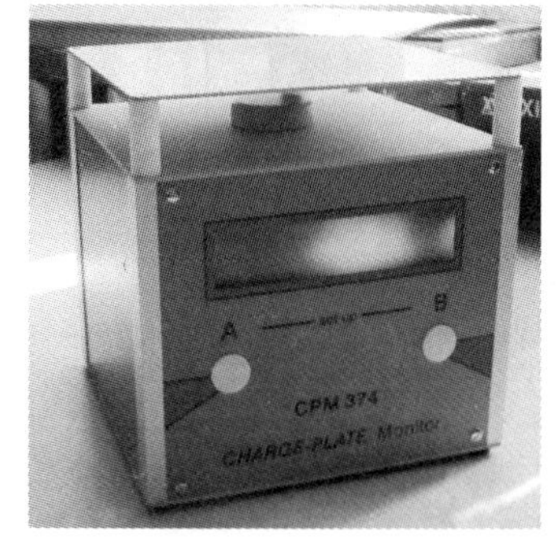

图 4-57 CPM374 充电极板测试仪（具有测试静电电压、场强功能）

4.5 静电放电屏蔽耦合能量、耦合电压及测试

在防静电工作区，静电对 SSD 产品造成损害的途径主要有：①有源或无源静电源（设备、工具等）对 SSD 产生静电感应或放电造成产品直接损害；②人体静电放电（手持 SSD

时或手拿防静电包装时产生的静电放电造成包装内 SSD 产品损坏）造成产品损害。

对 SSD 产品采取屏蔽措施，可以避免其损害。对于屏蔽效果的评价方法在国际上不统一，也没有相关标准。在电子行业使用的是 IEC 61340-5-1、ANSI/ESD STM11.31 等提出的方法，即对防静电柔性屏蔽袋的静电放电屏蔽性能测试方法。其不适用于对其他有源静电源屏蔽措施的评价。对于采取其他措施的静电屏蔽效果测试，可以采取测试空间电位或静电场场强衰减量的方法来解决。

4.5.1 对有源静电源的静电屏蔽及效果评估

在 EPA 内外有时存在一些静电源，像 CRT 显示器、直流高压电源设备等。因其周围存在较高的静电场场强，对近旁 SSD 及组件产生不良影响。

通常对这类静电源采取主动静电屏蔽措施及接地措施，即利用金属网或金属板（或低表面、体积电阻屏蔽材料<$1\times10^3\Omega$）将静电源罩住密闭，并设置接地（可与保护接地连接，见图 4-58）。通常这类屏蔽实施比较简单，不需进行复杂设计，只要接地良好，保证屏蔽体封闭的连续性和满足要求的屏蔽距离即可取得较好效果。

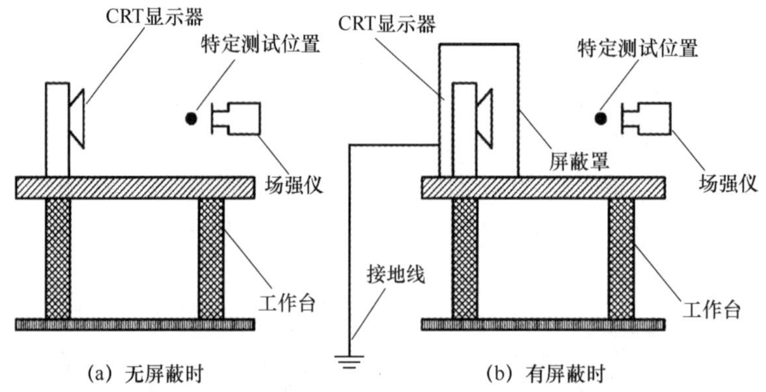

图 4-58 静电场屏蔽效果测试示意图

静电屏蔽措施效果评估如下。

首先利用静电场测试仪（场强仪，静电电压表）在特定测试位置测试出该点静电场或空间静电电位［见图 4-58（a)］，然后对静电源采取屏蔽措施［见图 4-58（b)］，再在该特定测试位置测试静电场或空间静电电位的衰减值来评价采取措施后的效果［见式（4-40)］。式中，T 为屏蔽比值；E_0 为无屏蔽体测试的电场强度（或电压）；E 为有屏蔽体时测试的电场强度（或电压）。

$$T=\frac{E_0}{E} \tag{4-40}$$

采取屏蔽措施后，在特定测试点测试的静电场或电位小于规定的要求，即可认为静电屏蔽满足要求。通常 T 值越高，说明屏蔽效果越好。

同样也可以采用此法测试被动屏蔽体屏蔽静电场的效果，即在静电源附近特定位置测试出静电场强 E_0（或电压），然后将特定位置置于被动屏蔽体（屏蔽箱等）内，测试出场

强 E（或电压），利用式（4-40）计算出 T 值。

4.5.2　防静电柔性屏蔽包装及静电放电屏蔽效果评估

1．防静电放电屏蔽包装定义

防静电放电屏蔽包装定义：能够对静电放电电压与放电能量耦合起到阻隔衰减作用的包装。

目前相关标准（IEC 61340-5-1、ANSI/ESD S20.20）规定：利用 1000V 的人体放电模型（HBM）对包装外表面进行放电。包装内部电容传感器耦合的能量小于 20nJ（GJB 3007 规定小于 30V）的包装，即可判定为屏蔽性能合格的防静电放电屏蔽包装。

需要提出的是，防静电放电屏蔽包装不仅用于对静电场的屏蔽，有些种类还可用于对宽带电磁场的屏蔽和静电放电脉冲波的屏蔽。

2．防静电放电屏蔽包装结构

防静电放电屏蔽袋在使用时，必须将袋口封住，起到法拉第笼或筒的封闭作用，形成被动屏蔽。这样才能使包装内的 SSD 器件免受静电放电的损害。现市场销售的结构大体有以下几种。

（1）镀金属膜复合屏蔽袋。它是由一层或二层导电金属镀膜（镍、铝合金等材料）和两层或三层高分子静电耗散材料膜复合而成的屏蔽袋，是由在高分子材料上真空镀膜制备成屏蔽层，再用一或几层静电耗散材料制备的薄膜复合而成，最内层是静电耗散材料。

（2）金属膜复合屏蔽袋。它是由一层中间层金属导电材料（铝合金或其他材料）与两层高分子静电耗散薄膜复合而成的屏蔽袋。

3．防静电放电屏蔽包装测试的原理

1）防静电放电屏蔽的评价指标

目前有关民用标准（IEC、ANSI/ESD）规定：利用 1000V 的人体放电模型（HBM）对包装外表面进行放电。包装内部耦合的能量小于 50nJ（最新颁布的标准改为小于 20nJ）GJB 3007 规定小于 30V 的包装，称为静电放电屏蔽性能合格的包装。美国军标 MIL-B-81705C 规定包装内部耦合能量小于 10nJ 为静电屏蔽性能合格的包装。

2）测试原理与测试仪器

有关测试标准有 IEC 61340-5-1、MIF-STD285、MIL-B-8170、ANSI/ESD STM11.31 等，这里仅就 IEC 61340-5-1 提出的方法作探讨。

（1）测试原理与测试仪器：该实验装置如图 4-59 所示。测试装置由 1000V 的 HBM 模型放电器、放电装置（放电电极直径 38mm、接地电极 250mm×250mm，放电电极与接地电极之间电阻大于 $1\times10^{12}\Omega$）组成。测试探针由电容传感器组成，其电容不大于 10pF（电容极板直径 22mm，见图 4-60）。电容器极板厚度 1.5mm，镶嵌在绝缘板上，两个极板外边之间距离 13mm。电容传感器通过线长不超过 1m 的高绝缘屏蔽电缆与带宽不小于 200MHz（每秒采样速率至少为 5×10^8 个）的示波器输入口相接或与自动记录仪输入相接，要求测试仪器的分布参数影响减至最小。

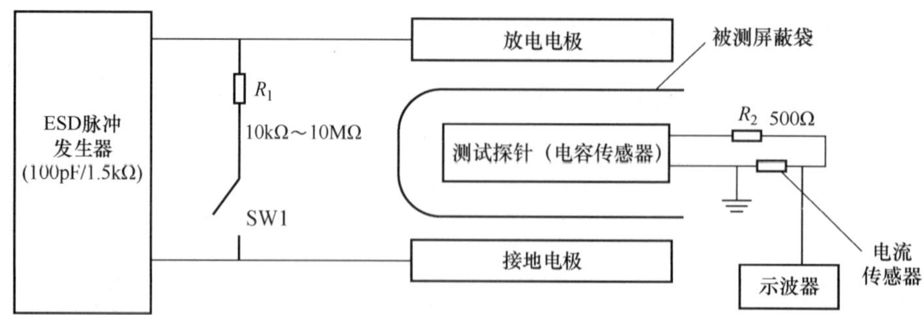

图 4-59　耦合电压、能量测试装置

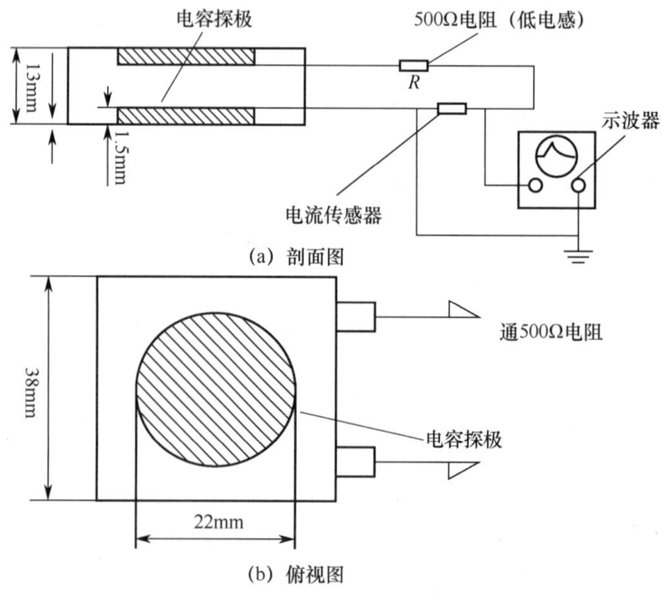

(a) 剖面图

(b) 俯视图

图 4-60　电容探极示意图

（2）人体放电模型放电电流：人体模型放电电压 1000V，放电电流如图 4-61（a）所示，负载为 500Ω 无感电阻时，应获得 0.5A±10%的峰值电流，峰值电流不应低于 0.42A。图 4-61（a）中的 t_p 为脉冲上升时间 5～20ns（每个分区 5ns）；图 4-61（b）中的 t_d 为峰值电流衰减至 36% 时的脉冲衰减时间，其为（200±20）ns（每个分区 100ns）；I_p 为峰值电流。衰减时间要求：脉冲衰减时间满足图 4-61（b）的要求。

利用 SC-01-300 测试仪测试时，在规定温度、湿度条件［12%±3%RH 或 50%±3%RH，（25±3）℃］下，将电容传感器放置包装袋（尺寸 250mm×250mm）内中心位置，并将袋口封住。同时将放电电极放置包装袋外与包装内电容传感器轴向排列。接地电极（放置包装袋外）与放电电极轴向排列并接触。打开 HBM 放电器开关，触动脉冲放电按钮，从示波器观测电容传感器的峰值电压。小于 30V（GJB 3007）即可判定包装袋屏蔽性能符合标准要求。如使用 ETS4431-T、数字示波器、计算机、能量计算分析软件，不但可以测试耦合电压，还可测试耦合能量。标准（IEC 61340-5-1、ANSI/ESD S20.20）规定不大于 20nJ 为合格。

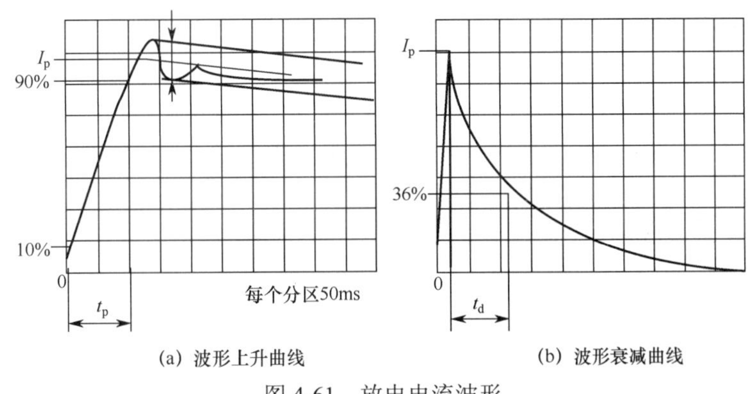

(a) 波形上升曲线　　(b) 波形衰减曲线

图 4-61　放电电流波形

4.5.3　静电放电耦合参数指标与测试条件

现标准规定都是以 1000V 人体放电模型进行放电实验，包装袋内的电容传感器模拟微电子器件电容充电。这些指标提出也是为各国提供一个统一规范。但测试结果和实际有时存在较大差距（主要来自现场分布参数影响）。其虽具有一定概率，但还应考虑以下方面，以使检验和实际更加吻合。

1. 测试电压

因防静电屏蔽包装主要用于 EPA 以外区域 SSD 器件的运输存储等，此时在干燥环境中，人体的对地电位及放电电压经常达到数千伏以上。采用 1000V 放电电压实验，显然实验电压偏低。利用 5000V 电压实验，基本能满足实际要求，但过高技术要求，会增加包装制造成本和提高包装制作工艺的难度。

2. 电容传感器参数的影响

SSD 器件对地电容通常很小，一般几皮法以下。标准装置提出不大于 10pF 耦合电容量（电容传感器电容量），在大多数情况下量值偏大，和实际情况有一定差异。但对 PCB 等体积较大的 SSD 器件，相差不大。电容传感器的分布电容量与峰值电压峰值上升、下降时间、幅度都有关。另外电容量过小，会因分布参数影响，造成测试数据采集不稳定和一致性差。

3. 放电耦合电压与耦合能量的差异

在实际失效分析中，发现器件失效大部分是与静电放电产生焦耳热有关，也就是在整个放电时间内，因能量因素使器件内部散热不畅（由器件设计结构、散热等因素决定）产生结构熔蚀等造成失效，式（4-41）表示 HBM 的放电曲线的积分能量；式（4-42）表示包装内电容传感器耦合放电曲线的积分能量。如仅考虑瞬间峰值电压影响（EIA541—1998 标准要求），不考虑整个放电时间能量因素的影响（如式（4-43）表示 HBM 的放电回路峰值电压；式（4-44）表示包装内电容传感器回路耦合峰值电压），很明显这种测试参数有一定缺陷。

$$P_0 = Rt\sum_{\tau=1}^{n} I_\tau^2 \tag{4-41}$$

$$P_1 = Rt\sum_{\tau=1}^{n} I_\tau^2 \tag{4-42}$$

式中 P_0——HBM 的放电曲线积分能量；

P_1——包装内电容传感器耦合的放电曲线积分能量；

R——HBM 放电回路和包装内电容传感器电路的阻抗；

I_τ——HBM 放电曲线□段电流和包装内电容探极耦合放电曲线□段电流。

另外峰值电压幅值受分布参数影响产生的不确定性和随机性比较明显，而放电能量值的积分受随机性和分布参数影响较小。由于这类包装可大量用于火工品包装（电火工品、电子引信等），而这些火工品都是测试其最小点火能量来进行爆炸性能评估的。

$$V_{m0}=R_0I_{m0} \tag{4-43}$$

$$V_{m1}=R_1I_{m1} \tag{4-44}$$

式中 V_{m0}——HBM 放电回路峰值电压；

I_{m0}——HBM 放电回路峰值电流；

V_{m1}——包装内电容传感器回路耦合峰值电压；

I_{m1}——包装内电容传感器回路耦合峰值电流；

R_0——HBM 放电回路阻抗；

R_1——包装内电容传感器回路阻抗。

所以利用放电曲线分成若干区间的电流的平方积分与回路阻抗、放电时间乘积计算的能量值，可更准确反映实际情况，便于实际应用。因此利用电流平方小区间面积的积分计算结果计算的能量比电压峰值指标更具合理性。

4．判定指标讨论

IEC 61340-5-1 等标准判定指标的提出，具有一定概率。对于一般使用情况，基本满足使用要求。但对于某些特例，如带电体的放电电压更高及时间更长的情况，就不适用了。

5．测试仪器分布参数影响

所用测试仪器连接线、示波器、电阻、电容、电极等都应呈低电感，同时在使用频带宽度范围内的分布参数（电阻、电容）都应满足实际要求。分布参数值过大、过多都会影响测试结果的准确性。通常在放电脉宽低于 0.5GHz 的情况下，整个测试系统在该频率范围内分布参数都应符合测试要求。

6．环境相对湿度影响

环境相对湿度和包装表面电阻值有一定关系，特别是湿度在 50%RH 以上时影响明显增加。湿度值越高，由于包装表面水分子形成水膜或材料吸湿性起作用，表面电阻值越低，其包装屏蔽效果越好（见表 4-14）。所以环境相对湿度限定，在较低湿度环境中测试，能反映实际包装屏蔽质量，因此测试环境相对湿度应为 12%±3%RH。

表 4-14 环境相对湿度与表面电阻的关系（聚丙烯薄膜）

相对湿度 RH/%	表面电阻/Ω	相对湿度 RH/%	表面电阻/Ω
90	2.36×10^{9}	20	4.56×10^{12}
60	7.16×10^{11}		

4.5.4　影响包装静电放电屏蔽效果的因素

（1）屏蔽金属材料电阻值。材料电阻阻值越低其屏蔽效果越好。钢、锌、铜、铝等材料电场屏蔽特性都是如此。从材料电特性分析，钢、铜的效果要好一些。铝材也能满足一般使用要求，但实际加工性和适用性比铜和钢材更好一些。

（2）屏蔽金属材料厚度。厚度越厚，屏蔽效果越好，但其存在一个阈值，超过此值对其屏蔽效果无明显改变。通常屏蔽膜或镀膜厚度为几微米至几十微米。

（3）屏蔽层的连续性和密封性。在使用时屏蔽层应无破损，无孔洞，并呈全密封状态。否则静电放电脉冲的耦合进入，会使屏蔽效果丧失。使用封闭性的铝合金膜，易达到较好的封闭效果。如果在薄膜上采用真空镀铝合金金属膜方式，则要求镀膜厚度和连续要符合要求，否则会降低屏蔽效果。

（4）屏蔽导电材料的选择。金属屏蔽材料的力学性能要能满足使用要求，加工工艺相对简单；使用寿命较长。通过各类材料对比，铝材或其合金比较适合做包装的屏蔽材料。

4.5.5　中、外有关静电耦合能量、电压测试标准的差异性

国际标准基本沿用美国军标 MIL-B-81705，实验方法 IEC 和 ANSI/ESD 基本是等同的。我国标准 GJB 3007、SJ/T 10694 等效采用 IEC 61340-5-1—1999 的版本（见表 4-15）。

表 4-15　各国相关标准示值

标准代号	示　值
MIL-B-81705	<10nJ
IEC 61340-5-1	<20nJ
ANSI/ESD S20.20 ANSI/ESDS11.4	<20nJ <20nJ
GJB 3007、SJ/T 10694	<30V

4.5.6　静电放电屏蔽测试仪器

常用的静电放电屏蔽测试仪器有 ETS4431-T、ETS-431、SC-01-300 型等，如图 4-62 和图 4-63 所示。静电放电屏蔽测试仪性能指标要满足 4.5.2 节第 3 小节的要求。SC-01-300 型主要根据 EIA 541 标准测试电容探极耦合的峰值电压，并利用发光二极管显示电压。分别有 10V、20V、30V、40V、50V、100V、200V、300V 挡。近年由于国际标准改为能量指标，这类仪器用的比较少。

目前 ETS 生产的 ETS 4431-T 等测试耦合能量的仪器使用较多，如图 4-63 所示。其测试原理和测试电压型基本接近。其内置 400kΩ/200pF 和 1.5kΩ/100pF 可转换放电网络和可编程电容传感器。外置 tektronix TDS2022C 双通道数字示波器、Windows 2000 / XP / VISTA / 7 计算机和一个 ETS 能量积分计算软件，既可测量和显示电压值，也可测试计算能量值，和现发布执行的 ANSI/ESD STM11.31 标准接轨。

图 4-62　SC-01-300 型静电放电屏蔽测试仪

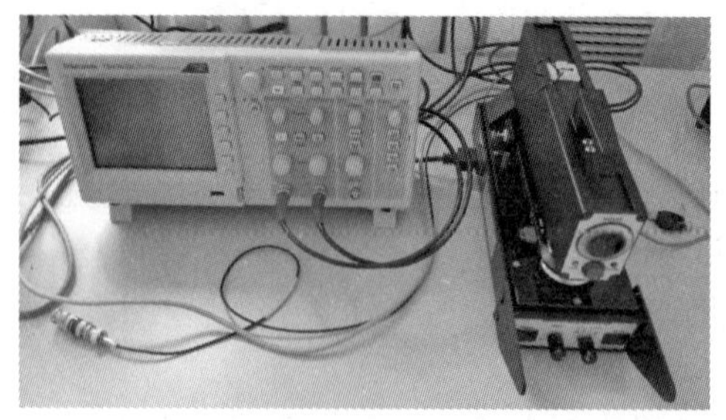

图 4-63　ETS 4431-T 型静电放电屏蔽测试仪

4.6　接触摩擦分离起电及带电量测试

两种物体接触摩擦分离产生静电是电子制造生产过程中最常见，也是对 SSD 产品造成损害的重要原因之一。对起电的测试、分析危害程度及解决也是实际工作中常遇到的问题。但因各相关标准对其测试方法规定的不统一，导致测试结果争议较大，很难规范，所以这里只作简单探讨。有关带电量测试，在实际工作中，主要是针对带电序列不同的两种纤维编织物或两种物质合成的物体与其他物体摩擦分离后带静电荷量的测试。

4.6.1　接触摩擦分离起电方法与测试标准

1．摩擦分离起电方法

在实际工作中物体摩擦分离起电测试方法大体有以下两类：

1）将实验物体接地后与其他物体摩擦分离起电后测试其电压

利用两种物体相互摩擦，在经过标准规定的摩擦方式摩擦后，用静电电压表测试其中实验物体表面的对地电压（通常实验物体要采取接地措施）。电压高则说明被测物体易产生静电，该物体绝缘性较好，产生静电时不易泄漏和耗散。如电压较低，则说明物体导电性好或不易产生静电，电荷易耗散和泄漏。但通常测试的电压和其带电体对地电容、被测物体表面形态等多因素有关，会出现重复性、再现性差等问题。

2）被实验物体与其他物体摩擦分离起电后测试其带静电荷量

将两种实验物体按照有关标准规定的方法相互摩擦分离后，利用静电感应原理，并借助法拉第筒测试实验物体的带电荷量。例如：两种带电序列不同纤维编织的布料（或带电序列不同物质合成的物体）与其他物体摩擦，会出现其中一种纤维（或物质）带正电荷，另一种纤维（或物质）带负电荷。由于两种纤维编织（或物质）在一起，其距离很近，在电场作用下，两种纤维（物质）之间发生电晕放电导致正负电荷中和。此时测试编织物（或物体）表面电荷量来评估其消散静电的能力。这种测试摩擦分离起电后测试其带电荷量的方法，相对电压测量准确，受分布电容影响小，可以比较准确评判物体摩擦分离起电的情况。在实际工作中，除织物等可以采用摩擦带电量测试方法，像 PCB、包装、集成电路和带静电绝缘体等都可以采用该方法测试其带电量。

2. 摩擦起电的测试标准

目前常用的涉及摩擦起电测试的国内标准有：

（1）SJ/T 10694《电子产品制造与应用系统防静电检测通用规范》，该标准用于电子行业对防静电材料或物品的静电起电测试。

（2）SJ/T 11412《防静电洁净工作服及织物通用规范》，该标准主要用于电子行业所用洁净工作服的静电起电测试。

（3）SJ/T 11090《电子工业用合成纤维防静电绸性能及实验方法》，该标准主要用于电子行业所用织物的静电起电测试。

（4）GB/T 12703《纺织品静电测试方法》，该标准主要用于织物的静电起电测试。

（5）GB 12014《防静电工作服》，用于对普通防静电工作服的静电起电测试。

3. 几种基本的测试方法及测试装置

1）一般物体摩擦分离起电测试（电子行业）

多用于对工作表面（桌垫、板材等）摩擦起电的电压测试。使用摩擦起电机摩擦起电，如图 4-64 所示，并利用非接触式静电电压表测试摩擦起电电压。摩擦起电机的摩擦电极呈圆柱状，直径为 60±1mm，质量 1kg，体积电阻大于 $1\times10^{13}\Omega$，并用高绝缘尼龙布（表面电阻不低于 $1\times10^{13}\Omega$）包裹以增加摩擦系数。测试时，开动摩擦起电机使摩擦电极与被测物体摩擦，单向摩擦 20 次（时间 20s）后停止，10s 内用非接触式静电电压表测试被测物体摩擦轨迹的起电电压。

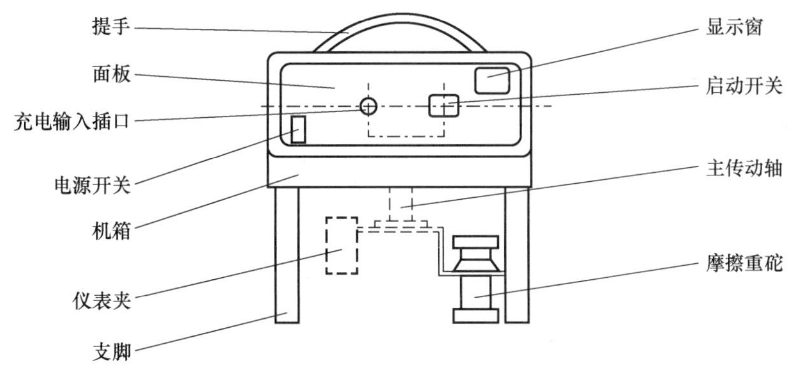

图 4-64　摩擦起电机示意图

测试工作台面、地面、工作椅面、运转车表面摩擦电压时，应将被测物接地后利用摩擦起电机直接测试。对于地板、片材（包括薄膜），应在底面放置一块边长不小于 270mm，厚度不小于 0.5mm 的正方形不锈钢电极板并良好接触，将电极板接地后测试。测试环境湿度不高于 40%RH。SJ/T 10694 规定：采用上述方法测试防静电材料（物品）的摩擦起电电压应不大于±100V。

2）纺织品摩擦分离起电的测试（用于纺织行业）

纺织品摩擦起电的电压测试（见 GB/T 12703《纺织品静电测试方法》）装置如图 4-65 所示，在一定的张力下，使被测织物试样与标准摩擦布相互摩擦，模拟衣物之间摩擦、剥离带电关系。测试电位越低，织物的防静电性越好。

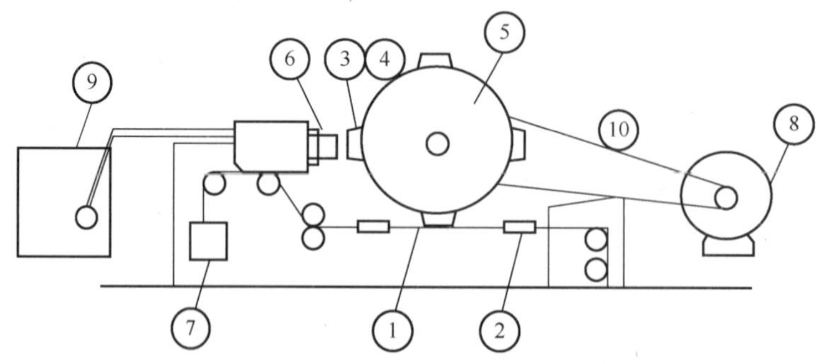

图 4-65　纺织品摩擦起电电压测试装置

1—标准布；2—标准布；3—试样放置框；4—样品夹框；5—金属转轮；6—测量电极；7—负载；8—电机；9—放大器及记录仪；10—皮带

测试方法如下：

（1）用 0.1 级的静电表对测试电极，样板直径（20±1）mm，上的电压进行标定；

（2）测量探头距试样放置框的外表面（15±1）mm；

（3）将被测样品沿径向或纬向裁 4 个 40mm×80mm 的块，分别夹入金属转轮，外径（150±1）mm、宽（60±1）mm、转速 400r/min 的试样夹框（与接地线连接）；

（4）对夹于标准布夹、宽（25±1）mm 左右布夹相距（130±1）mm 间的标准摩擦布料（尼龙、丙纶）消电，并调节其位置，使之在 500g 负载下，能与金属转轮上的被测试样进行切线方向的摩擦；

（5）对被测样品消电后，启动电机，带动金属转轮以 400 r / min 的转速旋转，1min 后测试试样的摩擦带电电位；

（6）改变样品的纬向和径向，再次测试；

（7）对 4 块样品分别测试后，取测试值的平均值，作为该织物的测量值，测试时样品的正、反两面均应测试。GB/T 12703 规定用此法测试的值小于±500V 的织物可判定合格。

另外还有一些测试方法像 IEC/SC15D/50/CD《起电性能的测试》、军用标准 JXUB 4—1996、面电荷密度测试法 GB/T 12703、SJ/T 11090《电子工业用合成纤维防静电绸性能及实验方法》对织物摩擦起电测试做了一些规定，也可作为摩擦起电性能的测试参考。

4．有关摩擦分离起电测试方法的探讨

对纺织品、防静电材料等的防静电性能判定的基本方法之一是基于摩擦分离起电原理。通过采用上述方法进行测试，可看出摩擦分离起电性及大小和以下因素有关：

（1）介质种类和绝缘性。带电序列不同的物体、绝缘性能不同的物质，摩擦带电荷量不同。

（2）接触压力、摩擦面积。两种物体接触偶电层形成与接触压力和摩擦面积有关。接触压力和摩擦面积越大，则摩擦后偶电层集聚正负电荷越多，其分离电位差越大。

（3）摩擦速率。通常摩擦速率越快，越易于偶电层形成和积聚电荷，物体起电性越强。

（4）环境湿度。环境湿度越高，摩擦物体表面聚集的电荷越易耗散和中和。通常环境的相对湿度低于 40%RH 左右时，物体起电性增强。

（5）摩擦表面粗糙度与摩擦时间。物体摩擦带电量和物体摩擦方式及时间有关。通常摩擦时间、绝缘物体表面粗糙度对物体摩擦带电荷量多少有影响。

（6）摩擦物体接地。不同绝缘性的物体和其是否接地，其摩擦起电大小也有所不同。通常绝缘性越差的物体，摩擦起电性越小。

通过以上分析可看出，很难通过标准来规范各行业实际情况。因此在实际工作中采用各标准规定的测试方法，结果存在较大的差异性。甚至同一种方法测试结果所呈现的一致性都很差，很难作为各类产品防静电性能的基本评定方法，其结果只能作参考。

在实际工作中由于现场条件所限，规范摩擦起电的测试条件非常困难，有时甚至不可能实现。所以很难用摩擦分离起电测试来评定产品防静电的质量，通常只作定性方法使用。

物品或材料也可用静电衰减期测试方法判定其防静电性能的优劣。因为该测试方法一致性好，减少很多人为因素影响，建议很多情况下可采用测试物品静电衰减期来对产品检验。但静电衰减期测试法只适用于导静电、静电耗散材料或绝缘材料的测试，不适用于多种高电阻物质（纤维）组合体及利用电晕放电原理消除静电的物体（像织物）的测量。

4.6.2　物体带电量及测试

这里不涉及流体、溶剂、粉体等物质摩擦分离带电量的测试，只讨论电子行业常见的固体材料、织物等带电量的测试。

1．带电量测试原理

通常导体带电量可以用接触式静电电位测试仪或静电电量测试仪直接测试，但对于绝缘体就不行。通常对于绝缘体或导电性不好的物体可借助静电感应原理测试。即将带电物体放入法拉第筒内，通过静电感应原理，物体带电量可在法拉第筒感应出。感应的电量就是物体所带静电荷量，但电荷符号相反。物体带电量大小与两种摩擦物质带电序列排列、物体绝缘性、环境相对湿度、摩擦方式、物体测试系统对地绝缘电阻等因素有关。

2．测试方法与测试设备

1）测试方法

测试方法有很多（见各相关标准），但在电子行业比较能够被大家接受的方法是利用法拉第筒原理来测试导体和绝缘体等带静电荷量。首先使物体带电，使物体带电方法很多，最实际的方法是模拟实际使用情况或模拟极端摩擦带电情况使物体摩擦带电。

（1）模拟极端使用状况和比较苛刻的环境条件：将物体（通常为织物）放在滚筒摩擦机（参见标准 GB 12014）内，与高绝缘的筒壁旋转摩擦使其摩擦分离带电。其环境湿度在 35%±3%RH、温度在（60±2）℃范围内。

（2）模拟极端使用情况：将所测物品按使用情况摩擦分离带电（见 SJ/T 10694 等标准），测试环境湿度为 30%±3%RH。

以上方法虽和实际使用有些不同，但其模拟摩擦带电程度远高于实际状况，具有代表性。

2）测试设备

测试设备为法拉第筒（尺寸根据不同标准确定）、滚筒摩擦机（参见 GB 12014 附录）

或其他标准规定的摩擦起电器具、静电电量表（或接触式静电电压表，其精度为±1%）、有机薄膜电容器（0.01μF）。要求法拉第内筒与外筒之间、静电电量表输入端对地电阻、电容器的绝缘电阻大于 $1\times10^{13}\Omega$（见图 4-66）。

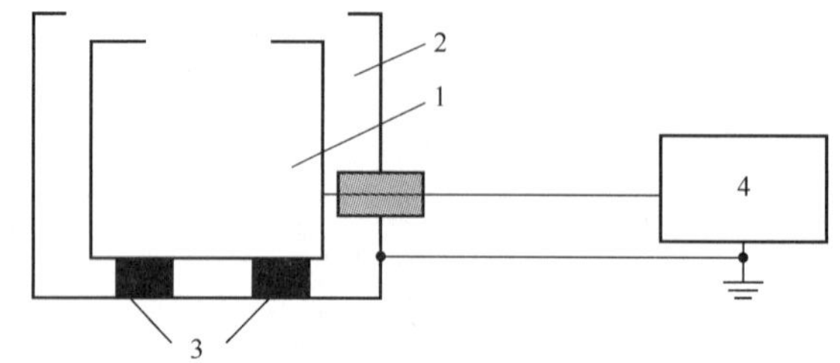

图 4-66 利用法拉第筒测试静电电量原理图

1—内筒；2—外筒；3—绝缘支架；4—静电电量表

3）测试步骤

将被测物和有关标准规定的摩擦器具摩擦后，呈对地绝缘状态放入与静电电量表（电压表）连接的法拉第筒内，并将外筒盖上金属盖。此时法拉第筒内感应出静电电荷量（并对地有个电位差），并由接触式静电电量表（电压表）测出，如图 4-66 所示。

测试注意事项：

（1）在测试仪表输入端和地线之间并联电容的绝缘电阻必须大于 $1\times10^{13}\Omega$，不能使用漏电流大的电解电容器等，测试屏蔽电缆的绝缘电阻也应大于 $1\times10^{13}\Omega$。

（2）测试时，法拉第外筒盖金属盖，其与外筒组成屏蔽金属筒。测试环境无静电场和电磁辐射影响。

（3）测试时环境相对湿度应不高于 35%RH，被测物品应进行干燥处理和按相关标准规定的时间进行调湿。

（4）测试时，人员应戴绝缘手套再拿摩擦后待测的物品，以免带静电人员将静电荷泄漏到待测物品上或将待测物品静电电荷泄漏。

（5）使用的接触式静电电压表或静电电量表应计量和鉴定合格，测试前“清零”，按操作规程使用测试仪器。

4）物体带电量的计算

物体带电量是利用法拉第筒的静电感应原理和接触式静电电量表（电压表）测试的，计算见式（4-45）。

$$Q=(C_1+C_2)\cdot U \tag{4-45}$$

式中 Q——绝缘体带静电量（C）；

C_1——法拉第筒对大地电容（F）；

C_2——仪器输入电容（包括并联电容）（F）；

U——测试出的静电电压（V）。

（1）静电面电荷密度的计算。静电面电荷密度的计算见式（4-46）。

$$\delta_s=Q/S-CU/S \tag{4-46}$$

式中 δ_s——静电面电荷密度（c/m²）；

S——被测面积（m^2）；

Q——被测物体电量（C）；

U——物体带电电压（V）；

C——物体的对地电容（F）。

（2）静电体电荷密度的计算。静电体电荷密度的计算见式（4-47）。

$$\delta_v = Q/V \tag{4-47}$$

式中　V——被测物体积（m^3）；

δ_v——静电体电荷密度（C/m^3）；

3．带电量测试方法的探讨

物体带电量、电压和以下因素有关。

1）带电物体的静电泄漏电阻

其静电泄漏电阻由法拉第筒对地电阻、仪器输入电阻、电容的绝缘电阻并联组成。其值越高，测试结果越准确。通常测试系统对地电阻要大于 $1\times10^{13}\Omega$。

2）带电物体的分布电容

带电物体的分布电容由法拉第筒内与外筒的分布电容、仪器的输入电容、并联电容器组成。该分布电容越接近物体实际使用时的分布电容，测试结果越准确。例如：人体的对地分布电容在 80～800 pF。如测试系统的对地电容在这一区间，测试结果比较准确。但目前按有关标准测试电压时，增加电容远高于其实际值，虽解决了测试稳定性问题，但测试电压值与测试系统对地电容有关，会带来较大偏差。如果测试电荷量则更准确，因其只和摩擦方法、材质、环境湿度有关，与其他因素关联较少。

对于不同物体电压的测试，测试系统的分布电容一定要与该物体实际使用时的分布电容接近，测试结果才准确。

3）环境湿度的影响

测试环境相对湿度通常要保持在 35%RH 以下，此时静电荷耗散和中和较少，测试结果较准确。在湿度较高的环境中是不能测试的。

4）摩擦方式选择

不同摩擦方式，物体的带电量是不同的。测试时，一定要和物体实际使用时摩擦方式相同，或模拟一些极端情况，这样所得测试结果才有判定意义。

5）测试方法的正确选择和低起电性材料判定

一般对于导电性均匀物体（包括喷涂、镀膜工艺制备的防静电织物）的测试可以采用测试电阻方法和静电衰减期测试，以直接判断静电泄漏和耗散性能。但对于带电序列不同的多种纤维编织物和带电序列不同的物质组合体的测试，采用静电摩擦带电量测试就比较有实际意义，这种情况下使用电阻测试法反而较难判定。因为此类材料是通过摩擦产生符号不同的电荷发生中和（电晕放电中和）消除静电，而不是通过耗散和泄漏消除静电的。另外，有些产品像防静电工作服布料消除静电原理也主要利用导电丝和化纤摩擦产生的异号电荷之间发生电晕放电实现中和的。有些企业为降低成本，使用导电丝较少或用化纤丝代替。此时用点对点电阻测试方法所得结果有时依然可达到标准要求，但实际使用时，摩擦分离后带电量很高起不到防静电作用，所以用摩擦分离起电的带电量测试方法，能准确判定防静电织物的客观防静电性能，而测试电阻的方法在此时就存在很大局限性，不能准确确定织物防静电性能的优劣。

以下提出具有低起电性能材料的判定方法供参考。判定方法（测试装置见图 4-67）可以在规定摩擦面积、速率、压力、表面粗糙度、环境温/湿度、摩擦介质的情况下，通过法拉第筒和接触式静电电量表测试试样摩擦分离起电量，来判定是否为低起电性材料。摩擦块质量为 2kg（摩擦块长 10cm、宽 5cm、高度由配重决定），试验样块面积为 14cm×54cm（实际摩擦面积为 10cm×50cm），摩擦块摩擦速率每 2s 一个来回（单向摩擦行程 40cm），摩擦块不接地，摩擦块材料为高绝缘高强度聚乙烯板块（体积电阻、表面电阻大于 $1\times10^{12}\Omega$，带配重），实验环境相对湿度为 30%±3%RH、温度为（25±5）℃，摩擦时间为 10min。实验时需要注意以下问题。

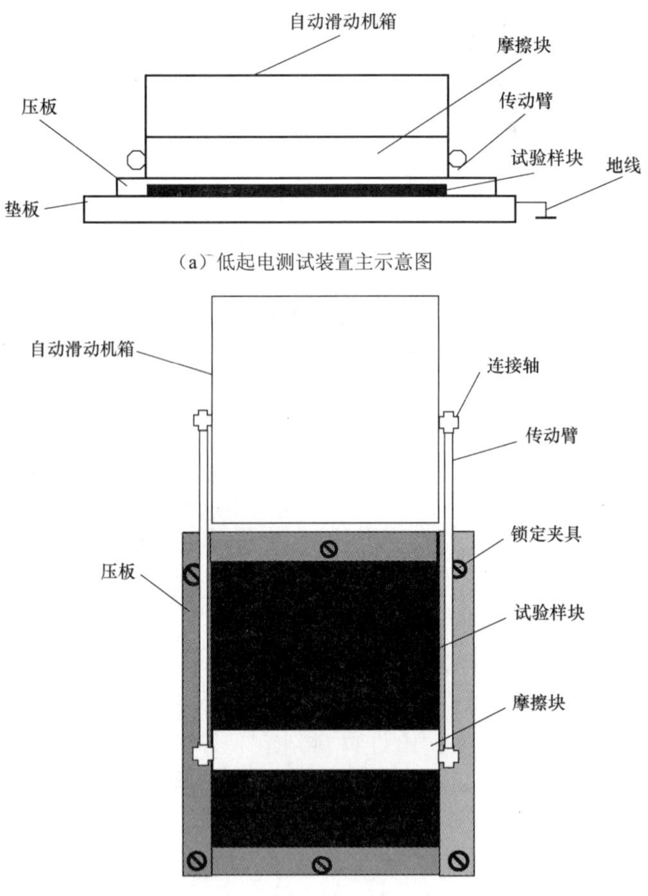

（a）低起电测试装置主示意图

（b）低起电测试装置俯示意图

图 4-67　低起电性能材料的测试装置

垫板—静电耗散材料制备，体积、表面电阻为 $1\times10^4\sim1\times10^6\ \Omega$；摩擦块—材料为聚乙烯块，体积、表面电阻大于 $1\times10^{12}\Omega$，摩擦面光滑，质量 2kg，实验时呈自由落体放置；压板—尼龙压片，用于固定实验样块，宽 1.8cm，厚 0.5cm；传动臂—金属结构；自动滑动机箱—实现摩擦块自动水平往复机械运动控制装置

（1）两种不同物质摩擦带电量和其在摩擦起电序列排列位置有关。

（2）在测试样块摩擦带电量时，取样过程应戴绝缘手套。样品不能接触任何导电物体，包括人手或其他任何静电耗散材料。

（3）样品在湿度 30%±3%RH、温度（25±5）℃环境中进行调温调湿处理 48h 后，再进行测试。

（4）摩擦结束后 15s 内测试样品带电量。

（5）同一个试样（片材）有两个表面，每个表面要反复测试 3 次。每次测试前，要用接地的静电刷或离子化静电消除器消除试样表面静电。对于布料和织物还要测试两个表面经向和纬向摩擦带电量。

每次测试后计算的试样静电荷量小于 $0.1\mu C/m^2$，方可认定为低起电材料。需要提出的是织物、布料也可采用 GB 12014 提出的摩擦带电量测试方法判定是否为低起电性材料。但对其实验设备规格和实验方法要作严格规定。

4.6.3　物体带电荷量测试所用仪器

物体摩擦分离起电的带电荷量、起电电压测试仪器技术要求详见 4.6.2 节和 4.2.7 节。

4.7　EPA 防静电系统的防静电性能检测

检验 EPA 防静电系统是一项非常重要的工作，判定防静电系统能否起到静电防护作用以保证 SSD 产品免遭静电损害是通过检验知道的。应当指出，在 EPA 工作区涉及防静电装备、用品等非常多，检验方法也很多。选择正确的检验方法是判定防静电系统能否起到静电防护作用最基本的要求。以下介绍 IEC 61340-5-1、ANSI/ESD S20.20、SJ/T 10694 等标准推荐的检验方法。

4.7.1　影响检验结果的几个重要因素

1. 检测环境的温/湿度

检测环境的湿度对检测结果影响很大。现国际标准对防静电装备（产品）检测时（非现场检测）规定的环境湿度为 12%±3%RH。另外，对在其他湿度环境中放置的防静电产品检测时，一定预先在 12%±3%RH 环境中放置 48h 以上，才可进行防静电性能的检验。

在现场检测时，由于环境条件限制有时不会出现符合测试标准要求的环境温/湿度，则产品应在防静电装备（产品）实际使用环境中的最低环境湿度下，检测产品或工程的防静电性能。

2. 对受检产品不能进行加湿或其他导电性处理

在检测前不得用抗静电剂、蜡等或加湿方法对防静电产品、工程表面进行处理或擦拭。

3. 严格按照标准规定的测试方法进行检验

在检测时不得用浸湿介质（湿纸巾等）放在测试电极下与被测产品、工程表面接触进行测试。产品和工程测试表面要干净、平整、无污迹（无油剂和尘土）和损坏，测试时与电极接触良好。

4．测试电压和测试仪器的规定

检测防静电产品或工程时，所施加的测试电压必须符合标准规定。仪器输入电阻和测试线外皮绝缘电阻要大于 $1\times10^{12}\Omega$。仪器测试一致性和线性误差要满足相关标准的规定。

5．检测环境无电磁干扰源和不存在受检产品以外的静电源

检测现场无电磁干扰源和不存在受检产品以外的静电源，否则有可能影响测试结果。

6．检测现场无易燃易爆气体、粉尘和物体

检测现场无易燃易爆气体、粉尘和物体，否则极易因仪器内部火花发生爆燃事故。因为电子行业使用防静电检测仪器通常不具备防爆功能。

7．判定受检产品、工程合格的检验批次与样品量

判定受检产品、工程合格的检验批次与检测样品量（测试点数量）可根据用户与企业之间供货合同或协议要求执行。也可按国家标准 GB 2828.1《按接收质量限（AQL）检索的逐批检验抽样计》要求执行。

8．检验周期

对工程、所用防静电产品或防静电系统的周期性检验，一般相关标准没有做出明确规定。这主要由使用方根据现场和使用情况做出规定。例如：用抗静电剂处理的短时效的防静电产品和工程检验周期短一些，而长时效防静电产品检验周期就相对长一些。通常短时效防静电产品、工程检验周期为 2～3 个月，长时效防静电产品、工程检验周期可定为 6～12 个月。对于某些用品像腕带、鞋、手套、指套类等，有很多企业要求职工每天上班进入防静电工作区时必须在穿戴状态下检测。目前国内外标准没有提出各类防静电产品的防静电性能长效性检验方法，这对用户选择造成较大麻烦。对不同产品提出防静电性能长效性与短效性判定检验方法非常重要。

9．测试平台要求

通常检验防静电包装（箱）、工具、PVC 板材等各类防静电产品时，需将产品放置在绝缘平台（平面）上，不能放置在导电金属板或其他防静电材料上。绝缘平台（平面）的体积和表面电阻值应大于 $1\times10^{12}\Omega$。否则在检验产品时会因测试平台（平面）的分布电阻参数影响，使检验准确度大大降低。

10．测试参数的选择

因防静电指标很多，如对防静电包装检测，其有表面电阻、静电衰减期、体积电阻、表面电阻率、静电屏蔽指标等多个参数。通常是根据国际标准 IEC 61340-5-1、ANSI/ESD S20.20 或者国内 GJB 3007、SJ/T 10694 等标准要求提出的参数指标进行检测并作为判定基准即可，不必进行多项指标检测和判定。

4.7.2 防静电地坪和墙壁检测

防静电地坪类分为水泥类、树脂涂料和油漆类、瓷砖类、PVC 类、高架活动地板类、

橡塑类防静电地坪等。防静电墙面主要有涂料类、三聚氰胺板类等。对地坪和墙面进行检测时，要注意以下问题。

（1）对防静电水泥类地坪和防静电瓷砖地坪，通常在工程完工后 2～3 个月以后进行检验。因为刚施工完，地坪含水率过高会使检验数据偏低，使检验结果不准确。

（2）对 PVC 类、高架活动地板类、涂料类或环氧树脂类地坪、橡塑类地坪和三聚氰胺板类可在工程完工 7 天后进行检验。

（3）通常对地坪和墙面的检验，仅对地坪和墙面的静电泄漏电阻（地坪表面或墙面对地坪或墙面接地端子之间电阻）进行检测即可（见图 4-68）。但有些标准还要求进行点对点电阻的检验（见图 4-69）。这样做工作量较大，实际意义不大。点对点电阻测试只对没有设置室外接地系统（外设接地桩）的和某些特殊要求的工程具有意义。

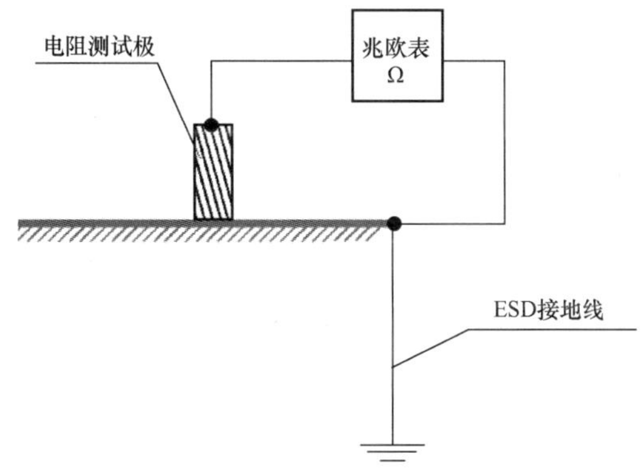

图 4-68　国标规定的地坪静电泄漏电阻（对地电阻）的检测

当防静电工作区设置在高层建筑物上，防静电接地线走线很长不便进行接地线检查时，可采用 ANSI/ESD S20.20（TR53 标准）进行等电位连接电阻检验（见图 4-70）：将测试电极放置在地坪表面（或防静电墙面）与高阻测试仪测试输入端连接，仪器另一测试端与设备安全保护接地端相接进行测试。这种情况下，防静电接地线和设备安全保护接地要采用共用接地极方式。

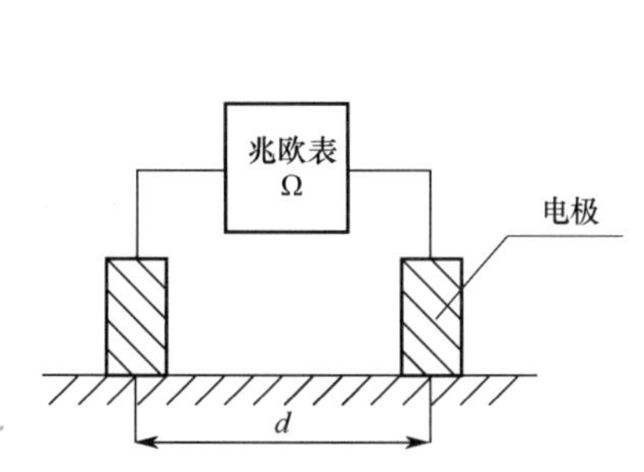

图 4-69　地坪、墙面点对点电阻的检测

（地面 d=900～1000mm；墙面 d=300mm）

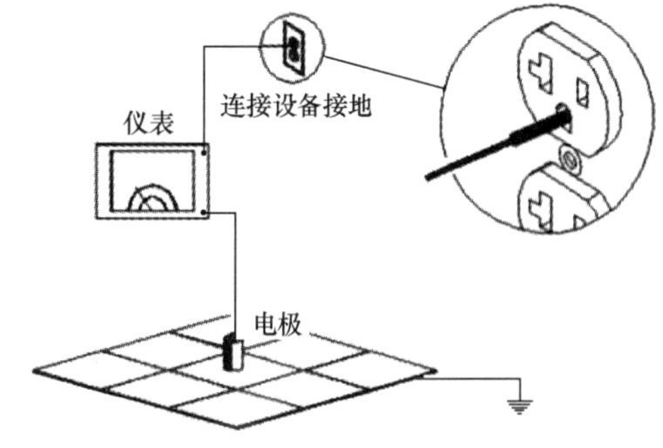

图 4-70　TR53 推荐地坪等电位连接电阻的检测方法

由于 ANSI/ESD S20.20（TR53 标准）关于等电位连接电阻检验项目的实用性，建议对防静电装备和工程检验所涉及静电泄漏电阻（对地电阻）都可采用这个方法。

4.7.3 工作台检测

防静电工作台有很多结构形式，但在检验时，必须遵守以下要求。

（1）工作台面不能使用金属或导静电台面（点对点电阻和体积电阻不低于 $1\times10^5\ \Omega$），应使用静电耗散材料。

（2）当工作台面采用防静电橡塑等材料时，其与接地线连接必须保证有一定接触面积。

（3）通常防静电工作台不宜利用防静电地坪作为工作台的接地系统。

（4）防静电工作台的静电泄漏电阻、等电位连接电阻测试可参照图 4-71。

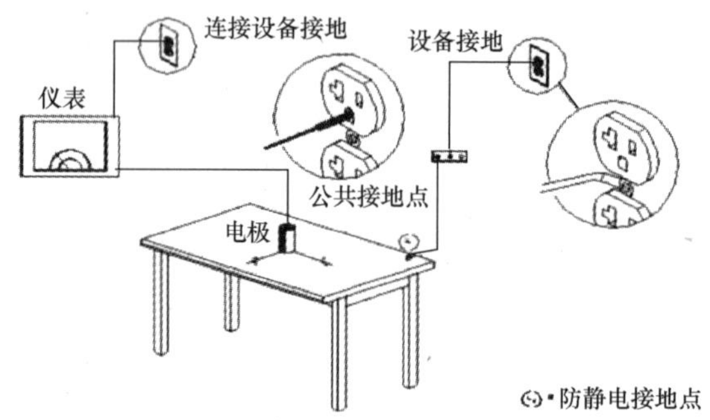

图 4-71　TR53 标准推荐的工作台静电泄漏电阻、等电位连接电阻的检测方法

4.7.4 工作服检测

在检验防静电工作服的静电防护指标时，必须满足以下要求。

（1）使用有衬里的防静电工作服，非防静电衬里面积不得超过防静电服总面积的 20%。

（2）对于使用在易燃、易爆等危险场所的工作服，不允许使用有色金属扣子或拉链等物品。

（3）对于要求较高的防静电工作服检验，应按照 GB 12014、IEC 6-34-5-4 相关标准要求测试工作服的摩擦带电量（见图 4-72）。将按标准要求洗涤过的工作服调温、调湿处理后，放入滚筒摩擦机在 60℃、湿度低于 35%RH 环境摩擦 15min。由工作人员戴绝缘手套将工作服取出放入法拉第筒测试电荷量，测试时应将法拉第筒外筒盖上金属盖。此方法适用于产品检验和验收，不适用于现场检验。

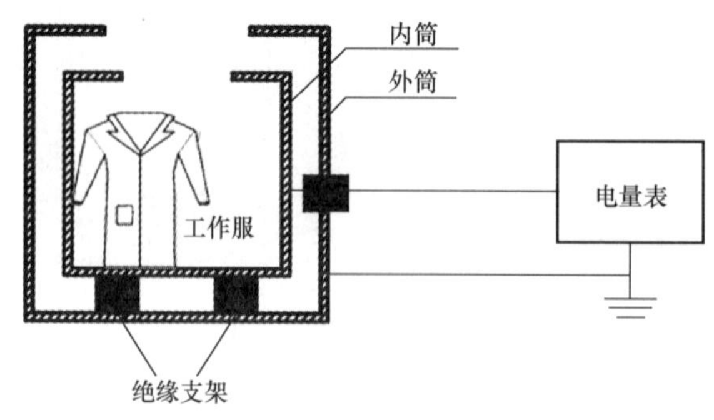

（a）工作服摩擦带电量检测

图 4-72　防静电工作服检验

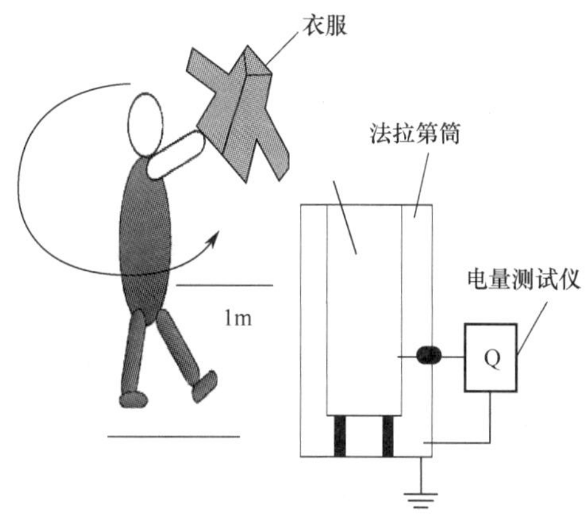

（b）IEC 61340-5-4 草案（2019.3.9）规定的防静电服摩擦带电量的检测

图 4-72　防静电工作服检验（续）

注：人手持工作服进行圆周甩动数圈后投入法拉第筒测试服装带电量（甩动时，服装边缘距人体 1m）。

（4）工作服的点对点电阻测试和带接地端子的工作服检测可参照图 4-73 和图 4-74。图 4-74 检测适用于每天进入防静电工作区人员所穿工作服的检验。图 4-72 所示方法适用于产品检验和验收。

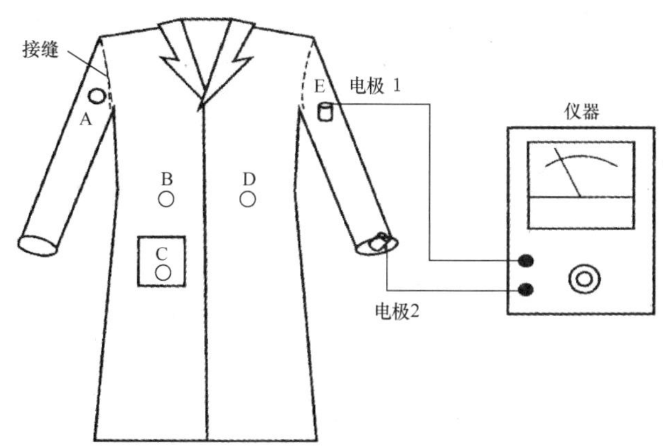

图 4-73　工作服表面点对点电阻检测

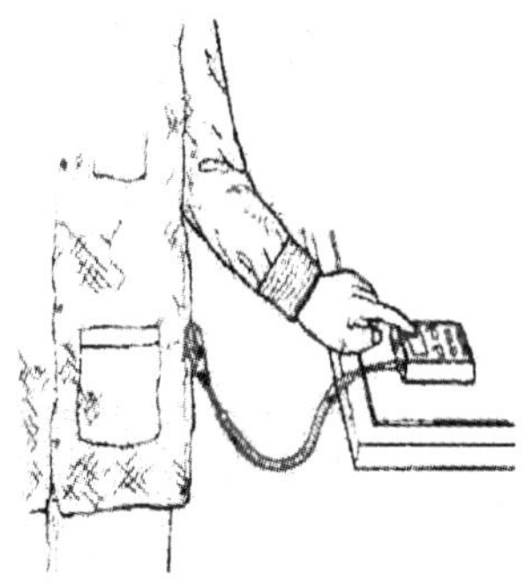

图 4-74　带接地端子工作服静电泄漏电阻检测（TR53 标准推荐）

（5）对工作服表面点对点电阻测试时（见图 4-73），一定要测试接缝两端 A-B、E-D 之间电阻。要求检测工作服任意两点间电阻都要符合标准规定。

4.7.5　工作鞋、袜子、脚束检测

对防静电鞋、袜子和脚束检验可采用穿戴情况下的检测方法（见图 4-75）。检测时要注意以下方面。

图 4-75　鞋、袜和脚束在穿戴情况下的检测

（1）检测时，应先将穿着鞋或脚束（包括袜子）的一只脚放到电阻测试仪测试板上进行检测。检测完后再将另一只穿着鞋或脚束的脚放在测试板检测。要求两只脚检测都要符合要求。该方法适用每天进入防静电工作区人员所穿鞋、脚束的检测，其检测数量较多。

（2）对于脚束也可采用图 4-76（a）所示的方法检测。检测脚束跟与导电带（与腿部连接的细带）测试点之间的电阻，测试所用电极如图 4-77 所示。这种方法适用于产品的检验和验收。

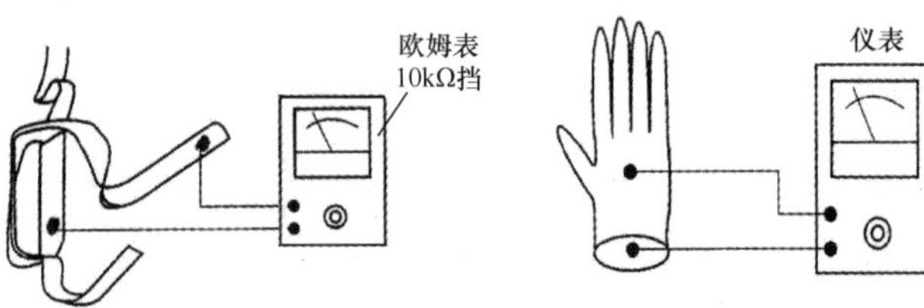

(a) 脚跟带（鞋束）系统电阻的测试　　(b) 手套内外两点电阻的测试

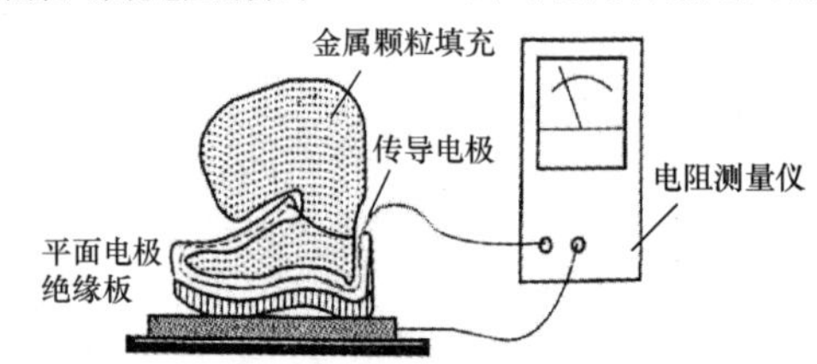

(c) 防静电鞋的电阻的测试

图 4-76　脚束、鞋、手套的检测

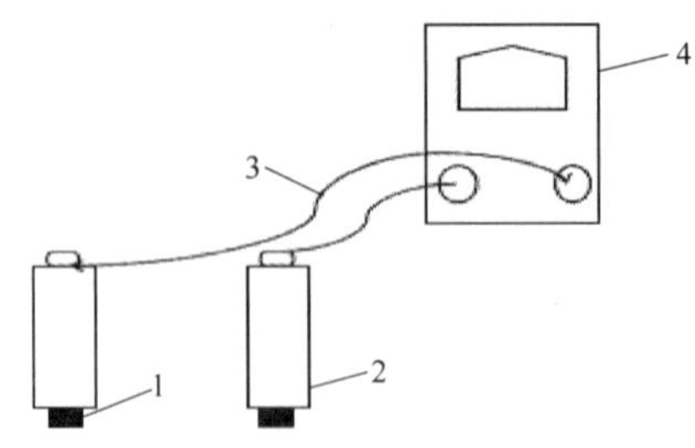

图 4-77　测试手套、工具、脚束的电极示意图

1—导电橡胶（直径 10～15mm、厚度 5mm；邵氏硬度 50～70；表面和体积电阻小于 $1\times10^4\Omega$）；2—电极绝缘外壳；3—绝缘电缆；4—电阻测试仪。注：一对电极各重 0.5kg

（3）对于防静电鞋也可参照 GB 21146 规定的方法检测，如图 4-76（c）所示。利用直径 5mm 的小钢珠，放入口袋内，将直径为 50mm 的铜箔电极平放鞋内底，并用口袋压住，使铜箔电极与鞋内底紧密接触测试鞋底电阻。但这种方法只适于产品检验和验收，不适用于每天进入防静电工作区人员所穿鞋的检测。

4.7.6　手套、指套检测

对于手套、指套可以在穿戴状态下检测（见图 4-78），也可以用如图 4-76（b）所示的方法检测。

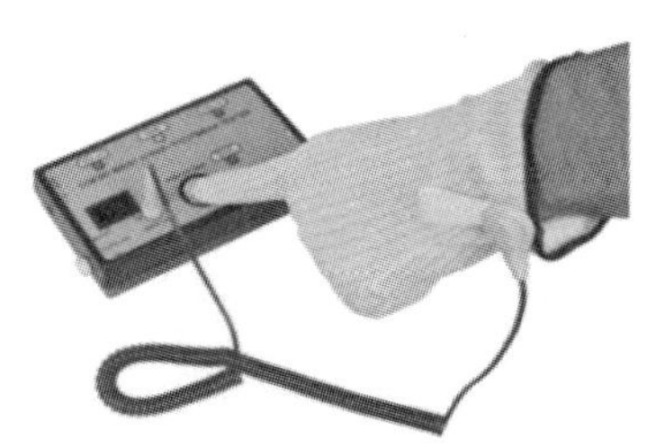

（a）手套穿戴状态下的检测

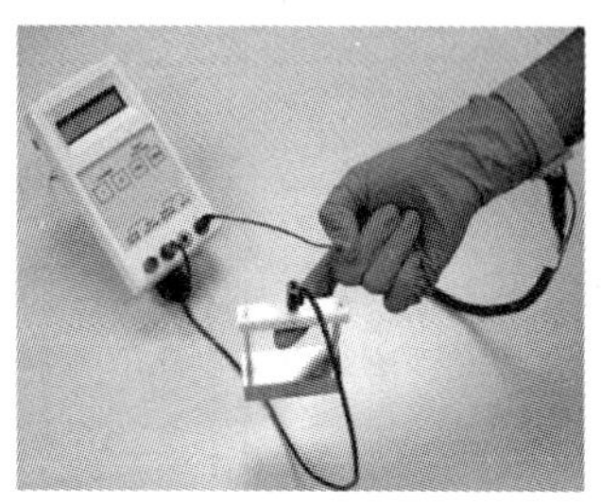

（b）使用特定电极测试穿戴状态的手套

图 4-78　对手套、指套穿戴状态下的检测

在检验手套、指套时，通常外表面点对点电阻和内表面与外表面点对点电阻都要测试。有些手套和指套仅对外表面具有防静电性能，内表面不具有防静电性能。这种产品不能判定为合格产品。手套、指套穿戴状态下的检测适用于每天进入防静电工作区的操作人员。

检测指套时也可采用如图 4-79 所示的两点式针电极检测指套内、外表面点对点的电阻。该方法适用于产品的检验和验收。

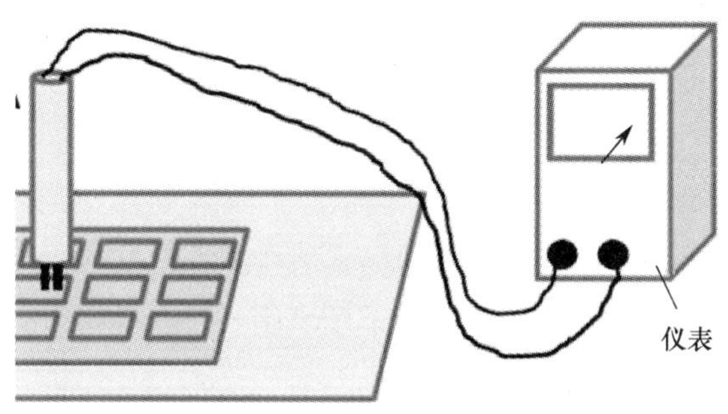

图 4-79　两点式针电极（每个电极直径>5mm）

4.7.7　腕带检测

在检测腕带时有以下方面需要注意。

（1）通常每天进入防静电工作区时，对人员只检测穿戴腕带状态时的电阻即可（见图 4-80）。

（2）腕带其他检验项目检测只适用于产品检测（见图 4-81 至图 4-83）和验收，无须每天检测。

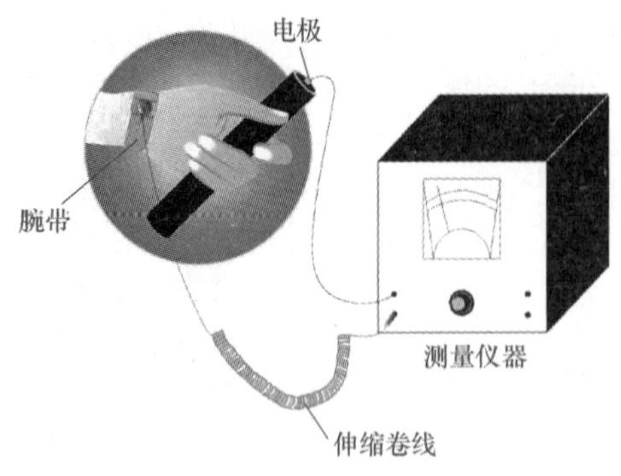

图 4-80　腕带穿戴时的电阻检测

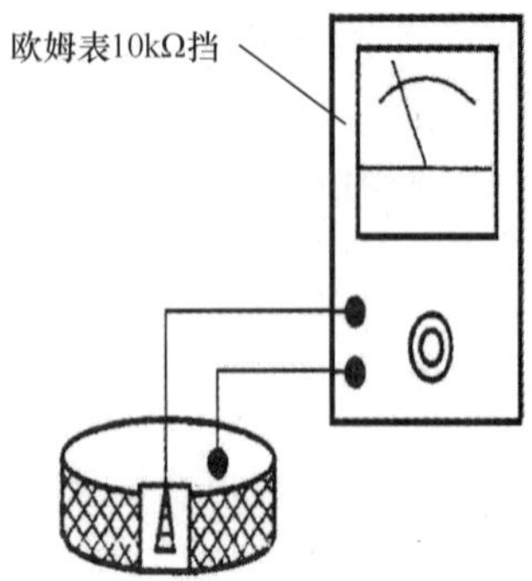

图 4-81　腕带内表面至接地扣电阻的检测

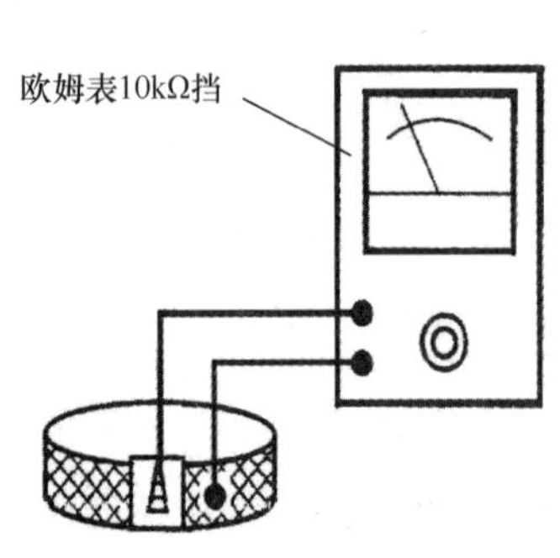

图 4-82　腕带外表面至接地扣电阻的检测

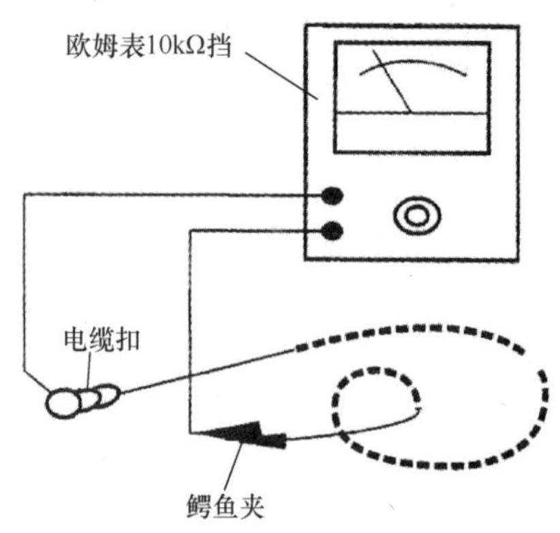

图 4-83　腕带接地线电阻的检测

（3）腕带内表面要求用导电丝编织；外表面至接地扣之间电阻要大于 $10^6\,\Omega$，具有较高绝缘电阻。对腕带内、外表面电阻测试时，所用电极接触带体面积不应低于 $1cm^2$。

（4）ANSI/ESD S20.20—2007 标准规定：对腕带接地线进行 16000 次弯折实验后，接地线电阻符合标准规定，但在 2014 版新修订标准中删除了该项。

4.7.8　手持工具检测

对小工具可利用充电极板测试仪测试其静电衰减性能（1000～100V、≤2s），如图 4-84 所示。也可以利用图 4-85 所示电极检测工具两端之间电阻。此方法适用于产品验收和日常检验。

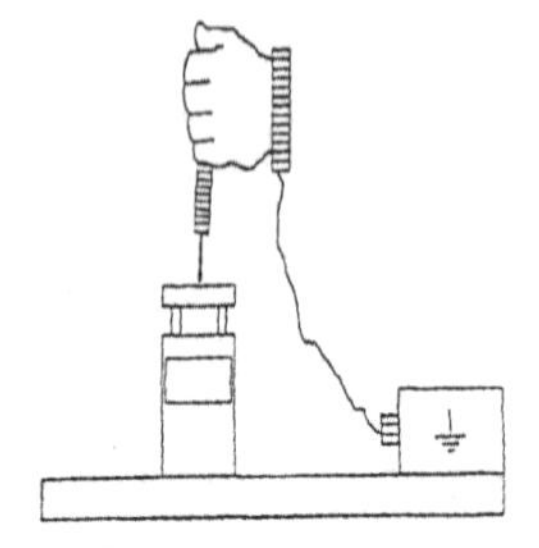

图 4-84　手持小工具静电衰减性能检测

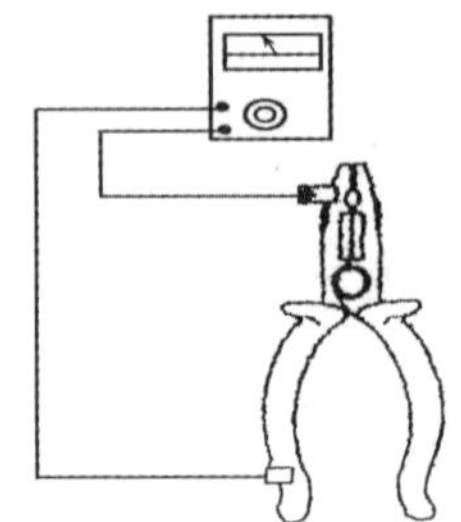

图 4-85　小工具两端之间电阻的检测

4.7.9　运转车（包括其他移动装备）检测

在检测运转车时要注意以下几点。

（1）运转车不允许金属台面裸露，应采用静电耗散材料制作的台垫铺设在金属台面上。

（2）运转车应使用导电轮（通常要求不少于 2 个）与防静电地坪实现接地。

如使用链条接地，链条和地坪接触面积要足够大，而且要作防锈蚀处理，否则静电泄漏电阻有可能达不到标准规定值。运转车等移动装备等电位连接、静电泄漏电阻的检测如图 4-86 所示。

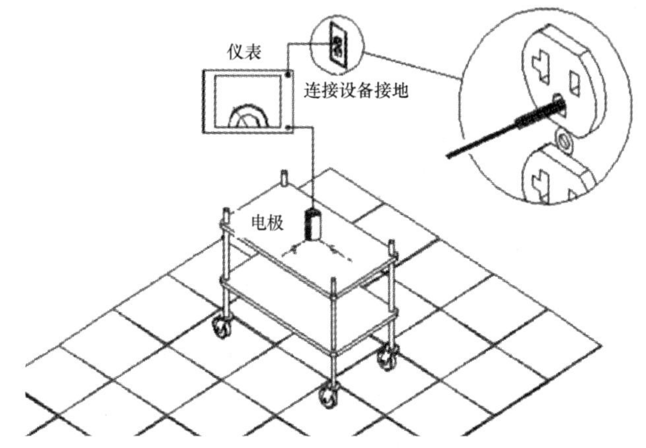

图 4-86　运转车等移动装备等电位连接、静电泄漏电阻的检测

4.7.10　座椅检验

防静电座椅可以采用低起电木质椅子，也可以采用防静电布料、防静电人造革、棉布等作为椅面。但椅面与接地导电轮或接地链条必须实现静电泄漏连接。运转车应使用导电轮（通常要求不少于 2 个）与防静电地坪实现接地。例如，使用链条接地，链条和地坪接触面积要足够大，而且要作防锈蚀处理。座椅等电位连接电阻静电泄漏电阻的检测如图 4-87 所示。

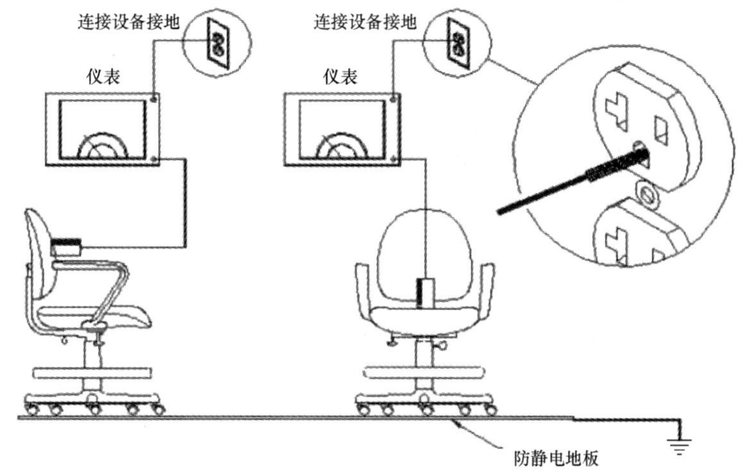

图 4-87　座椅等电位连接、静电泄漏电阻的检测

4.7.11 传输带检测

防静电传输带通常用于流水线SSD组件、PCB等的传输，在检测时要注意以下方面。

（1）通常要求防静电传输带设备与保护接地相连接。

（2）传输带一般宜用静电耗散材料制备，如果使用金属链条式传输或用金属履带式传输带，则在使用时需用防静电周转箱或托盘等将SSD产品与金属带体分隔开或考虑离子化静电消除器的使用。

（3）传输等电位连接电阻、带静电泄漏电阻的检测如图4-88所示。测试时，将仪器的一端测试电极与保护接地线连接，另一端与放置在传输带体表面的测试电极相连接。

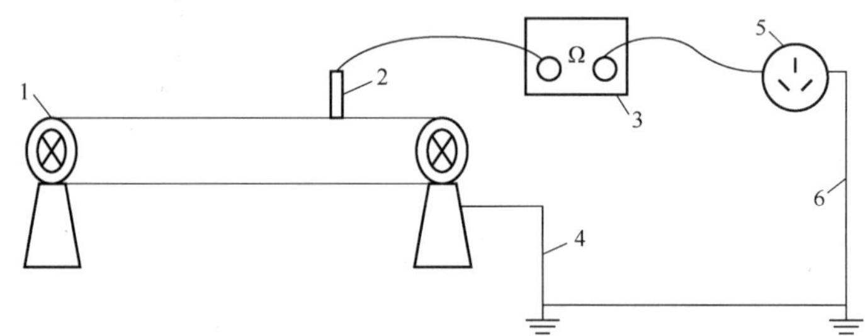

图4-88 传输带等电位连接电阻、静电泄漏电阻的检测

1—传输带；2—测试电极；3—电阻测试仪；4—保护接地线；5—电源插座；6—保护接地线

4.7.12 防静电包装、周转箱、片状结构材料检测

对于防静电包装（发泡材料）、周转箱一般检测内表面、外表面电阻或体积电阻即可。对于片状材料（橡胶板、PVC板、塑料板等）检验表面电阻或体积电阻。有些标准还要求检测静电衰减期。对于防静电屏蔽柔性包装，除检测内、外表面电阻还要检验静电屏蔽性能。防静电包装表面电阻检测所用电极如图4-41和图4-42所示。对于曲面包装材料可用如图4-36所示的条形电极检测。防静电包装表面电阻、包装体积电阻、包装材料点对点电阻的检测分别见图4-89、图4-90和图4-91。

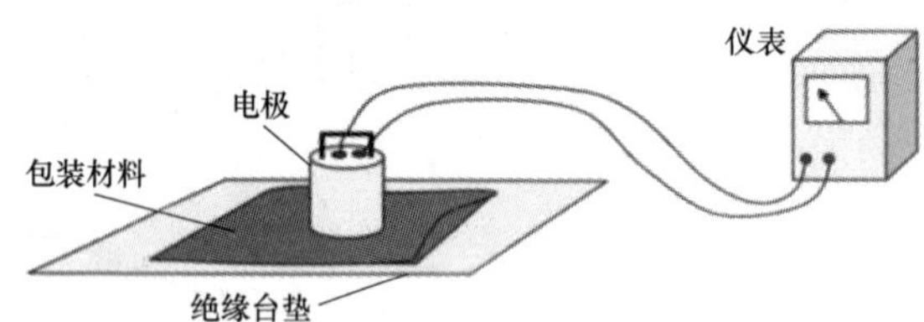

图4-89 防静电包装表面电阻检测

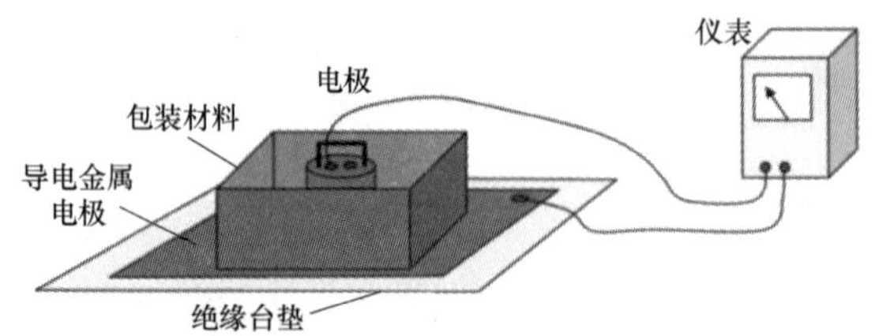

图4-90 包装体积电阻检测

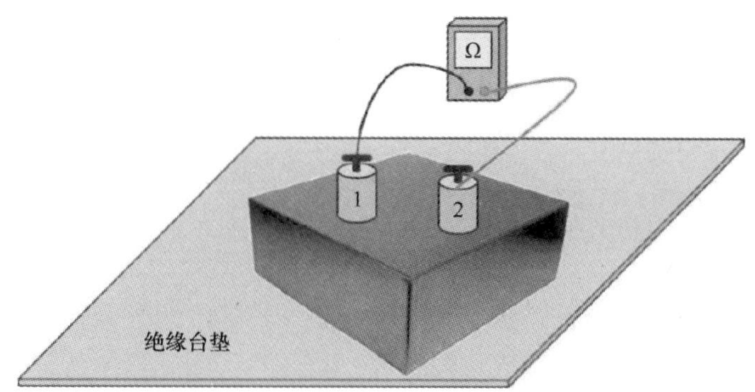

图 4-91　包装材料点对点电阻检测

对于防静电包装防静电性能的持久性检测，现颁布的标准还没有相关规定，尽快制定这方面技术要求与规定是非常必要的。

4.7.13　防静电存放柜、架子检测

存放柜、存放架放置 SSD 产品的表面不能使用金属材料，应使用静电耗散材料制备的台垫，将 SSD 产品与金属柜面或金属架子表面隔开并良好接地。对于不经常移动的柜子、存放架要设置固定接地线，尽量不使用链条接地。存放柜、架的等电位电阻、静电泄漏电阻测试如图 4-71 所示，其与防静电工作台的测试相同。

4.7.14　防静电蜡、剂检测

将防静电蜡、剂涂抹在一块绝缘塑料板（体积、表面电阻均大于 $1\times10^{13}\Omega$），待晾干后，在标准规定的温/湿度下放置 24h 后检测表面电阻或点对点电阻。注意：不提倡检测体积电阻。因为涂层太薄易导致涂层击穿，反映不出涂层的防静电性能。

4.7.15　焊接设备、电烙铁、电动工具检测

在 EPA 内利用交/直流电的操作工具、焊接设备很多，这些工具漏电或产生静电感应是造成 SSD 产品损坏的主要原因之一。目前对这类用具的检测主要有以下几方面要求。

（1）对用交/直流电作为电源的用电器，其外壳金属部位必须与设备安全保护接地相连接。

（2）对有绝缘外壳的工具，在操作时要测试其表面静电电位。其电压值要小于标准规定值。

（3）外壳接地工具，像电烙铁必须测试烙铁头至保护接地端之间的电阻（见图 4-92）。对于电动工具要测试工具头或金属外壳与接地端之间的电阻。测试电阻值要符合相关标准规定。在测试时，如电阻值超过规定值，则应除去烙铁头的氧化层。

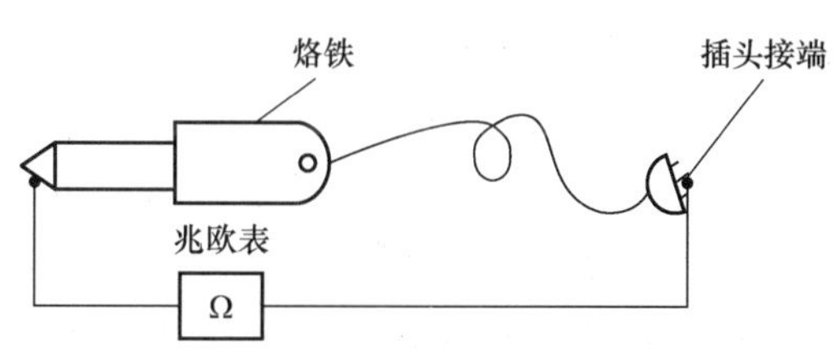

图 4-92　电烙铁头与保护接地端之间电阻的检测

（4）对于电烙铁和直接接触 PCB、SSD 元

器件的电动工具或设备测试探极、接触头还要测试漏电流和漏电压（见图 4-93），要在通电情况下测试，测试值要符合相关标准的规定。

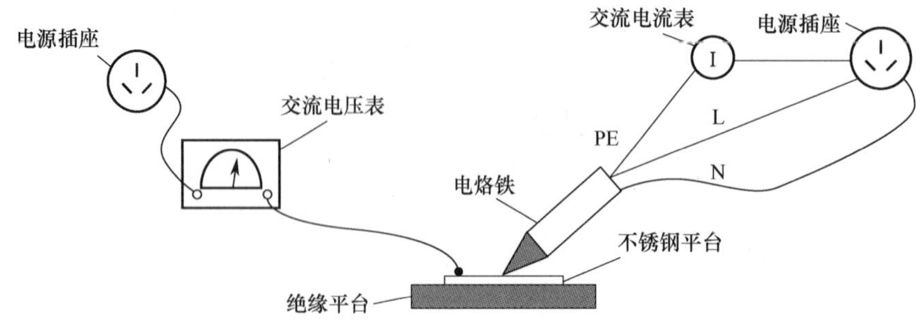

图 4-93　电烙铁交流漏电压、漏电流的检测

有时电路的传导干扰可使测量出现较大误差。所以通常对焊接、电动工具的漏电测试主要是指对 50Hz 的 220V（或 380V）交流电测试。也有对其他交流电压（36V 或 24V 等）的漏电测试。如果是频率较高干扰或浪涌测试，可以使用测试频率范围符合要求的示波器、频带较宽的电压表或电流表测试。测试时必须注意几种频率的漏电（或浪涌）同时存在的现象，并分别测试，检验和判定其是否能对 SSD 产品造成损害。

需要提出的是，对于接触和测试 SSD 产品性能的测试仪器、设备的漏电同样可以采取图 4-93 所示的方法进行测试。如果采用的是直流电源，测试仪表则为直流电压表、直流电流表。

4.7.16　离子化静电消除器残余电压、静电衰减时间检测

在检测时，测试环境应符合下列要求。

（1）环境相对湿度要满足相关标准规定，不宜在 75%RH 以上环境中检测。

（2）检测现场无水平方向和垂直方向的扰动气流，在检测平台和周围无大面积接地金属体。

（3）检测环境无静电源、电磁干扰源和高电压设备。环境洁净度符合检验实验室相关要求，离子化静电消除器外壳可靠接地。

（4）IEC 61340-5-1 对检测静电衰减时间（±1000～±100V，<20s)和残余电压测试位置规定分别如图 4-94、图 4-95 所示，检验结果要符合相应标准要求。ANSI/ESD S20.20 提出消除静电衰减时间用户自定。静电衰减时间和残余电压测试距离由用户自定，一般选择测试位置、距离和企业实际使用相符即可。

（5）对于疲劳实验和可靠性实验，其连续开机时间和测试规定一般由企业根据用户要求决定。通常连续开机时间不应低于 72h。

（6）风幕、风鼓等台式离子化静电消除器放置的测试位置如图 4-94 所示；离子棒等吊挂式离子化静电消除器测试位置如图 4-95 所示；风嘴、风枪检验位置可根据实际使用情况由企业自定；离子化净化工作台、离子化风淋室检验位置由企业根据使用情况自定。

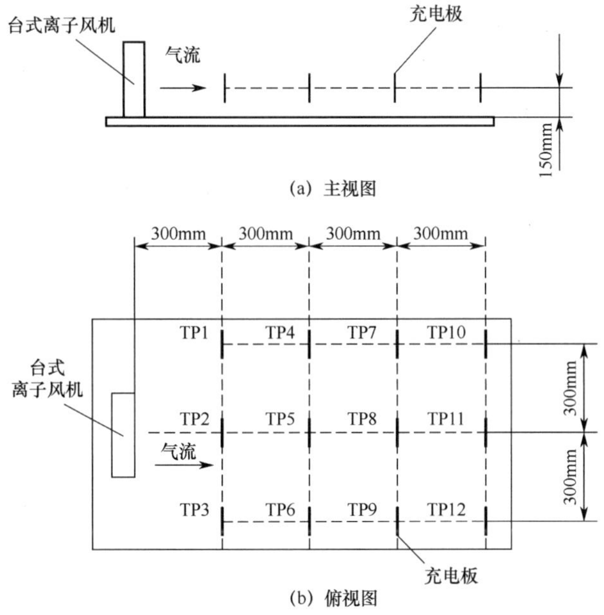

图 4-94　台式离子化静电消除器放置的测试位置

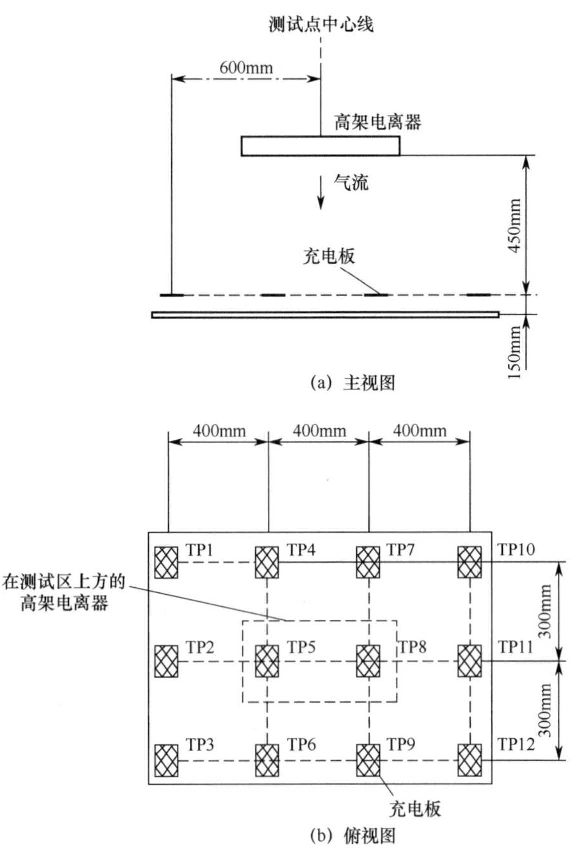

图 4-95　吊挂式离子化静电消除器测试位置

4.7.17 进入 EPA 区域人员行走电压检测

这项检验是对进入工作区穿鞋、工作服的人员对地静电电位的检测（人员接地状况测试），其检测结果与人所穿的鞋、袜、地坪和衣服有关。因此要求人所穿的鞋、袜和地坪防静电性能合格，而且所穿衣服应当呈低起电性，检测才有可能符合要求。其中一个环节不合格，都可能使检验的行走电压超过规定要求。这项指标是综合性要求。IEC 61340-5-1、ANSI/ESD S20.20 都有详细规定。通常检测时，人在规定的时间和走步方式下，用接触式静电电压测试仪（探极为振动电容式，可将感应电压值转变为交流信号，以测试动态电压值。）测试人体对地静电电压峰值（见图 4-96）。

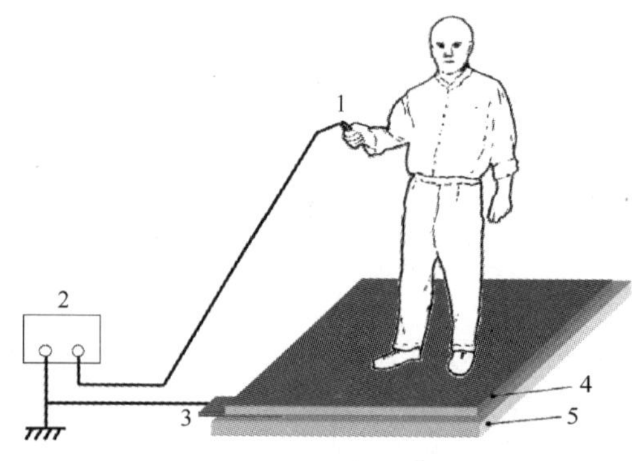

图 4-96　人体对地静电电压的测试

1—接触式静电电压测试仪电极；2—静电电压表；3—接地点；4—防静电地坪；5—地基

测试时人员行走模式如图 4-97 所示。每步高度为 30～50cm，每秒走 2 步，连续走 60s 记录最大正电压峰值（5 个）和最大负电压峰值（5 个）。求出最大 5 个峰值（可正峰值，也可负峰值）的平均值即为测试值（见图 4-98）。每次测试时，要注意使地坪无尘土、油剂和油污。要将鞋与衣物用离子化静电消除器消除其残存静电。

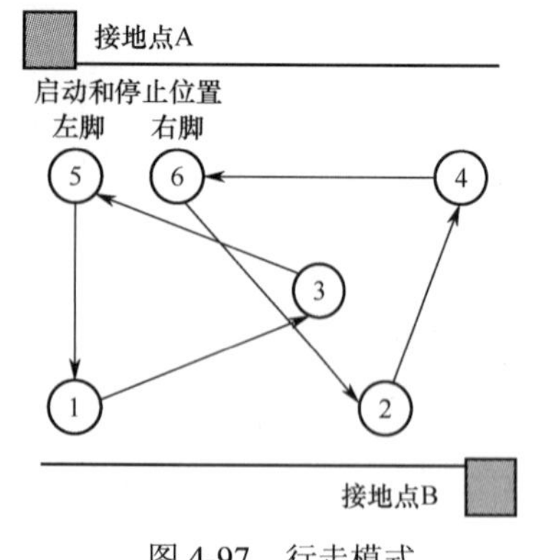

图 4-97　行走模式

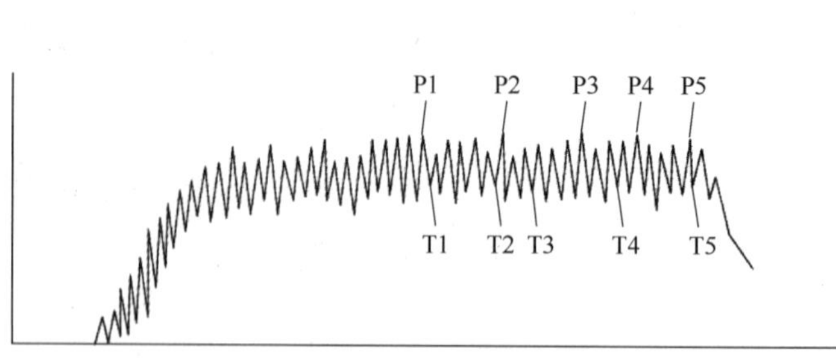

图 4-98　正、负峰值的测试曲线

P1～P5 为 5 个正峰值；T1～T5 为 5 个负峰值

4.7.18 导电绳线电阻测试

在实际产品生产或某些操作中，有时要使用具有防静电功能的绳索，以防绳索产生静电，发生静电损害事故。这些绳索大都是利用导电纤维、导电金属丝与化纤混织制作或编织的导电绳、带。对于绳索的测试主要是测试其线电阻。测试方法如图 4-99 所示。具体方法：将待测绳索、编织带在规定温度、湿度调温调湿后，放置在绝缘平面上。利用不锈钢弹簧夹子夹住待测绳索两端，保证有一定的接触面积或采用铜箔涂敷导电胶如图 4-99 所示的连接。将不锈钢夹子或铜箔与电阻测试仪的电极相连测出绳索的电阻再通过下式求出线电阻。

$$R_L=R/L \tag{4-48}$$

式中 R——测试电阻；

L——待测绳索长度。

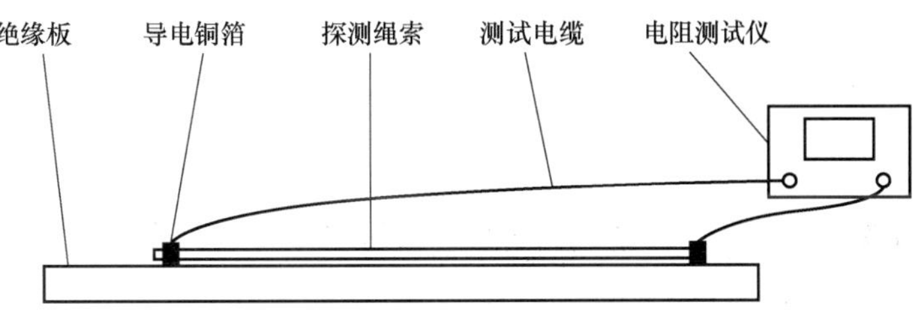

图 4-99 导电绳线电阻（Ω/m）的测试

待测绳索放置在绝缘板上；两边用 5mm 铜箔涂敷导电胶（体积电阻小于 1×103Ω）平行缠绕粘接

4.7.19 带有曲面或不规则表面物品的表面电阻测试

在工厂经常使用一些表面不规则的防静电器具，如吸塑盒、小包装、曲面物、矿工用防静电安全帽等，这时不能使用标准电极进行测试，但可以利用两条宽度 3～5mm 的铜箔作电极，用导电胶平行粘贴在被测物体表面，两电极长度与两条电极之间距离为 1∶1，也可以 3∶1。将电极与电阻测试仪连接即可测试物品的表面电阻（见图 4-36）。

4.7.20 导电粉、金属氧化物等粉体电阻测试

将导电粉或被测粉体装入绝缘的塑料盒内，将粉体夯实，放置电极（见图 4-37、图 4-38）测试粉体电阻。需要注意的是，粉体湿度、粉体密度、测试电压、环境温/湿度、电极结构等因素对测试结果都会有一定程度的影响，在测试时一定要规范化。

第 5 章
电路 EMI、EOS 防护与静电敏感元器件 ESD、EOS 的防护设计

5.1 微电子、电子电路的 EMI、EOS 问题

5.1.1 EMI、EOS 涉及范围

EMI（电磁干扰）、EOS（过电压、电流）涉及领域和范围包括电力、通信、电气电子设备、微电子、计算机系统等。产生 EMI、EOS 的主要原因有电磁干扰源，对干扰源敏感的受扰设备、漏电源、传递媒体等。其研究的内容主要包括干扰源的特性、边界条件、漏电、干扰源有效抑制办法。

无论是人为还是自然的电磁干扰源或是仪器设备的漏电，从其危害或者影响程度可依次划分为雷电，强电磁脉冲，静电放电与开关合闭、火花放电，设备仪器漏电，射频设备连续电磁波或非连续干扰等（见表 5-1）。

表 5-1　EMI、ESD、EOS 特性表

干扰来源	瞬态电压	瞬态电流	持续时间/μs	耦合途径
雷电	6～500kV/m	3～200kA	<200	电磁辐射耦合和传导耦合
强电磁脉冲	1～100kV/m	10kA～10A	<2	电磁辐射耦合和传导耦合
静电放电	1.5～50kV	小于 100A	<10	辐射耦合和接触耦合
开关动作或各类火花放电	小于 6000V	小于 500A	<40	辐射耦合和传导耦合
射频设备连续电磁波或非连续干扰	小于 2000V/m	小于 2A（传导电流）	连续长时间	辐射耦合和传导耦合
电气工具、设备仪器漏电	小于 380V	小于 1A	连续	传导耦合

1．雷电

雷电是一种气候物理现象，是一种宏观的静电放电现象。放电时频谱在 100Hz～1GHz。由于瞬间放电能量大、频谱宽，可通过架空电网、天线、外露电缆、金属物体和电磁感应产生浪涌电压、电流，造成人员、电气系统、设备等损害。

2．强电磁脉冲（EMP）

通常由核爆炸时产生的核电磁脉冲（NEMP）和非核能高能电磁脉冲组成（微波、高频频段）。通常这两种脉冲由人为制造和宇宙射线组成（太阳磁暴等）。由于核电磁脉冲和非核电磁脉冲（频率 1～100GHz、峰值功率 10～100GW、能量 100kJ 或峰值场强 100kV/m、频率 1kHz～300MHz）作用距离可达数十千米，能对电子系统、设备造成严重破坏。

3．开关操作、电流和电压瞬态变化、各类火花放电

电气开关通断及各类电机起动瞬态电压、电流变化，继电器产生火花放电，高压装置（线）产生各类放电及宽频干扰，很容易通过线路传导和辐射干扰对电气系统产生不良影响。

4．连续波与非连续波干扰

某些大功率的射频设备（如高频理疗机、热合机、淬火炉等）产生较高辐射场强可对周围电子设备产生连续波干扰，也可通过电源线的耦合对电子设备产生传导干扰。

5．设备漏电

电气工具、设备绝缘降低而产生漏电，可直接造成元器件、电子系统因 EOS 出现损坏，严重时也可造成人员触电伤害。

5.1.2　EMI 防护技术的主要内容

不同的系统、不同的干扰源所涉及的 EMI 防护技术是不同的。

1．系统间电磁干扰防护技术

系统间电磁干扰特点是干扰发生在各独立系统控制的两个或两个以上的分系统之间，因此系统间的防护技术大致分为频率管理、时间管理、位置管理、方向管理。

2．系统内电磁干扰的防护技术

对于系统内的电磁干扰，主要是解决系统内部干扰所造成的不良影响。其电磁干扰的防护技术主要分为电路和元器件、滤波、屏蔽、布线、接地等 5 个方面。

5.1.3　EOS 防护技术的内容

对于 EOS 的防护主要分为漏电原因确定；抗浪涌、抗 EOS 电路及元器件设置；漏电元器件、部件、电源线等的更换。

5.2　EMI、EOS 对电子系统设备的干扰与微电子元器件的损害

5.2.1　EMI 对电子系统、微电子产生干扰和损害

各类电磁干扰可对电气及系统和元器件产生干扰或造成损害。半导体一般瞬间过电压、

过电流的损伤能量阈值为 10^{-7}J 以上，SSD 大致为 50nJ 以上。若不损坏，仅引起干扰或误动作，其阈值更低。需要提出的是：很多情况下 EMI 也可造成微电子的损害。损害表现形式可归纳如下。

1．瞬态高压损害

当电路或器件受到电磁干扰或电磁脉冲后，可形成较大电流，在高电阻部位转化为较高电压，引起接点、部件、回路间击穿，导致元器件瞬间失效。例如，脉宽 0.1μs、电流峰值 1A 的电流脉冲，可在接点间电容 1pF 两端产生峰值 10kV 电压。如该接点击穿还会产生 1GHz 以下频率的辐射电磁波。

2．瞬态功率过大损害

瞬态电流使功率（能量）过大对半导体 IC 电路等造成热损害。大多数半导体器件最低损害能量为 10^{-7}J 以上。一些更敏感器件 SSD 为 10～50nJ 以上。

3．电涌冲击

对有金属屏蔽的电子线路，即使壳体上的射频电流不能直接耦合到电路中，但在屏蔽壳体上感应过大电流通过壳体缝隙、外露引线、输入输出端等将一部分浪涌电流耦合到线路上造成器件损害。

4．辐射和传导干扰

脉冲或连续电磁波辐射或传导干扰可对低电平电路产生持续干扰，使显示器乱码、控制电路误动作，对计算机、通信、电子控制系统产生干扰，使其无法正常工作。例如，大功率电动机起动、继电器触点闭合、高频大功率设备电磁辐射和电路传导干扰都可造成电子系统的干扰。

5.2.2　EOS 对微电子的损害

EOS 对元器件的损害主要表现是交/直流焊接设备、测试设备等的漏电，因热效应（能量因素）和过电压、过电流造成的 SSD 产品损害为主，其失效模式和 ESD 所致失效相似，实际区分时，如不结合实际现场状况较难区分。

5.3　ESD、EOS 失效分析技术

企业应当建立失效分析实验室。失效分析基本内容包括失效状况调查、失效模式鉴定、失效机理提出和验证、提出改进措施。目前常用的失效分析技术和设备有以下方面。

5.3.1　失效分析基本技术

1．外观镜检

目的在于检验外观破损、管壳破损、密封漏气、标记、引脚短缺等。例如，管壳有裂纹、变色；引脚有无变色等。如果变色可能说明器件曾发生过温度过高的情况。

2. 电性能分析技术

电性能分析技术包括电性能参数测试检验和非功能参数检验。通过电参数检验可以分析失效原因。常用的方法有：

（1）检测电压—电流特性曲线。通常可以通过测量器件的反向泄漏电流发现器件是否发生特性退化或受损。有些潜在性失效很难用测量泄漏电流来发现。此时可以通过测量和记录 *V–I* 特性曲线的斜率来证明。没有损伤的器件其斜率某些区段变化为零，但潜在性失效多少会有斜率变化。

（2）三次谐波法。另一种发现 *V–I* 特性曲线变化的非线性测量方法是三次谐波法。一个标准的正弦电流通过一只电阻、电容或其他元件，会在电路中激发谐波信号，通过谐波信号可以判定电子器件是否失效。

（3）静态电流法。在静态状态下，测量静态注入电流。这种方法用于检测 CMOS 电路中的缺陷非常有效。静态电流通常要小于 10nA。

（4）电容—电压测量法。这种方法可以揭示氧化层中材料的掺杂情况，*C–V* 曲线的形状取决于电应力、损伤、退火及界面缺损状况。

（5）图像方法。在器件最初被击穿的地方可以通过材料结构的细微变化观察到损伤的发生，观察暴露器件的图像可以找到电压击穿或金属熔化等造成的损伤，但用这种方法比较耗时。

3. 内部镜检

检验器件开封后内部工艺结构、布线、氧化层等损害情况。找出失效原因。

5.3.2　现代失效分析技术

（1）电子显微镜扫描技术（SEM）。其运用电子束在芯片或器件内部扫描，通过收集透射电子、背射电子等转换成像。它可以研究二维表面结构形态，其分辨率可达 10nm 以下。

（2）离子微探针技术（IMMA）。其利用一次氩离子轰击试样产生二次电子，然后按荷质比进行分离来分析试样。它可以用来分析集成电路芯片表面镀层厚度、杂质、腐蚀、损害程度、铝硅接触失效机理等。

（3）I/f 电噪声检测技术。半导体器件金属化系统因电子迁移引起失效，或因高温、化学作用导致金属化腐蚀、连线断路等都会引起 I/f 噪声的剧增。通过对其测量可估计金属化损失的程度，同时还可以预测与金属化缺陷有关的器件寿命。

（4）红外显微分析技术。红外显微镜有两大类，一类是主动式红外显微镜，主要研究半导体残留物、芯片、裂纹、虚焊、金属化系统的缺陷。另一类是反射式红外显微镜技术，主要用于研究芯片温度分布。红外扫描显微镜使用较为普遍，当镜物为 100 倍时空间分辨率可达 5～10μm，温度分辨率可达 0.1℃，温度范围为 0～200℃。

（5）扫描声学显微镜技术（SAM）。采用扫描声学显微镜具有非破坏性特点，可以检验焊接面及微小破损点（10μm）。可对集成电路、各类微电子、焊接的可靠性与过电压、过电流导致金属结构损伤进行失效分析和检验。

5.4 EOS对电子系统、微电子元器件损害的防护

各类电子设备、仪器、电气工装设备、电气工具工作时，因各类原因有时会出现设备漏电影响设备正常运行或损害设备中的电气元件。为使其正常工作，这些问题必须解决。

5.4.1 电气设备漏电及微电子电路过载的防护

设备和电动工具的漏电，像电烙铁、测试仪器、电动工具漏电可造成电子元器件和SSD产品直接损坏。通常这种漏电和过载来自两方面。

（1）设备内元器件、电器、变压器、绝缘件、测试探针的绝缘强度降低发生漏电。

（2）设备电力不平衡时或大电流负载设备启动时，在电源线、接地线、微电路系统产生瞬态过电压、过电流现象，也有可能存在高于电网基频的高次谐波发生浪涌。

1．漏电压、漏电流测试

通常我国电网用电频率在50Hz。对于此频率的电气漏电可用频率响应1～100Hz的电流或是电压表测试漏电，分辨率应在1×10^{-6}A或1×10^{-6}V。对于漏电频率未知的漏电，可先用频率计测试漏电频率后，再用符合漏电频率要求的电压、电流测试仪器进行测试。对于直流电，应用直流电压、电流测试仪器。测试电焊器具漏电电压、电流如图4-91所示。对于频率较高（含高次谐波）的漏电压和漏电流可采用频率范围较宽（根据实际漏电压频率选择）示波器测试设备（电动工具、电烙铁等）外壳对地电流、电压。

2．漏电压、漏电流限定值

对于SSD产品，根据ANSI/ESD S20.20—2014标准规定电焊器具、电气工具的漏电电压不大于20mV、漏电流不大于10mA（工频或其他低频交流）。

对于绝缘仪器、设备，泄漏电流安全极限值（包括人员安全）见表5-2。

表5-2 泄漏电流极限值

国家	安全规范	对于一级绝缘设备，泄漏电流极限值
美国	UL478	5mA，120V，60Hz
	UL1283	0.5～3.5mA，120V，60Hz
加拿大	C22.2N0.1	5mA，120V，60Hz
瑞士	SEV1054-1 IEC335-1	0.75mA，250V，50Hz
德国	VDEO804	3.5mA，250V，50Hz

对于电气设备、工具外壳的漏电干扰应符合GB 4824《工业、科学和医疗射频设备无线电干扰的测量方法和限值》（CISPR11）要求。

如果大于上述标准规定值就可对漏电处进行排查。对于某些非常敏感的电子元器件和SSD产品，其标准限值比上述标准要求更加严格。

5.4.2 电气系统、设备产生漏电原因及部位

电气设备、工具外壳漏电主要由以下方面造成：

（1）电气工具（烙铁、电动工具等）的绝缘降低。

像烙铁、电钻等的绝缘瓷环、电源线、绝缘子绝缘强度降低发生火线对金属外壳的漏电。

（2）设备的电源变压器、电动机绕组、继电器线圈等因各种原因，绝缘强度降低。

（3）对地连接的元器件、IC 等，像滤波电容（穿心结构）、高压整流硅堆等绝缘电阻降低。

（4）某些和地线相连的电源开关漏电。

（5）高压电源线绝缘强度低造成绝缘外皮漏电。

（6）大功率电动机和大电流用电器启动发生的瞬态电流、电压突变造成线路某点绝缘弱点漏电。

（7）电气设备高电压部分绝缘结构漏电。

5.4.3 漏电源的修复

对于电路结构简单的电气工具，可直接通过替换分立组件（元件、电源线）及漏电压、漏电流的测试直接找到漏电点。

对于复杂的电气设备则应通过各电路独立的单元分开进行排查，相对电气工具要复杂得多。可采用拆解电器部件进行绝缘强度测试，也可采取漏电筛查排除方法找出漏电点。

发现漏电部位、电气元器件（绝缘结构）、电源线、变压器等，只要及时更换即可。

近年有采用红外探测技术检验漏电点，即利用漏电点热成像技术，发现漏电位置。该技术较传统利用漏电压和漏电流检验方法更方便和先进。对于漏电的浪涌、干扰则应按照相关 EMI 抑制方法解决。

5.5 电子系统 EMI 的防护与抑制

电源线传输干扰、继电器接点闭合放电、高频设备电磁辐射等多种干扰都可影响电气系统和电子仪器设备的正常工作。其主要的防护措施有以下方面。

5.5.1 电感性负载的瞬态浪涌抑制

电气电路的负载常有电阻、电容、电感等，或是它们的组合。如果负载是电感性质的，或是具有电感性质的元件，这个负载就是电感性负载。

电感 L 两端的电压等于它的电感量和电感上电流变化率的乘积［见式（5-1）］。若变化率很大，则在电感上可形成很大反向瞬时电压，通常可在微秒级时间内达到电源电压的 20 倍之多。高冲击电压不仅能形成传导和辐射干扰，还会对电气设备造成损害。

$$V=-L\cdot \mathrm{d}i/\mathrm{d}t \tag{5-1}$$

1．继电器、接触器电弧放电瞬态抑制

电子电路常使用的继电器、接触器等工作时，在接点断开时会出现电弧火花。另外在继电器线圈两端会感应出较高的反向电压。这时可以设置一些电路来抑制瞬变变化，减小这种干扰。对于线圈可以采用 RC、RD 等电路抑制电压瞬变。

1）继电器线圈瞬态电压抑制

继电器线圈瞬态电压抑制电路如图 5-1 所示，这里对 RC 电路和 DR 电路作说明。对于 RC 电路，在电路开关断开瞬间，电容 C 相当短路状态，继电器线圈电感 L 的电磁能量通过电阻 R 和继电器电阻 R_L 泄放，减小继电器线圈两端瞬态电压。

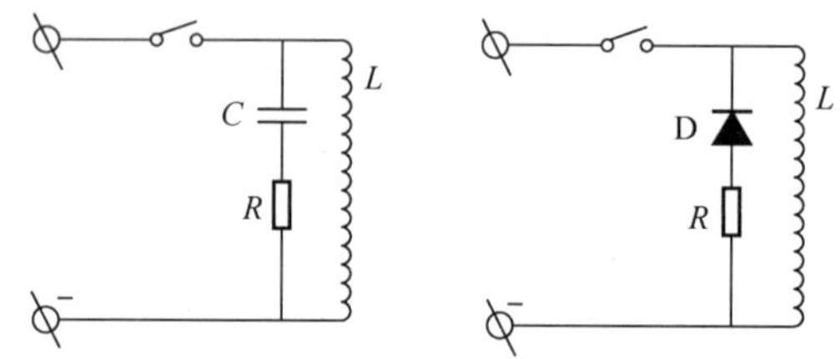

图 5-1　继电器线圈瞬态电压抑制电路

电路中，电容 C 大致为 0.1～1μF，其耐压为输入电压的 10 倍。电阻 R 可通过下式计算出：

$$R=0.1R_L \tag{5-2}$$

选择的电阻器 R 功耗，应能承受瞬态电压突变产生的峰值功率。

对于 DR 电路，当继电器触点闭合时，二极管反向，DR 电路相当开路。当开关闭合时，线圈的能量通过 D 和 R 释放。适当选择 R 就可抑制瞬态电压干扰。选用二极管，其反向峰值电压应高于最大输入电压和瞬态电压，并留有足够安全系数。

2）继电器触点放电干扰抑制

对于继电器触点断开时产生的放电干扰抑制电路图如图 5-2 所示，其放电抑制作用与跨接继电器线圈两端原理相同。同样是在开关打开瞬间为继电器触点瞬态电流提供连续通路。以使电流中断时所产生电压减至最小。

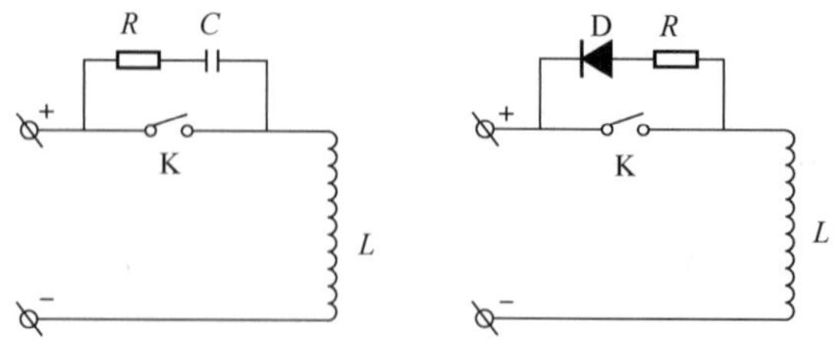

图 5-2　继电器触点放电干扰抑制电路

2．小型电动机电刷放电干扰的抑制

电子设备中常用小型串激电动机作为风扇或其他传动动力。但整流子产生的放电将引起干扰和漏电，其频率在 100kHz～500MHz。通常可采用两种方法抑制这种干扰。

1）电容法

电容法如图 5-3 所示。电容 C_1 跨接在电动机电源线上。可给整流放电提供高频通路。穿心电容 C_2、C_3 串联在电源输入端。高频干扰通过穿心电容的接地端和电动机金属底座相接。其金属底座和接地线相接。这种方法可减小干扰 20dB，其中 C_1 必须是无感电容，其引线越短越好。C_2、C_3 引线也要尽量短且与电动机底座相连。要避免引线之间耦合干扰。

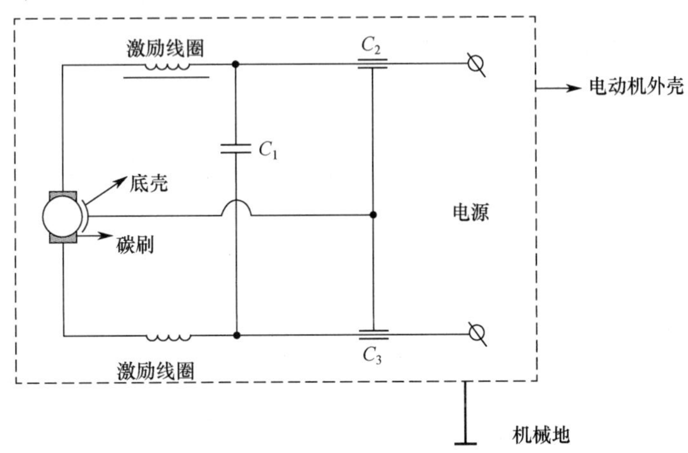

图 5-3　电容法抑制电动机电刷放电干扰

2）电容—铁氧体磁环法

如果对于高频浪涌有较好抑制作用，可在电容法基础上再添加铁氧磁环，其作用相当电感扼流圈（见图 5-4）。铁氧体磁环在频率较高时，可等效为一只电阻和电感的串联回路。其等效阻抗 Z 为

$$Z=\sqrt{R^2+(L\omega)^2}=\sqrt{R^2+(L2\pi f)^2} \tag{5-3}$$

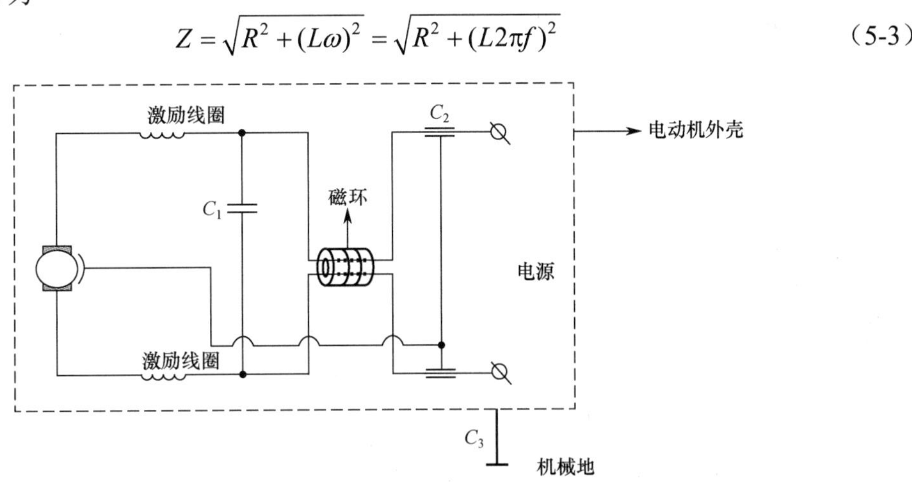

图 5-4　电容—铁氧体磁环法抑制干扰

铁氧体磁环在频率较高时呈高阻抗，在低频时等效阻抗低，对于 1MHz 以上的干扰有较好抑制作用。如果一个磁环效果不好，还可增加磁环的数量。使用时，将磁环套在导线上即可。

3. 冲击性电流负载的瞬态抑制

电动机起动时，起始电流比正常电流大 5～10 倍。当电源接通时，电容性负载的起始充电流也是很大的。大的冲击电流不但可以损害电路造成事故，还会形成电源电压下降、地线电压漂移等，影响其电路工作。

1）串接电感器

在电路上串接一只直流电阻较小的电感器，在电路起动时，因电感作用，可以限制电路的起始电流。

2）串接自动转换限流电阻器

在有大冲击电流的电路上，可采用串接自动转换限流电阻器的方法（见图 5-5）。

图中电容性负载两端并联一个继电器，常开接点跨接在限流电阻器两端。当开关闭合时，容性负载的充电电流被限流电阻所抑制。当容性负载上电压逐渐升高到继电器工作电压时，继电器动作。常开接点闭合，把限流电阻断开。

3）星形—三角形起动

星形—三角形起动是一种降压起动方法，适用于起动鼠笼式感应电动机。所谓星形—三角形起动，就是在起动时先接成星形，待达到稳定转速时，再改接成三角形。星形的定子绕组上的相电压只有三角形连接的 57.7%，所以定子绕组的电流也只有 57.7%。星形连接起动的线路电流只用三角形连接起动时的 1/3。星形—三角形起动方法很多，最简单的方法是利用双投三相闸刀开关构成的星形—三角形起动方式（见图 5-6），先将定子绕组的三个接线端电源开关连接到电源上，而定子绕组的另外三个接线端连到双投三相闸刀接线上，当闸刀接到下面一侧时，为星形，当接到上侧时，则为三角形。

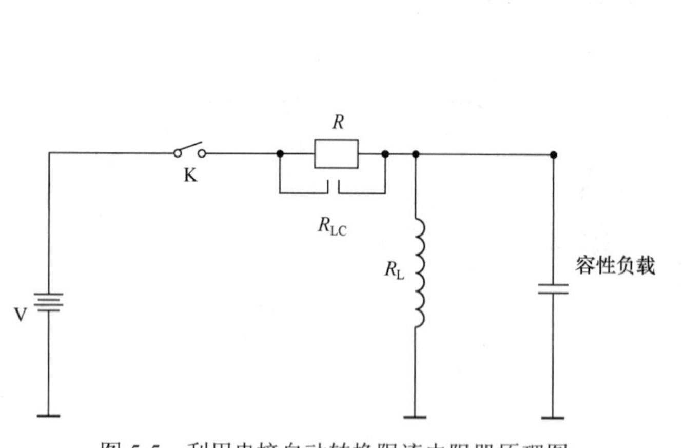

图 5-5 利用串接自动转换限流电阻器原理图

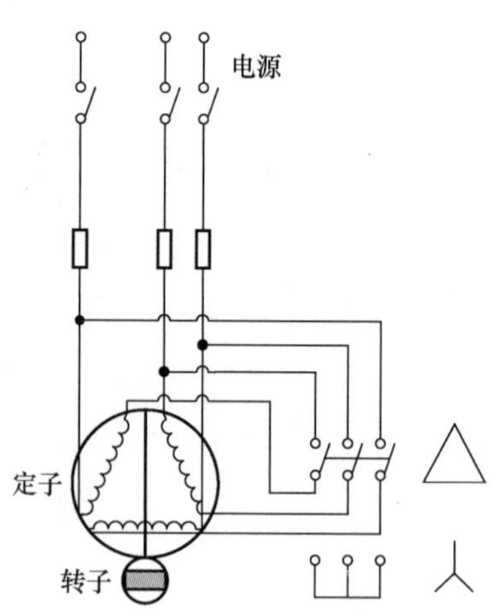

图 5-6 星形—三角形起动

5.5.2 电源电路的干扰抑制

电源往往是各种干扰的来源，像常见的开关型直流电源、电源变换器等。有关电源的滤波、屏蔽、传输、接地等方面涉及较多，本节将简要介绍。

由于很多原因，在电源输出端测量到尖峰噪声，往往频带很宽。由于其幅值有时很高，可对电子设备造成干扰。对于这些干扰的克服可采用以下措施。

1. 在电路上采取措施

尖峰效应产生的主要原因是变压器的漏感和线路的分布参数；输出二极管的电荷存储效应。因此在电路设计中尽可能减小变压器副边的漏感；采用快速二极管，例如肖特基二极管等。此外在输出二极管上并联一只小电容（几百 pF～几千 pF）（见图 5-7）。还可在变压器输入端接 RC 环节，或者在开关三极管 C、E 两端跨接 RC 环节。此外尽量缩短电路的连接线。

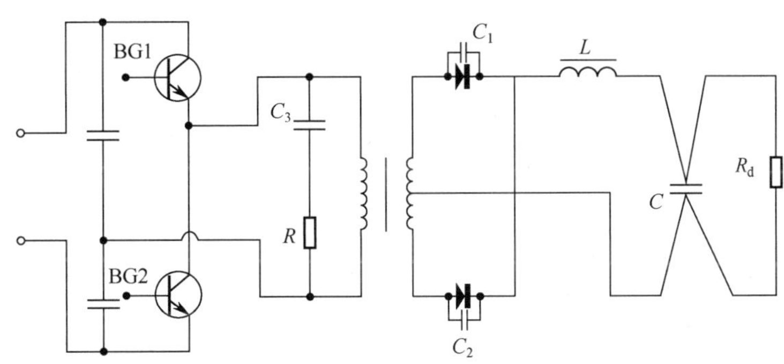

图 5-7　电源电路采取抑制干扰措施

2. 采用输入、输出滤波器

对于电源的输出滤波器一般采用共模扼流圈加电容的方式［见图 5-8（a)］。扼流圈采用磁芯，其对共态噪声有较好抑制作用。

输入滤波器的结构很多［见图 5-8（b)］。这些滤波器不仅能抑制常态和共模干扰，并且具有双向滤波作用。不仅能阻止来自电网的干扰，还可以阻止电源的干扰进入电网中。有时为提高抑制效果，还可采用多级滤波器（见图 5-9），以便有更宽的频率范围抑制干扰。一般的交流滤波器在 150kHz～30MHz 容易达到 40dB 衰减量，但在频率较低时达到满意衰减量就比较困难。

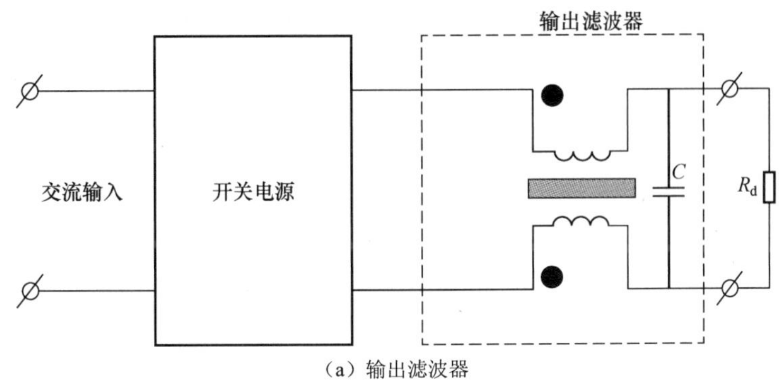

（a）输出滤波器

图 5-8　输入、输出滤波器结构

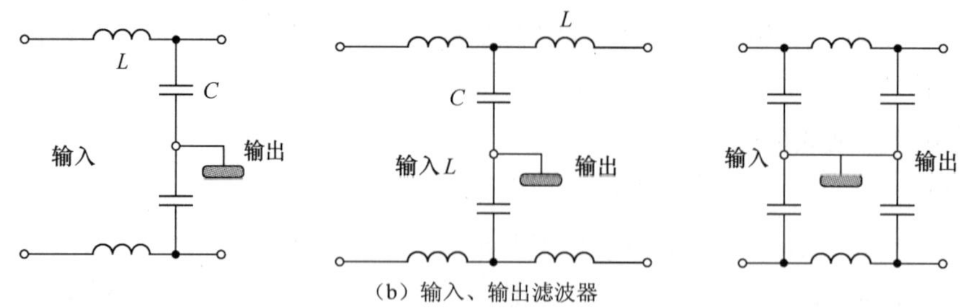

(b) 输入、输出滤波器

图 5-8 输入、输出滤波器结构（续）

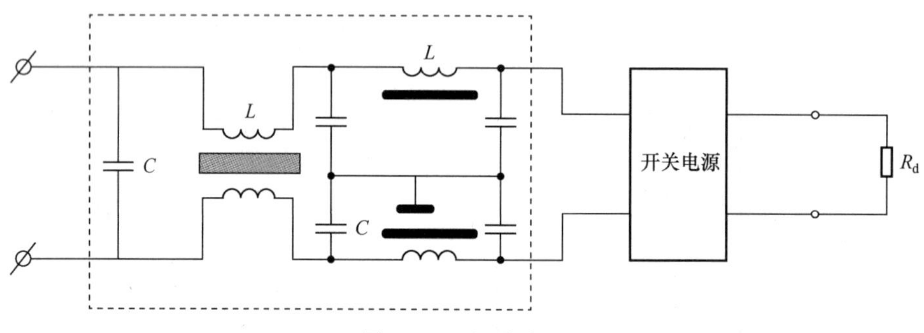

图 5-9 二级滤波器

3. 屏蔽措施

以上措施虽能抑制电源和沿传输线传输的噪声，但不能抑制电磁辐射场的干扰。这时可采取屏蔽措施（见图 5-10）。设计金属屏蔽外壳，必须考虑对电磁场和静电场的屏蔽。要求较高时可采用双重屏蔽。先对电源内部的高频变压器及输出扼流圈进行金属屏蔽，再将整个电源进行屏蔽。在屏蔽时，要考虑通风与散热。

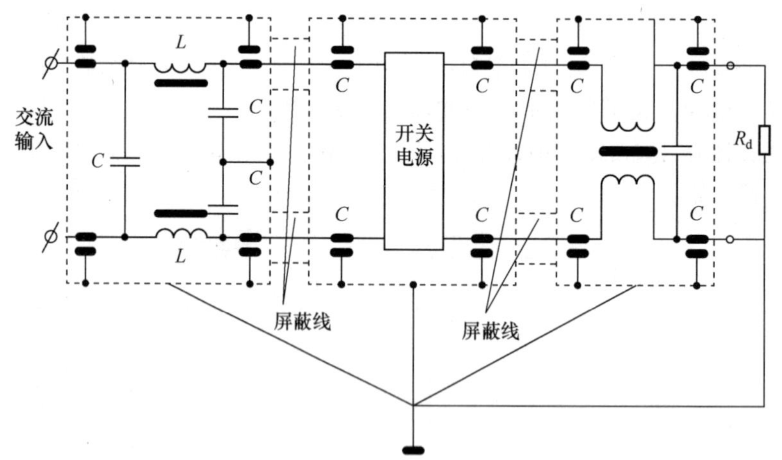

图 5-10 开关电源的屏蔽措施

4. 强干扰下电源变压器的屏蔽措施

图 5-11 所示电路可以抑制电源传输线带来的强电磁干扰。图中变压器有三层屏蔽。屏蔽层 S1 可以抑制由输入线带来的共态干扰。S2 是静电屏蔽层，必须接地，用来隔离原、

副边静电感应形成的干扰。屏蔽层 S3 可以抑制由副边带来的共态干扰。

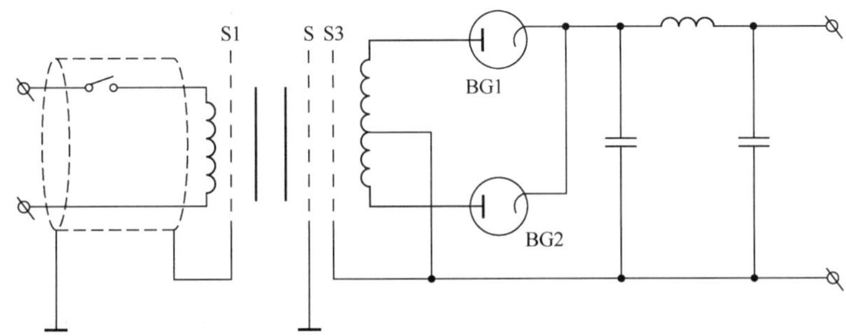

图 5-11　三层屏蔽的电源变压器

5．交、直流电源线的屏蔽方法

电子设备内部的交流和直流电源线不应捆扎一起并共用一个屏蔽体。因为交、直流线相互干扰是不可避免的。正确的方法是交、直流电源线应使用屏蔽线。导线应为双绞线。在电路布局时，应尽量分开，避免长距离走线。

6．集成电路电源的布线

当电源线中的电流突变时，将对邻近信号源产生干扰。此时可在电源线的负载端放置去耦电容，但这种方法不能在较宽频率起作用。这时可采用扁线结构的抗干扰直流（扁平形、双列直插形）电源馈线。

在不能用扁线时，对于管帽型集成电路的电源线和地线尽可能靠近。

5.5.3　电路合理布局减小 EMI 影响

电路布局是减小 EMI 影响很重要的方面。如果线路结构和布局不周，其所产生的干扰即为一定，再改变则很困难。一般说远场电磁辐射对于电路布局影响不大，而近场感应影响则和电路布局有直接关系。电路布局应遵循以下原则。

1．正确布置元器件位置，使敏感部件远离干扰源

可以将高频和低频电路分开放置；对载有不同电平信号的部件分别隔离开来。

2．正确布置元件方向，使元件之间的互感电容、电感减至最小

如螺旋状绕制的电感器，应使它们的轴线处于正确方向和角度，当两只电感的磁场中心线相互垂直时，互感最小。

尽量加大两金属外壳部件之间距离或减小它们相对面积的分布电容。有些敏感部件容易与机壳等金属体产生寄生电容，应采取屏蔽措施。

3．部件接线的布置要合理

不同用途的连接线要分开，不要平行方向走线。特别是输入和输出线不能平行和靠近，否则易引起寄生耦合。连接线之间的分布电容、电感和线之间距离、角度有关，高频电路和脉冲电路引线尽可能短。必要时为防止高频线路干扰可使用屏蔽线。

4．部件的屏蔽

对易干扰部件和敏感部件可采取屏蔽措施并接地，防止电磁场的耦合干扰。

5．电路布局举例

1）滤波器的电路布局

图 5-12 为一低通滤波器，图（b）中 L_1 和 L_3 靠的太近，其轴向平行。当输入端 L_1 有大电流产生强磁场会耦合到输出 L_3 上形成较大耦合干扰。

输入线和输出线之间距离过近，寄生的分布电容过大，会发生寄生耦合。

长线 c 不仅对 L_2 引出附加的电容，使 C_1 串联分布电感增加，工作频率降低。

在布线方面，输入与输出公用地线 b，由于公共地阻抗耦合，高频时可以引出输入与输出信号耦合。

图 5-12（c）、（d）是两种正确的布局。3 只电感的轴相互垂直，可减少互感；3 只电感布置位置时互相分开；输入与输出的通道合理，减少电容耦合；C_1 和 C_2 连线短，减少寄生电感；输入和输出之间没有公共地阻抗通道。

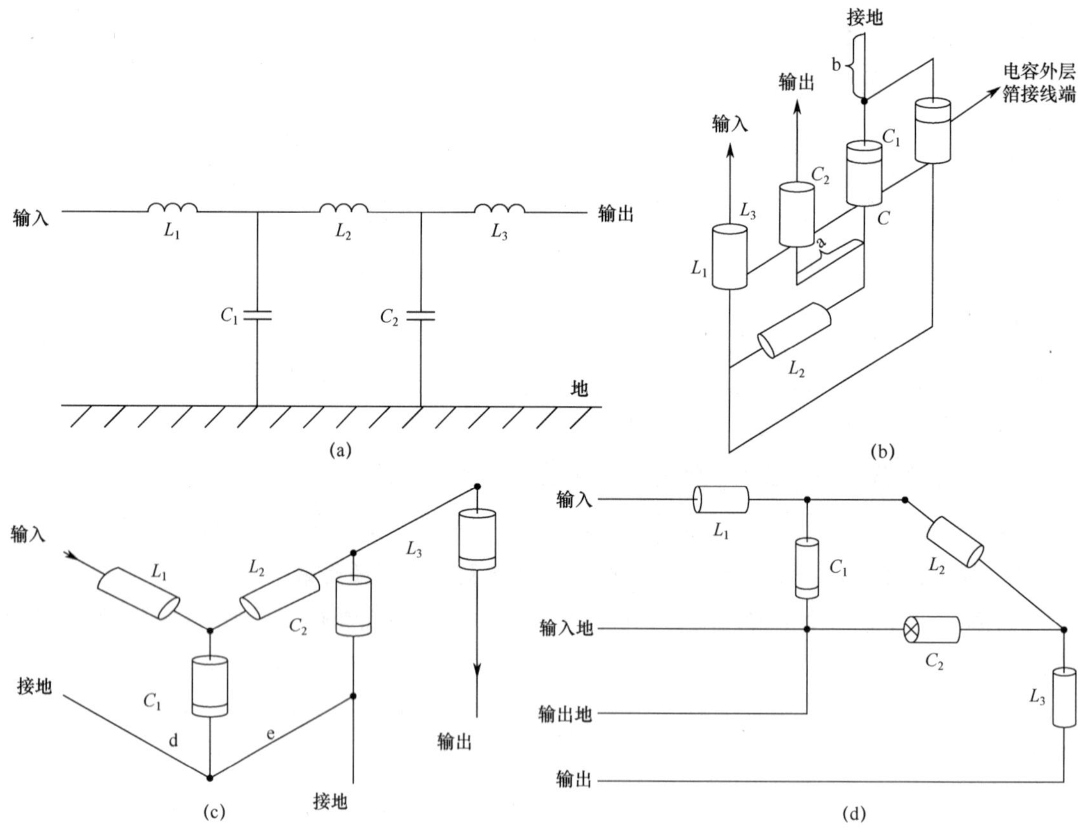

图 5-12　滤波器的布局

2）带外壳滤波器的几种布局

图 5-13（a）、（b）、（c）由于布局不当，输入线的干扰耦合到输出线，使滤波器失效。

图 5-13（d）、（e）、（f）改变了布局，减小了耦合，是正确的布局。

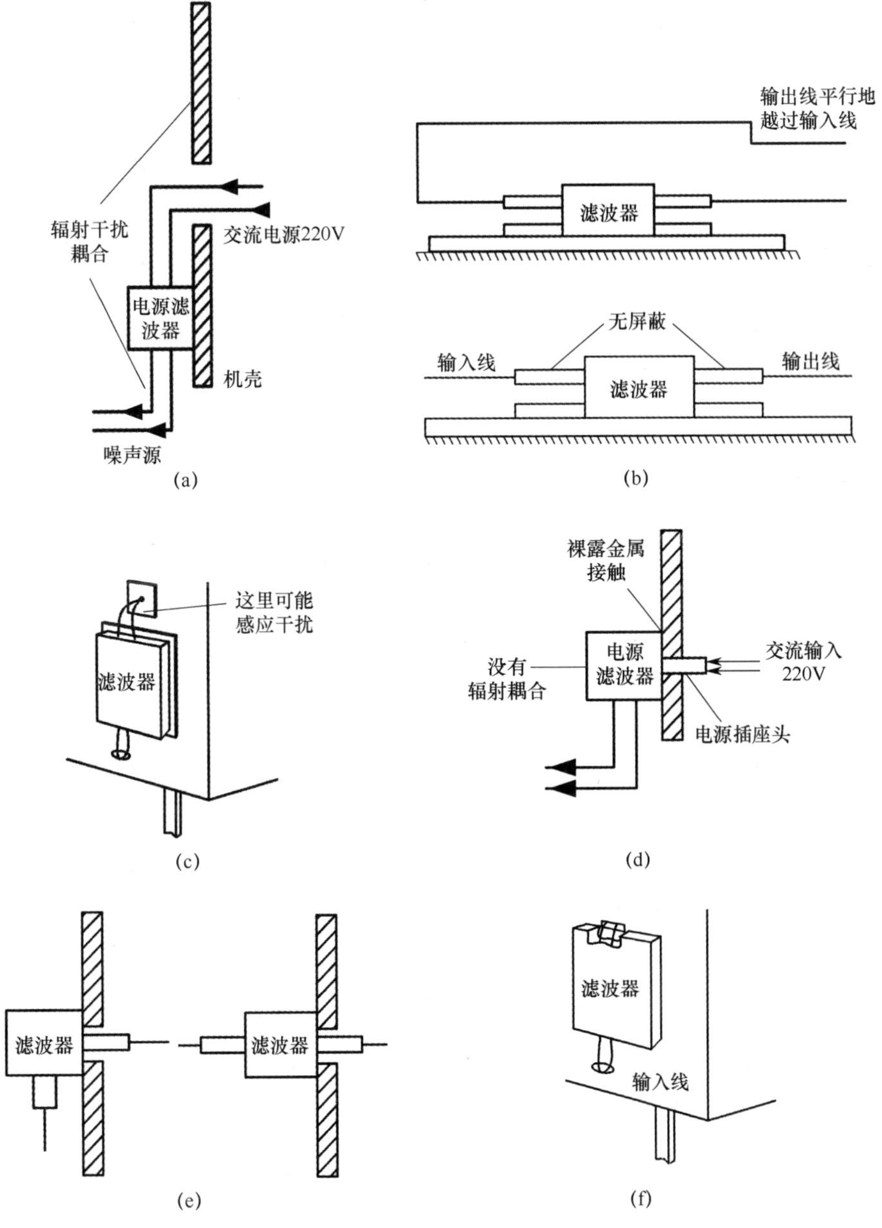

图 5-13　带外壳滤波器的布局

5.5.4　电子系统接地 EMI 的抑制

电子系统电路接地主要有三方面作用：使整个电路系统中所有单元电路都有一个公共参考的零电位，以保证电路稳定工作；防止外界的干扰。将机壳或者敏感电路屏蔽并接地可以防止设备内部火花或干扰源的影响；保证安全工作。可防止强电磁脉冲和设备漏电对人员和设备造成损害。

通常接地方式有单点接地、多点接地和混合接地。不同的接地有不同的特点，在实际运用时要注意之间的特点。

1. EMI 对不同接地方式影响

1）单点接地

单点接地分串联单点接地和并联单点接地［见图 5-14（a）、（b）］。串联式单点接地因各单元共用一条地线，容易引起公共地阻抗影响。并联单点接地在低频可有效避免各单元地线阻抗的相互影响，但在高频时，相邻地线间的耦合增强，易造成相互之间干扰。另外因并线数量增多，会提高成本，增加体积。

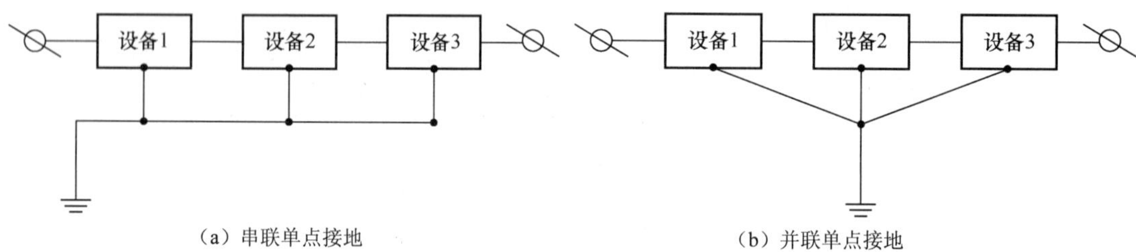

（a）串联单点接地　　（b）并联单点接地

图 5-14　串联、并联单点接地

2）多点接地

各单元电路就近接地。这种接地虽然地阻抗影响较小，但因存在很多接地环路，易造成接地环流影响和外来磁场干扰。

3）混合型接地

在复杂情况下，电子系统接地难以用简单方式接地时，常用单点和多点组合成混合式接地。

2. 几种接地系统

1）“四套法”接地系统

“四套法”接地系统是比较完善的接地（见图 5-15）。图 5-15（a）表示小信号电路、大信号电路、干扰源（电机、接触器等）等共用一个电源时的接线情况。图 5-15（b）表示各电源分别供电时的情况。“四套法”第一套接地为小信号和敏感信号接地；第二套为不敏感和大信号电路接地，其因地线电流较大，必须和小信号电路分开；第三套为干扰源接地，它包括电动机、继电器等可能存在火花放电电路，由于其可产生干扰，所以必须和敏感电路分开或采取屏蔽措施；第四套为金属构件接地，它包括机壳、地板等面板。由于“四套法”的地线分开设置，因此通常比较容易实现接地设计要求。

2）“三套法”接地系统

“四套法”接地系统虽然较完善，但结构和线路较复杂，某些时候可采用“三套法”接地（见图 5-16）。其金属构件接地被省略，单元电路的地线直接连接底板，底板与机壳连接一起。而“四套法”接地电路中底板和机壳必须绝缘。“三套法”接地系统虽然可避免干扰源对电子电路干扰，但遇到外界干扰时，会在底板和机壳产生干扰电流对大小信号电路产生干扰。

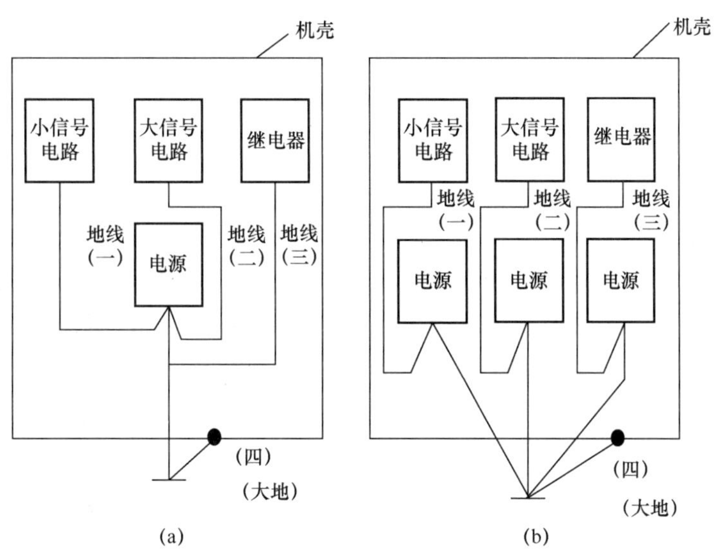

图 5-15 “四套法”接地系统

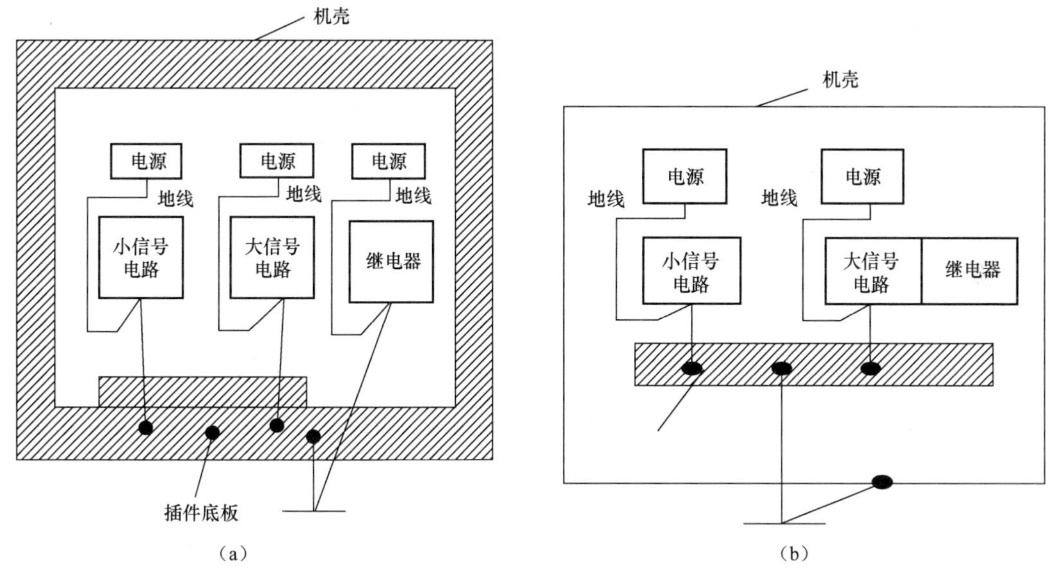

图 5-16 “三套法”接地系统

3）其他接地系统

（1）直流地—金属构件接地系统。小信号接地、大信号接地和干扰源接地用同一地线，称之为直流地。金属构件用另一地线。两个地线分别接到同一个接地点。这种地线系统容易发生相互干扰，必须证明各电路单元不会相互干扰，才能采取这种接地。

（2）悬浮接地系统。所用电子电路只有相对零电位，以底板或机壳作为地。这个地不直接接大地，因此称为悬浮接地。

综上所述，对抑制干扰要求较高时，宜采用“四套法”接地。对周围干扰较小和雷电少的地方，可采用“三套法”接地。要求不高的接地可采用直流地—金属构件接地。在飞机、舰船只能采用悬浮接地。

3. EMI 对接地系统干扰的抑制案例

1）接地环及去除

当电路两端接地时，则构成接地环。外界有电磁干扰时，两端接地因存在电位差而受其干扰。在实践中常用三种去除接地环的方法。

（1）中和变压器。当电路传递低频或直流信号时，可采用中和变压器来去除接地环影响［见图 5-17（a)］。在电路之间放置一只 1∶1 变压器，它是用一对绕组，在磁芯以相同方向和相同匝数绕成。其对信号电流呈现低阻抗，而对噪声电流呈现高阻抗。

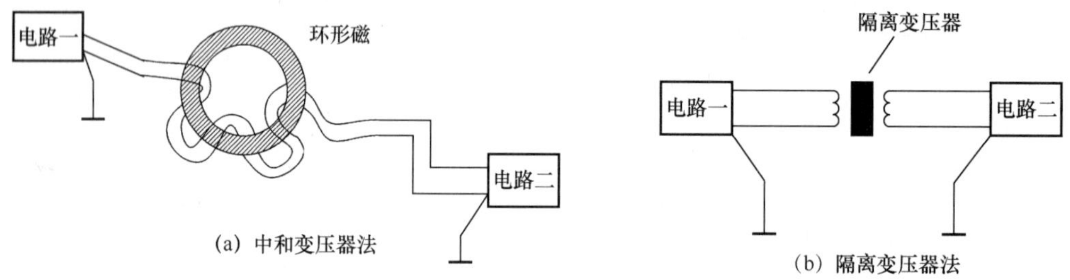

图 5-17　中和、隔离变压器法

（2）隔离变压器。当电路频率较高时可采用隔离变压器［见图 5-17（b)］。还可把连接线绞和在一起，并将两电路屏蔽起来（见图 5-18)。

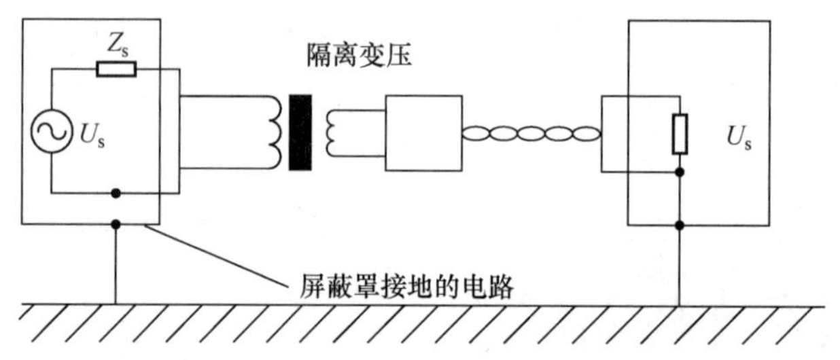

图 5-18　隔离变压器、双绞线、屏蔽罩法

（3）光电耦合器。两电路之间通过光电耦合器，在低频范围两点电位差几乎完全隔离，不会造成干扰（见图 5-19)。该法适用于数字电路，而不适用于模拟电路。

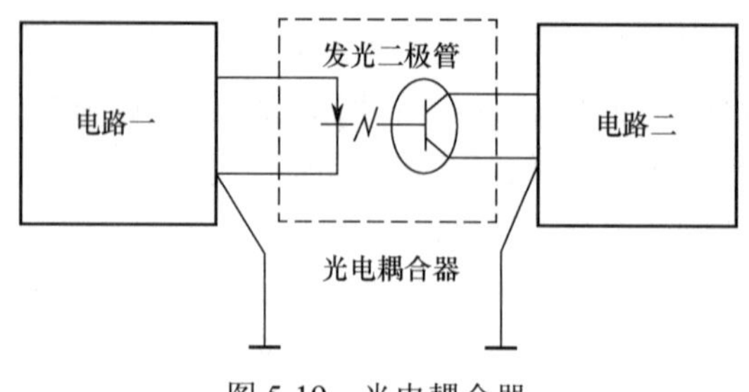

图 5-19　光电耦合器

2）双层屏蔽罩接地方法

有时为避免信号电路受到干扰，可对电路采取单层屏蔽和双层屏蔽措施。为防止寄生电容影响和以此引入的反馈产生自激，屏蔽壳的最佳接地点应在电路的末端。接地线应“短、直、粗”。对于双层屏蔽层时，如选择接地点不正确，如图 5-20（b）所示，则会形成严重的地环电流。如选择如图 5-20（a）所示的接地点，则形成电流最小，干扰最小。

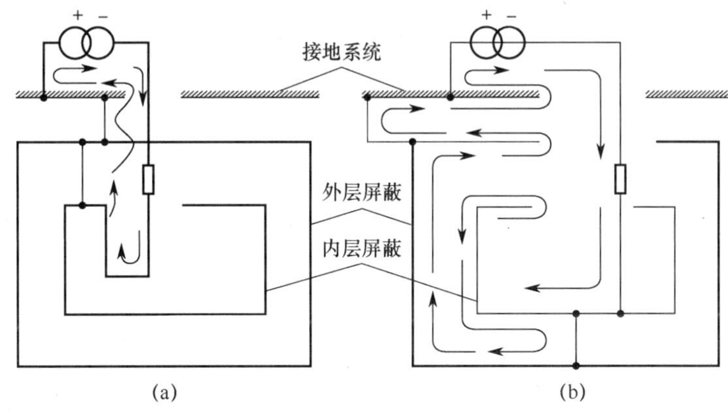

图 5-20　双层屏蔽罩接地

3）印刷电路板屏蔽罩接地

当印制电路板上设有高频线圈或射频变压器等时，常需要对这部分加装屏蔽罩，防止对印制电路板的电磁干扰。正确的接地方式是将屏蔽罩直接与机壳相连（见图 5-21）。罩体和机壳是通过弹性指相连。屏蔽罩不能与印制电路板任何地线相连，否则可将干扰引入印制电路板，影响电路工作。

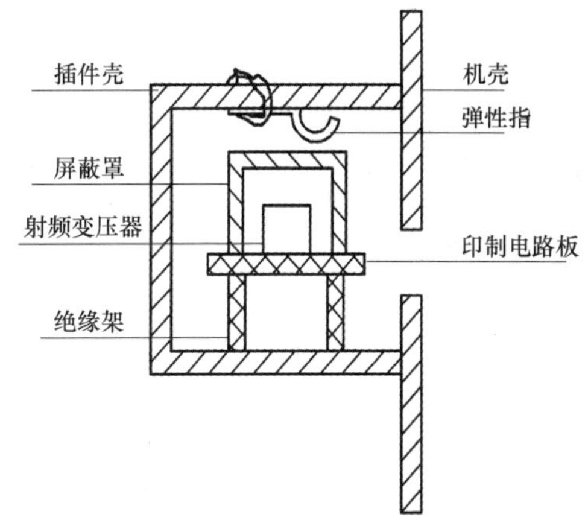

图 5-21　印制电路板屏蔽罩接地

4．噪声源的接地

有些电气设备，如电焊机、内燃机的点火系统、开关电源等，这些电气或电路对信号电路而言就是干扰源。解决这些干扰时，可采取设置抑制火花干扰电路并采取切断耦合干扰通道的方法，将噪声源接地和小信号、大信号的接地分别设置并采取接地屏蔽措施。

5．接地设计几个注意事项

通常共模干扰是出现在信号线上使两条信号线同时受到同向不同电压、相位的信号干扰。如果不考虑大地电位差影响，实际就是线之间的干扰。

在电子设备中地线分布到各电源电路，其难免与其他地线构成回路。当某一电磁干扰与这些回路耦合时，回路产生的干扰就是差模干扰。消除地线干扰除了上述方法和措施还应注意以下方面。

1）减小接地电阻

（1）减小接地极和导线电阻。

（2）减少接地极接地电阻。

2）减小地线的分布电感

长为 L，直径为 D，相对磁导率为 μ 的一根导线，在低频时的自感是 L_1

$$L_1 = 0.2\times10^{-6} L\left(2.303\lg\frac{4L}{D} - 1 + \frac{\mu}{4} + \frac{D}{2L}\right) \tag{5-4}$$

对于非磁性材料，例如铜线、铝线，式（5-4）可简化为式（5-5）：

$$L_1 = 0.2\times10^{-6} L\left(2.303\lg\frac{4L}{D} - 0.75 + \frac{D}{2L}\right) \tag{5-5}$$

地线的自感和材料相对磁导率相关，铁质材料磁导率为 500～1000，铜质为 1。选用铁质材料，自感量会大大增加。

3）地线的几何形状

实际大多数采用矩形截面导体（宽铜带、铜片）的自感 L 可用下式表示：

$$L = 0.2l\left(\lg\frac{2l}{\omega + T} + \frac{l}{2}\right) \tag{5-6}$$

式中 L——导线自感；

l——导线长度；

ω——导线宽度；

T——导线厚度。

从式中看到矩形导线的自感远低于圆形导线的自感。

4）减小地线和周围金属体、电源线的分布电容

地线与电源线之间尽量避免平行铺设，和周围金属体拉开铺设距离。矩形状接地线平面和金属面成直角排列。

5）防止地线的天线效应

地线越长，接地回路阻抗越大，越易产生干扰电压，引起天线效应。首先要缩短地线长度。一般地线长度不应超过 $\lambda/20$（λ 为波长）。如放宽一点则不能超过 $\lambda/4$。一般认为，接地线与地面平行铺设，地线特性阻抗将减少。地线铺设要远离射频单元（元器件），以防射频耦合。

6）地线不能流通工作电流

如地线作为回流线使用，由于地阻抗影响，会产生电位差，对微电子电路产生干扰。因此要求地线和回流线分开（印制电路板除外）。

7）机壳不能作为电路组成部分

如机壳作为电路，因其各点电位不同，很容易产生干扰。

8）地线截面积选择

地线作为安全地线时，截面积要足够大，以防部件损害造成线路短路，出现回流电流过大发生过热现象。另外也是减小自感，需要地线截面大一些。

在实际工作中，机箱内地线面积可用下列经验公式计算：

$$S=(5-10)\frac{I}{3} \tag{5-7}$$

式中　S——地线截面积（mm^2）；

I——设备最大工作电流（A）。

较远距离传送 TTL 电平，要求采用专用地线，计算截面的公式如下：

$$S=\rho\frac{L}{R} \tag{5-8}$$

式中　S——地线截面积（mm^2）；

ρ——导线电阻率（Ω·m）；

R——专用地线电阻（（5～10）$\times10^{-3}$Ω）；

L——地线长度（mm）。

5.6　金属件接地的搭接

金属件接地主要是处理金属件之间搭接。搭接是将设备、组件、元件的金属外壳或构架用机械手段连接在一起，形成电气连接。这样可避免在不同金属外壳或构件之间形成电位差干扰电路。

5.6.1　搭接的类型

1．直接搭接

无须用中间过渡导体而直接把两金属构件连接在一起。搭接方法有铆接、焊接、钎焊或螺钉连接。自攻螺钉不能用于搭接。

2．间接搭接

借助中间导体（片或条等）把金属构件连接在一起。可采用焊接、铆钉等方法连接。其效果不如直接搭接好。

5.6.2　搭接技术原则

1．搭接面处理

接触面的油漆、氧化层等污物去除干净，接触面处理比实际搭接面积要大 0.5～1 倍。清除后要及时连接，后进行防锈处理。

2．搭接面接触电阻和连接电感小

搭接后电气连接好，保证接触电阻小。搭接条（片）尽可能短、粗、直，减小自感。

3．搭接面具有一定机械强度

搭接面有满足设计要求的抗震、抗拉强度。

4．搭接电阻要求

一般搭接电阻为 5～10mΩ；

电磁兼容性搭接电阻不大于 2.5mΩ;

易燃、易爆电气搭接电阻为 0.5～2.5mΩ。

5.7 SSD 产品的 ESD、EOS 防护设计

对 SSD 设置 ESD、EOS 保护电路，是防止器件损害的有效手段之一。目前国内外已研制出多种保护电路。这些电路提供的 ESD 防护电压已达 2000V，而设备的 ESD 防护可达 4000V 以上。保护电路往往由在一定程度上敏感的 SSD 构成。需要指出的是，保护电路可以降低器件对 ESD、EOS 的敏感性，但不能彻底消除。

5.7.1 SSD 器件静电敏感度与其设计结构的关系

半导体器件的静电敏感度与器件的设计结构有密切关系，主要表现在：

（1）随着工艺水平提高，集成电路的集成度和运行速度也不断提高，因而内部的元器件尺寸进一步缩小，这样就导致 ESD、EOS 失效电压阈值降低，因而高速和大规模、超大规模集成电路更容易受到 ESD、EOS 损伤。

（2）MOS 器件在结构上存在非常薄的栅氧化层，而栅电极最易受到 ESD 损伤。

（3）在制造工艺上大规模集成电路采用多层金属化或多层布线，金属化孔尺寸进一步缩小，并且采用了 n+隔离环结构等，这些措施都降低了器件抗静电损伤的能力。

（4）敏感结构常常靠近输入、输出及电源端，像 MOS 单元的栅或双极器件的 eb 结直接连在外引出端面而又没有串联或并联到地端的电阻进行保护，使这些结构极易受到 ESD、EOS 损伤。

（5）为了提高 TTL 电路的速度，在输入端引入肖特基二极管，其明显降低了抗静电能力。

（6）硅栅 MOS 电路的 ESD 损伤阈值低于铝金属栅 MOS 电路，输入与输出端相比，输出端对静电更敏感（因无保护网络）。

（7）输入保护网络的类型及位置、工艺质量对 SSD 抗静电损伤有很大影响。

5.7.2 常用的静电放电保护器件

1. 二极管

几乎所有 SSD 器件或组件的静电防护网络上都使用了某种 pn 结。其保护作用主要是钳位、分流。在 ESD 作用下，影响 pn 结特性的因素包括电场强度、电流密度、高温、脉冲电流等，这些因素会引起二极管特性的显著变化。因此，防护网络中 pn 结的设计位置很重要。应当注意的是，设计人员要知道防护的 ESD 电压和电流幅度，同时应清楚地了解有关击穿电压、输入电容、结面积等因素影响。

2. 电阻器

适当使用电阻，能增强保护电路的抗 ESD 能力。电阻器的两种主要类型是扩散型和多

晶硅型。研究表明，使用直接连接到输入结合区的多晶硅电阻的防护网络比使用扩散型电阻器的网络更敏感。如果设计电阻器作为保护网络，应该使用扩散型电阻器。另外电阻器的配置应避免出现 90°转角或其他能造成非均匀电流和电场分布的几何布局。

3．三层器件（npn 或 pnp）

源极/漏极扩散与扩散型电阻器互相靠近放置时可构成三层结构器件。三层结构器件层之间的连接及其间距能对输入/输出结构的 ESD 敏感度产生较大影响。因这些双极晶体管的运行能被雪崩击穿电压所触发，所以要对超过击穿电压状况给予控制。一种常用的方法就是将漏极结部分设计成球形结，或采用 n+、n-注入来消减其击穿电压。

4．四层器件（pnpn）

对大多数 CMOS 和双极性器件，最重要的防护器件就是二端四层器件。在分立器件形式中，这些器件被称为晶闸晶体管或 SCR。在大多数 CMOS 或双极型器件中，这种四层结构经常使用。集成的 SCR 在防护 ESD 脉冲方面很有效果，通过适当地控制 SCR 的参数，能获得良好防护效果的 ESD 防护网络。

5.7.3　SSD 器件防静电保护网络设计时需注意的问题

在设计时，要考虑保护网络可能存在以下寄生参数影响。

（1）要消除寄生电容影响，因寄生电容影响电路的运行速度。

（2）ESD 在寄生串联电阻（材料电阻）上产生的压降，有可能大于栅氧层的击穿电压。

（3）使输入保护网络导通到低阻态需要一定时间，在这段时间内，栅上的电压将继续上升。

（4）为了保护钳位器件不受损害，保护网络中必须有一个串联电阻，它可起到限流、分压和缓冲的作用，但它与寄生电容构成 RC 网络，影响运行速度。

通常器件的保护网络分为外部保护网络和内部保护网络两类。

所谓外部保护，一般是在器件的输入端串联限流电阻或并联二极管。电阻的作用是限制静电放电电流，增大放电时间常数，降低电流脉冲的幅度。二极管则可旁路静电放电能量。实验验证，采取这样保护电路后，被保护器件的耐击穿强度可提高 2～5 倍，在一定程度上使器件免于损伤。需要注意的是，采用这类保护电路时，应对印制电路的走向、线路的长度与宽度、二极管安装位置、耐压和电流容量作全面的考虑，否则会影响保护效果。

在设置保护网络时，更多的是使用内部保护。由于在多数情况下 IC 的击穿都是发生在输入端附近电路中，所以内部保护电路通常都是设置在与输入端有关的部位。

对于双极性 IC，一般采用输入保护二极管、输入保护电阻或二者组合的保护电路。在基极上加入串联电阻的方法对低频晶体管的防护效果显著，一般其击穿模式全部为 eb 结的击穿，通过保护电阻可以消耗一部分静电放电功率而提高抗静电能力。

在 MOS 电路中，由于输入阻抗很高，输入端很容易出现高压。因而保护电路更是必不可少的。对于 MOS IC 多数也是采用限流电阻及保护二极管的方法。也有采用晶体管或用火花放电间隙和二极管联合保护电路。利用输入保护电阻使静电放电功率消耗在保护电阻上，以提高抗静电能力，这种做法与双极性的情况相同。在考虑电压击穿情况出现时，通过 MOS 栅极等处流过的放电电流，在保护电阻上产生电压降，从而能够降低加于 MOS 栅极两端的电压。

应当指出，仅靠保护电路是不够的，在较大的静电放电能量作用下，仍可发生 ESD 击穿。另外保护电路对器件的电性能、成本也会产生影响。例如，加入输入电阻，会增大电阻的热噪声，输入电容增加使频率响应劣化；加入保护二极管又会使芯片尺寸增大。因此，外部的防静电措施还是非常有必要的。

一般的 MOS 器件内部都有保护网络，最好的情况可使静电敏感度提高到 4kV 以上。MOS 电路输入保护网的设计结构，通常是在输入端的铝键合电极与内部 MOS 管的栅电极之间设置防 ESD 损伤的保护网络，但保护网络的结构必须与制造工艺匹配。因此不同的器件工艺就会有不同的保护结构，不论保护电路的结构形式如何，它们都是由前述的限流电阻和钳位器件构成，限流电阻一般为扩散电阻或多晶电阻。钳位器件所用的二极管有分布型和齐纳型，也有用厚氧（场氧）MOS 管、薄氧（栅氧）MOS 管或穿通机构的。

5.7.4 采用 SSD 的混合集成电路的保护电路设计注意事项

（1）MOS 器件保护电路的改善方法是：增大二极管的尺寸，使用双极性三极管，串联电阻器，利用分布网络。

（2）连接外引脚金属引线时，避免引线并行。并避免在与外部引线连接的金属导线下面“穿接”。同时，因为穿接时在 n+（发射结）扩散过程中形成的氧化层较薄，使此区域具有较低的击穿电压。如果在器件制备过程中用深 n 扩散工序，那么应当以深 n 扩散而不是 n+扩散来形成穿梭。

（3）设计 MOS 器件保护电路时，看该电路是否允许保护二极管出故障或烧毁而导致器件工作不正常。

（4）关于双极零件，任何接触边缘和 pn 结之间的距离应大于 70μm。

（5）应当把线性集成电路的电容器并联到耐击穿电压较低的 pn 结上。

（6）双极器件的设计避免在 ESD 情况下，在 pn 结耗尽区域内存有较高的瞬时能量密度，利用串联电阻限制 ESD、EOS 电流，或者使用并联元件把 ESD 电流从关键元件上引开。在易受到损害的引线和一根或多根电源供电引线之间加上钳位二极管，能借助保持关键结不进入反向击穿来改善抗 ESD 特性。若无法使结不进入反向击穿，也可增大结的面积使其提高抗 ESD 能力。

（7）通过增大邻接基极接触点的发射极周长，提高抗 ESD、EOS 能力。这样减少了关键的发射结侧壁处的瞬时能量密度。

（8）引脚排列要避免将 ESD 通路设置在敏感处。并尽可能地避免金属喷镀并排交叠。

（9）尽可能避免 MOS 管结构设计不合理出现寄生电容器。交叠在低电阻有源区上有金属化层的微电路，对 ESD 是有一定敏感度的，这种结构包括 n+保护环上有金属化通路的微电路。

（10）在 SSD 器件的输入端，外接一个电阻值较大的电阻器和一只 100pF 的电容组成 RC 网络以降低 ESD、EOS 的影响。

（11）在使用包含对 ESD 一般中等敏感的介质隔离的双极型器件的微电路和混合电路时要注意，在这些小几何尺寸的双极型器件之间的薄介质层，容易受到 ESD 作用，而发生击穿。

（12）输入的防护网络应尽量靠近连接衬垫，应尽可能避免在芯片周围汇集静电放电能量。

（13）应使用适当宽度的短的多晶硅带连接铝扩散电阻器，以避免金属扩散到扩散区接触层。

（14）在设计 ESD 防护网络时，应考虑 ESD 脉冲泄放通道。

5.7.5　SSD 组件保护电路设计的注意事项

（1）在每个输入端加上外部串联电阻器，可以通过限制输出的电流来避免 CMOS 器件闭锁。

（2）对于双极器件的敏感输入端，应该使用由电阻值相对大的电阻器与至少 100pF 的电容器组成的电路，以降低 ESD、EOS 的影响。

（3）装在 PCB 上的 SSD 引线，如果没有串联电阻、分路器、线夹或其他保护元件，不应该直接与输入端子连接。在装有开关板、控制面板、手控装置或开关锁定装置的系统，应该设计成能通过底座地线直接耗散 ESD 静电荷的结构。

5.7.6　电子 SSD 产品的防 ESD、EOS 增强设计

（1）仪器和接口电路尽量使用静电不敏感元器件。对于设置有 SSD 的电路与外接连接器连接情况下，要使用静电放电等电位保护帽或插接保护帽。

（2）与 SSD 电路连接的键盘、控制面板、手控装置、开关及锁定装置，应设置通过机壳地线泄放静电的电路。

（3）设备和仪表内设置的 SSD 要尽可能远离高压、火花放电、射频、电机等电路和部件。

（4）对于 SSD 电路可采用接地的金属盒将其屏蔽。金属盒采用单点接地和机壳连接。在屏蔽盒的输入端和输出端采用浪涌钳位二极管或其他元器件。

（5）SSD 放置位置应尽可能避免与有可能输入 ESD 脉冲或 EOS 的电路直接连接。如不能避免，则相应设置高压钳位电路或缓冲器。

（6）尽可能采用间接接触的方法，如在输入、输出电路提供足够的物理间距或设置阻尼电阻、中和变压器等，以增强抗 ESD 浪涌、EOS 的能力。

（7）为了抑制传导和辐射干扰，可在机壳屏蔽体的输入、输出端设置穿心电容对干扰信号旁路，也可以采用安置滤波器的方法解决。对机箱内敏感的 SSD 电路和内部高压部件采取屏蔽与接地措施。尽可能减少机壳开洞率和限制开孔尺寸，将辐射干扰减至最少。

（8）PCB 设计要注意到，PCB 的引线是接受 ESD 辐射的“天线”。与高阻抗器件连接的引线是耦合电场的“天线”。而低阻抗的环路引线则是耦合磁场“天线”。为使这些“天线”耦合最小，引线长度尽可能短，而且环路面积尽可能减小。

（9）在电路开关（按键开关、拨动开关等）、继电器接点、线圈电路等设置火花放电干扰阻尼元件，将火花放电干扰降至最低。

5.7.7 常用的几种保护电路

MOS 器件常用的保护电路如图 5-22 和图 5-23 所示。

图 5-22 中给出了 5 种电路，简要说明如下。

（1）二极管保护电路如图 5-22（a）所示。该电路是利用二极管的反向击穿特性，使静电压钳位并泄放静电能。这种保护结构简单，但性能不好，应用较少。

（2）扩散电阻—二极管保护电路如图 5-22（b）所示。该电路是利用扩散电阻与它的寄生 pn 结二极管构成分布电阻—二极管网络。它对 ESD 脉冲产生指数衰减，防静电能力强。

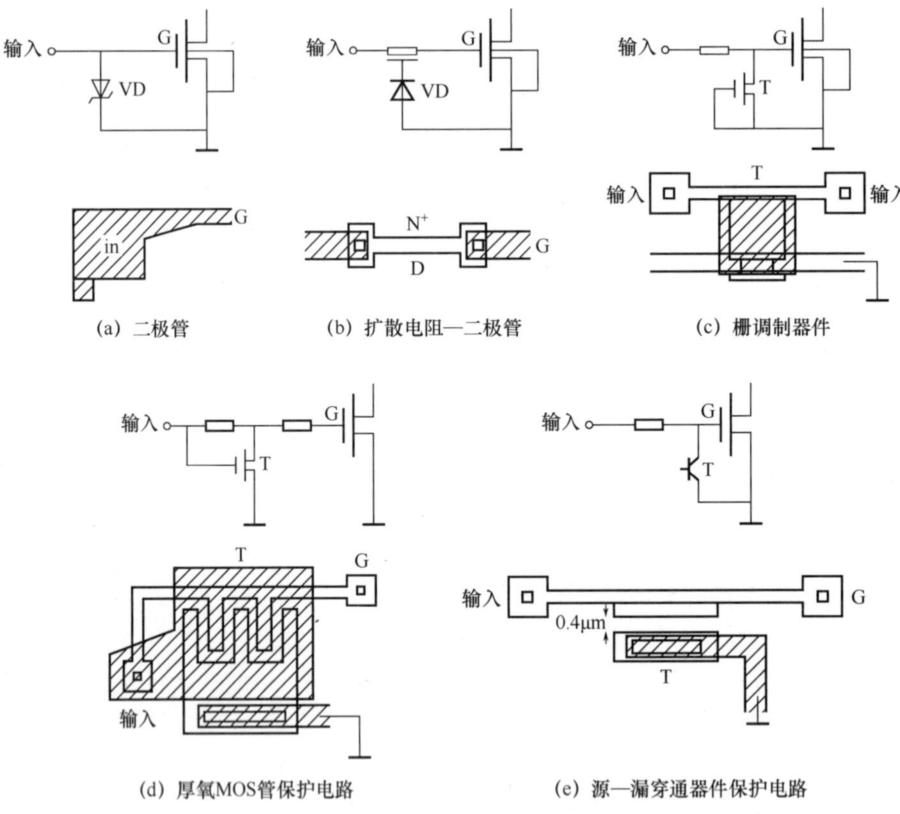

图 5-22 MOS 器件的几种保护电路

（3）薄栅 MOS 管如图 5-22（c）所示，即栅调制器件保护电路。该电路是将 MOS 管的栅—源短路，利用漏极表面击穿（栅调制 pn 结击穿）特性钳位静电压和泄放电能。这种器件尺寸小，在复杂阵列中容易采用。由于它没有电流流过接地的栅，故常用串接的 p 区作为栅的接地线。

（4）厚氧 MOS 管如图 5-22（d）所示，即场反型器件保护电路。该电路是利用厚氧

MOS 管的开启电压（场反型电压）作为钳位电压，对于高阈值的 PMOS 电路，可得到几十伏的钳位电压。其防静电能力取决于 MOS 管导通后的动态电阻及功耗的大小。

其优点是可选择适当的沟道长度和宽度，使之具有要求的特性，缺点是尺寸较大，故常将此种保护电路设计在键合区下面。

（5）源—漏穿通器件保护电路如图 5-22（e）所示。该电路是利用源—漏穿通电压做保护。它和场效型器件一样都需要有一条较宽的、能流过全部击穿电流的地线，为此给印刷电路板布局带来一定麻烦。

保护电路中的电阻分扩散与多晶两种电阻：扩散电阻的功率相对较大，又有寄生的二极管，能提供较好的 ESD 保护，而多晶电阻，它不仅没有寄生晶体管，而且又是埋在氧化层内部的，由于氧化层的散热性能比扩散电阻差，所以扩散电阻能承受大电流的冲击，但这一设计又会带来集成度的下降。

随着 MOS 电路集成度的提高，其中 MOS 器件的尺寸和栅氧化物厚度将进一步减薄；随着 MOS 电路速度的提高，输入保护电路内的限流电阻值则会显著减小（例如由 1kΩ 降至 50Ω）。高速化会给 MOS 电路的防静电性能带来严重的下降，尤其是高速大规模 MOS 集成电路的防静电性能更差。此时，保护电路的结构设计和工艺设计更显得重要。

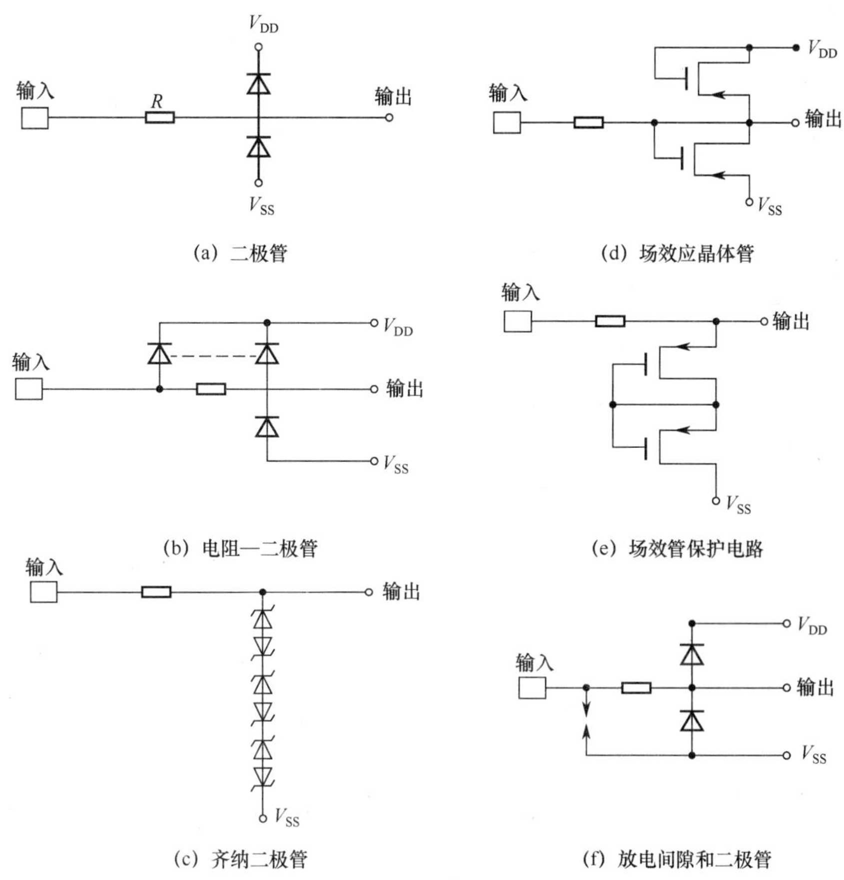

图 5-23　高速 CMOS 器件的几种保护电路

5.7.8 HCMOS（高速 CMOS）输入端的保护结构

高速 CMOS 电路输入的保护结构的设计比较复杂，它要求整个保护网络都用接电源的 n+注入区和接地的 p+注入区构成双层包围，以便旁路 ESD 瞬态过程中产生衬底电流。在这种保护结构中，一般在键合点的铝电极下垫有多晶硅区，并在多晶硅层下设置有浮阱。

该结构具有较高的防静电能力，应用比较广泛，它们的结构特点如下。

（1）铝电极–多晶硅–浮阱–衬底之间构成的串联电容，比没有多晶垫层及浮阱时的电容要小得多。它有利于提高电路速度，并且多晶垫层可减轻压焊应力对下面氧化层的损伤。

（2）采用 p 型浮阱结构，对正向的 ESD 放电有利，它能通过耦合电荷正偏阱–衬底结形成浮阱放电。

（3）多晶电阻条较宽，可以抗衡大电流。

（4）欧姆孔采取阵列形式结构，增大了孔的有效周长，减小了孔内接触电流，同时也提高了吸收大电流的能力。

（5）避免铝线跨越输入多晶电阻条的结构，克服了多晶电阻与铝金属化之间的介质击穿。

5.8 导线、电缆传输线 EMI、ESD 耦合抑制

对于减少导线、电缆的耦合干扰一般要考虑以下几点。

（1）各种载有不同频率、信号电平的导线和电缆尽可能分开设置。当不能分开设置时，走线应有正确的角度，尽量避免平行和靠近在一起。

（2）采用不同组合形式的导线或屏蔽电缆。

（3）在印制电路板中，利用铜箔作屏蔽体。

5.8.1 双股绞合线

对于双线传输通道，其中一根用于传输信号或供电，另一根用于返回通道。如果两线之间距离越大，闭合导线面积越大，则受感应电势叠加效应影响越大，越易产生干扰。为防止这种干扰，常把两根导线扭绞起来（见图 5-24），使相邻的感应电势大小相等，方向相反，总感应电势为零，不易产生干扰。图 5-24（a）所示电路采用双绞线可以防止产生的干扰。图 5-24（b），由于没有采取双绞线就易出现干扰。图 5-24（c）采用双绞线可以防止产生的干扰，图 5-24（d）采用两根导线直接连接，容易产生干扰。图 5-24（e）、（g）采用双绞线，且双线间距小，不易产生干扰，图 5-24（f）连线容易发生干扰。图 5-24（h）即使采用双绞线、回路面积小，但因在尽端没有采用双绞线，也易产生干扰。因此注意在双绞线尽端仍要保持扭绞形态。

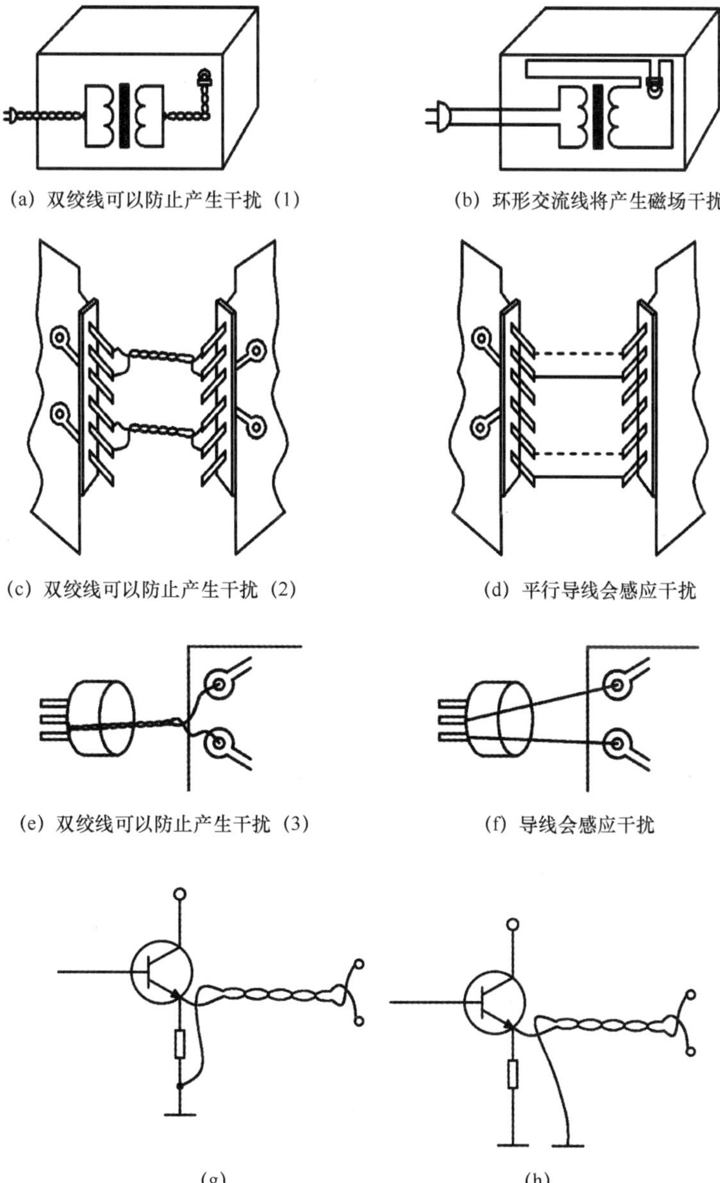

图 5-24　双绞线的应用

5.8.2　屏蔽线

载流导体是一重要干扰源，又是能造成耦合干扰的部分。为了防止相互的干扰，信号线或电源线应当选用屏蔽线，而且使用屏蔽端口连接。

通常屏蔽可分为电场屏蔽、磁场屏蔽和电磁场屏蔽三种。常用的屏蔽材料有三类：低频电磁场屏蔽主要使用铜、铝、金属化纸、金属化薄膜等；电磁场屏蔽使用高导磁材料，如碳钢等；电场屏蔽常用导电涂层、铝等。常用的屏蔽线有以下几种。

1．挠性屏蔽线

当需要采用弯曲电缆、要求电缆带有可拆插头、电缆是弹性装配或者设备之间的连接电缆经常拆卸时，挠性屏蔽线比较适用。其屏蔽层结构有编织金属网、金属软管、波纹状软管等，其在频率低于 1MHz 时，一层屏蔽层的屏蔽效果可达 45dB，二层还可有 25dB 的附加衰减量。

2．双股绞合屏蔽线

双股绞合屏蔽线的应用示意如图 5-25 所示，屏蔽层对外来的电场干扰具有防护作用。另外，双绞线对外来磁场干扰具有消除作用。

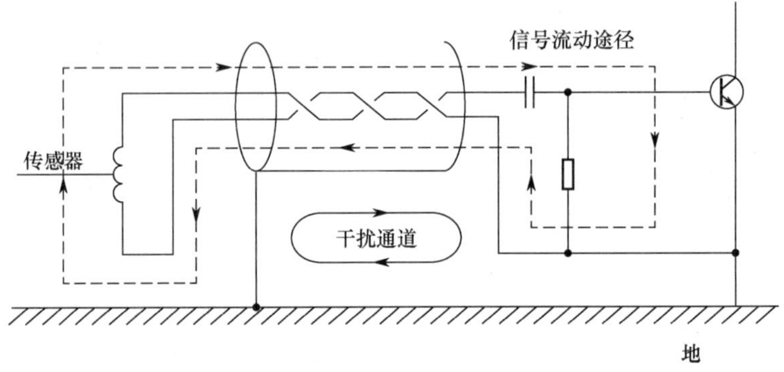

图 5-25　双股绞合屏蔽线

3．双层编织屏蔽线

如有较高屏蔽要求，又有挠曲性时，往往采用双层编织的同轴屏蔽结构。

电缆屏蔽线的接地方法如下。

图 5-26 表示输入电缆接地方法。图 5-26（a）电缆的屏蔽层在机壳内部接地，而不是在机壳入口接地，屏蔽层的外加干扰信号沿屏蔽层外表面经过接地线、机壳内表面、机壳外表面接地，即在机壳内形成环路造成干扰。图 5-26（b）电缆在机壳入口处接地，避免在设备内部产生干扰。

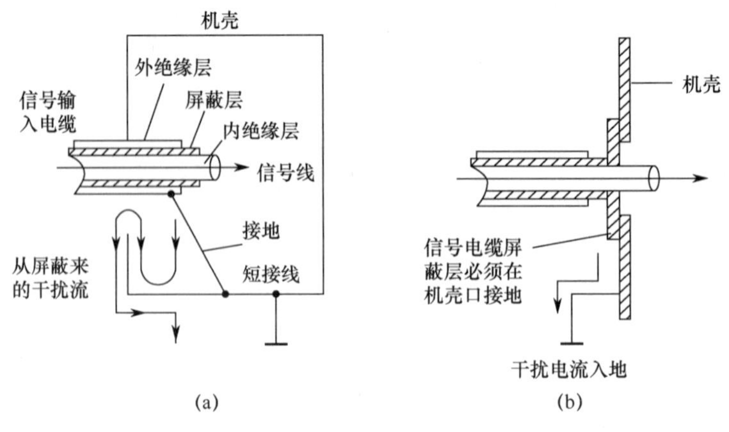

图 5-26　输入电缆接地方法

电缆屏蔽层有单点接地和多点接地两种，当屏蔽线的长度 L 与干扰波长 λ 之比小于 0.15，应采用单点接地。若采用多点接地，易产生接地环干扰。当比值大于 0.15 时，应采用多点接地，接地点间距小于 0.15λ。因为通过理论计算此时地阻抗最小，而且电缆长度小于 $1/4\lambda$ 时，其天线效应最小。

双层编织电缆接地是将外层编织作为屏蔽，并尽可能接地，特别是进入和穿出屏蔽设备。电缆外皮在机壳口接地，不应在壳内接地。一般机壳接地时，内层编织层作为接地通道，只能一点接地。采用耦合变压器实现上述要求的两种接地方式。方式 1：在输入端采用耦合变压器，内层编织层在输出端是一点接地；方式 2：在较长电缆中间插入耦合变压器，外层编织层的输入和输出端分别为一点接地。外层编织层都按 $L<0.15\lambda$ 的间距接地（见图 5-27）。

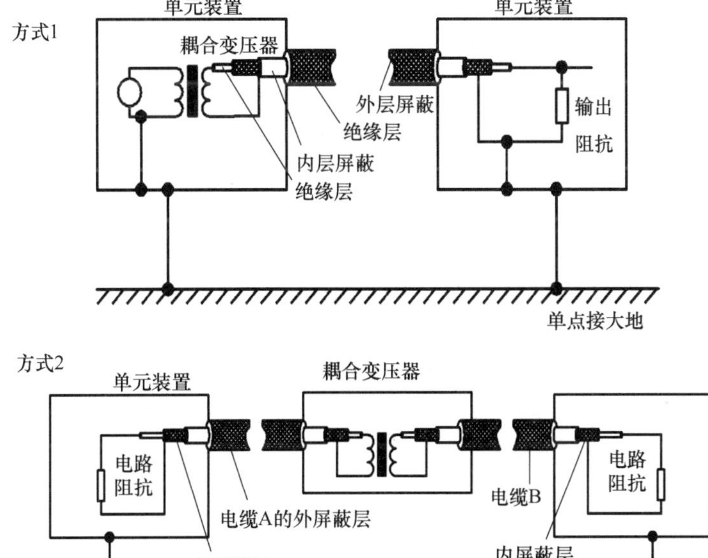

图 5-27　双层编织电缆的两种接地方式

对于输入和输出电缆还应注意以下方面。

（1）要求屏蔽电缆的屏蔽外层与金属壳体采用 360°连接。

（2）如有必要可在接口电缆之间放置共轭扼流圈，但其分布电容要小。

（3）可在输入电缆旁路 500pF 的电容或钳位电路抑制干扰。

5.8.3　配线方法

1．电路配线

图 5-28 是单管放大器的集电极和发射极的配线。图 5-28（a）表示直流通路，虚线表示交流通路。作为电路可以连成图 5-28（b）和图 5-28（c）的电路。由于直流电路不产生

磁通的变化，因此直流通路回线面积的大小不产生影响，但交流回线面积产生重要影响，所以图 5-28（c）比其他两种连接线路要优越得多。

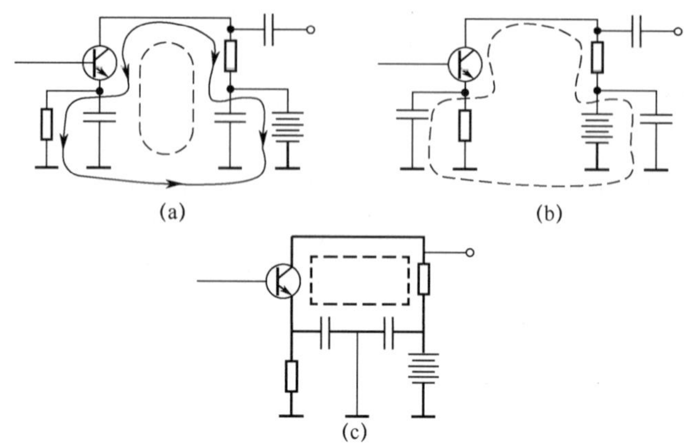

图 5-28　单管放大器电路的配线

2. PCB 配线

PCB 配线应注意以下方面。

（1）PCB 是平面，不能交叉配线，与其在板上寻求曲折的路径，不如实行跨接线方式。

（2）配线不要做成环路，特别是不要沿着 PCB 周围做成环路。

（3）不要有长短的窄条并行。不得已窄条间要设置隔离用窄条。

（4）旁路电容的引线不能长，尤其是高频旁路电容。

（5）地线面积要大些，但不能随意过大，避免增大电路和接地之间的寄生电容。

3. 电缆和连接器配线

在一根电缆中，不宜同时放置高电平和低电平引线。如必须在一根电缆内放置，则应将高电平引线集中一起，再采取屏蔽措施。连接器的配线方式如图 5-29 所示。高电平引线和低电平的插脚用接地插脚和空余插脚分开。

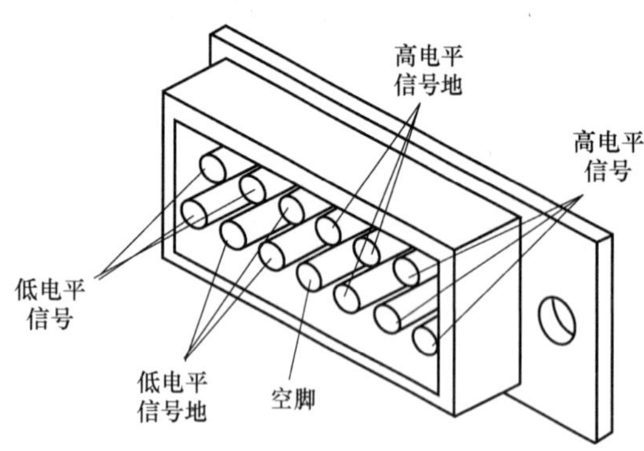

图 5-29　连接器的配线方式

图 5-30 是电缆与连接器的装配示意图。连接器的外部边缘应当与机壳的金属表面紧紧接触。为防止接触面泄漏电磁信号，应当使用射频衬垫。连接器与电缆插头之间的连接，应当使用金属螺纹或快锁装置。连接器与电缆屏蔽外层必须密封或压紧配合，不能存在电气的间断点。当几根电缆同时通向一个连接器时，每根电缆应分别通向一个单独的插脚。如果连接同一根插脚，则构成接地环。若低电平电缆有屏蔽层并有一点接地，则屏蔽层上须有绝缘外皮，以防屏蔽层触及接地形成多点接地。扎线分类可参照表 5-3。

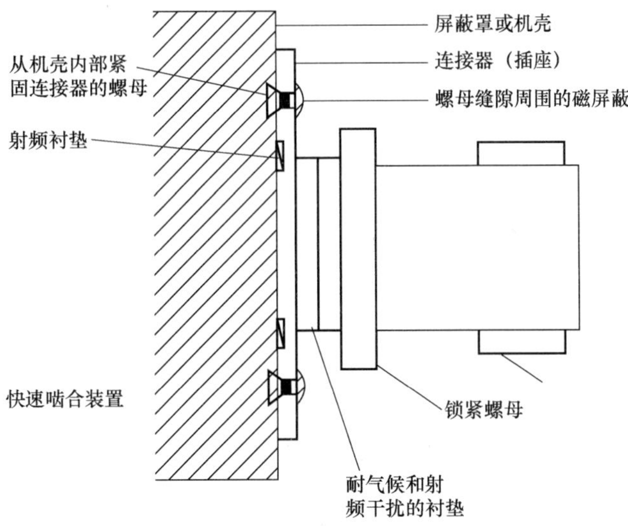

图 5-30　电缆和连接器的配合

表 5-3　扎线分类表

分类名称	电气特性	线型、屏蔽、接地
电源线 D	电压大于 25V 或电流大于 5A。频率低于 15kHz，或脉冲前后沿大于 1μs	电源线、控制线使用双绞线。选用双绞线可不屏蔽
高电平信号线 N	电压 15～110V，电流小于 5A。频率低于 100kHz，前后沿大于 1μs	选用双绞线或屏蔽电缆。单端接地
低电平信号线 S	电压小于 15V，电流小于 5A。频率低于 100kHz，前后沿大于 1μs。或电压小于 3.5V，频率低于 10MHz	双绞屏蔽线，两端接地
高频宽带信号线 S	频率为 0.1～10MHz，前后沿小于 1μs	双绞屏蔽线、同轴屏蔽线。两端接地
	频率大于 10MHz，功率小于 5W	同轴屏蔽线
军工品、电子引信或安全性要求高的线路	脉冲电流	专用电缆

第 6 章 防静电工艺与质量管理

防静电工艺和防静电系统的质量管理是减少静电损害保证产品质量非常重要的一环。很多实例证明不管防静电系统的硬件建立得多么完善，如果没有完备防静电工艺和防静电质量管理的缺失，产品的质量得不到保障。

6.1 防静电工艺选择与要求

在 SSD 产品生产、装配、存储等过程中，选择合理的方法，达到用较少的投资，较简便的操作，便于管理和收到比较理想的静电防护效果，是静电防护工艺研究的内容和目标。在 SSD 产品生产过程中，存在固定岗位、流动岗位，或时流动时固定的岗位，特殊工序环境或特别工序的操作。在实际工作中防静电工艺建立大致分四种不同场合：①SSD 生产、封装、组装场合；②装有 SSD 产品的仪器和设备调试、组装、测试场合；③电子信息化机房、通信、计算、信息调度中心等；④装有 SSD 仪器、设备维修、存储运输场合和其他特殊操作场合（见图 6-1）。

6.1.1 SSD 产品生产、组装环境的工艺要求

通常为减少静电损害与产生，生产和组装 SSD 产品的环境温度、湿度、洁净度有相应规定和要求。一般环境的湿度在 45%～75%RH（注意有些湿敏元器件不能放置在高于 60%RH 环境中），温度 18～28℃范围内，环境洁净度要满足 SSD 产品生产要求。一般当环境洁净度在 IEST 10000 级以下时，整个环境要呈密闭状态并设置新风系统。应配置风淋室和配备满足洁净度要求的人体防静电用品，人体防静电用品本身无污染性。

有时建造大面积恒温、恒湿生产厂房，有些企业承担不起所需费用，可以在生产、组装 SSD 关键工序的局部环境采取恒温、恒湿措施，以降低建造和维持费用。

环境洁净度要求较高时，一般在 IEST 1000 级以下时，生产环境中地坪、墙壁、吊顶、工装和周转用品、工作台、器具、座椅、包装、人体防静电用品等所有用品表面还应具有不起尘性和无污染性。

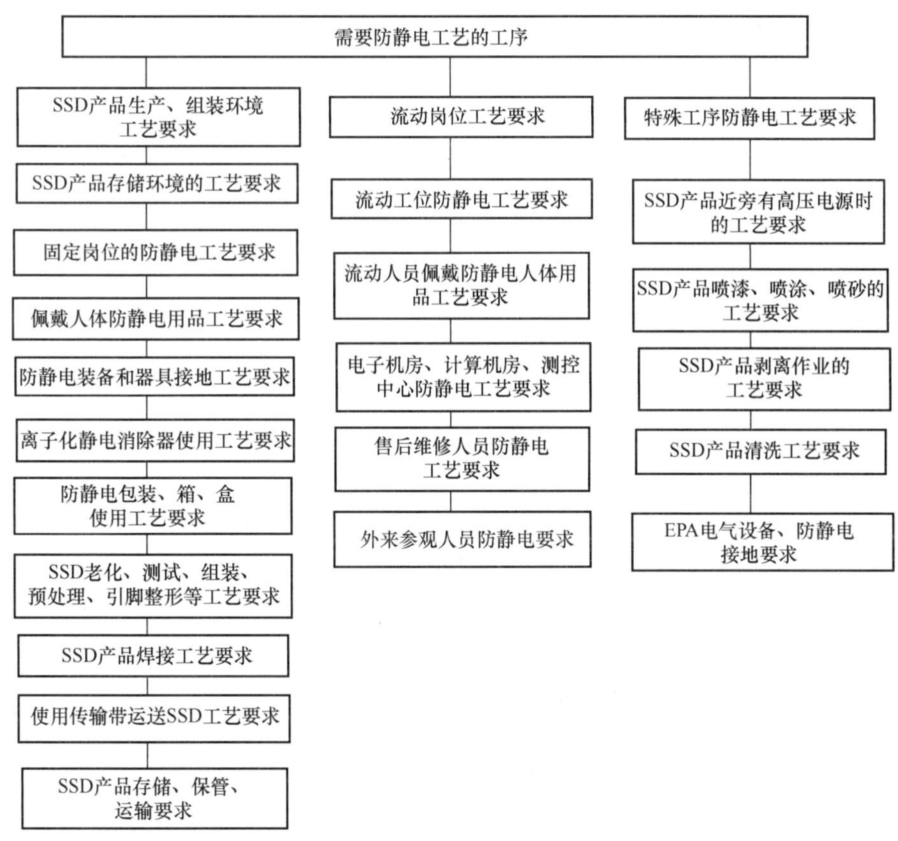

图 6-1　需要防静电工艺的工序框图

环境湿度、温度、洁净度要定时监测并作跟踪记录，以保证符合环境工艺要求。环境控制系统出现故障时，要做记录和及时排除。

生产组装环境中配置用具、用品、设施、地坪等要符合防静电工作区的各项规定（见第 3 章）。生产区域和场所要张贴防静电工作区标识或在地面用标识线标示（见图 6-2）。

图 6-2　防静电工作区（EPA）标识

不宜在环境相对湿度低于 30%的环境中生产、组装、包装 SSD 产品。生产组装车间窗户所用窗帘应具备防静电性能。

6.1.2　存储环境的工艺要求

对于 SSD 产品的存储环境（仓库等）虽然没有生产环境要求严格，但也应满足一些基本规定，例如湿度 30%～80%RH；温度 16～30℃。环境洁净度符合存储要求。在存储环境中，不允许工作人员没采取防静电措施，环境设施不符合防静电要求时，直接打开防静电包装拿取 SSD 产品。只有在符合 EPA 有关要求之后，才可打开包装拿取 SSD 产品。

6.1.3 特殊生产工序的工艺要求

对于某些特殊的生产环境，例如有高电压设备（2000V 以上）、较大功率射频设备（50W 以上）、喷砂作业、PCB（带有 SSD 产品）的涂漆（树脂）作业、低湿度环境（30%RH 以下时）、液晶显示屏塑料薄膜剥离作业、清洗 SSD 产品等要评估作业环境产生静电情况，提出有针对性的工艺要求和规定。

6.2 各种工序的防静电工艺

在 EPA 区域内，各项防静电要求应符合第 3 章提出的防静电工作区各项规定。

6.2.1 固定岗位防静电工艺

固定岗位大致有以下方面。

（1）电子元器件引脚校正、整形工序。

（2）IC 等静电敏感元器件的封装和装入 PCB 操作工序。

（3）人工焊接 SSD 等元器件或线路板的工序。

（4）PCB、电子元器件、电子半成品人工测试检查工序。

（5）PCB、电子成品老化、检测和检修工序。

（6）SSD 预处理，如 EPROM 等存储器写、擦、信息保护处理工序。

（7）电子成品的调试、测试、组装工序。

（8）其他永久性或临时性固定工序。

1. 固定岗位和流动岗位人员所配人体防静电用品的工艺要求

（1）在进入防静电工作区时，对操作人员所穿戴腕带、工作服、鞋、脚束、手套（指套）等每天进行在线检验。防静电性能符合要求后方可进入防静电工作区。如工作服为“三紧式”则必须系好扣子或拉好拉锁。如是“分体式”，则衣、裤都要穿戴，帽子也要佩戴。离开防静电工作区后则可脱去人体静电防护用品。

（2）在工作区内不得随意穿脱工作服和做剧烈活动。

（3）工作鞋鞋底电阻应控制在 $1\times10^{8}\Omega$ 以下。鞋底不能沾有绝缘漆或胶水和破损。

（4）工作人员所穿袜子应为防静电袜子或薄丝袜。不允许穿戴绝缘性鞋垫。

（5）纯棉手套、工作服在环境湿度 40%RH 以下时，不能作为防静电用品使用。

（6）带有接地端子工作服，其接地要和防静电接地相连。

（7）所穿工作服表面点对点电阻不但符合标准要求，每件工作服摩擦带电量检测也应小于 0.2μC。

（8）鞋套等洁净用品应具备防静电性能，在鞋套底设置导电网络并实现人体等电位接地。

（9）所用指套一般是用抗静电剂处理的一次性使用产品，用后及时处理。对于永久性防静电指套则可反复使用。

（10）定期检测无法每天实时监测的人体静电防护用品的防静电性能，其不符合要求时应及时报废或更换。

（11）操作人员佩戴腕带时，不允许将腕带套在工作服的袖口上。应当和手腕紧密接触。使用脚束时，脚束的导电带要和腿部皮肤紧密接触。

（12）不允许工作人员没采取防静电措施（没采取接地措施和穿戴防静电服装、鞋或腕带等）拿取SSD产品。

（13）不允许操作人员穿戴短袖工作服，裸露手臂操作SSD产品。

2．固定岗位和流动运转装备、工装用品等电位接地工艺

（1）操作台、桌垫、包装、托盘、使用工具、抹布等均应为静电耗散材料制作，严禁使用表面电阻、体积电阻低于$1\times10^4\Omega$的材料和用品（托盘、盒、箱等）接触SSD产品。如必须使用金属工具，则在接触元器件的工具头部涂覆静电耗散树脂或静电耗散材料制作的塑料套。尽量避免金属部位直接接触SSD产品。如不可避免金属部位接触SSD产品或当SSD产品CDM模型、HBM模型静电敏感度较高时应考虑使用离子化静电消除器。

（2）操作线的任何工装夹具、用品、工作台表面等的任一点对地电阻应低于$1\times10^9\Omega$。考虑有些防静电用品（桌垫、用品、人体用品等器具）等因采取抗静电剂处理或表面涂覆，在环境湿度较低时电阻值会增大，因此各工装夹具、用品的表面对地电阻值控制在$1\times10^8\Omega$以下为佳。有条件时控制在$3.5\times10^7\Omega$以下则更好。

（3）在操作线上和工作无关的绝缘制品（塑料袋子、塑料制品、餐具、鸡毛掸等）一定要移出操作线。如不能移出，则应测试其表面静电电位。如高于±100V时（如有必要为±35V），则根据现场情况和SSD静电敏感等级考虑使用离子化静电消除器。

（4）固定岗位像操作台、座椅、存放架等装备要设置静电接地与EPA的防静电接地母线并联连接。防静电接地母线和安全保护接地线共用接地极，之间不要混接和搭接。除此之外还应注意以下几点：

① 在整个作业线岗位铺设防静电地坪（地垫）并接地，延伸至EPA出、入口处。

② 有条件时，EPA接地要设置接地监视器（系统）。

③ 操作台要设置腕带接地端，应使用香蕉插头与插座，便于接地良好。如现场不便实现，使用鳄鱼夹和接地裸线相连也可以，但要经常检查鳄鱼夹头与裸线连通情况。

④ EPA的操作台是静电防护的核心部位之一，它除了包括防静电工作台和腕带、防静电椅、防静电吸锡器、接地的电烙铁（或防静电烙铁）、各类接地的防静电工具。对防静电桌垫、地垫等较高电阻的防静电材料进行接地时，可采用活动按扣、螺帽、铆钉等将地线焊接在面积不小于$20cm^2$的铜箔与垫材紧密接触再进行铆接（见图6-3）。为了防止任何裸露金属接头对地直接短路而造成危害，对裸露金属部位用体积电阻值$1\times10^6\Omega$左右的防静电涂料涂覆，或用防静电塑料袋皮包裹铆钉。

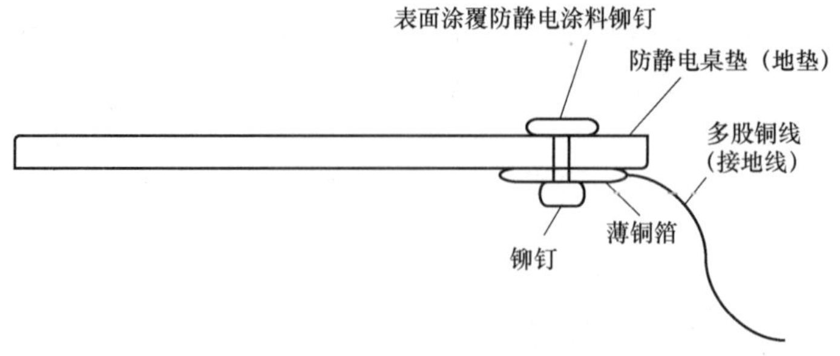

图 6-3　桌垫（地垫）接地示意图

⑤ 各类工具外壳或绝缘把手起静电时，应考虑定期用防静电剂处理，防止因摩擦等原因产生静电及较高对地电压。

有时为生产需要而在某些岗位上设置高、低双层工作台和存放柜，显然对双层工作台（柜面）的上、下层台面均应采取防静电布置。在这种情况下，上层桌垫与下层桌垫应采取分别接地，禁止采用错误的上层连接下层，再由下层一点接地的方法。

综合上述防静电工艺，防静电工作台的构成应满足如图 6-4 所示的等效电路。

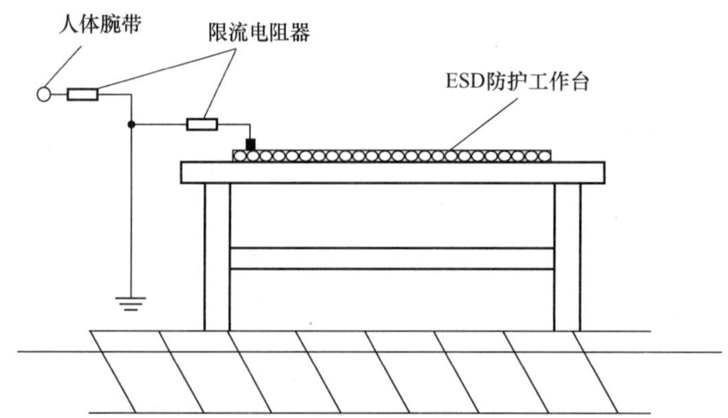

（a）单层防静电工作台构成示意图

如果工作台垫表面至接地线电阻值大于 $1\times10^5\Omega$，则工作台接地线不必串接 1MΩ电阻

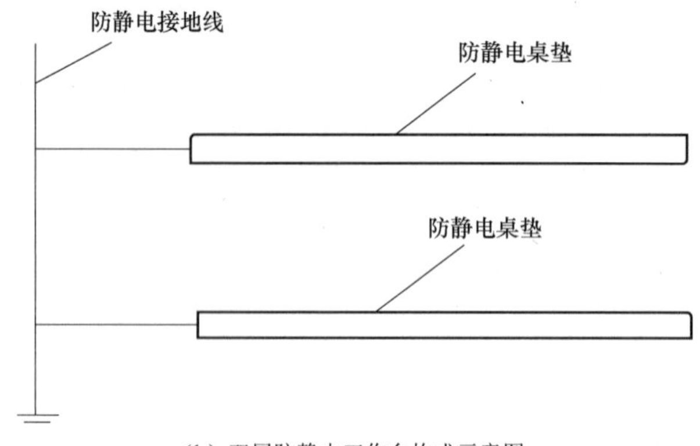

（b）双层防静电工作台构成示意图

图 6-4　防静电工作台的构成

⑥ 固定岗位的防静电接地金属线之间或和金属端子相互连接不能采取简单缠绕，应采取焊接或先将两条线焊接在两只接线端子上再用冷压接方法将两只端子紧密连接并保证之间机械连接强度。座椅（运转车等移动装备）与地坪连接应使用防静电橡胶轮（每个装备安置两个及以上数量）。如因条件不具备，采用金属链条拖地接地时，则应使用较粗并作防锈处理的链条。也可使用在金属接地链包覆导电橡胶（导电橡塑）接地方式。使用时要检验椅面或运转车面与地坪表面或其接地线之间电阻，符合要求方可使用。座椅的静电耗散椅面（PU、人造革等）和椅子接地金属构造连接要保证 30cm^2 以上的接触面积。

⑦ 固定岗位所用各类电气设备安全保护接地可采取三项插头中的地线插头接地。由于长时间使用，接地端可能出现接触不良。此时可采取在外壳另设置重复安全保护接地。具体做法是：将电气设备或用具金属外壳接地部位的涂漆去除，将接地线焊接在接线端子（焊片），再用螺栓将其固定在除漆部位。注意一定不能用地线缠绕在外壳（没有去除外壳的喷漆部位）的螺丝或螺栓上（见图 6-5）。并进行防锈蚀处理。也可将重复接地线连接在仪器、设备内置的共用接地端子上。一般电气设备的外壳（电动工具、电气设备、焊接工具等）接地连接，使用焊接连接最为可靠。但有时为维护方便，不便焊接连接，此时不管螺栓连接还是其他方式连接，一定注意防锈蚀和连接牢固，连接点的接触电阻小于 0.1Ω。

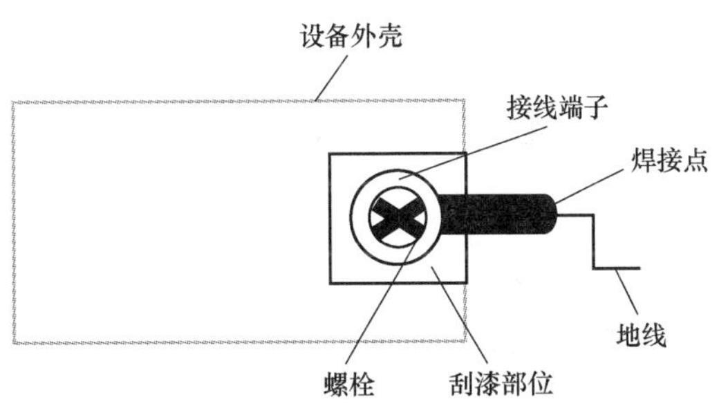

图 6-5　设备、仪器外壳安全保护接地线连接

保护接地和防静电接地线直径选择应满足机械强度和耐腐蚀要求，一般选用多股铜绞合线，便于焊接和铺设。对于防静电接地母线可选用镀锌扁铁以便降低成本。线径可参照表 6-1。通常每块地坪、墙面、长条状工作台的接地点不少于 2 点。

表 6-1　推荐防静电接地线线径选用表（GB 50944）

防静电接地线名称	接地线材料	接地线截面积/mm^2
防静电门、窗	铜线或编织线	≥2.5
防静电工作台（腕带）	多股铜丝线或编织线	≥6（1.5）
防静电地坪、墙面、柱面接地网	多股铜线或编织线、镀锌扁铁	≥10
防静电水泥类地面、瓷砖地面接地网	钢筋或扁钢	≥12.5
金属导体（隔断、金属台架、风管、管道等）	多股铜线或编织线	≥6
防静电接地干线	镀锌扁铁	≥75
	铜线或铜排	≥16
防静电接地汇流母线	镀锌扁铁	≥100
	铜排或铜线	≥50
高层建筑内独立防静电接地引出线	镀锌扁铁	≥75
	绝缘铜线	≥35
建筑物外独立防静电接地引出线	镀锌扁铁	≥100
	铜带或铜线	≥50

⑧ 防静电接地母线在生产场所地面通过时，应加装保护罩，以免移动设备、装运车等对其辗轧造成损害或断路。接地线较多时，为了避免交叉，使线路连接简便及便于检查。可以从吊顶天花板设置防静电接地网络。但要保证机械强度和安装牢固。

（5）工作区内所用电气设备、电气工具、金属隔断、管道等应连接安全保护接地（硬接地），其接地电阻不大于 4Ω。涉及人员安全的防静电接地（腕带、鞋接地等）采取软接地（间接接地），其电阻值符合有关标准要求。

（6）操作台、存放柜台面和地坪不允许使用裸露的不锈钢板或其他金属板，以保证人员安全和防止 CDM 效应造成 SSD 损害。

（7）电烙铁外壳使用时的接地线电阻小于 10Ω。

（8）防静电接地线在满足工艺要求下尽可能走线要短。宜采用裸线或黄绿色外皮的导线。这个 EPA 工作区接地布局如图 6-6 所示。

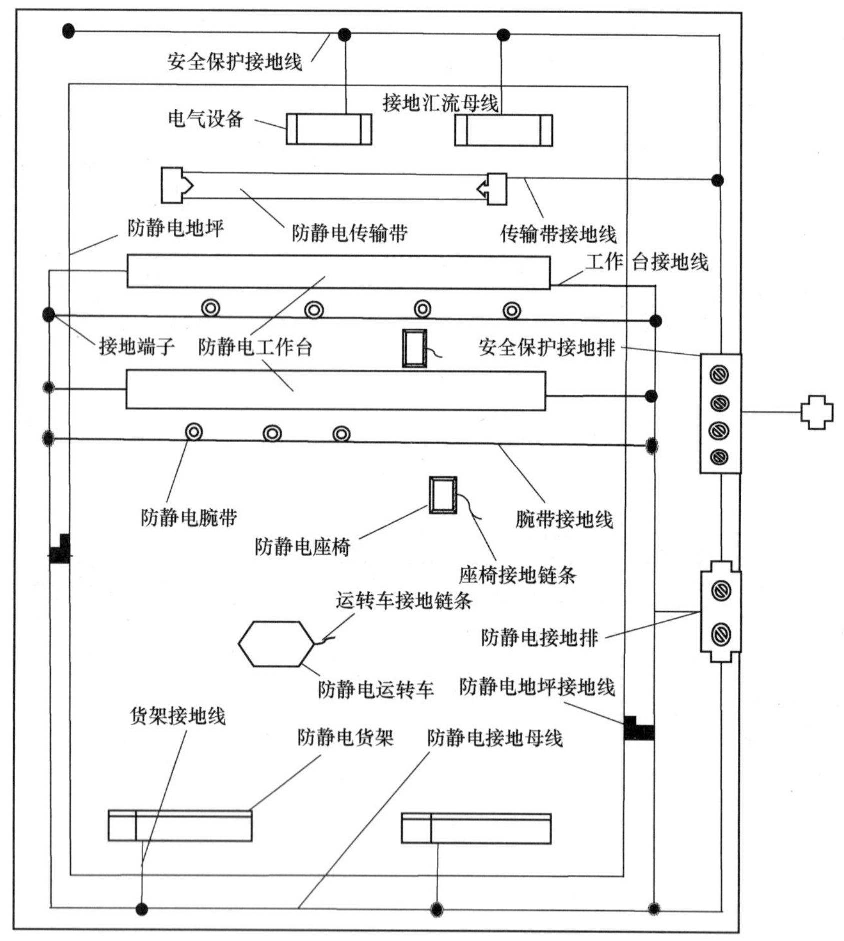

图 6-6　EPA 内安全保护接地、防静电接地系统布局

3. 离子化静电消除器使用工艺要求

（1）不同环境洁净度中使用的离子化静电消除器要满足相应环境洁净度要求（见第 3

章），使用的压缩空气洁净度符合工艺要求。

（2）离子化静电消除器的外壳要与安全保护接地线相连接。

（3）使用离子化静电消除器时，操作 SSD 产品位置一定置于消除器有效保护范围内。使用时先将静电消除器开机，再进行工序操作，工序操作完后再关机。

（4）在使用现场应无垂直和水平方向的扰动气流（中央空调、风扇产生的气流等）。

（5）使用放射性静电消除器时，要按有关安全规定采取安全防护措施，不要将操作人员暴露在电离辐射中。

（6）对于洁净度要求较高的环境（GB 50073 规定的 1～4 级时）和洁净度要求很高的工序操作，可使用 X 射线或放射性离子化静电消除器。

（7）对于液晶显示屏薄塑料膜剥离、PCB 喷漆、带有 SSD 产品特殊操作工序等，要评估静电起电强度，选用静电消除效率符合要求的离子化静电消除器；

（8）使用离子化静电消除器时，其残余电压一定低于操作线上 SSD 产品静电敏感电压，对于光电耦合元器件、光电器件、某些 MOS 器件、某些对静电极敏感的 IC 等、磁头、磁性存储器等，离子化静电消除器的残余电压低于±10V 甚至±5V 以下。

（9）按照离子化静电消除器操作规程正确使用，定期去除放电针氧化层（不能用锉刀或坚硬工具去除，可用细砂纸或酒精棉去除），每三个月检验消除器的静电消除效率和残余电压并定期维护消除器。

（10）在工作现场存有易燃、易爆气体和物质时，应使用经过第三方防爆产品检验中心检验合格及发有防爆合格证的静电消除器。一般离子化静电消除器禁止使用。

（11）不允许使用金属纤维织物和金属物体直接接触 PCB、SSD 产品消除静电措施。这样做既不能消除静电，又易产生 CDM 效应损坏 PCB、SSD 产品。

（12）离子化静电消除器的种类很多，在使用前一定针对使用工艺要求对所使用型号的消除器进行评估，符合静电防护要求后方可使用。

（13）在离子化静电消除器有效工作范围内，尽可能避开大面积金属接地体。对于有源高压直流电源产生的静电感应现象，不能用离子化静电消除器解决。

4．SSD 产品在运输、存储、保管中使用防静电包装（盒、箱）工艺要求

（1）防静电包装（盒、箱）有长效性和短效型包装，通常每 3 个月要测定防静电性能，不符合要求及时更换。

（2）使用中的防静电包装（盒、箱）不允许破损、脏污。

（3）防静电包装（盒、箱）又可分导静电、静电耗散、低起电和静电放电屏蔽包装。对于包装应有区别这 4 种功能的标识，以方便操作。

（4）在 EPA 区域内，静电耗散、低起电功能包装（盒、箱）的使用没有限制和特殊要求。静电放电屏蔽包装一般只用于 EPA 以外区域和有特殊要求的场合。导静电包装（发泡垫、短路棒、包装袋、连接片等）一般只用于 SSD 在没装配到 PCB 前的等电位连接和仪器输入端（没接入输入电缆时）的等电位连接。

（5）只有在 EPA 区内才允许打开防静电包装，取出 SSD 产品。在没有装配到 PCB 前，应使用导静电发泡或导电片、导线将 SSD 引脚等电位连接。不允许引脚悬空放置。

（6）对于光电器件和液晶显示器件等洁净度要求较高的元器件、PCB 等所用防静电包装应无起尘性和腐蚀性。

（7）防静电包装（盒、箱）表面和体积电阻不允许低于 $1\times10^{4}\Omega$。

（8）不防静电的文件、塑料制品一般要移出 EPA 操作台。不能移出时应放入防静电包装袋内。

（9）用抗静电剂处理的非永久防静电包装袋（盒、箱）应贴标签注明有效使用期，并定期处理，不符合要求时及时更换。

（10）由于防静电包装（盒、箱）防静电性能受环境湿度影响较大，为保证其防静电性能，在任何时候，其表面电阻应控制在 $1\times10^{10}\Omega$以下。

（11）在 SSD 或相关产品测试工序中，测试完毕的产品不能随意堆放。应将 SSD 产品引脚等电位连接或放入防静电包装中。

（12）对于装有 SSD 产品普通防静电耗散包装，不允许与非防静电包材（塑料泡沫、垫材等）混放或叠层放置在一起。

（13）对于 EPA 以外区域，放置和运输 SSD 产品时，通常应使用防静电屏蔽包装并将封口封上。如没有防静电屏蔽包装，则可采用静电耗散包装与低起电性外包装箱组合使用。即最内层使用装有 SSD 产品的防静电耗散包装并封口。外包装使用低起电性的包装箱或盒。此时不在 EPA 区域内不允许打开外包装箱、盒和掉落 SSD 产品。

（14）在 SSD 产品装运过程中，不得随意更换原包装。如必须更换时，SSD 产品的引出线、引脚等必须处于等电位连接（用导电金属丝、箔、导电海绵保护罩，见图 6-7）。不能随意倒入普通塑料的盒、抽屉进行更换。

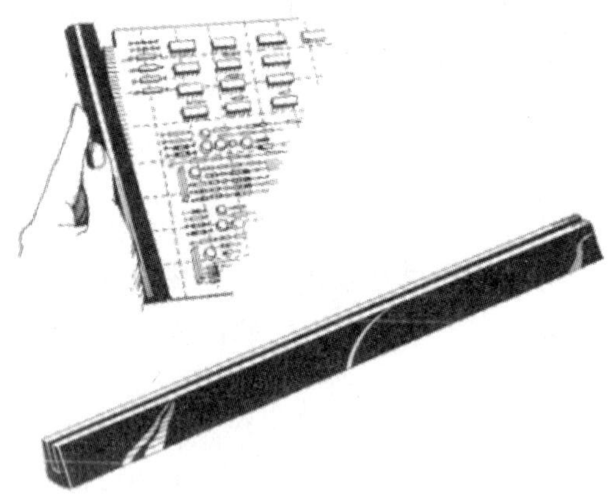

图 6-7　PCB 的等电位保护罩

（15）操作时不得将 SSD 引脚用胶粘带粘接在工作台表面上。不得用胶粘带对防静电包装袋封口。封口可采用拉锁边形式，或将开口边折过来，使折边朝下，用橡皮圈套住或金属夹固定。注意不应使用胶粘带，未经处理的胶粘带可视作绝缘物，撕离或有摩擦时会产生静电，增加静电放电危险。

（16）对于利用纸箱、木箱做防静电外包装时，可测试纸箱、木箱在存储环境下的表面电阻值。如在最低存储湿度下，表面电阻值低于 $1\times10^{11}\Omega$，则可使用。

（17）SSD 产品存储和装入包装内时，不允许各品种混杂在一起。

（18）SSD 不能堆放在防静电包装中，应将引脚等电位连接或插在导静电海绵上放入包装内。以免 SSD 摩擦产生静电从悬空的引脚耦合。

（19）对 PCB 运输、存放所用防静电插接转运箱，在使用中必须采取静电接地措施（可通过防静电工作台、存放柜、运转车接地等）。

（20）所用各类包装防静电性能，应在使用中出现的最低湿度环境中符合要求。

（21）严禁在 SSD 产品的外包装箱使用塑料胶粘带或塑料布等易起静电的绝缘品捆绑。

（22）有时因外界电磁环境复杂、恶劣和在 EPA 以外区域时，如果有需求，可考虑使用二重静电屏蔽包装，但事先必须进行使用评估。

5．SSD 产品和装有 SSD 的 PCB 预处理、引脚整形、老化、检验、组装工艺要求

（1）在 SSD、PCB 包装上必须贴有防静电标识，没有标识可以拒收。

（2）测试、组装、老化、检验环境和操作人员穿戴静电防护用品必须符合 EPA 区的各项防静电要求。

（3）测试时，取一块，测一块。测完后将合格品和不合格品分开。合格产品在等电位连接后放入防静电包装内，不允许堆放在一起。

（4）在加电测试时，不允许从测试端插入和拔出产品。

（5）测试时必须遵守加电和去电顺序。

（6）测试时，测试仪器必须接地（安全保护接地）。电源极性不要搞错。测试电压不得超过额定值和瞬变。当信号源和 SSD 不用同一电源时，应先开 SSD 电源后，再开信号源电源。

（7）SSD、PCB 在做老化处理时，要在设备接地符合要求和防静电符合要求的设备里进行。在处理前应用离子化静电消除器对 SSD 进行消电处理。

（8）SSD 引脚整形时，所用整形机外壳接地。在整形前用离子化静电消除器进行消电处理。

（9）SSD 器件、PCB 测试时，在检测过程中，需要卸下端口等电位连接器。测试完后放入防静电包装内或防静电插转箱内。

（10）不允许在电源接通情况下，插拔 PCB。测试时，PCB 的测试和供电电压不得超过额定值，并防止测试电压瞬变。

（11）检验 PCB，要手持其边缘部位，不要触及电路插头部位。严禁用手和工具触及印制电路连接的 SSD 悬空的导线。

（12）对 PCB 测试时，应先接通 PCB 总电源，后接信号源电源。测试结束时，先关闭信号源电源，再关闭 PCB 总电源。

（13）对 EPROM 等进行写、擦及信息保护操作时，应将写入器/擦除器良好接地（保护接地）。

（14）使用烘箱、保温箱处理或老化 SSD 产品时，设备必须可靠接地（安全保护接地）。必要时，可在外壳设置重复接地。对于敏感度较高的 SSD，在放入老化设备前要用离子化静电消除器对产品进行消静电处理。

（15）在老化、烘干处理 SSD 产品时，温箱应配置接地导流片，以耗散电气开关关闭时等和热空气产生的静电荷。装放 SSD 容器（盒、箱）等最好使用耐高温的高分子防静电耗散材料制作的托盘、盒等。如不具备，可使用金属容器。但使用前应用离子化静电消除器对 SSD 或 PCB 进行消电处理。

（16）用 CO_2 箱对 SSD 产品低温处理时，要注意防止 CO_2（CO_2 蒸气可产生大量静电荷）对 SSD 产品的不良影响。此时应将 SSD 产品放入密闭的防静电低温盒或箱内处理。

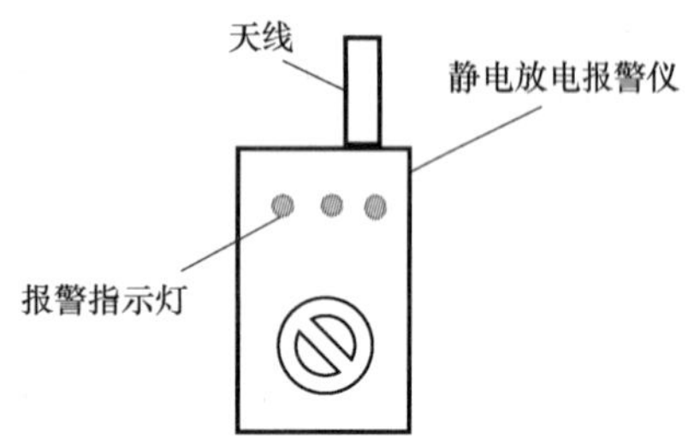

图 6-8　静电放电报警仪

（17）必要时可在关键工序放置静电放电报警仪（TREK900A），能记录静电放电时间和放电范围，为品管人员开展失效分析和质量记录提供依据（见图 6-8）。

（18）检测 SSD 产品的仪器和接触 SSD 的设备，要定期检验漏电。漏电值要符合相关标准要求。超过时则要进行维修或更换。

6. SSD 产品和装有 SSD 的 PCB 焊接工艺

（1）使用的波峰焊机必须可靠接地（安全保护接地）。

（2）SSD 搪锡操作时，锡缸、锡锅必须可靠接地（安全保护接地），尽量避免用超声波搪锡机搪锡。使用电烙铁外壳必须可靠接地（安全保护接地）并符合标准要求。每 3 个月要测试漏电流、漏电压并符合标准要求。不允许使用外壳不接地的“二芯”电烙铁。可使用低压供电（24V/36V）的专用防静电电烙铁。

（3）对 SSD 焊接、PCB 上焊接 SSD、使用波峰焊时，应先用离子化静电消除器对 PCB、SSD 产品进行消静电处理。

（4）在焊接 SSD 产品时，所用吸锡器要可靠接地（安全保护接地）。如使用无法接地的吸锡器时，要测试操作时静电产生情况，如对地静电电位较高时，应使用离子化静电消除器消除静电。

（5）使用的电烙铁等工具绝缘手把上可定期涂敷防静电液，以防静电产生。

（6）对于极敏感 SSD 焊接时，可使用断电焊接电烙铁。

（7）在焊接 SSD 产品时，还可以使用防静电真空吸锡器。该产品由一台小型电动真空泵和一把专用吸锡电烙铁组成，在焊接产品时，只需在焊点熔化后按动吸锡开关，在气压差作用下将焊锡吸入储锡罐中。吸锡头与接地线相连。

（8）定期去除烙铁头氧化层，以减小对地电阻。

7. 传输线上操作工艺

（1）使用的传输线设备要设置安全保护接地，并与传输带等电位接地连接（通过与传输带紧密接触的金属滚轮连接）。

（2）采用防静电橡胶传输带时，运送的 SSD 产品可不用离子化静电消除器进行消电处理。如果传输带为金属制品，则在 SSD 产品放到传输带前用离子化静电消除器进行消电处理再放到传输带上。

（3）对于金属传输带也可采取将 SSD 产品放在防静电托盘上利用金属传输带进行传送

作业。

（4）操作人员必须采取人体静电防护措施。如果操作现场铺设防静电地坪，操作人员只需穿戴防静电鞋和工作服即可。现场是否使用腕带可根据实际情况确定。

（5）要避免 SSD 产品在传输带相对滑动发生摩擦。

（6）在传输线可放置静电电压报警器（AP），当电压超过设定值（±10～±1000V），报警器报警（见图 6-9）。

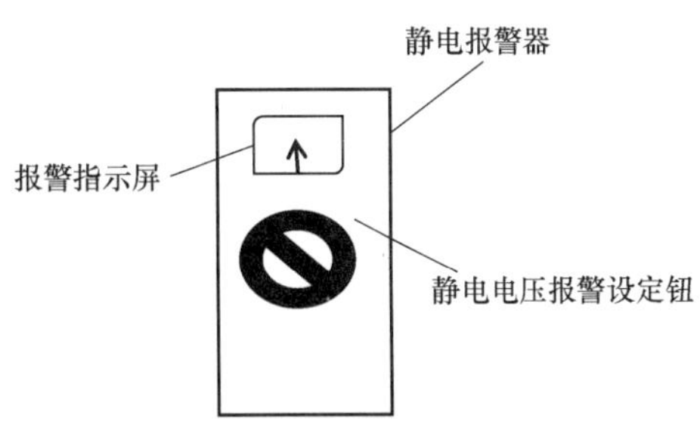

图 6-9　静电电压报警器

8．特殊工序防静电工艺要求

1）在 EPA 内有高电压作业要求

在 EPA 内工作台或附近有高电压设备或较大功率的射频设备时，首先要评估操作位置或放置 SSD 产品位置是否有静电电场和较高电磁辐射。如在操作位置表面静电电位超过±2000V 时和较高频率电磁辐射时，则尽可能将操作位置远离静电源和辐射源，或者将高压或射频设备搬移。如实现不了，就要对高压设备和射频设备采取屏蔽措施并接地，使操作位置静电电位小于规定要求。对于操作位置放置 CRT 显示屏并对 SSD 产品有不良影响时，可在显示屏前安置屏蔽网或屏蔽保视屏，以降低操作位置的静电场（见图 6-10）。在操作工位放置静电电压报警器，当电压超过设定值（±10～±500V），报警器报警。

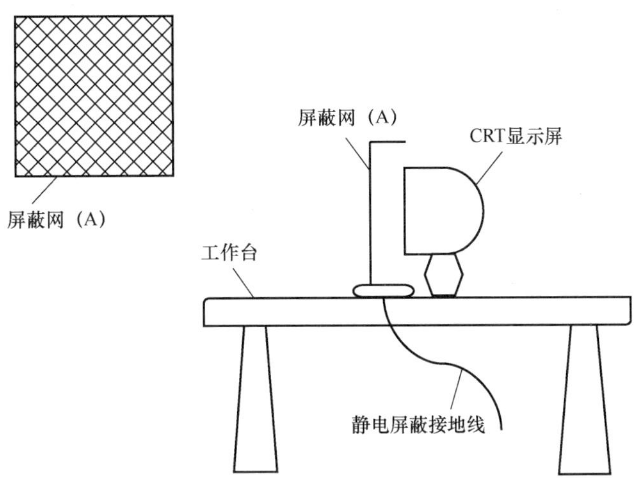

图 6-10　CRT 显示屏静电屏蔽措施示意图

2）SSD、PCB 喷漆、喷涂、喷砂的防静电工艺要求

对于需对带有 SSD 产品的 PCB 和有防静电要求的产品进行喷漆、喷涂处理时，应使用防止工作表面静电荷增加的电离空气压缩机。具体效果要以测试工作表面的静电电位阈值作为评估依据。通常残余静电的电位值要低于 SSD 产品静电敏感值。如不能满足要求，则需加大离子化静电消除器消电效率（放电针增加、功率加大等）和压缩空气气流速率。

压缩空气的净化程度应符合工艺要求。

在此类作业时，要对喷涂介质所带静电荷极性进行判定，以决定采用单极性离子化静电消除器还是双极性离子化消除器。

喷砂作业时如果存在静电防护问题，则采用体积电阻率小于 $1\times10^6\Omega\cdot m$ 的净砂浆来代替绝缘的干喷砂。喷砂的速度与静电产生率通过静电电位监测并适时控制。如喷砂绝缘电阻较高可采用低电阻率无腐蚀、不影响环境洁净度的溶剂处理以降低砂浆的电阻率。

3）某些剥离工序的防静电工艺要求

对于一般小剥离体（标识、标签、胶带等）剥离产生的静电消除，使用离子化静电消除器即可满足要求。通常操作时对离子化静电消除器的使用效果要进行评估。符合静电防护要求时，即可编制出操作规程。如不满足要求则要分析原因，提出解决办法。

对于大面积剥离体，例如液晶显示屏塑料保护膜的剥离产生的静电，则要使用功率较大离子风幕或离子风棒。通常满足在小于 10～20s 时间内能将液晶屏表面最高静电电位降至±35V 以下。其风速和除静电效率都要满足实际使用要求。

另外可以通过降低并规定保护膜的剥离速度来控制除静电效果。

对于某些打磨工序产生的静电，如产品没有湿度要求时，为了减少粉尘和保持环境洁净度，可使用水雾化静电消除器消除打磨部位产生的静电（此法一般不适用电子产品）。

4）SSD 产品清洗作业的工艺要求

使用高绝缘溶液清洗时，采用超声、喷洗时很容易造成 SSD 产品损害。这时要测定清洗时静电产生情况。如产生静电较多，则适当控制清洗速率，同时使用离子化静电消除器（枪）对清洗部位产生的静电进行消除。通常使其静电电位低于±35V 以下。

另外，在高绝缘溶液清洗半导体时，在清洗完移出液面时，要有一定静滞时间，不要过快移出，同时使用离子化静电消除器消除表面静电荷。

6.2.2 流动岗位防静电工艺

流动岗位的范畴如下：

（1）流水线的运转、检查岗位；

（2）PCB 手工取放自动测试岗位；

（3）流水线的临时诊察岗位；

（4）流水线的机修、检测岗位；

（5）SSD 产品搬运、运转岗位；

（6）某些临时操作岗位等。

1．流动岗位操作人员静电防护用品使用要求

（1）在 EPA 内，操作人员必须穿戴防静电工作服、帽。如工作场所铺设有防静电地坪，则人员还应穿戴防静电工作鞋（脚束）。如有洁净要求时还应穿戴防静电手套。

（2）在流动岗位的操作工位上应设置防静电腕带插孔。操作人员先将腕带插入腕带接地插孔后再操作。操作完再将腕带拔出腕带接地插孔。

（3）如操作工位没有设置腕带接地插孔，无法使用腕带，则必须穿戴防静电鞋和铺设

防静电地坪（地垫）以实现人体接地。

2．流动工位防静电工艺要求

（1）流动工位的防静电设施要求和固定岗位防静电设施要求基本一样，但是在穿戴防静电工作服、鞋后要进行走步电压测试（见第 4 章 4.7 节），人体最高静电电位均值低于±100V 符合要求后，方可允许上岗操作。如地坪不是防静电地坪，则操作人员不戴腕带不允许直接接触 SSD 产品。

（2）在搬运 SSD 产品时，所有 SSD 产品必须置于防静电包装内，其包装封口不允许打开。搬运时要防止人员与外包装之间摩擦。

（3）流动岗位人员的人体等电位连接电阻值应控制在 $3.5\times10^7\Omega$ 以下（包括服装、鞋、手套等对地电阻）。

（4）不允许流动人员穿脱工作服和做剧烈活动，以限定人体静电电位。

（5）对于流动岗位工作环境的相对湿度，在直接接触 SSD 产品的工序中，不应低于 45%RH；在不直接接触 SSD 产品的环境中不低于 30%RH。

6.2.3　计算机房、控制中心等电子机房的防静电要求

计算机房、控制中心的操作人员一般不直接接触 SSD 产品，但机房的防静电要求应达到相关的要求。

（1）操作人员身穿防静电工作服、鞋等，地坪具有防静电性能并可靠接地（防静电接地）。如不涉及机房维护等，操作人员可以不使用防静电手腕带。

（2）所有设备、计算机外壳必须接地（安全保护接地）。除专业维护人员外，一般操作人员不允许拆开计算机和机房设备。

（3）机房的环境温度、湿度应符合计算机机房相关标准要求。

（4）所用工作台、椅子、运转车等如无特殊要求，可使用普通办公器具。

（5）对于计算机和相关的电子信息设备维修时，应在 EPA 区域内进行。所有设施和操作应符合防静电工作区的相关规定和要求（见第 3 章）。

（6）使用的计算机键盘应使用防静电保护带（橡塑制品）并接地。这样人体的静电通过保护带泄放大地，不会因人体静电放电影响计算机工作（见图 6-11）。

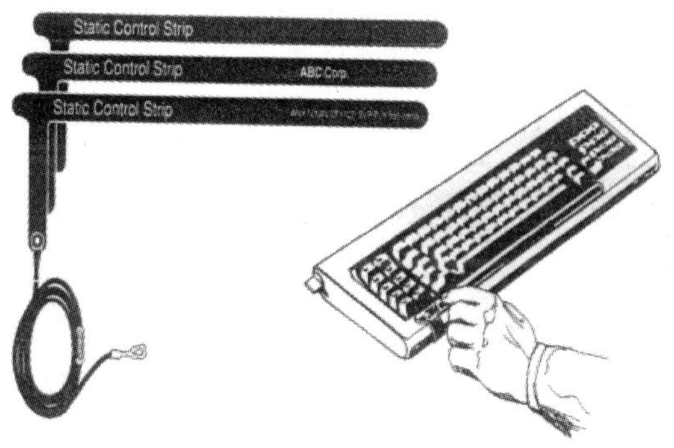

图 6-11　操作计算机时使用计算机防静电保护带

6.2.4 售后维修服务的防静电工艺

售后维修服务工作的场所的防静电要求因受现场环境条件影响，有时不容易实现。可以参照下列做法。

（1）工作台铺设防静电桌垫并设置接地。如没有现成的接地系统，可以将接地线与下水管道、暖气管道连接。连接时将管道锈迹清除干净，用铜箔片紧密接触包裹焊接或是用螺栓连接。

（2）操作人员身穿防静电服（或纯棉衣服、手套），手必须佩戴腕带和接地线相连。

（3）所用包装袋（盒、托盘、发泡等）应具备防静电性能。

（4）使用防静电烙铁或外壳接地的“三芯”电烙铁。

（5）有时可根据需要配置一台离子化静电消除器，使操作部位置于静电消除器的有效工作范围。

（6）没有工作台时，可配备一个用静电耗散材料制作的维修包（内置防静电工具），维修包有接地端子，操作时将其接地并和操作人员腕带连接一起形成等电位连接再连接到周围金属管道上。此时 SSD 产品维修可以在维修包上操作。

（7）在工作台或者维修包上尽可能将不用的绝缘制品移出。所用 SSD 产品的端口在焊接前一定用导电发泡、金属线、短路连接器作等电位连接。不要使管脚悬空放置。

（8）操作现场有条件时，可铺设防静电脚垫并接地。如没条件，操作人员只能佩戴腕带并接地。需要注意的是，无接地线的腕带是不能使用的，因其不能泄放人体静电并实现等电位接地。

（9）在操作现场有时没有可接地的管道，此时可以利用现场电器的金属外壳（该电器必须有保护接地插头和现场有保护接地端子）作接地端子。

（10）有时在没有防静电桌垫或工作台的情况下，可以购买防静电喷剂，喷洒在操作位置上，使其短时间内具有防静电效果。通常要经常处理操作位置，其处理的频度取决于操作频繁程度。

6.2.5 参观和外来人的防静电要求

（1）参观人员（和现场操作无关人员）进入工作区时，必须身穿防静电工作服和防静电鞋（束）、帽子，并经检验合格。如有洁净要求时，还应符合相关要求。

（2）不能越过地坪标识线（防静电工作区的标识线）靠近操作人员。

（3）严禁触摸防静电操作台、传输线、运转车、存放柜放置的 SSD 产品和其他工具、物品等。

（4）不允许穿脱工作服和做剧烈活动。

（5）离开防静电工作区后方可脱工作服和鞋（脚束）。

（6）现场应有接受过防静电培训的人员陪同参观人员或其他外来人员。

6.3 防静电质量管理

电子产品生产、存储、运输过程中的静电防护工作涉及工作单位各个领域，决不能认为只是质量或技术部门、ESD 管理小组的事情。防静电质量管理是一项非常重要的工作，必须引起企业各部门和领导的重视。

6.3.1 企业涉及静电防护工作的部门

静电防护工作牵扯到的部门和人员如图 6-12 所示。其中任一环节没有衔接好，都可能影响产品的质量。

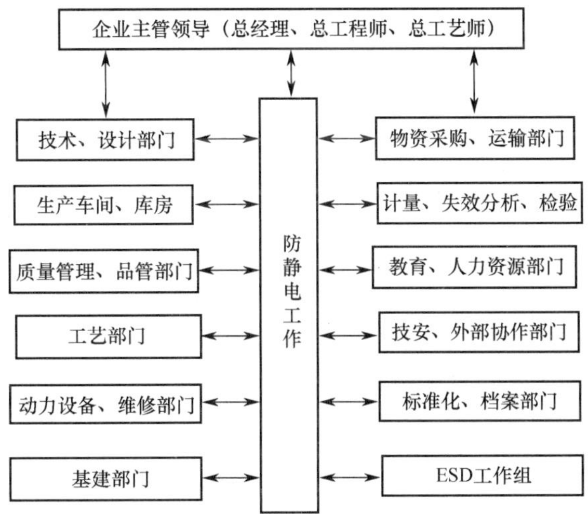

图 6-12 企业静电防护工作涉及部门框图

6.3.2 领导和有关部门管理人员职责

1. 企业领导（总工程师或总工艺师）职责

（1）总经理或总工程师（总工艺师）应是企业 ESD 管理工作总负责人。

（2）从工作和经费方面支持各部门 ESD 防护工作和企业 ESD 工作小组工作。

（3）尊重有关专家意见和国际标准对建立和完善企业 ESD 防护体系总负责。

（4）定期召开静电防护工作研讨会、评审检查会、表彰先进促进工作健康发展。

（5）监督企业 ESD 培训、教育和考核工作。

（6）熟悉静电防护专业知识，协调各部门和 ESD 小组静电防护开展工作。

（7）制定 ESD 工作规划和任务并定期检查落实。

2. 生产车间管理人员和相关人员职责

（1）将静电防护工作纳入安全生产和产品质量管理当中，并制定相应管理制度。

（2）严格按照ESD产品的工艺要求和管理制度组织生产。

（3）配合人力资源部门组织车间职工学习和熟悉静电防护知识并定期组织考查。

（4）对生产各个环节进行防静电监督和管理。

（5）支持ESD小组工作，配合解决生产过程出现的ESD问题。

（6）监督各工序操作人员严格按照工艺要求生产ESD产品。

（7）负责车间使用的各类防静电工具、器具（离子化静电消除器等）的维护和管理。

3. 品质管理部门及相关人员职责

（1）负责建立ESD系统质量管理体系。

（2）定期检查各有关部门及人员对质量体系执行情况。

（3）定期对产品开展失效分析，分析不良品出现原因。

（4）定期开展提高产品品质研讨会，针对问题向工艺部门提出工艺和质量改进方案。

（5）配合生产车间及有关人员、ESD小组检查ESD防护措施。

（6）配合ESD小组定期检查防静电系统、工程、用品和防静电设施质量。

4. ESD工作组职责

（1）协助企业负责人制订ESD管理规划。

（2）负责企业各部门的ESD工作执行情况检查。

（3）对原有ESD项目和新开展ESD项目检查和审查。

（4）配合质检部门对购入防静电装备、用品和防静电工程进行质量核查。

（5）对防静电测试设备、仪器购买和计量、报废提出计划并负责监管。

（6）审查企业ESD工艺和监督执行情况。

（7）跟进国、内外相关防静电标准，对企业防静电工艺、设施提出改进方案。

（8）配合工艺、质检部门检查防静电系统运行情况，发现问题及时提出改进意见。

（9）负责企业ESD标准制定并跟进执行情况。

5. 工艺部门及相关人员职责

（1）为生产、存储、运输过程各工序提出防静电工艺。

（2）编制新项目防静电施工方案和防护措施。

（3）提出防静电系统接地方案和工艺要求。

（4）编制各工序防静电操作规程、有关工艺文件管理制度。

（5）提出各工序的防静电装备、用品、器材的清单。

（6）根据发展需要不断提出静电防护技术、新材料、新措施、新工艺，完善静电防护效果和降低成本。

（7）配合ESD小组参与企业防静电标准制定。提出企业防静电各种标识及使用规定。

（8）制定静电防护方面的工艺纪律和考核文件并配合ESD小组进行定期检查和考核。

6. 技术和设计部门及相关人员职责

（1）提出企业生产仪器、设备中所有型号的SSD产品的静电敏感度和放电损害类型。

（2）向工艺部门提出这些SSD产品防护措施并进行标识和说明。

（3）对生产的仪器、设备采取有效防护措施（防护电路、去耦、接地、屏蔽、抗浪涌、旁路等）和设计，保护 SSD 产品不受损害。

（4）在负责编制的设计书、装配图、技术说明书、维修手册、检验说明、老练筛选、例行实验、检验要求中要说明这些 SSD 产品型号、种类、技术指标和静电敏感度。

（5）配合 ESD 小组、工艺部门审查各工序防静电工艺、防静电措施、防静电工程技术方案是否合理。

（6）配合 ESD 小组参与企业防静电标准制定。

（7）配合品管部门参与企业 SSD 产品失效分析，为品管部门提供管理依据。

（8）负责 SSD 产品设计要满足技术标准中的防静电要求和指标。

7．标准化和档案管理部门职责

（1）负责对工艺文件、产品设计及文件、防静电标识使用、技术标准等进行标准化审查，对其中存在的问题提请相关部门改进。

（2）协助 ESD 小组编制企业的防静电标准和参与相关管理工作。

（3）负责企业的各防静电标准、相关技术资料、检测实验资料、防静电工程和系统设计资料、检测设备和仪器技术资料存档和查阅管理。使其在档案使用有效期内可以查询和溯源。

（4）配合人力资源部门定期开展防静电标准宣贯。

（5）定期组织有关部门和国内、外标准化机构进行交流、研讨防静电标准和相关技术。

8．动力、设备维修部门职责

（1）配合人力资源部门定期对动力和维修部门员工进行防静电知识培训和考核。

（2）负责对企业所用设备、仪器维护和防静电测量仪器维修。

（3）相关人员在维护设备时，严格遵守相关防静电操作规程和管理要求。

（4）负责车间各地线系统（包括安全保护接地、其他接地）、企业内电力系统铺设、管理、维护，发现问题及时处理。

（5）负责定期检验各接地地线系统。配合 ESD 小组定期检验防静电系统接地。

（6）负责车间、库房环境控制系统（温度、湿度、洁净度等）管理和维护。

9．基建部门职责

（1）按技术和设计、工艺部门要求，负责企业防静电工程、装修项目的施工。

（2）负责会同 ESD 小组、质量部门、车间、工艺部门组织对防静电工程和装修项目验收。

10．计量部门职责

（1）按技术、质量要求会同质量部门定期计量防静电检验仪器、环境测量仪器、设备，使其可靠和无故障使用。

（2）负责编制计量、校准规程，并符合相关规定。

（3）负责企业内不能计量、校准的仪器外部协作校准。

（4）协同档案管理部门负责所用计量、校准资料存档。

11．教育、人力资源部门职责

（1）负责企业的 ESD 三级培训和各级员工上岗考核，并颁发上岗资格证。

（2）负责企业 ESD 培训教材编写和外请老师。

（3）负责企业技术、品管、工艺部门有针对性的专题培训和开研讨会。

（4）负责企业各级领导和员工的 ESD 考核，并将成绩存档作为员工绩效依据。

12. 库房管理、运输部门职责

（1）根据工艺和品管部门的相关要求，负责 ESD 产品存储、运输。

（2）严格按照工艺部门的工艺要求，编制产品存储和运输规程。

（3）保证仓库、存储环境条件符合 ESD 产品存储要求。

（4）编制员工操作规程，并严格执行和考核。

（5）所有收、发、配料人员要按工艺要求和相关规定操作 SSD 产品。

13. 物资和采购部门职责

（1）严格按照品管和技术部门提出的要求，采购符合质量要求、资质要求和第三方检验机构检验合格的供货企业产品，并经企业 ESD 工作小组认可和实行定点采购。

（2）物资和采购部门人员熟悉采购的防静电用品和装备的技术、质量指标并定期参加有关防静电培训和考核。

（3）采购人员在采购 ESD 产品时，应检查外包装是否张贴警示符号。

（4）不允许随意打开 ESD 产品包装，损坏 ESD 产品包装。

（5）采购人员在产品装箱单内应检查以下文件，如缺失有权拒收：ESD 产品型号；验收标准名称；第三方质量检验报告；警示标识；生产日期；生产企业名称；企业地址；产品自检合格证；产品质量保证期；存储环境要求；联系方式等信息。

（6）如发现 ESD 产品包装损坏或实际装箱产品不符合要求应及时退给生产企业更换。

6.3.3 EPA 的管理

防静电管理内容如下。

1. 对造成静电损害的现场和原因进行分析

（1）根据 SSD 产品失效记录，对 SSD 产品进行分析，对所有 SSD 产品列出清单，统计出流量、流向及存储周转情况，找出有规律的 SSD 损害环节。

（2）在生产、组装、测试 SSD 产品时，针对不同敏感度的 SSD 出现的静电互联与感应等现场情况作出判断，找出产生互联感应原因。

（3）对产生失效的 SSD 产品的生产现场、转运、存储各工艺环节和各类操作进行分析找出并根据数理统计分析失效原因，提出改进方案。

（4）对生产环境可能造成 SSD 产品失效的特殊工序进行评估，提出预防措施。

（5）对生产环境条件（温度、湿度、洁净度等）进行评估，提出管控工艺建议。

（6）对生产条件和工艺变更所导致的 SSD 产品失效的原因要进行分析并找出。

（7）所有失效分析报告和结论要存档，以备质量溯源。

2. SSD 产品的静电防护性能设计要求

（1）产品的设计包括电路、结构、抗静电放电浪涌、屏蔽接地、滤波、绝缘、钳位、旁路、接地、安全等各方面设计，提出防护指标并使生产的 SSD 产品能达到其设计要求，同时列入产品的技术指标规范。

（2）在产品技术说明、维护和使用指南中要明确注明：静电耐压等级；静电屏蔽等级；操作使用注意事项等。

3．所需防静电工艺文件种类

企业的防静电工艺文件有：企业各工序防静电工艺有各操作工位的工艺；操作卡；检验卡；操作工位的防静电器材配置明细表；配套的工艺文件有装配过程卡；工艺流程图；计量器具明细表及其他工艺文件。

上述的工艺文件是静电防护作业和管理文件的基本规定，其执行得好与差直接关系到产品质量的优与劣。所有工艺文件封面应打印防静电警示符号，以提醒相关人员注意。

每次结合新技术改进时，应一次性完成静电防护措施建设及相关防静电工艺文件。

工艺文件涉及防静电检查、测试条款时，应明确仪器及相关测试要求。有时需指定测试设备和仪器。

4．防静电质量管理文件和制度

防静电质量管理文件和规程有：

（1）各级部门、人员管理规定和责任制；

（2）静电测量仪器、设备的计量与管理制度；

（3）标准化及文件管理制度；

（4）物资和防静电用品的采购、使用管理制度；

（5）防静电质量管理制度和质量体系文件。

5．防静电系统与工程的管理

防静电系统与工程设计和管理有下列要求。

（1）根据 SSD 产品生产、存储的工艺要求和技术要求及相关的防静电标准（IEC 61340-5-1、ANSI/ESD S20.20、GJB 3007 等），提出设计要求和验收要求并制定成专门文件。

（2）根据设计及标准要求，购买防静电工程材料和防静电用品。购买物品和材料要分类列出购买清单并经质量检验合格。提供产品的供应商资格应通过审查。

（3）防静电系统与工程是指整个防静电工作区的整体，绝不是单纯的“地板”或“工作台”等设计，其包括：接地系统；环境控制系统（温湿度、洁净度等）；地坪和墙壁；物流专递（运转车、传输带等）；人体防静电用品；包装用品；操作系统（工作台、椅子等）；存放、储存物品（存放柜等）；专用生产器具（烙铁、工具）；生产设备（波峰焊机、SMT 生产设备、烘箱、测试仪器等）；离子化静电消除器等。

（4）系统和工程按设计要求施工和配置。

（5）系统和工程要达到以下要求：

① 防静电工作区或生产线有防静电区域界限和警示标识；

② 工程和防静电系统质量检测全部符合设计技术要求，其他要求像环保指标、机械强度、耐污染性、起尘性、色差等指标也应符合设计要求；

③ 防静电效果应持久，满足设计要求；

④ 具有易操作、维护方便等特点；

⑤ 系统及工程有第三方检验机构检测验收报告，并存档；

⑥ 有完整的系统与工程维护和管理条例，并定期检查。

（6）整个系统和工程的静电防护工作计划、技术质量、物料、资金、资料等均应纳入企业管理渠道。

6.3.4 企业领导、员工 ESD 的培训与考核

企业员工全员的 ESD 培训是非常重要的，许多静电损害事件的发生，都是因员工没有静电防护知识和不正确操作造成的；企业员工培训主要指以下人员：

（1）新进厂职工和接触操作 SSD 产品的职工；

（2）企业的各级领导；

（3）与 SSD 产品有关联的设计、技术、工艺、物管、品质管理人员；

（4）EPA 内的设备、仪器维护、维修人员；

（5）采购、物资供应人员；

（6）标准化、ESD 小组工作人员。

企业应有周期性培训及考核计划。培训课程应按实际需要和文化程度分为基础培训（一线生产员工、库房员工、采购物资管理人员）、中级培训（技术、工艺、品管、设备仪器维护、设计人员、车间和科室管理者）、高级培训（ESD 小组人员、总工程师、总工艺师等）。

培训考核要和企业绩效挂钩，其考核成绩作为人员晋升和技术管理考级的依据之一。

不同职工和管理人员培训内容和课程可参照表 6-2。

表 6-2 企业职工 ESD 培训课程

培训人员分类	培训课程											
	静电危害及防护原理	静电敏感器件及失效分析	防静电工作区构成与环境要求	接地技术与接地系统施工及检验	防静电用品与分类、存储运输要求	防静电工程施工与质量检验	防静电产品检验与防静电管理	电子元器件静电防护设计	静电测量与仪器知识	防静电工艺及操作、质量管理与认证	离子化技术与使用和检验知识	防静电标准与标准化
企业各级管理人员	0									0		
企业员工	0				0					0		
工艺、技术、设计、质量管理人员	0	0	0	0	0	0	0	0		0	0	0
ESD 小组成员	0	0	0	0	0	0	0	0	0	0	0	0
设备管理、维护、修理人员	0		0	0		0			0		0	
采购、物管人员	0			0	0							
标准化、技改管理人员	0		0			0				0		0
基建、动力管理人员	0		0	0		0						
质量检测人员	0	0			0		0			0		0
其他涉及静电防护工作人员	0									0		

注：0 符号表示从事不同工作的职工需培训的相关课程。

第7章 防静电工作区防静电质量体系认证与评审

对电子生产企业EPA的防静电系统开展质量体系认证和评审，对提高企业管理水平、全体职工素质、电子产品质量，规范企业管理具有重要意义。目前电子行业对防静电系统及质量体系认证大都是参照ANSI/ESD S20.20《静电放电控制程序》和IEC 61340-5-1《电子器件静电的防护—基本要求》这两个基础标准。同时以GJB 3007《防静电工作区技术要求》、SJ/T 10694标准作为补充。以下详细介绍对EPA防静电系统进行质量认证所涉及的内容、方法及要求。

本ESD防护体系质量认证和评审适用于在电子行业设计、制造、使用和维护工作中，静电防护所需基本要求的认证和检查，用于那些易被大于或等于100V人体模型（HBM）、200V 器件带电模型（CDM）的静电放电损坏的电子元件、装置和设备的生产、加工、装配、安装、包装、标签、服务、测试、检查。当操作敏感度小于100V（HBM模型）和200V以下（CDM模型）的SSD产品时，还应增加一些有针对性的技术和质量评审要求。

7.1 防静电质量体系评审基本要求和范围

1. 认证与评审目的

通过对EPA防静电系统从技术、工艺、环境、设备、培训、质量体系及管理手册等方面进行评审，使评审认证后的EPA防静电系统的质量体系能够持久、有效、可控，并可以根据技术、管理的发展不断地更新和改进。

2. 认证和评审范围

认证的防静电系统适用于那些易被大于或等于100V人体模型（HBM）、200V器件带电模型（CDM）静电放电损坏的电气或电子元件和组件的生产、加工、装配、安装、包装、标签、服务、测试、检查。该认证评审不适用于电气爆破装置、易燃液体、气体、粉体和火工行业。对其他范围的静电敏感产品，还应增加一些有针对性的技术和质量评审要求。

3．认证和评审要求

该认证和评审包括质量管理、设计、生产、检查、监测、储运、安装、使用、维护、技术等方面要求，防静电系统、质量体系及管理手册应符合认证和评审要求。而且对于根据发展所增写的防静电系统及管理手册中的新条款也应符合认证评审要求。通常体系认证和评审周期为三年。

4．认证指导

通过认证的防静电质量体系应能对相关工作起到指导作用。

5．修改

随着发展，质量体系与管理手册中的一部分内容可能不再适用。通过对每个具体条款、内容的实用性评估来完成修改，可能会增加或删除某些条款，包括基本原理在内的修改意见应在质量体系与管理手册的修订文件中注明。体系文件及管理手册周期性修改，由企业根据实际情况确定。

6．生产企业开展防静电质量体系认证的基本条件

开展防静电质量体系认证企业所具备的基本条件有以下几方面：

（1）已建立完整防静电硬件系统和管理系统。

（2）已按国际标准（ESD/ESD S20.20；IEC 61340-5-1）和国内相关标准建立了完整防静电质量体系和编写质量手册并运行。

（3）该质量体系运行三年以上时间。

7．防静电质量体系认证流程

防静电质量体系认证流程如图 7-1 所示。

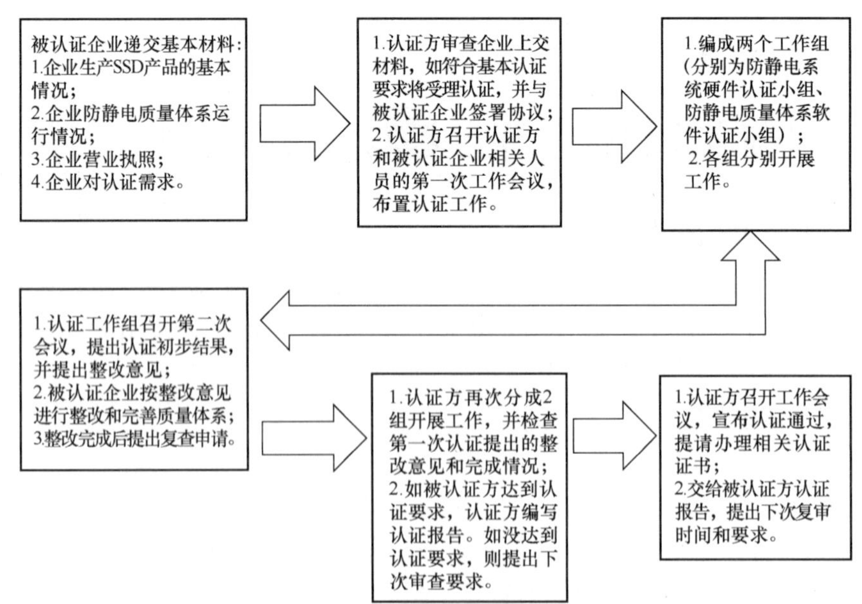

图 7-1　防静电质量体系认证流程图

7.2　防静电工作区防静电系统评审及要求

7.2.1　职工培训评审

最初和周期性的静电防护培训应该针对每个操作、工艺、技术、质量、设备、管理人员及可能接触到静电放电敏感器件的人。静电防护培训的内容、次数、效果（达到目标）应该在培训计划中有明确的表述，培训计划和培训记录应存档。培训方法和方式由组织者选择，培训应该确保受训人员能够完全理解并得到足够的培训。

7.2.1.1　培训审查要求

（1）要求被审查的质量体系及管理手册中有操作职工和技术质量管理等人员的分层次培训和考核管理条文。

（2）培训和考核记录有存档，其涉及 ESD 工作人员总数的 100%，要求企业有三年记录。

（3）企业有针对不同层次人员的周期性培训计划（书）。

（4）现场随机考核操作职工和技术质量管理等人员（可以笔答或口答形式）。考核内容可参照表 6-2 选择。

7.2.1.2　考核内容及所涉及人员

培训、考核内容及所涉及人员可参照表 6-2。

7.2.2　SSD 敏感度分级及标识

如没有特殊要求，本节可不作为认证评审的内容。

企业应提供对 SSD 产品依据人体模型（HBM）、带电器件模型（CDM）、设备放电模型（MM）、人体金属模型（BMM）进行分级报告。通常应给出采购明细和实验报告并在 SSD 产品或包装上张贴符合规定的标记。特殊情况不能提供时，应作出说明，为防静电工作区的建立提供设计依据。其参考文献如下：①ANSI/ESD STM5.1（HBM）；②ANSI/ESD STM5.2（MM）；③ANSI/ESD DS5.3.1（CDM）；④IEC 61340-3-1 静电放电模型（HBM）；⑤IEC 61340-3-2 静电放电模型（MM）；⑥IEC 61340-3-3 静电放电模型（CDM）；⑦GJB 1649《电子产品防静电控制大纲》。

7.2.3　防静电工作区接地评审

1．ANSI/ESD S20.20 要求

（1）设备接地导线（导体）电阻<1Ω（AC）。

（2）辅助接地（至设备接地导体）电阻<25Ω（DC）。

（3）防静电等电位连接电阻$<1\times10^9\Omega$。

（4）连接方法：参照 ANSI/ESD S6.1；认证测试 TR53。

（5）采取设备接地和防静电接地共用接地极方式。

（6）接地线的安装要求符合 GB 50169《电气装置安装工程接地装置及验收规范》。对于等电位共用接地系统，各接地系统不得混接或串接，应采取共用接地极方式。

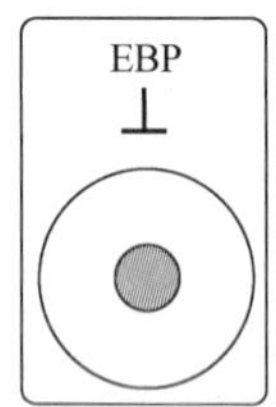

图 7-2　设置专用接地标识

（7）EPA 内所有防静电装备要与防静电接地线相接，不能采取串联连接。

（8）所有设备、仪器、金属体外壳（隔断、架子、管道等）和设备保护接地相接。

（9）防静电接地点设置专用接地标识（见图 7-2）。

（10）有检查接地系统和接地电阻测试及记录（3 年以内）。也可现场测试，测试结果符合标准要求。

2. 补充要求

有些企业不能执行 ANSI/ESD S20.20 规定时，可参照下列方法审查：

（1）如有特殊要求，双方协议后可采用安全保护接地和防静电接地分别接地方式。单独防静电接地电阻<10Ω（SJ/T 10694）。

（2）共用接地系统时，按照国家有关标准以各接地系统最小接地电阻值为评审要求。

7.2.4　人员安全评审

该评审提到的条款和 EPA 内设备可能涉及在危险工作条件下触电的人。该设备的管理和使用者应该负责设备的选择，遵守安全法律法规以及国内外的政策规定，同时应该注意该文件不能取代或代替人员安全的任何要求。审查要求如下：

（1）要防止错误的接地方式和考虑其他安全保护措施。所有设备、仪器、金属体要与保护接地可靠相接。

（2）电气系统应有漏电保护或过电流、过电压保护装置或其他适用的保护措施。

（3）EPA 内有危害人身安全的高电压设备的，应贴有高电压设备标识。

（4）对职工有防触电的训练和培训，其涉及 ESD 工作人员总数的 100%。有三年的记录和培训计划。

（5）凡涉及人身安全的防静电装备接地，都应采取间接接地（串接 1MΩ、1/4W 电阻或其他方式的软接地）。涉及人身安全的防静电装备、用品有地坪、工作台、鞋（脚束）、腕带等。要求有三年的检查测试记录。

7.2.5　人员接地评审

EPA 内所有的人都应该接地。当人员在 EPA 时，他们应通过腕带系统、工作服或防静电鞋与地线和防静电地坪接触。但必须注意：当接地人员操作通电机器时，必须注意人身安全和相关法规，必须采取间接接地（下限 1×10^5～$1\times10^6\Omega$）。

根据以下要求确定接地是否符合要求。

（1）通过腕带接地：对地电阻<3.5×10^{7}Ω；通过工作服接地：对地电阻<1× 10^{9}Ω。

（2）通过鞋一地坪系统接地：

① 对地电阻<1×10^{9}Ω。测试时每只脚要分别测试，都要通过（测试标准 ANSI/ESD S20.20，认证测试 TR53；IEC 61340-4-3）。

② 人手持接触式静电电位计行走时，人体电位<100V（五个正峰值或五个副峰值的平均值）。注意：所用静电电位计的线性误差、采样速率、一致性等满足测试要求（IEC 61340-4-5）。

认证测试时，要求（1）、（2）项都要通过。

（3）要求评审人员检查企业三年的①项检测记录或现场抽样测试；对于②项，检查 EPA 地坪改造后、新购工作鞋和日常周期性抽样检测。检查三年测试记录，现场测试时抽样数量根据实际情况确定。

7.2.6　防静电工作区（EPA）评审

7.2.6.1　EPA 环境审查要求

（1）EPA 应有环境温、湿度控制系统，湿度保持在 45%～75%RH 范围，或根据企业要求。温度符合企业规定要求，必要时现场随机检验。

（2）EPA 环境洁净度、人员洁净用品、生产设备、过滤和新风系统、电磁环境等符合标准相关规定和企业要求。注意：对于生产光电器件、液晶显示屏、太阳能电池等企业必须提供环境洁净度和湿度测试报告，并符合要求。

（3）有 EPA 环境三年的温度、湿度记录和相关洁净度等环境管理文件（必要时检查测试报告或现场测试）。

（4）EPA 区域要有防静电工作区标识和相关标准规定的其他规定标识。

7.2.6.2　EPA 地坪审查要求

（1）地坪对地电阻<1×10^{9}Ω（参照标准 ANSI/ESD S20.20，认证测试 TR53 或 IEC 61340-4-1）。

（2）不能使用金属地坪（特殊情况下做不到要做说明和提供相关解决方案）。下限电阻 1×10^5～1×10^{6}Ω。每个独立地坪至少有二个以上接地连接点。

（3）当 EPA 内不是防静电地坪时，对人员接地，座椅、运转车等利用防静电地坪接地的装备必须有相关要求和说明。

（4）利用防静电蜡或导电溶剂处理的短时效地坪，不能通过审查。

（5）企业有地坪三年检验报告或审核方现场随机检验。

7.2.6.3　座椅审查要求

（1）ESD S20.20 规定椅面对地电阻<1×10^{9}Ω，IEC 61340-5-1 规定椅面对地电阻<1× 10^{9}Ω（产品测试 ESD STM12.1，认证测试 TR53；IEC 61340-5-1 表 3，测试方法：IEC 61340-2-3）。

（2）不能使用整体金属结构的椅子，至少有二个以上接地轮（导电橡胶）。采用接地链条和金属轮时，要审查座椅面至地坪表面、地坪接地端子电阻。

（3）企业有三年检验报告或审核方现场随机检验，样品量根据现场情况确定。

7.2.6.4 工作台和存放架（柜）审查要求

（1）对地电阻<$1\times10^9\Omega$（测试方法：产品测试 ESD S4.1，认证测试 TR53；IEC 61340-5-1 表 3、测试方法：IEC 61340-2-3）。

（2）工作台对地电压<200V（测试方法：ESD S4.2）。

（3）工作台和存放柜表面应使用静电耗散材料，但为金属材料时，表面必须铺垫接地的静电耗散材料或者将 SSD 放置在防静电容器，不要裸放在金属表面上。

（4）工作台接地点（铆接处）要用静电耗散材料（胶、树脂涂覆等）进行处理；所有工作台、存放架（柜）单独与地线相接。

（5）工作台、存放柜接地线连接符合要求，具有机械强度和良好电气连接并防锈蚀，不允许缠绕连接。

（6）企业有三年检验报告或审核方现场随机检验。

7.2.6.5 工作鞋（束、鞋套）审查要求

（1）ANSI/ESD S20.20 规定工作鞋对地电阻<$1\times10^9\Omega$。IEC 61340-5-1 规定：防静电鞋（束）电阻<$1\times10^9\Omega$（产品测试 STM9.1，认证测试 TR53；IEC 61340-5-1，测试方法：IEC 61340-4-3）。

（2）企业有三年检验报告或审核方现场随机检验。

（3）鞋底无破损、沾有绝缘漆和胶等。

（4）在洁净厂房使用工作鞋、鞋套等要符合有关标准的洁净度规定。

7.2.6.6 工作服审查要求

（1）ANSI/ESD S20.20 规定点对点电阻<$1\times10^{11}\Omega$、带接地端子的对地电阻<$1\times10^9\Omega$、穿戴时或腕带利用工作服接地的电阻<$3.5\times10^7\Omega$（产品测试 STM2.1，认证测试 TR53）。

（2）IEC 61340-5-1 规定点对点电阻<$1\times10^{11}\Omega$，带接地端子的对地电阻<$1\times10^9\Omega$（测试方法 IEC 61340-4-9）；穿戴时或腕带利用工作服接地的电阻<$3.5\times10^7\Omega$。

（3）工作服应为 A 级耐洗涤。表面无破损脏污，非防静电衬里不超过总面积 20%，结构为“三紧式”。有洁净要求时还应符合相关标准要求。工作服应将胳膊和身体区域覆盖。表面电气连通性好，有 ESD 标记，在湿度低于 40%RH 环境中，纯棉工作服不能代替防静电工作服；根据国内使用情况，可采用摩擦带电量指标检测工作服。

（4）企业有三年检验报告或审核方现场随机检验。

7.2.6.7 离子静电消除器审查要求

（1）ANSI/ESD S20.20 规定非环境系统电离器偏移电压<±35V；静电消除时间和测试距离由用户确定（产品测试 STM3.1，认证测试 TR53）。

（2）IEC 61340-5-1 规定非环境系统电离器静电消除时间<20s（±1000～±100V），偏移

电压<±35V（IEC 61340-5-1，测试方法 IEC 61340-4-7）。

（3）电离器电气安全性能应达到 GB 4793《测量、控制和实验室用电气设备的安全要求第 1 部分：通用要求》规定；臭氧和二氧化氮浓度应达到 GBZ 2.1《工业场所有害因素职业接触限值—化学有害因素》规定值，臭氧浓度不超过 0.3mg/m^3。

（4）企业有三年检验报告或审核方现场随机检验。

（5）现场操作的 SSD 敏感度高于电离器偏移电压时，须提供解决技术方案，并经认证通过。

（6）在有洁净要求的生产环境中，应对电离器污染程度进行评估认证。

（7）对放射性离子化静电消除器，除了消除静电指标符合相关要求，安全性也要符合相关规定。

7.2.6.8 防静电包装容器（各类软包装，如盒、箱、垫等）审查要求

（1）ANSI/ESD S20.20 规定内外表面电阻：导静电型<1×10^{4}Ω；静电耗散型 1×10^4～1×10^{11}Ω（测试方法：ESD S11.11、S11.12）；屏蔽型袋内放电耦合能量<50nJ（测试方法 ESD S11.31）。

（2）IEC 61340-5-1 规定：导静电型内外表面电阻<1×10^{4}Ω；静电耗散型 1×10^4～1×10^{11}Ω（测试方法 IEC 61340-5-3）；屏蔽型袋内放电耦合能量<50nJ（测试方法等效采用 ESD S11.31，新颁布的标准已改为<20nJ）。

（3）使用不同功能包装应有图 3-4 所示标识。EPA 以外应使用静电屏蔽包装或静电耗散和低起电型（纸和木制等）组合的二层隔离封闭包装。包装表面无破损，无起尘，无污染。不能使用表面、体积电阻<1×10^{4}Ω 的材料做 SSD 内包装。

（4）禁止将装有 SSD 产品的静电耗散类包装和绝缘包装、垫材等叠放在一起。

（5）职工应正确按不同用途使用不同功能包装。现场需考核操作职工，并记录。

（6）使用抗静电剂处理的短时效包装应贴有标识并注明有效使用期。

（7）在洁净环境中，包装表面洁净要求要符合相关标准要求。

（8）企业有三年检验报告或审核方现场随机检验。

7.2.6.9 移动设备（运转车、传输带）审查要求

（1）ANSI/ESD S20.20 规定对地电阻<1×10^{9}Ω（产品测试：ESD S4.1，认证测试：TR53）。

（2）IEC 61340-5-1 规定对地电阻<1×10^{9}Ω（测试方法：IEC 61340-2-3）。

（3）移动设备（运转车、传输带）表面应使用静电耗散材料。但为金属材料时，表面必须铺垫接地的静电耗散材料或者将 SSD 放置在防静电容器内，不要裸放在金属表面上；防静电移动设备应有二个以上接地轮（橡胶轮、金属轮）或接地链（检查装备表面对地电阻）。

（4）传输带必须和设备保护接地连接，同时应有带体静电电位检验记录。

（5）企业有三年检验报告或审核方现场随机检验。

（6）地坪不具有防静电性能时，运转车防静电应有技术方案。

7.2.6.10 腕带审查要求

（1）ANSI/ESD S20.20 规定：线电阻为 0.8×10^6～1.2×10^{6}Ω、带内表面电阻<1×10^{5}Ω；

带外表面电阻>$1\times10^7\Omega$、人戴腕带时对地电阻<$3.5\times10^7\Omega$（产品测试：ESDS1.1，认证测试TR53）。

（2）IEC 61340-5-1 规定：穿戴时对地电阻<$3.5\times10^7\Omega$、带内表面电阻<$1\times10^5\Omega$；带外表面电阻>$1\times10^7\Omega$、线电阻<$5\times10^6\Omega$（测试标准 IEC 61340-4-6），穿戴时下限电阻值符合当地电气安全要求。

（3）操作人员正确佩戴腕带和了解使用腕带注意事项。

（4）企业有三年检验报告或审核方现场随机检验。

（5）腕带接地良好，接地线电阻不超过 10Ω（ANSI/ESD S20.20）。

（6）不能使用金属带体和带体内表面无导电丝的腕带。

7.2.6.11 手套、指套审查要求

手套、指套检测参照 ANSI/ESD S20.20 SP15.1、IEC 61340-5-1、GJB 3007 等要求。

（1）手套、指套内外表面之间、外表面两点之间电阻为 $1\times10^5\sim1\times10^9\Omega$，对穿戴时的电阻测试。

（2）静电衰减时间<2s（±1000～±100V）（产品测试：IEC 61340-5-1）。

（3）操作人员正确佩戴手套、指套。手套、指套无破损和脏污。

（4）纯棉布手套在湿度低于 40%RH 环境中不适用。在洁净环境使用手套、指套符合相关规定。

（5）企业有三年检验报告或审核方现场随机检验。

7.2.6.12 设备（仪器、仪表、生产设备）等审查要求

（1）EPA 内的所有自动取放设备（仪器、仪表、生产设备）外壳和设备保护接地相接，接地系统设置符合有关标准和规范要求。

（2）对于生产设备（焊接、贴片等）、高电压设备（CRT 显示器等、交直流高压电源等）等，在其周围有较强静电场辐射，且在 SSD 操作位置 300mm 以内的静电电位超过±100V 时（必要时±35V 以下），应有屏蔽、隔离等技术方案并予以实施；或在某点电位超过 2000V 时，操作 SSD 产品位置距该点 30cm 以外。距 SSD 产品 1 英寸（≈2.54cm）距离电位不得超 125V（ANSI/ESD S20.20）。

（3）设备的漏电，特别是检测和焊接 SSD 产品的仪器设备漏电符合相关标准要求。

（4）企业有三年检验报告或审核方现场检查记录。

7.2.6.13 手持工具和对地绝缘的孤立导体审查要求

（1）GJB 3007 规定：手持工具（镊子、钳子、刷子、改锥等）两端点之间电阻<$1\times10^9\Omega$（产品测试：SJ/T 10694）。

（2）IEC 61340-5-1 规定：手持工具（镊子、钳子、刷子、改锥等）两端点之间电阻<$1\times10^9\Omega$或静电衰减时间<2s（±1000～±100V）（产品测试：IEC 61340-5-1）。

（3）使用交流电或直流电（直流电压大于 24V）的金属外壳工具时，其外壳和保护接地相接。

（4）使用的电池动力、气动工具外壳采用绝缘材料的，使用过程中外壳起电<±100V（必

要时±35V 以下)，并提供测试报告和记录。如超过上述电位，应有解决技术方案并予以实施。

（5）工作区内对地绝缘的孤立导体对地电位<±35V。

（6）电烙铁等焊接设备的漏电（AC）：电流<10mA；电压<20mV；烙铁头对地电阻<10Ω（ANSI/ESD S20.20）。

（7）使用金属工具操作 SSD 产品时，为防止 CDM 效应需提出应对方案。

（8）企业有三年检验报告或审核方现场检查记录。

7.2.6.14　EPA 其他项目审查要求

（1）EPA 可以是一个工作台、库房、厂房、工作站和设备，应有明确界限，并在醒目位置张贴图 6-2 所示标识。

（2）EPA 内不能放置与工作无关绝缘的制品（杯子、鸡毛掸、塑料封皮、垃圾箱等其他塑料制品）。不能将普通作业区和 EPA 混杂在一起。所有非要用的绝缘体，如塑料和纸制品（如咖啡杯、食品包装和私人物品等）必须从 EPA 中移出。如果 EPA 所用 SSD 的静电敏感度很高时，电离或其他静电中和技术在 EPA 内会被使用，来遏制绝缘体、没接地的导体、各种操作、工具产生的静电。防静电杂品（胶带、捆绑带、门帘等）防静电指标符合相关标准要求。

（3）配置满足测试要求并经周期计量合格的测试仪器。

① 电阻测试仪和配套电极（包括人体综合电阻测试仪）。

② 非接触式静电电压表（必要时可配接触式静电电压表）。

③ 充电极板测试仪。

④ 接地电阻测试仪。

⑤ 万用表。

⑥ 必要时可配备静电放电屏蔽性能测试仪。

⑦ 温度、湿度测试仪（如有环境洁净度要求时，还应配置空气粒子测试仪）。

注意：上述仪器（除⑥外）都要配置，并有完整计量和使用说明书档案。

7.3　防静电质量管理体系评审

编写的质量手册应能提供指导原则和方案，使建立的 EPA 防静电系统质量体系符合 ANSI/ESD S20.20 或 IEC 61340-5-1 的有关要求或国内相关标准规定并能现场审核，同时能根据发展而进行修改。

1. 培训

1）培训条款

（1）有根据不同层次管理、操作人员的培训计划（参照表 7-1）和考核要求。

（2）有关组织培训与考核记录（档案）的管理制度。

2）审查要求

根据 7.2.1 条款审查培训和考核内容（三年考核检查记录）。

2. EPA 接地

1）EPA 接地条款

（1）有 EPA 接地要求。

（2）有管理、监测及记录制度。

2）审查要求

要求根据 7.2.3 条款审查 EPA 接地内容和接地系统监测报告（三年考核检查记录）。

3. 人员安全

1）人员安全条款

（1）有人员安全要求。

（2）人员安全管理、检查和记录制度。

2）审查要求

根据 7.2.4 条款审查人员安全内容和人员安全检查记录（三年考核检查记录）。

4. 人员接地

1）人员接地条款

（1）有人员接地要求。

（2）人员接地管理、检查和记录制度。

2）审查要求

根据 7.2.5 条款审查人员接地内容和人员接地记录（三年考核检查记录）。

5. EPA 要求

（1）7.2.6 条款中的 7.2.6.1～7.2.6.14 各节技术要求可不作为质量手册的一部分，但作为被审查文件，被审查企业必须提供。

（2）管理手册中有 7.2.6.1～7.2.6.14 节使用、管理、检查、测试、记录方面的规定。

（3）审查 7.2.6.1～7.2.6.14 节检查和测试记录。

6. 岗位职责和管理制度

（1）各工序操作人员职责。

（2）企业和车间的行政、技术、质量、设备维护、ESD 协调员、工艺、采购、仓库储运、工程管理者各职责。

（3）防静电用品（装备）等器材采购、接受、存储、保管、运输管理制度。

（4）EPA 监测仪器的使用、计量、采购、维修、记录制度。

（5）EPA 工程设计、施工、验收、维护、审查、相关文件存档管理制度。

（6）各类 ESD 技术、质量标准（企业标准）、工艺文件、检验报告的管理制度。

（7）EOS/ESD 事故分析、解决预案。

（8）各类 ESD 警示标识使用、管理制度。

（9）进入 EPA 内各类人员守则。

（10）环境温湿度、洁净度控制系统维护和管理制度。

（11）质量管理手册编制修订管理制度。

（12）各类 ESD 技术、质量、管理、工艺文件、工程文件的标准化审查管理制度。

7．操作规程与记录

根据需要操作规程和记录可不编入管理手册，但作为被审查文件，企业必须提供，同时要符合本认证的基本要求。

（1）各工序人员操作规程。

（2）EPA 监测仪器操作和维护规程。

（3）离子静电消除器使用维护规程。

（4）各类防静电包装使用规程和注意事项。

（5）ESD 事故处理记录。

（6）人体静电防护用品使用规程（工作服、鞋、腕带等）。

（7）现场工作规定（流动岗位人员、参观人员、设备维修人员等）。

通往 EPA 的门应该只对那些完成了静电防护培训的人打开。当在 EPA 内，通过训练的人员将护送未经受训的人员。没有采取静电防护措施的人和防静电接地的人，不允许进入 EPA 或触摸 SSD。

8．质量责任与检查

（1）有 EPA 各环节质量管理体系及框图。

（2）有对 7.2.1～7.2.6 条款定期复验、后继审查的规定。

（3）有各级管理和操作人员质量责任规定。

① 要求全面技术质量管理人对实施所有 ESD 技术和质量方案和对 ESD 协调员负责。

② 要求所有 EPA 工作人员了解 ESD 危害和遵守各自职责，并将 ESD 事故处理情况和效果汇报 ESD 协调者。

③ 要求 ESD 协调员协调和处理与 ESD 有关的所有具体事宜，包括监测仪器购置使用、ESD 培训、ESD 事故处理、ESD 技术处理、静电防护措施检查及相关事宜、EPA 界限确定、ESD 技术改造、ESD 管理条款的建立、购进材料和用品的检查等。

④ 要求 ESD 采购人员实施的采购和交付项目通过标准及质量技术审查；实际采购的用品符合技术要求；能在 EPA 给定条件下使用；使用中用品在其寿命内符合技术和质量要求，同时还应符合下列要求。

供应商的资格符合要求（营业执照、产品质量、质保体系、生产条件等方面）；第三方资格（独立于使用方）符合要求；供应商资格检查和其证明一致；供应商有第三方说服力的证明资料；有采购和供给记录。所有转包人和供应商，在各自职责范围内，要遵守技术、质量和 ESD 协调员的要求。

9．技术和质量检测标准文件

技术和质量监测标准文件可不编入管理手册，但作为被审查文件，企业必须提供。同时要符合本认证的基本要求。

（1）EPA 设计和验收文件。

（2）企业建立 EPA 所依据的技术标准。

（3）企业建立 EPA 所依据的质量检验标准。

（4）企业 ESD 工艺文件及流程。

（5）企业监测仪器计量和 EPA 检验报告档案。

7.4　认证评审结论编写

1．防静电系统评审要求与评审表填写

（1）要求对 7.2.1、7.2.3、7.2.4、7.2.5 项提出的条款进行审查。对于需要现场抽样检验的按认证协议中提出的样品数抽查，也可按 GB/T 2828.1《计数抽样检验程序第一部分：按接收质量限（AQL）检索的逐批检验抽样计划》抽查。

（2）要求对 7.2.6.1～7.2.6.14 项提出的条款进行审查。对于需要现场抽样检验的按认证协议中提出的样品数抽查，也可按 GB/T 2828.1《计数抽样检验程序第一部分：按接收质量限（AQL）检索的逐批检验抽样计划》抽查。

（3）评审可以分初审、二次复审、三次复审等。每次审查应有审查结论。要求最终评审时，7.2.1、7.2.3、7.2.4、7.2.5、7.2.6.1～7.2.6.14 项全部通过。审查单位提出最终审查结论及周期复检日期（一般不超过二年）。

防静电系统审查及评审表填写应符合表 7-1 的规定。

表 7-1　防静电系统审查评审表（部分例表）

项　目 ＼ 结　论	不合格项	基本合格	合格	缺此项	暂不评审	说明
7.2.1《职工培训评审》：7.2.1.1 条款（1）						
7.2.1《职工培训评审》：7.2.1.1 条款（2）						
7.2.1《职工培训评审》：7.2.1.1 条款（3）						
7.2.1《职工培训评审》审核结论						
7.2.3《EPA 接地评审》：条款 1						
7.2.3《EPA 接地评审》：条款 2						
7.2.3《EPA 接地评审》审核结论						
其他项填写依次类推						

注：表 7-1 包括 7.2.1～7.2.5、7.2.6.1～7.2.6.14 内容审查填写。7.2.6.1～7.2.6.14 项审查填写时，要将审查条目全部列出，每个条目应有是否合格结论。

2. 质量手册和质量体系评审表填写

（1）质量手册和质量体系评审表按表 7-2 规定填写；

（2）对管理手册 7.2.7.1（1）节至（9）节内容逐条审查；

（3）防静电体系认证评审总结论按表 7-3 规定填写。

3. 审查文件汇总和最终评审结论

评审可以分初审、二次复审、三次复审等。每次审查应有审查结论。要求最终评审时，7.2.1、7.2.2、7.2.3、7.2.4、7.2.5、7.2.6.1～7.2.6.14 项全部通过，管理手册中相关条款，企业需全部建立。审查单位提出最终审查结论及周期复检日期（一般不超过二年）。

审查文件汇总包括：①防静电硬件系统的审查表；②防静电质量体系审查表；③防静电体系总评审结论；④第三方或认证方防静电系统各环节的检验报告。

7.2.1～7.2.5、7.2.6.1～7.2.6.14 项的第三方检测报告（或企业通过第三方检验报告）要编成文件，作为审查文件的组成部分。

表 7-2　质量手册与质量体系评审表（部分例表）

项　目 ＼ 结　论	不合格项	基本合格	合格	说明
7.3　1.《培训》1）条款；2）条款				
7.3　1.《培训》审核结论				
7.3　2.《EPA 接地》1）条款；2）条款				
7.3　2.《EPA 接地》审核结论				
7.3　3.《人员安全》1）条款；2）条款				
7.3　3.《人员安全》审核结论				
7.3　4.《人员接地》1）条款；2）条款				
7.3　4.《人员接地》审核结论				
7.3　5.《EPA 要求》 7.2.6.1 条款				
7.3　5.《EPA 要求》 7.2.6.1 条款审核结论				
7.3　5.《EPA 要求》 7.2.6.2 条款				
7.3　5.《EPA 要求》 7.2.6.2 条款审核结论				
7.3　5）《EPA 要求》 7.2.6.3 条款				
7.3　5）《EPA 要求》 7.2.6.3 条款审核结论				
其他项填写依次类推				

注：表 7-2 包括相关项的审核填写，每项内容应有是否合格结论。

表 7-3　×××防静电体系认证评审总结论（例表）

认证项目名称	
认证评审意见	
认证评审结论	评审负责人签字： 参与评审人签字：

认证单位（盖章）：

认证有效期　　年　月至　　年　月

第 8 章 电子工业用防静电装备（用品）

防静电装备（用品）是防静电工作区重要组成部分，了解其种类、使用方法、技术指标等对构建防静电工作区、采取优化方案并取得较好静电防护效果很重要。

8.1 防静电装备（用品）种类

1. 防静电地坪类

1）高架活动地板

这类产品主要用于有下送风和铺设密集电缆、管道并有承重、防静电要求的计算机房、程控机房，信息系统控制、调度中心，计算数据中心和智能化信息处理中心等。其产品有：钢制外壳（填充发泡水泥）地板；全钢地板；高压和低压铸铝地板；木质地板；铝蜂窝结构地板；硫酸钙地板；水泥地板；无机质类地板；树脂（玻璃钢）地板等。

2）非高架活动地板（又称直铺式网络地板）

用于直铺地面（留有走线槽铺设电缆）并有承重、防静电要求的场所。其产品有水泥地板、高分子材料（PVC、玻璃钢等）地板等。

3）PVC（聚氯乙烯）、三聚氰胺、橡塑、塑胶卷材和块材

作为直铺地面或活动地板覆盖层，用于有承重、防静电要求的场所。

4）环氧树脂、漆类地坪材料

这类地坪材料种类繁多，有溶剂类、水性无溶剂类、油漆涂料等，主要用于直接涂覆地面且有承重、防静电、洁净要求的场所。

5）水泥类地坪材料

有水泥自流平地坪、水磨石地坪等，用于直铺地面且有承重、防静电要求的场所。

6）瓷砖类地板砖

有防静电釉面瓷砖等，用于直铺地面且有承重、防静电、洁净要求的场所。

7）防静电地毯

有导电纤维（丝）与化纤纤维、毛织物混织的地毯，导电化纤或毛织物与 PVC、橡塑板热压粘接的复合地板等。用于有防静电要求的办公场所、电子机房、信息化智能楼宇、计算信息中心、银行等场所。

2. 人体静电防护用品

1）防静电工作服

这类用品有分体式、大褂式和密闭式三类，材质有多种，主要用于有防静电要求的场所。分洁净环境用工作服和非洁净环境用工作服。

2）防静电工作鞋（脚束、鞋套）

鞋子（脚束）种类很多，有皮鞋、拖鞋、球鞋、休闲鞋、束套、安全鞋等。鞋底材料有橡胶、橡塑、皮革、PVC 等，用于有防静电要求的场所。通常鞋套用于有洁净要求的场所。

3）防静电手套、指套

手套种类很多，有纯橡胶面、PU 材质、纯棉布和导电丝混纺、化纤布与导电丝混纺、纯棉布类等。

指套有乳胶指套等，用于有洁净和防静电要求的场所。

4）防静电帽

有导电丝与化纤、棉布混纺的工作帽等。主要用于有防静电和洁净要求的场所。

5）防静电腕带

通常为橡塑制品，用于实现防静电工作区内人员接地。

3. 防静电工作台、存放架、运转车、座椅等

1）工作台

有两类工作台：一类是在普通工作台台面铺设接地的防静电台垫（橡胶垫、橡塑垫等）；另一类是专门根据实际需要定制的防静电工作台。工作台用于 SSD 产品组装、测试、维护等。

2）存放架

一般是在普通存放架台面上铺设接地的防静电台垫，用于 SSD 产品的存放等。

3）运转车

有两类运转车：一类是在普通的金属运转车台面铺设防静电台垫。车的脚轮为接地导电脚轮，也有用拖地金属链条实现接地的。还有一类是专用于运送 PCB 的运转车，其带有接地的 PCB 的插板导电塑料架。运转车用于 SSD 产品装运等。

4）座椅

有防静电塑料制品和利用防静电人造革、布料与金属结构组合制备的制品。有直接通过椅脚接地，也有通过脚轮或拖地金属链条接地。

4. 防静电包装、周转箱（盒）等

防静电包装从防静电功能分为四大类：导静电包装；静电耗散包装；静电屏蔽包装；低起电性包装。

其种类繁多，有柔性包装袋、发泡垫和袋、吸塑盒和管、不同结构塑料箱子和盒子、托盘，还有涂覆导电漆的中空板箱、木质箱或盒子，涂覆导电漆的纸箱和盒子，防静电海绵垫、集成电路包装盒（管）等。这类产品用于 SSD 产品包装、存储、运输等。

5. 离子化静电消除器（枪、嘴等）

目前常用的离子化静电消除器有四大类：

（1）非防爆交流和直流高压（风枪、风蛇、风鼓、风嘴等）类离子化静电消除器。

（2）放射性同位素源和 X 射线离子化静电消除器。

（3）无源自感式离子化静电消除器。

（4）防爆离子化静电消除器。

用于消除易燃爆工业产品积聚的静电和易燃爆、易起静电的工艺过程。

6．防静电工具类

工具有两大类：采用改性防静电工程塑料制备的工具、金属工具、陶瓷工具。有的金属工具采用在头部涂覆防静电树脂，以防带电 SSD 对金属工具的放电。这类用品有镊子、改锥、钳子、刷子、扳手、真空吸锡器等。用于 SSD 产品安装、修理和维护等。

7．防静电电烙铁

电烙铁有两类：一类是外壳接地的普通电烙铁；还有一类是使用低压电源或焊接瞬间断电的接地电烙铁。这类产品用于 SSD 产品的焊接作业。

8．防静电传输带

利用防静电橡胶或橡塑制品制备的接地传送运输带，用来在车间内的流动生产线转运 SSD 产品。也有金属履带式传输带和金属链条式传输带。

9．防静电工艺用品

计算机键盘保护带、仪器输入端等电位连接保护罩等，特定用途的防静电塑料制品或橡塑制品。

10．防静电剂、蜡

含有离子或导电材料的喷剂和蜡、各种抗静电表面活性剂。用于养护防静电树脂地坪、PVC 地坪、防静电高分子材料的防静电改性和处理工作表面等。

11．静电泄放装置（门帘、泄放器等）

通常放置在生产场所入口，用来泄放进入工作区人员的静电荷。

12．防静电维修包

静电耗散材料制备，用来携带防静电工具对防静电工作区内、外场所装有 SSD 仪器、设备的维修。

13．防静电清洗机

对 PCB 或其他产品采用高纯绝缘溶液清洗时，因超声强化、喷洗时很容易产生静电造成 SSD 损害。防静电清洗机是使用专用静电耗散材料制备的筐，其带有接地的导电纤维带或刷，在 SSD 产品清洗时，消除 SSD 产品集聚的静电。还有的清洗机配有离子化静电消除器，在清洗产品时消除 SSD 产品和清洗介质积聚的静电。

14．防静电杂品

这类杂品有防静电窗帘、无尘抹布、胶纸带、胶液、墙板、吊顶板、墙布、墙纸、SMT 贴片料盘、防静电透明薄膜、墙面涂料、粘尘辊子等。

8.2 防静电装备（用品）

8.2.1 高架活动地板

以下分别介绍高架活动地板种类、型号命名、技术参数和使用特点。

1．防静电高架活动地板组成与结构

1）防静电高架活动地板组成

防静电活动地板是由地板板块和地板支撑系统组成，防静电活动地板按支撑方式可分为四周支撑和四角支撑。四周支撑防静电活动地板由地板板块、可调支撑、横梁和缓冲垫等组成，如图 8-1 所示。

四角支撑防静电活动地板由地板板块、可调支撑和缓冲垫等组成，如图 8-2 所示。

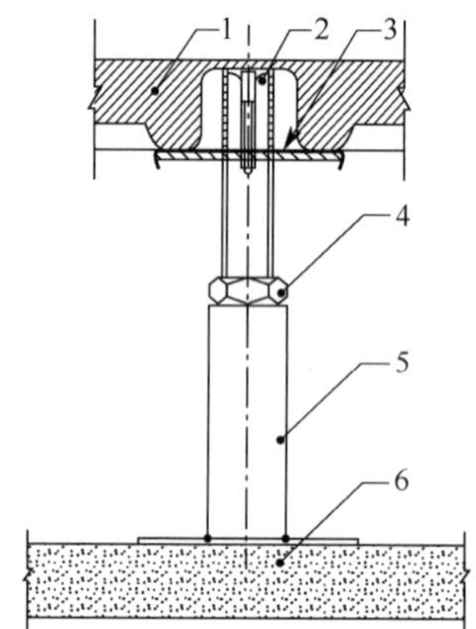

图 8-1　四周支撑式防静电活动地板结构示意图

1—地板板块；2—横梁；3—缓冲垫；4—锁紧装置；5—可调支撑；6—地面

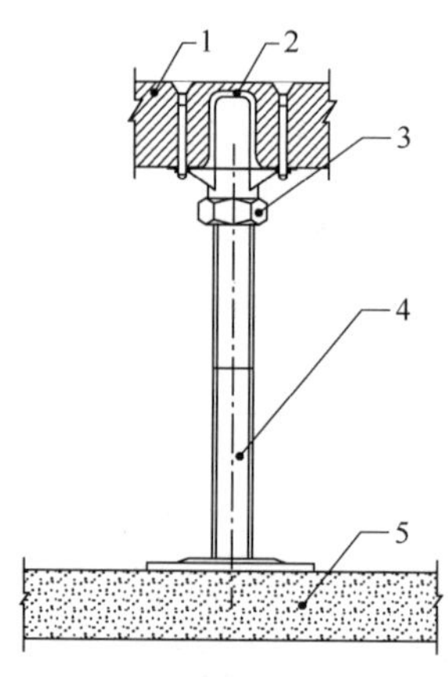

图 8-2　四角支撑式防静电活动地板结构示意图

1—板块；2—缓冲垫；3—锁紧装置；4—可调支撑；5—地面

2）防静电活动地板板块结构

防静电活动地板板块主要由基材、外层包覆、防静电贴面材料和辅助部件组成。

3）活动地板分类与命名

（1）防静电活动地板板块按基材分为木质类、无机质类、钢质类、铝质类、树脂（高分子材料）类和其他类（GRC 等），具体分类见表 8-1。

表 8-1　按基材分类

代号	材质	代号	材质
M	木质类	L	铝质类
W	无机质类（硫酸钙等）	F	树脂（高分子材料）类
G	钢质类	Q	其他类（GRC 等）

（2）防静电活动地板板块按承重类型分为超轻型、轻型、普通型、标准型、重型和超重型。

表 8-2　按承重类型分类

代号	承重类型	代号	承重类型
CQ	超轻型	B	标准型
Q	轻型	Z	重型
P	普通型	CZ	超重型

防静电活动地板板块按结构分为普通结构地板和特殊结构地板。特殊结构地板主要有以下几种：通风地板、带出线口地板、带线槽地板、蜂巢结构地板、特殊形状地板、特殊尺寸地板、特殊使用功能地板和特殊材质地板等。

（3）防静电活动地板按承检项目分类见表 8-3。

表 8-3　按承检项目分类

代号	承检项目
D	可承受表 8-5 中的集中荷载、均布荷载、极限集中荷载和表 8-4、表 8-6 规定的防静电性能的检测项目
G	可承受表 8-5、表 8-4、表 8-6 及所有技术项目中规定的全部检测项目

2．防静电活动地板板块型号命名

防静电活动地板板块型号命名由四部分组成，如图 8-3 所示。

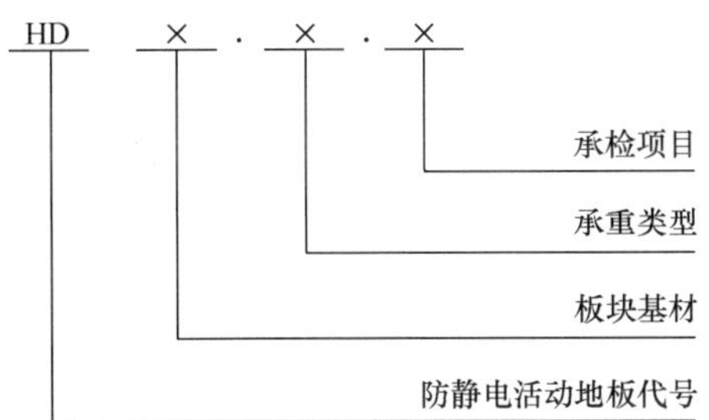

图 8-3　型号命名

示例 1：钢质地板，承载能力为轻型，检测项目为防静电性能、外形尺寸和允许公差、外观要求、集中荷载、极限集中荷载、均布荷载和燃烧性能，应写为 HDG.Q.D。

示例 2：硫酸钙地板，承载能力为标准型，检测项目为防静电性能、外形尺寸和允许公差、外观要求、全项力学性能、防静电贴面材料耐磨性能和燃烧性能，应写为 HDW.B.G。

3．活动地板技术指标

1）防静电活动地板对地电阻

防静电活动地板对地电阻分别为：导静电型 R_x（$1.0\times10^4\sim1.0\times10^6\ \Omega$）；静电耗散型 R_x（$1.0\times10^6\sim1.0\times10^9\ \Omega$）。

2）外形尺寸和允许公差

（1）外形尺寸。除另有规定外，防静电活动地板板块外形尺寸应为 500 mm×500 mm 或

600 mm× 600 mm。

（2）允许公差。防静电活动地板板块的板幅公差、板厚公差、形状公差和位置公差应符合表 8-4 规定。

表 8-4　板块板幅公差、板厚公差、形状公差及位置公差　　单位：mm

板幅公差	板厚公差	形状公差	位置公差
		表面平面度	邻边垂直度
0 −0.4	±0.3	≤0.6	≤0.3

注：同一生产批次的地板板厚极限偏差不大于 0.3mm。

（3）外观要求。防静电贴面材料及边条应粘接牢固不开胶，板块覆盖层应柔光、耐污、不打滑、无明显可见的色差、起泡及疵点、断裂。金属表面采用防腐处理。若采用镀锌处理，应有金属光泽、无疵点。若采用喷塑处理，塑层应柔光，无明显可见的色差、起泡和疵点。

3）力学性能

（1）板块荷载性能。防静电活动地板板块的承重荷载值及要求的各项力学性能见表 8-5。

表 8-5　集中荷载、滚动荷载、均布荷载和极限集中荷载

代号	承重类型	集中荷载①			滚动荷载②				均布荷载③		极限集中荷载④
		荷载值/N	挠度/mm	残余变形/mm	荷载值/N		挠度/mm	残余变形/mm	荷载值/N/m²	挠度/mm	荷载值/N
					10 次	10000 次					
CQ	超轻型	1960	≤2	≤0.25	1960	980	≤2	≤0.5	9720	≤2	5880
Q	轻型	2950			2950	2255			12500		8850
P	普通型	3560			3560	2950			16000		10680
B	标准型	4450			4450	3560			23000		13350
Z	重型	5560			5560	4450			33000		16680
CZ	超重型	6675			6675	5560			43000		20025

注：① 集中荷载是指作用在地板板块的某一个点上的荷载，包括中心点、边缘中心点及对角线四分之一点。

② 通常滚动荷载按荷载值（10 次）检测，滚动荷载（10000 次）检测可按用户要求选择。

③ 均布荷载是指持续作用在地板板块单位表面积上，且各点受力均等的荷载。

④ 极限集中荷载是指作用在地板板块某点的荷载，并增加该荷载直到地板破坏时的最大荷载。

其他特殊力学性能测试可按用户要求执行。

（2）耐冲击性能。防静电活动地板的板块耐冲击性能实验后，冲击点的塌陷值不大于 1.5 mm，地板不能有破裂、坍塌。

（3）支撑系统。支撑系统包括可调支撑、横梁和其他支撑件。支撑的技术指标要求如下：

① 支撑系统外观：无明显疵点，连接牢固，金属件表面防腐层无脱落。

② 紧固件外观应符合 GB/T 5779.1 的规定。

③ 支撑的轴向中心荷载：四倍集中荷载的力加于支撑顶部中心，保持 1 min，撤除后，支撑应无损坏，可调部位功能正常。

④ 支撑的水平倾覆力：支撑底板牢固固定，支撑顶部施加 90 N • m 的水平力矩，高度每增加 100 mm，支撑顶部水平位移不超过 1 mm。

⑤ 横梁承载力：横梁的中心加载 1470 N 的力保持 1 min，撤除后，残余变形量不大于 0.25 mm。

（4）防静电活动地板板块的自重。防静电地板板块的自重，按照对应的承载能力可分为超轻型、轻型和普通型，每平方米自重不应大于 40 kg；标准型、重型和超重型，每平方米自重不应大于 55 kg；硫酸钙、带陶瓷面等其他类型的地板板块自重可按照用户要求执行。

（5）防静电贴面材料耐磨性能。三聚氰胺（HPL）面耐磨性能应符合 GB/T 7911 的规定，聚氯乙烯（PVC）面耐磨性能应符合 GB/T 4085 的规定，防静电陶瓷面耐磨性能应符合 GB 26539 的规定，其他类型贴面可按用户要求执行。

（6）燃烧性能。防静电活动地板的基材、防静电贴面材料、聚氯乙烯（PVC）边条、隔震条、缓冲垫的燃烧性能见表 8-6。

表 8-6　燃烧性能

<table>
<tr><th colspan="2">检验产品</th><th>检验标准</th><th colspan="2">燃烧性能等级</th><th>要　求</th></tr>
<tr><td colspan="2" rowspan="7">基材</td><td rowspan="7">GB 8624—2012</td><td rowspan="2">A</td><td>A_1</td><td rowspan="7">GB 8624—2012 中 5.1.2 铺地材料表 3 和附录 C 3 中特别说明</td></tr>
<tr><td>A_2</td></tr>
<tr><td rowspan="2">B_1</td><td>B</td></tr>
<tr><td>C</td></tr>
<tr><td rowspan="2">B_2</td><td>D</td></tr>
<tr><td>E</td></tr>
<tr><td>B_3</td><td>F</td></tr>
<tr><td rowspan="3">防静电贴面材料</td><td>防静电陶瓷面</td><td>GB 8624—2012</td><td>A</td><td>A_1</td><td>GB 8624—2012 中附录 C 3 中特别说明</td></tr>
<tr><td>聚氯乙烯（PVC）面</td><td rowspan="3">GB/T 2408—2008</td><td colspan="2">V-0 级</td><td rowspan="3">GB/T 2408—2008 中 9.4 分级表 1 垂直燃烧级别</td></tr>
<tr><td>三聚氰胺（HPL）面</td><td colspan="2">V-1 级</td></tr>
<tr><td colspan="2">聚氯乙烯（PVC）边条、隔震条、缓冲垫</td><td colspan="2">V-1 级</td></tr>
</table>

（7）防静电活动地板板块的环保性能。

① 防静电活动地板板块的挥发物限量应符合 GB 50325 的规定。

② 防静电活动地板板块的放射性应符合 GB 6566 中 A 类产品的规定。

③ 防静电活动地板板块的甲醛释放量应符合 GB 18580 的规定。

（8）防静电通风地板。防静电通风地板应符合设计方要求，开孔率宜为 10%～55%，可选配调节片。

防静电通风地板各项性能应符合表 8-3 中代号“D”承检项目要求。

4. 各种高架活动地板结构及特点

高架活动地板种类繁多，防静电高架活动地板分类如图 8-4 所示。它们的特点和使用场所有所不同，合理正确地选择对节约资金保证工程质量具有重要意义。下面介绍目前国内常用和曾使用过的高架活动地板。

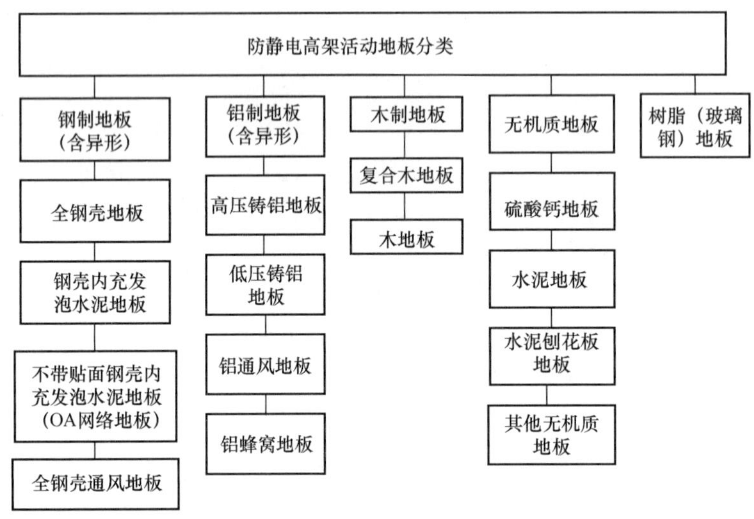

图 8-4　防静电高架活动地板种类

1）高压铸铝地板

高压铸铝地板是一种利用高压压铸机（一般在 2000T 级以上）直接压铸成的全铝（或合金铝）地板。上面板贴有三聚氰胺、PVC 防静电贴面板或防静电瓷砖贴面。在生产过程中，具有加工自动化程度高、一致性好、加工时环境污染小等优点。该地板具有承载高、阻燃性好、使用寿命长、加工尺寸一致性好、耐水浸泡、环保性好，板基材料可回收、使用寿命长，可用于洁净度要求高的环境中等特点。缺点是：地板造价高，隔热性差。因其重量较重，施工强度较高和生产设备投资高等（见图 8-5），这种地板主要用于高档机房、微电子（液晶显示屏等）等有洁净要求的生产场所和一些特殊场所。

（a）高压铸铝高架活动地板（背面）

图 8-5　高压铸铝地板

（b）高压铸铝通风地板

图 8-5　高压铸铝地板（续）

2）低压铸铝地板

低压铸铝地板是一种利用低压传统铸铝技术制造的全铝地板，上面板贴有三聚氰胺、PVC 防静电贴面板或防静电瓷砖贴面。该地板在加工过程中，耗能大，污染环境。该地板优点是阻燃性好、耐水浸泡、板基材料可回收、生产设备投资少。缺点是承载较低、隔热差、重量大、施工劳动强度较高、造价较高等。由于其承载较低，现在使用量较少。

3）铝蜂窝结构地板

铝蜂窝结构地板四边和上、下面板为铝合金结构。板基为蜂窝状铝合金的支撑结构（见图 8-6）。

图 8-6　铝蜂窝结构地板

上面板贴有三聚氰胺或 PVC 防静电贴面板。这种地板生产时无环境污染。优点是阻燃性好、耐水浸泡、重量轻、施工劳动强度低、环保性好，可用于洁净度较高的场所。缺点是不隔热、造价较高。这种地板承载一般，地板可回收，是近年开发出的具有市场前景的一种地板。

4）木制地板

木制地板有两种结构：一种基板为高密度刨花板（厚度一般为 28mm），四周为铝合金边框，下面板为铝板或镀锌铁板，上面板贴有三聚氰胺、PVC 防静电贴面板或防静电瓷砖贴面。另一种基板为高密度刨花板（厚度一般为 38mm），四边为橡塑制品的边条，下面板为铝板或镀锌铁板，上面板贴有三聚氰胺、PVC 防静电贴面板或防静电瓷砖贴面（见图 8-7）。这种地板生产时环境污染小，几何尺寸和生产设备的加工精度有关，目前我国加工精度和国际同类产品还有一定差距。该地板承载一般，阻燃性较差，不耐水浸泡，使用寿命 10～15 年，地板不能回收。优点是地板造价低，重量轻，施工强度较低，隔热性较好，生产设备投资少。木制地板在 20 世纪 80 年代至 21 世纪初使用相当广泛，现在用量只占地板生产总量的 10%左右，使用量降低不少。这种地板多用于普通计算机房、程控机房等。

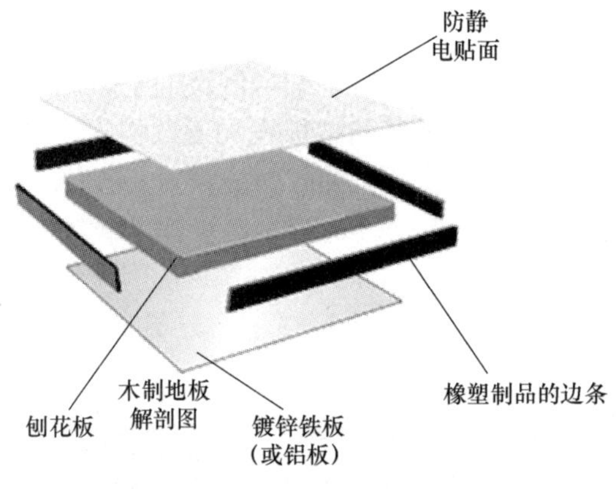

图 8-7　木制地板构造图

5）全钢地板

全钢地板有三种：一种是全钢结构（由下半圆球状结构冲压钢板与上面平板钢板焊接而成，上、下钢板厚度为 1.5～2.5mm），有防静电贴面板和无防静电贴面板两类。另一种是全钢结构并充有发泡水泥（板壳由下半圆球状结构冲压钢板与上面平板钢板焊接而成，上、下钢板厚度为 0.6～1mm）。中空部位灌注有发泡水泥，上面板贴有三聚氰胺、PVC 防静电贴面板或防静电瓷砖贴面（见图 8-8）。还有一种地板结构与全钢地板一样，也灌注发泡水泥，只是没有防静电贴面板。这种地板又称架空 OA 网络地板，用于办公智能化场所，其使用量非常大。

全钢地板是 20 世纪 80 年代末从美国引进的产品，其生产设备投资较大，生产自动化程度较高，但生产时环境污染较高。像一般灌注水泥、地板的磷化处理（现已有无污染磷化处理技术）等都会污染环境。这种地板的优点是地板结构尺寸一致性好，便于自动化生产，承载较高，阻燃性好，耐水浸泡，使用寿命长。缺点是隔热差，重量大，施工劳动强度大，地板不可回收（仅限灌注水泥的地板）且污染环境。目前全钢地板在我国使用相当广泛。

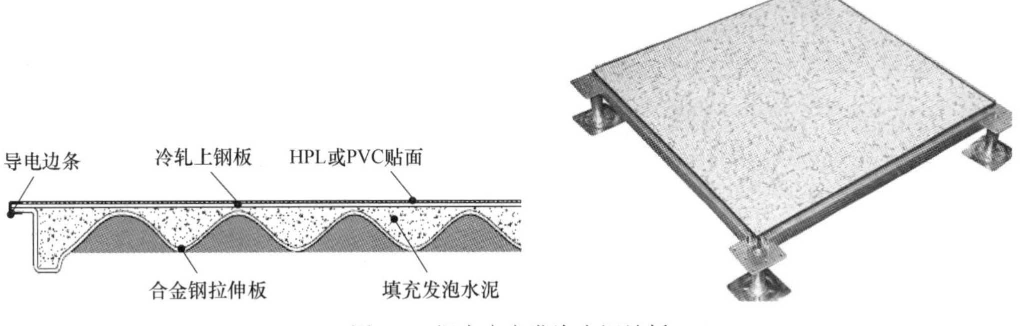

图 8-8　钢壳内充发泡水泥地板

6）硫酸钙等无机质材料地板

硫酸钙地板是仿制国外同类地板（林德纳等）利用硫酸钙材料或其他无机质材料做板基，四边为橡塑制品边条（见图 8-9）。上面板贴有三聚氰胺、PVC 防静电贴面板或防静电瓷砖贴面。硫酸钙板基可采取自动化生产，污染环境不大。板基材料可回收。这种地板优点是阻燃，耐水浸泡，隔热性好，造价低。缺点是国产地板承载不高（国外同类地板承载很高），易变形，重量大，施工劳动强度大，生产养护周期长，自动化生产时设备投资较大。这种地板近年国内用量逐步增加。其他无机质地板由于制造工艺不成熟，产品质量存在缺陷，一直没有形成市场销售规模。

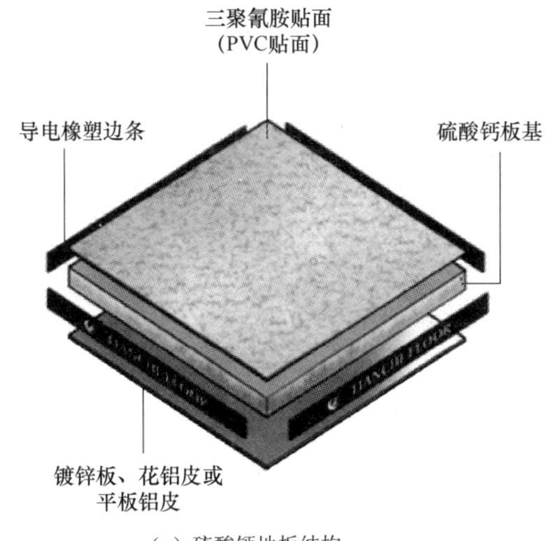

（a）硫酸钙地板结构

（b）硫酸钙地板安装图

图 8-9　硫酸钙地板

7）水泥地板、水泥刨花板地板

国内 20 世纪 80 年代就有企业研制水泥地板，但由于技术不过关，受力易断裂等原因，停止生产。21 世纪初，有企业引入韩国、日本技术，在水泥中添加粘接剂和其他材料制成水泥板基（GRC 等），在板基四边贴橡塑制品边条，上面板贴有三聚氰胺、PVC 防静电贴面板或防静电瓷砖贴面（也有没贴面的地板），也有六面采用金属板包边的地板。这种地板具有造价低、阻燃、隔热、耐水浸泡、便于自动化生产、使用寿命长等优点。缺点是生产养护周期长、生产时需要较大厂房面积、重量大，施工劳动强度大。

水泥刨花板概念源于德国（比松）墙面板制造技术，后经国内引进生产设备并经技术改进制造出用于地板的板基材料（30%的杨树皮纤维，70%的水泥和少量添加剂、固化剂制备）。水泥刨花板地板与硫酸钙地板结构相似。具有阻燃、耐水浸泡、承载高、隔热等优点。缺点是生产设备投资大，生产养护周期长，重量大，施工劳动强度大，易变形，生产时有轻微环境污染，板基不可回收等。该地板在 20 世纪 90 年代国内曾大量使用。后因生产质量问题不能很好解决，现用量较少。

8）树脂地板（或玻璃钢地板）

树脂地板是利用热固性树脂或玻璃钢材料通过热压模具和热压机生产的。由于其本身具有一定导电性（在树脂添加导电材料和抗静电剂），该地板不使用防静电贴面，一次成形。国内有企业在 20 世纪 90 年代生产这种地板。这种地板优点是耐水浸泡、结构简单、重量轻，施工劳动强度低、便于加工、适合自动化生产。缺点是易变形、阻燃性低、造价高。目前这种地板使用很少。

高架活动地板自动化与智能化生产，可以降低人工成本，提高产品加工尺寸的一致性，是活动地板生产技术创新的方向。另外，像硫酸钙等无机质材料板基质量、机械强度和加工精度及减少变形，是目前需要提高的。防静电架空活动地板安装示意图如图 8-10 所示。通常高架活动地板的支撑高于 500mm 时需要安装稳定支撑的斜支撑，其结构形式有多种。

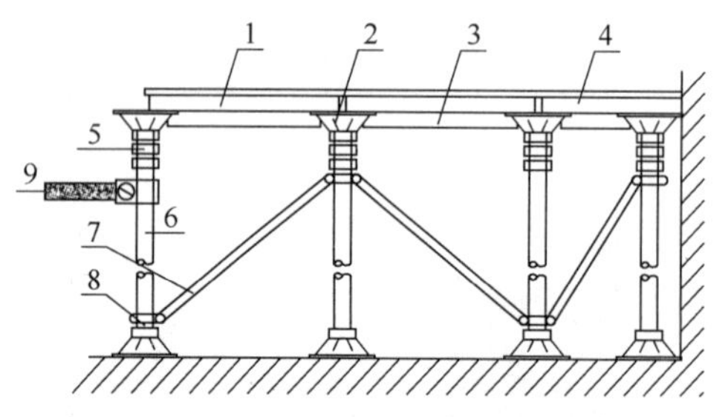

图 8-10　架空活动地板安装示意图

1—活动地板；2—支撑十子头；3—横梁；4—边板；5—支撑锁紧螺母；6—支撑；7—斜撑；8—斜撑夹；9—接地线（铜编织带）

8.2.2　防静电 PVC 地板、三聚氰胺贴面板（HPL）

三聚氰胺贴面板主要用于高架活动地板、工作台、货柜的覆盖层。这种贴面是由表层纸（或加入氧化锆的高耐磨表层纸）、印花纸（中间层）、树浆纸（底层）等侵浸三聚氰胺、酚醛等热固型树脂，再加入抗静电剂或无机导电粉等，并采用高压高热工艺压制而成。PVC（聚氯乙烯）贴面板除了可做高架活动地板的覆盖层，还可直铺地面，其有块材与卷材之分。有使用聚氯乙烯塑料粒，外加导电炭黑和添加剂等在模具里热压而成或热压切片研磨而成的块材贴面板；也有用 PVC 塑料、其他热塑性塑料添加抗静电剂热压的复合 PVC 块材；还有自动化生产设备热压挤出的卷材 PVC 贴面板（厚度为 15～40mm）切割成厚度为 1.5～5mm 的卷材。

1. 防静电 PVC 块材、卷材和三聚氰胺贴面板的技术指标

1）防静电贴面板分类、代号、型号命名

防静电贴面板分类、代号、型号命名如表 8-7 和图 8-11 所示。

表 8-7　防静电聚氯乙烯卷材的分类及代号

分　类		代　号
按贴面板的材质	聚氯乙烯热塑性防静电贴面板	P
	三聚氰胺热固性防静电贴面板	S
按防静电性能保持时效	长效型防静电贴面板	Y
	短效型防静电贴面板	L
按电阻值	导静电型防静电贴面板	D
	静电耗散型防静电贴面板	H

防静电贴面板型号命名用下面形式表示：

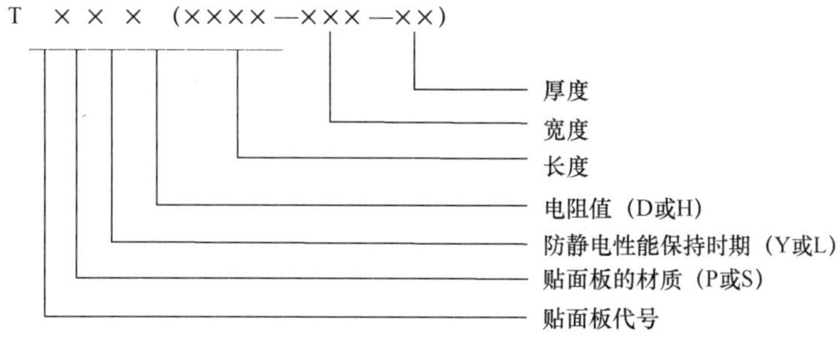

图 8-11　防静电贴面板型号命名

防静电贴面板标记顺序为：贴面板材质、防静电性能保持时期、电阻值、长度、宽度、厚度。

示例 1：PVC 热塑性材料，长效型，导静电型，长度 20000mm，宽度 2000mm，厚度 2.5mm 的贴面板，应表示为 TPYD（20000-2000-2.5）。

示例 2：HPL 热固性材料，长效型，静电耗散型，长度 2135mm，宽度 915mm，厚度 1.2mm 的贴面板，应表示为 TSYH（2135-915-1.2）。

2）防静电 PVC 地板、三聚氰胺贴面板技术指标

（1）防静电贴面板外观。聚氯乙烯防静电贴面板外观质量要求符合表 8-8 的规定。

表 8-8　聚氯乙烯外观质量要求

缺陷种类	指　标
缺损、皱纹、孔洞、裂纹、分层	不允许
气泡、擦伤、变色、异常凹痕、污迹、杂质异物、色差	不明显

三聚氰胺防静电贴面板产品外观质量要求应符合表 8-9 的规定。

表 8-9　三聚氰胺外观质量要求

缺陷名称	优等品	合　格　品
干花、湿花	不允许	总面积不超过板面的 5%
纤维、发状物	不允许	最大长度≤10mm/m^2（一个或多个的总和）
划痕	不允许	最大长度≤10mm/m^2（一个或多个的总和）
压痕	不允许	平均直径<15mm，允许 4 个/块 15mm≤压痕直径<30mm，允许 2 个/块 两种缺陷同时存在时，允许 4 个/块
污斑	不允许	最大面积 1.0mm^3/m^2，污染总面积可为单个污斑面积或数量不等的污染点面积之和
颜色和图案	无明显差异	
表面光泽	无明显差异	
边缘缺损	不允许	每边边缘缺损之和≤20mm
缺角	不允许	缺角值≤3mm，允许 1 处/块；缺角值≤1.5mm，允许 2 处/块

（2）贴面板尺寸允许偏差。

① 聚氯乙烯防静电块材贴面板尺寸允许偏差应符合表 8-10 的规定。

表 8-10　聚氯乙烯防静电块材贴面板尺寸允许偏差　　（单位：mm）

项　目			允许偏差
聚氯乙烯防静电卷材贴面板	长度		明示值+100
	宽度		明示值+10
	厚度		明示值±0.15
聚氯乙烯防静电块材贴面板	长度		明示值±0.30
	宽度		明示值±0.30
	厚度	≤2.0	明示值±0.10
		2.0～2.5	明示值±0.15
		≥2.5	明示值±0.20
	直角度		≤0.30
	边直度		≤0.30

② 三聚氰胺防静电贴面板边直度、直角度、平整度应符合表 8-11 的规定。

表 8-11　三聚氰胺防静电贴面板边直度、直角度和平整度要求

项　目		指　标
边直度		≤0.5mm/m
直角度		≤0.5mm/m
平整度	单饰面高压装饰板	d<2.0mm，最大翘曲值 120mm 2.0mm≤d<5.0mm，最大翘曲值 50mm

注：d 为明示厚度。

③ 三聚氰胺防静电贴面板尺寸允许偏差符合表 8-12 的规定。

表 8-12　三聚氰胺防静电贴面板尺寸允许偏差　　（单位：mm）

项　目		允许偏差
厚度	0.5≤d≤1.0	±0.05
	1.0<d≤2.0	±0.15
	2.0<d≤2.5	±0.18
	2.5<d≤3.0	±0.20
长度		+10 0
宽度		+10 0

注：d 为明示厚度。

（3）物理性能要求。

① 聚氯乙烯防静电贴面板材物理性能要求应符合表 8-13 的规定。

表 8-13　聚氯乙烯防静电贴面板物理性能表

项　目	测试内容	指　标
防静电性能/Ω	表面电阻	导静电型：$1.0×10^4$～$1.0×10^6$ 静电耗散型：$1.0×10^6$～$1.0×10^9$
	体积电阻	导静电型：$1.0×10^4$～$1.0×10^6$ 静电耗散型：$1.0×10^6$～$1.0×10^9$
燃烧性能/级	垂直燃烧	V-0
表面耐磨性能（1000r）/（g/cm²）		≤0.02
残余凹陷度/mm		≤0.15
纵、横向加热尺寸变化率/（%）		≤0.25

② 三聚氰胺防静电贴面板物理性能要求应符合表 8-14 的规定。

表 8-14　三聚氰胺防静电贴面板物理性能

序　号	测试项目	测试内容	单　位	指　标
1	耐沸水性能	质量增加	%（最大）	见 GB/T 7911—2013 中图 1
		厚度增加	%（最大）	见 GB/T 7911-2013 中图 2
		外观	等级不低于	3 级（见 GB/T 7911—2013 中 6.3.2）
2	表面耐干热	外观光泽	等级不低于	3 级（见 GB/T 7911—2013 中 6.3.2）
		其他		4 级（见 GB/T 7911—2013 中 6.3.2）
3	抗冲击性能	落球高度	cm（最小）	100
		凹痕直径	mm（最大）	10
4	防静电性能	表面电阻	Ω	$1.0×10^4$～$1.0×10^9$
		体积电阻	Ω	$1.0×10^4$～$1.0×10^9$
5	燃烧性能		不低于	V-1
6	抗拉强度		MPa	≥60
7	尺寸稳定性	尺寸变化	%最大（纵）	见 GB/T 7911—2013 中图 3

③ 三聚氰胺防静电贴面板耐磨性能应符合表 8-15 的规定。

表 8-15 三聚氰胺耐磨性能

耐磨性能	耐磨	$r \geq 400$
	高耐磨	$r \geq 1000$
	超耐磨	$r \geq 3000$
	磨耗值（100r）（g/cm^2）	≤0.08

注：耐磨、高耐磨、超耐磨面板磨耗值一样。超耐磨三聚氰胺贴面的面层纸通常添加高耐磨的三氧化二铝。

（4）永久型（长效型）防静电贴面板与短效型防静电贴面板的判定方法。实验原理：试件在中性沸水内煮 8h 后；对试件进行干燥和预处理，测试每个试件防静电性能电阻值是否符合表 8-13、表 8-14 要求。如符合则可判定贴面板防静电性能属长效型，否则则为短效型。

① 所用仪器和材料。

计量合格的电阻测试仪；

鼓风干燥箱：能保持温度（40±2）℃；

容器：盛沸腾蒸馏水；

中性水：（23±2）℃的蒸馏水；

加热装置：加热蒸馏水的电炉（1500W/220V）；

干燥器；

脱脂纱布。

试件：将防静电性能检测合格的 3 块防静电贴面板，制备成长 200mm±1mm、宽 200mm±1mm 的大小。

② 实验方法。

将试件插入试件夹并放入盛有沸腾的中性蒸馏水的容器内，注意防止试件与容器或其他试件接触。在沸水煮处理过程中，试件应始终浸没在沸水中。经沸水煮（240±10） min 后取出试件夹，立即放入盛有（23±2）℃的蒸馏水容器内，液面超过试件，冷却（15±5） min。从水中取出试件，用清洁干燥的脱脂纱布擦去表面水渍。

重复上述过程一次后，将试件放在（40±2）℃的鼓风干燥箱内处理（24±1） h，然后放入干燥器内冷却至（23±2）℃。将试件在湿度 25%RH±5%RH、温度（23±2）℃的环境中放置 48h 后，测试其材料表面电阻和体积电阻。

③ 结果判定。

如测试电阻符合表 8-13、表 8-14 规定要求，则可认定该防静电贴面板防静电性能是长效型，如不满足要求，则认定该防静电贴面板防静电性能是短效型。

（5）有害物质或甲醛含量限值。

① 聚氯乙烯防静电贴面板有害物质限量应符合表 8-16 的规定。

表 8-16 PVC 防静电贴面板有害物质限量

实验项目	指　　标	实验项目	指　　标
氯乙烯单体/（mg/kg）	≤5	可溶性镉/（mg/kg）	≤20
可溶性铅/（mg/kg）	≤20	挥发物的限量/（g/m^2）	10

② 三聚氰胺防静电贴面板甲醛含量≤1.5mg/L（干燥器法），仲裁时采用气候箱法甲醛含量≤$1.2mg/m^3$。

2．防静电 PVC 块材、卷材和三聚氰胺贴面板的性能特点

防静电三聚氰胺贴面板是在普通厨具装饰板、工作台贴面、火车、轮船、飞机内饰板、家具装饰板等所用三聚氰胺贴面板加入抗静电剂改性制成。也有用无机导电粉加入三聚氰胺板制成的防静电贴面板。防静电三聚氰胺贴面板一般只用于防静电高架活动地板、防静电工作台的外覆面板。这种贴面板具有造价低、耐磨性好、抗水浸泡、机械强度高、抗老化等特点。缺点是使用抗静电剂制备的贴面防静电持久性差、阻燃性一般、生产设备投资大等。

防静电 PVC 贴面板有三种：第一种是通体聚氯乙烯材料制作；第二种是聚氯乙烯面层和其他塑料面层复合而成；第三种是通体聚氯乙烯卷材。PVC 贴面板可以直铺地面和地板表层，具有防静电性能好和持久的特点。其装饰效果较好、施工简便。缺点是使用久了易老化、表面耐划擦较差。有些国产产品易出现导电粉溢出造成表面污染和重金属超标问题。防静电 PVC 块材、卷材和三聚氰胺贴面板特点见表 8-17。防静电三聚氰胺、PVC 贴面板见图 8-12、图 8-13。

表 8-17　防静电 PVC 块材、卷材和三聚氰胺贴面板特点

材料种类 \ 性能特点	防静电性能	阻燃性	造价	耐磨性	抗污染	寿命	生产投资费用
PVC 块材	性能优良	一般	一般	较好	一般	一般	较低
PVC 卷材	性能优良	一般	较高	较好	较好	一般	较高
三聚氰胺贴面板	性能一般，持久性差	较低	较低	较好	好	较长	较高
PVC 复合块材	性能一般，持久性差	较低	较低	一般	较好	较短	较低

图 8-12　防静电三聚氰胺贴面板

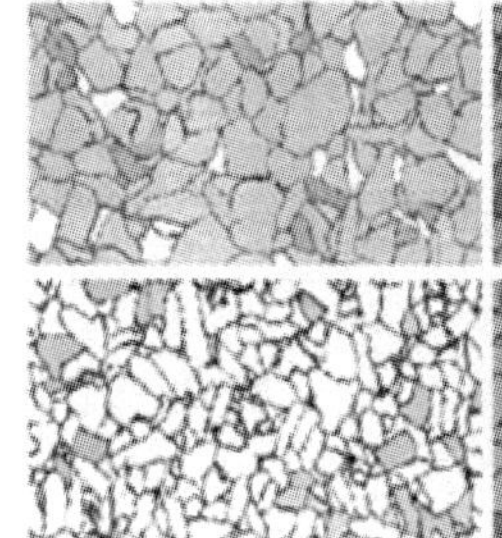

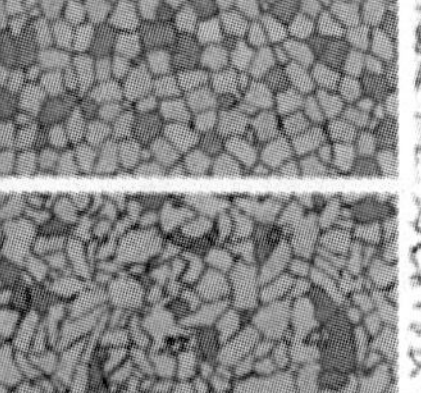

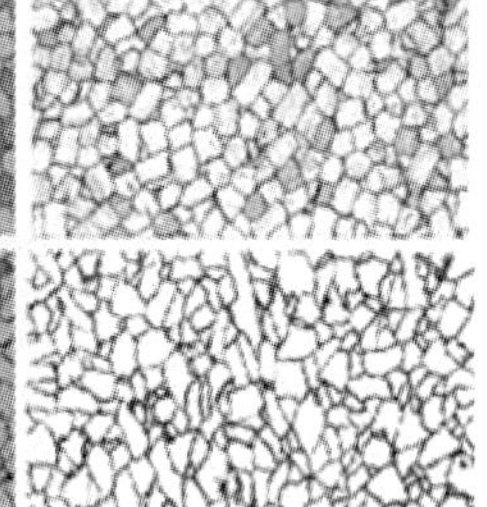

图 8-13　防静电 PVC 贴面板

8.2.3　环氧地坪涂料、漆

防静电环氧地坪、涂漆地坪按其涂覆工艺与组成可分为四类，即防静电环氧自流平地坪、防静电薄层地坪或涂层地坪、防静电砂浆地坪、防静电多层涂料地坪。

（1）防静电环氧自流平地坪（见图 8-14）是在一种或几种树脂中添加抗静电剂或金属氧化物、导电炭黑、导电纤维等靠自身重力作用利用自动流平的工艺铺设的地坪（通常厚

度为 1.5～3.5mm）。其具有较高机械强度，不起尘和耐划擦、耐酸碱。由于其铺设地面不留有缝隙和具有较好装饰效果，被广泛用于有洁净要求的电子、制药、工业厂房的地坪铺设。但其不耐水浸泡，施工时对基础地坪平整度、含水率、缝隙、施工工艺等都有较高要求，同时因其绝缘性好，其防静电性能持久性比一般地坪材料更难以保证，通常使用导电纤维并使用分散性好的无机导电材料及特殊施工工艺，防静电性能持久性才能保证。

图 8-14　环氧树脂自流平地坪

（2）防静电薄层地坪或涂层地坪是利用防静电树脂或涂料、漆等直接涂覆在基础地坪的表面上（通常厚度为 0.2～1.5mm）。具有施工简单、方便、不起尘、无缝隙等特点。但由于涂层较薄，存在不耐磨和使用期限较短的问题，另外也存在不耐水浸泡问题。薄层地坪主要用于短时期使用的防静电地坪，如较长时间使用则需周期修补和处理。防静电薄层（涂层）地坪造价和施工成本较低。

（3）防静电砂浆地坪（或水泥自流平地坪，见图 8-15）是利用树脂或粘结剂、水泥砂浆等材料铺设的一种地坪（通常厚度为 2～5mm）。具有起尘低、防静电性能稳定、施工简单、耐水浸泡、使用期限长等特点。缺点是装饰颜色少，装饰效果差。

图 8-15　水泥自流平地坪

（4）防静电多层涂料地坪是用防静电树脂或涂料按施工要求进行多层分别施工铺设的地坪（通常厚度为 2～4mm），其物理化学特点和环氧自流平地坪相似，但施工要求较高，工程造价也高一些。

1．环保安全性能要求

防静电环氧地坪涂装材料环保安全性能要求应符合表 8-18 的规定。

表 8-18　防静电环氧地坪材料环保安全性能要求

序号	项　　目	要　　求
1	有害物质限量要求	符合 GB/T 22374
2	燃烧性能	符合 GB 50222

2．物理化学性能要求

防静电环氧地坪面层的物理性能应符合表 8-19 和表 8-20 的规定。

表 8-19　基本性能要求

序号	项　　目		指　　标
1	涂膜外观		涂膜外观正常
2	拉伸黏结强度/MPa	标准条件	≥2.0
		浸水后	
3	防滑性（干摩擦系数）		≥0.5
4	耐冲击性	轻载（500g 钢球）	涂膜无裂纹，无剥落
		重载（1000g 钢球）	
5	耐水性（168h）		不起泡，不剥落，允许轻微变色，2h 后恢复
6	耐化学性	耐油性（120#溶剂汽油，72h）	不起泡，不剥落，允许轻微变色
		耐碱性（20%NaOH，72h）	不起泡，不剥落，允许轻微变色
		耐酸性（10%H_2SO_4，48h）	不起泡，不剥落，允许轻微变色
7	耐人工气候老化性		400h，不起泡，不剥落，无裂纹；粉化≤1 级，$\triangle E^*$≤6.0（单色、平状）；变色≤2 级（彩色、立体状）

注：耐人工气候老化性仅针对室外用防静电地坪涂装材料。

表 8-20　耐磨性能要求

项　　目	水　　性	溶剂型	无溶剂型	砂浆型
耐磨性/（g/cm^2）	≤0.050	≤0.030		≤0.15

3．防静电性能要求

防静电环氧地坪的防静电性能应符合表 8-21 的规定。

表 8-21　防静电性能要求

序号	项　　目		指　　标
1	A	人/鞋/地系统电阻/Ω	$<1.0\times10^9$
		人体电压/V	<100
2	B	点对点电阻/Ω	$5.0\times10^4 \sim 1.0\times10^9$
		对地电阻/Ω	

注：防爆区域满足不发火前提下为 B，其他区域均为 A、B 两项。

8.2.4 防静电瓷砖

防静电瓷砖是近十年开发出的一种防静电材料。防静电瓷砖是在传统的瓷质胚体上利用耐高温（可达 1350℃以上）且导电性好的锡氧化物烧结成表层釉面具有防静电性能的釉面瓷砖。其具有阻燃性好、耐老化、防静电性能长久、表面抗污染、使用寿命长等特点。缺点是搬运、施工时碰撞易碎和在平铺地面存在缝隙使其受力不均易碎等问题。目前国内生产的防静电瓷砖都是釉面防静电瓷砖，还没有通体防静电瓷砖（主要是因为通体防静电瓷砖成本太高）。图 8-16 展示防静电瓷砖的结构。注意：瓷砖下面层（与地面接触层）一般没有防静电釉面。

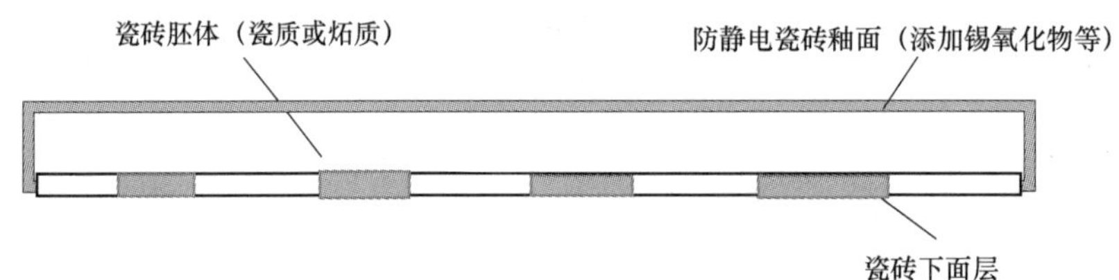

图 8-16 防静电瓷砖结构（面层图案同防静电三聚氰胺贴面板）

1. 防静电瓷砖技术指标

1）陶瓷砖通用技术要求

产品应符合 GB/T 4100 的规定。

2）防静电性能

点对点电阻：$5\times10^4\sim1\times10^9\Omega$；

表面电阻：$5\times10^4\sim1\times10^9\Omega$；

体积电阻：$5\times10^4\sim1\times10^9\Omega$。

3）放射性核素限量

符合 GB 6566 中 A 类产品要求。

4）地砖防滑性

符合 GB/T 26542 要求。

5）耐磨性

按 GB/T 3810.7 中有釉砖耐磨性测试方法实验，经受 1500 转的耐磨要求。

2. 判定防静电长效型与短效型瓷砖实验方法

1）实验样品预处理

用 pH 值近似为 7 的清水清洗好实验样品，清除试样表面的残渣及污物，并用清水清洗擦干，放入高温炉内。炉内升温速率（5±1）℃/min。升至 550℃±10℃，保持 1h。随炉自然冷却待用。

2）试样处理方法见表 8-22。

表 8-22　瓷砖处理方法

试样组号	处理方法	温　　度	试样数量
1	在体积浓度 3%的盐酸的溶液浸泡 24h	20～25℃	2
2	在浓度 100g/L 柠檬酸溶液浸泡 24h	同上	2
3	在浓度为 20mg/L 的次氯酸钠溶液浸泡 24h	同上	2
4	在浓度 100g/L 的碱溶液浸泡 24h	同上	2
5	在蒸馏水中浸泡 48h	同上	2
6	不浸泡	同上	2

（1）将浸泡处理后的 1～5 组试样和未浸泡的第 6 组试样放入微沸蒸馏水中保持 2h 后取出擦干。

（2）将上述所有处理完的试样放入烘箱在 110℃±5℃温度下烘 8h 后取出，在温度 20～25℃，相对湿度小于 40%的环境放置 48h 后测试防静电性能，如每块试样测试符合标本标准（GB 26539 防静电陶瓷砖）规定，则为长效型防静电瓷砖。

3．瓷砖不发火实验方法

有易燃、易爆气体、液体、粉体等物质环境中的防静电地坪、设施和装修材料要进行不发火实验。符合要求则能使用，否则不能使用，根据国标 GB 50209（建筑地面工程施工及验收规范）对瓷砖、水泥类、大理石等地坪材料不发火实验如下：

（1）试样：瓷砖（或其他材质试样）400mm×400mm 三块。

（2）实验设备：直径 150mm 金刚砂轮和砂轮机。

（3）实验环境：完全黑暗无气流房间。

（4）环境温/湿度：10～30℃；≤70%RH。

（5）气压：正常大气压下。

实验要求：将试样牢固固定在夹具上。开动砂轮机，转速 600～1000r/min。用金刚砂轮打磨瓷砖表面，接触压力 10～20N，每块试样磨掉不少于 20g。如整个实验过程无火花产生，即可认定瓷砖（试样）为撞击、摩擦后不发火瓷砖。

8.2.5　直铺网络地板

直铺网络地板是一种无支架的底部设置布线槽的地板（见图 8-17），且直铺在网络线较多的信息中心或智能化办公场所。直铺网络地板材质主要有 PVC、ABS、玻璃钢、固化水泥等。几何尺寸：400mm（长）×400mm（宽）×（50～70）mm（高）；300mm×300mm×（50～70）mm。通常这类地板本身不具有防静电性能，在铺设使用时，还要铺覆防静电地毯。它的技术指标见表 8-23。

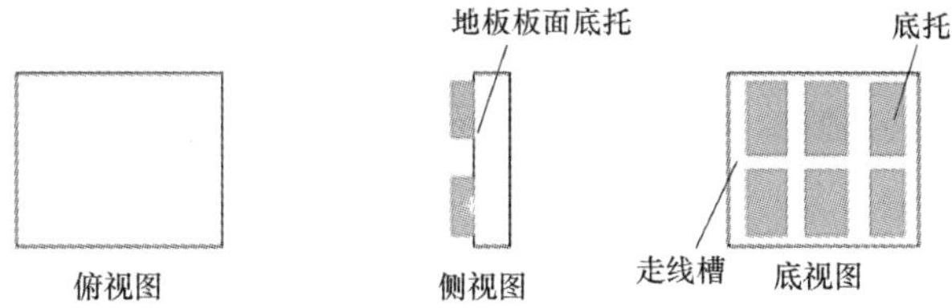

图 8-17　直铺网络地板结构图

表 8-23　直铺网络地板技术指标

项目	阻燃	均布荷载/（N/m²）	集中破坏载荷/N	有害物质限量	抗拉强度/MPa	尺寸误差/mm
指标	V-0 级 V-1 级	12500	8850	符合 GB/T 22374	＞60	板幅：<0～0.3 平面度：≤0.4 板厚误差：<±0.3 邻边垂直度：<0.3

注：GB/T 2408—2008 中 9.4 分级表 1 垂直燃烧级别。

直铺网络地板具有施工方便、结构简单、造价较低等特点。由于其没有可调支撑调整板面，所以铺设时对地面的平整度要求较高，通常 2m 内不平整度要小于 2mm。

直铺网络地板适用于网络布线不太密集、且无下送风要求的计算机机房、智能化办公场所。

8.2.6　防静电橡胶板、橡塑板

防静电橡胶板是一种应用范围非常广泛的产品，主要用于做桌垫（货架台垫）、地垫、传输带和火工生产车间的不发火防静电地坪。它是在硫化橡胶加入导电炭黑、金属氧化物和防静电剂制备而成。目前使用最多的有两种：一种是复合型防静电橡胶板，如图 8-18（a）所示，表层为绿色或浅蓝色（通常加入抗静电剂），下层为黑色（通常加入乙炔导电炭黑）。这种类型防静电橡胶板用量最多。另一种是加入导电炭黑的黑色硫化橡胶板，如图 8-19（b）所示。这种多用于火工生产场所的地坪。还有一种是在帆布材料中掺入橡胶材料制备成传输带，用于生产线转运产品。防静电复合型橡胶板多用于桌垫、货架垫、运转车垫。具有铺设方便、使用简单、柔软度高等特点。缺点是易老化、表层防静电性能不稳定、耐高温性能较差。黑色底面易逸出导电炭黑，污染工作场所，不适用洁净度要求非常高的场所中。黑色橡胶板防静电性能较稳定，柔软度高。但耐污、耐温性较差。防静电橡胶板技术指标见表 8-24。

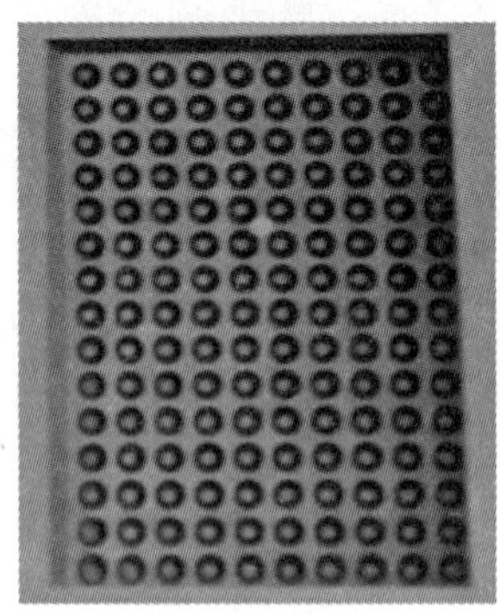

（a）防静电复合橡胶板　（b）防静电黑色橡胶板　（c）防静电聚氨酯防滑地垫

图 8-18　防静电橡胶板

表 8-24 防静电橡胶板技术指标

项目	体积电阻、表面电阻/Ω	硬度/邵氏 A	拉伸强度/MPa	扯断伸长率/%	阻燃（GB/T 2408）	有害物质限量	使用温度/℃	表面光泽性
技术指标	$1\times10^4\sim1\times10^9$	50～70	>10	>300	FV-1	符合 GB/T 22374	0～45	无明显差异

防静电传输带是在帆布上涂覆防静电橡胶制备。其拉伸强度大于 40MPa；扯断伸长率大于 110%。除拉伸强度、扯断伸长率技术指标外，其他指标和普通防静电橡胶板基本一样。

防静电橡塑板有多种，像聚氨酯合成板［见图 8-18（c）］、氯丁合成橡胶板、丙烯丁合成橡胶板、聚乙烯合成塑胶板等，这类胶板国外用的较多，颜色有多种，防静电性能也比较稳定。物理化学性能、环保性等优于国内同类产品，但价格较高。

防静电橡胶板有长效型和短效型。一般用抗静电剂的橡胶板防静电性能维持时间较短，而用无机氧化物或乙炔炭黑，则防静电性能维持时间较长。

8.2.7 防静电包装、箱、盒等有关产品

SSD 产品包装、存储、运输必须使用防静电包装。防静电包装种类繁多，主要有柔性包装袋、周转箱、元件盒、吸塑盒、发泡垫、中空箱等，如图 8-19 所示。

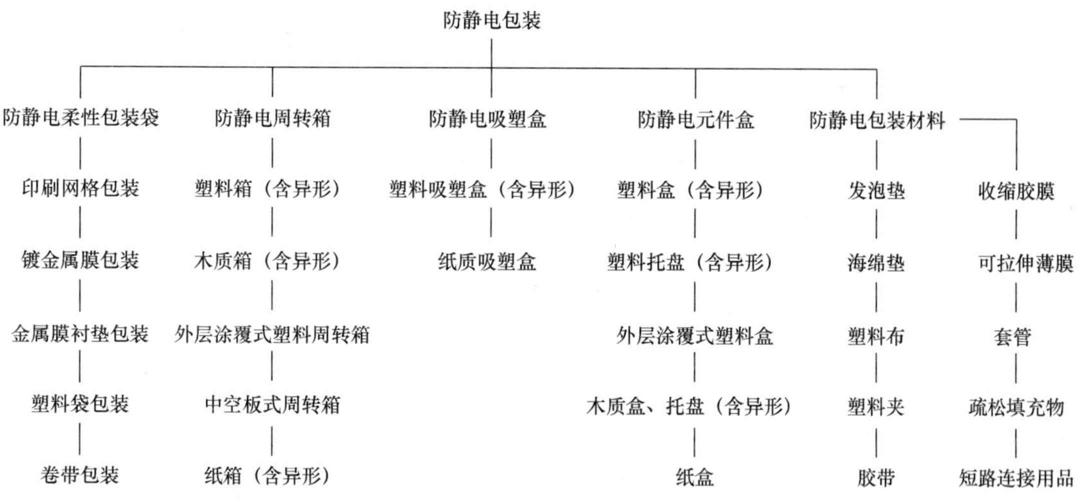

图 8-19 防静电包装种类

防静电包装、吸塑盒、箱、衬材、发泡等有用抗静电剂处理的防静电短效型和用乙炔导电炭黑或其他金属氧化物等导电材料处理的防静电长效型两种。也有在硬质塑料箱、盒表面涂覆防静电树脂或漆的表面涂覆型包装。除此之外在环境湿度较高地区，还有使用木质、纸质的防静电容器（湿度高于 55%RH）。通常短时效防静电包装的防静电性能一年（有的几个月）之内几乎全部丧失，而长效型包装只要不破损，通常防静电性能可长期保持至包装使用损坏。

1. 包装的防静电性能

防静电包装、箱（元件盒）、吸塑盒、发泡、衬材等的防静电性能分四类：导静电；静电耗散；静电放电屏蔽；低起电型（见表 8-25）。其结构如图 8-20 所示。

表 8-25 防静电包装防静电性能分类

防静电性能分类	导静电包装	静电耗散包装	静电放电屏蔽包装	低起电包装
内、外表面或体积电阻/Ω	$<1\times10^4$	$1\times10^4\sim1\times10^{11}$	屏蔽层$<1\times10^3$ 内、外表面 $1\times10^4\sim1\times10^{11}$	
静电放电耦合能量/nJ 静电放电耦合电压/V			<20nJ <30V	
包装内、外表面接触摩擦分离起电电量				$<0.5\mu C/m^2$

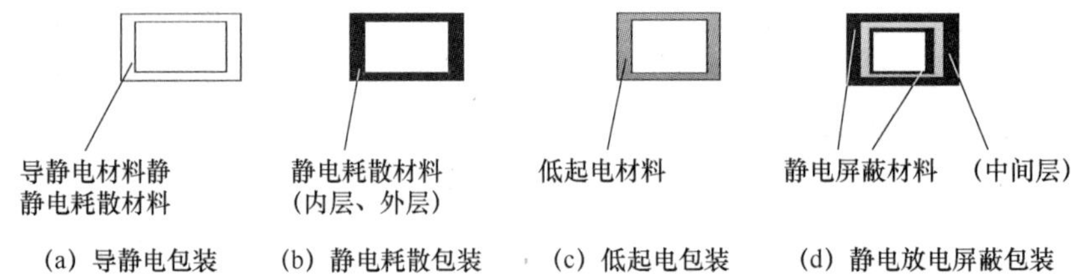

图 8-20 包装防静电结构示意图

2. 包装物理性能

防静电包装在使用中有些基本性能应当满足，否则会出现一些问题，如机械摩擦、潮气等影响，使包装内 SSD 产品受到损害。防静电柔性包装袋的物理性能见表 8-26。

表 8-26 防静电柔性包装的物理性能（SJ/T 11578）

检验项目	一级	二级	三级	四级	五级	单 位
	防潮袋	防潮袋	屏蔽袋	导静电袋	静电耗散袋	
水蒸气渗透率（MVTR）	≤0.002	≤0.02	N/A	N/A	N/A	g/100 英寸 ^{2}/天
抗穿刺性	>15	>15	>8	>5	>5	磅
密封强度	>12	>12	>8	>5	>5	磅/英寸
厚度	≥0.004	≥0.003	≥0.002	≥0.002	≥0.002	英寸
透明度	N/A	N/A	30～50	N/A	70～100	%

注：N/A 表示不适用；1 英寸=2.54 厘米；1 磅=0.4536 千克。

硬质包装盒或箱的物理性能见表 8-27。

表 8-27 硬质周转箱、盒的物理性能

检验项目	要 求	检验项目	要 求
冲击强度（缺口冲击实验）	$\geq5kJ/m^2$	维卡软化温度	普通系列≥80℃；高温系列≥120℃
加热尺寸变化率（纵向、横向）	±3%	耐老化性能	外观不出现裂纹或变形，表面无析出物

3．防静电包装环保、洁净要求

防静电包装在洁净度要求较高的环境中（GB 50073 中 1～4 级）使用，或者包装一些精密、微小的 SSD 产品，像磁头、磁带、光学器件、CCD、液晶显示器件等，对包装的环保、洁净要求很高，如果满足不了要求，会直接导致不良品出现并污染 SSD 产品与环境。

1）环保要求

防静电包装材料中，有害物质铅（Pb）、汞（Hg）、六价铬（Cr^{6+}）、多溴联苯（PBB）和多溴二苯醚（PBDE）的含量不得超过 0.1%（质量分数），镉（Cd）的含量不得超过 0.01%（质量分数）或 SJ/T 11363 规定的限量以内。

对于有洁净性能要求的防静电包装制成品或材料，需要考虑下列指标限量：LPC（表面微颗粒物）、IC（表面阴离子）、NVR（非挥发性残留物）、FTIR（硅油）、Outgassing（挥发性残留物）。

2）指标限量要求

防静电包装材料表面洁净度限量如下所述（见表 8-28）。

表 8-28　包装表面洁净度限量

F	≤0.01μg/cm^2	NO_3	≤0.06μg/cm^2
C_1	≤0.01μg/cm^2	PO_4	≤0.01μg/cm^2
NO_2	≤0.01μg/cm^2	SO_4	≤0.01μg/cm^2
Br	≤0.01μg/cm^2		

（1）LPC：直径≥0.5μm 的粒子数量不得大于 1200 个/cm^2。

（2）IC：≤0.01μg/cm^2。

（3）NVR：≤4.5μg/cm^2。

（4）FTIR：≤5ng/cm^2。

（5）Outgassing：≤1709ng/cm^2。

4．防静电包装识别及使用场所

防静电柔性放电屏蔽包装（有镀金属膜和内衬金属层两类）如图 8-21 所示。有的静电屏蔽包装兼具射频电磁屏蔽功能（军用）。防静电柔性放电屏蔽包装主要用于防静电工作区以外 SSD 产品包装、运输、存储和防静电工作区内有特殊要求的 SSD 产品包装，防止人体静电放电造成包装内 SSD 产品损害。内衬金属层的防静电放电屏蔽袋如图 8-22（b）所示。通常静电放电屏蔽包装内层为静电耗散型材料，不允许使用导静电材料、导电材料，以防 SSD 带电对包装表面放电造成 SSD 损害。

图 8-21　防静电镀金属膜屏蔽包装袋

导静电柔性包装如图 8-22、图 8-24、图 8-25 所示。导静电海绵、PCB 保护罩、短路棒、短路弹簧片等用品主要用于 SSD 元器件等电位连接使用，防止引脚悬空，在受到静电影响时因引脚之间电位不同造成损害。需要提示的是，由于导静电包装电阻较低可能会产生 CDM 效应，造成 SSD 产品损害。导静电包装静电放电屏蔽功效较差。

(a) 防静电PE包装袋　(b) 屏蔽防湿袋　(c) 导电网格袋　(d) 导电海绵

图 8-22　几种常用柔性防静电包装袋（材料）

静电耗散类柔性包装如图 8-22、图 8-23 所示。粉红色或其他无色透明包装大都是用抗静电剂处理，其防静电性能属于短时效型，一般使用期不超过一年。这种包装价格较低廉。导电网格包装袋是利用印刷技术将导电炭黑涂料印制在包装表面。图 8-23 所示包装是利用乙炔炭黑添加在塑料中制备的，其具有防静电较好、持久、稳定等特点。这种包装使用广泛，价格高于粉红色和其他透明的短时效防静电包装。静电耗散类包装不会产生 CDM 效应，但其静电放电屏蔽效果较差。如图 8-25、图 8-26 所示是静电耗散类周转箱、盒、托盘、吸塑盒、PCB 保护罩等物品，主要用于 IC、SSD 产品等的存放、周转等。PCB 保护罩用于 PCB 等电位保护。静电耗散类包装可用于有防静电要求的任何场所。

图 8-23　柔性静电耗散包装袋

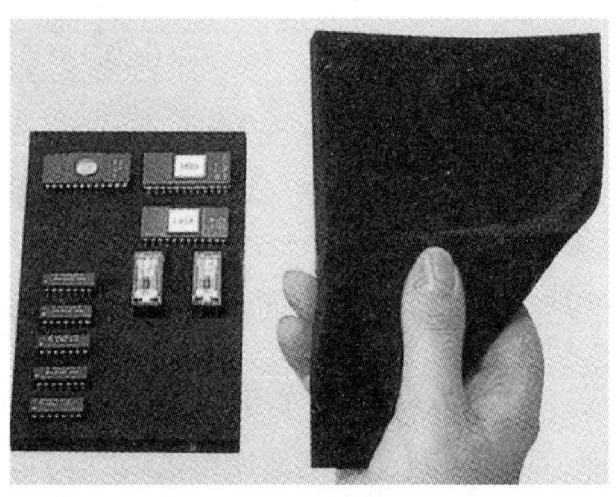

图 8-24　导静电海绵垫

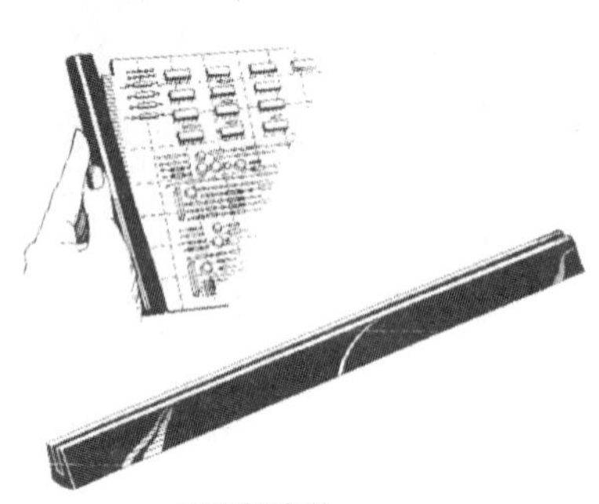

PCB保护罩

元件盒

图 8-25　静电耗散类元件盒、导静电 PCB 保护罩

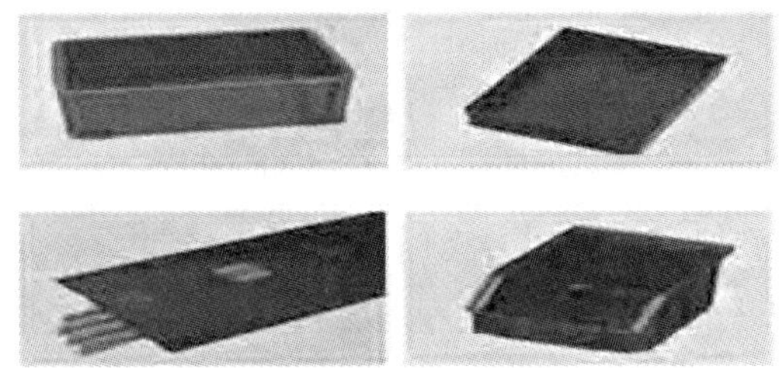

图 8-26　静电耗散类周转箱、托盘、元件盒

集成电路包装管是采用抗静电剂改性的 PP、PS、ABS 等塑料注塑而成，专用于集成电路等微电子元器件的包装。

如图 8-27 所示为计算机键盘静电防护带。用静电耗散材料制备，成片状。使用时需接地，用于泄放人体静电，防止静电从计算机键盘耦合对计算机造成干扰或损害。

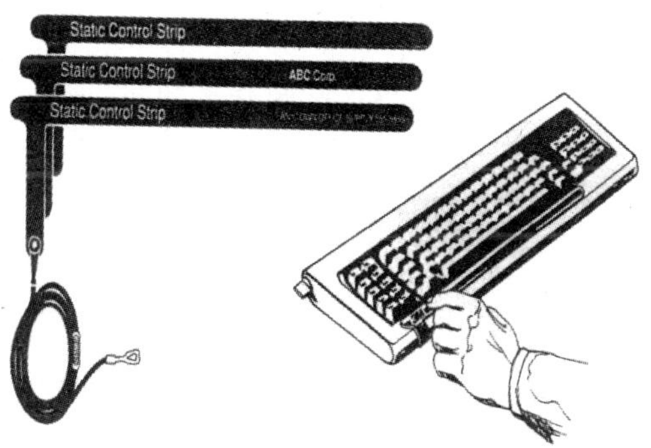

图 8-27　计算机键盘静电防护带

低起电包装是当表面受到接触摩擦分离时，产生静电荷较少，表面的起电电压很低。目前国内对这类包装材料评判标准还没有，但在实际工作中常常遇到。像一些吸湿性较强的木质、纸质包装（见图 8-28、图 8-29），还有电工胶木板和利用摩擦序列组合的两种塑料物质混合包装材料等。这类包装可以大大降低防静电包装购置成本。

图 8-28　纸质低起电包装箱

图 8-29　木质低起电包装箱

5. 防静电包装使用的一些注意事项

一般硬质周转箱、盒的静电屏蔽效果较差。只有其包装表面电阻低于 $1\times10^3\Omega$，且导电均匀，没有孔洞、缝隙、破损，并在使用时，呈全封闭状态（有盖子），才具有屏蔽效果。

对于柔性屏蔽包装，除静电放电屏蔽指标符合表 8-25 要求外，包装表面不能出现破损，在使用时一定封口，不能成开口状。

防静电包装有防静电长效型和短效型两类，在使用时注意时效性。如有要求判定可将包装材料放入 50℃蒸馏水浸泡 24h，并用刷子刷洗材料表面 2min 取出，用烘箱在 50℃温度和相对湿度低于 40%的环境中烘干 2h。按上述要求重复 5 次操作后，在相关标准规定环境要求下检测防静电性能。如果防静电性能符合表 8-25 要求即可判定为长效性防静电包装，反之则为短效型防静电包装。

防静电包装在使用过程中，如有条件尽可能实现接地。要避免将绝缘制品直接放置在静电耗散类、低起电防静电包装外表面或邻近。使用转运车运送带有 PCB 的周转箱时，尽可能使其与防静电地坪实现等电位接地。如地坪不具有防静电性能或人员没采取防静电措施，则运转车上的 SSD 产品尽可能采用静电隔离措施或静电放电屏蔽包装，且不允许随意打开包装。

8.2.8 防静电工作台、运转车、椅子、存放柜

目前所用防静电工作台、存放柜大都是根据企业使用要求，将普通的工作台（台面可制作多层）、存放柜加铺防静电桌垫并采取防静电接地来完成的。也有少部分是根据用户需要利用防静电贴面板（三聚氰胺、PVC、塑胶等）制作成工作台（或存放柜）面并实现防静电接地来完成。防静电工作台、椅子结构及接地图见图 8-30（a）、（b）和图 8-31。运转车则是车体为金属构件，台面铺设防静电台垫并与车金属体实现电气连接。运转车车体通过导电轮或导电金属链与防静电地坪连接实现防静电接地。椅子是采用防静电材料（防静电人造革、防静电 PU、防静电布料、导电塑料制品）做椅面，和金属椅子框架结构进行电气连接，椅子通过导电脚轮、导电链与防静电地坪实现防静电接地。工作台、存放柜、运转车、椅子除满足使用时所要求的机械强度和便于使用外，其防静电性能要满足表 8-29 的要求。防静电工作台、椅子如图 8-32 所示。防静电运转车如图 8-33 所示。多层台面的工作台和存放柜，各防静电台面采取并联接地。工作台、椅子可以采用低起电性防静电材料制作。

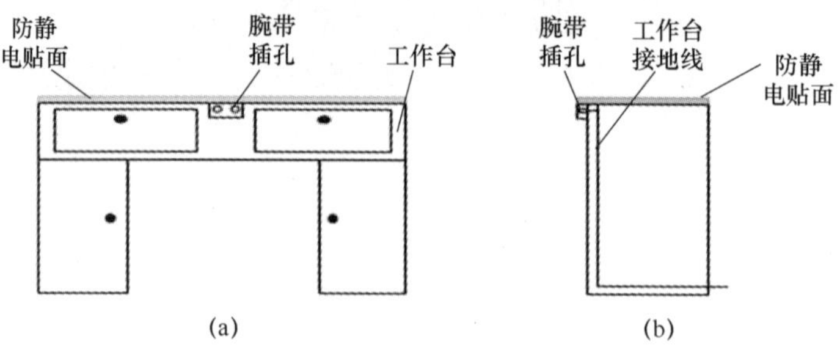

图 8-30 防静电工作台结构与接地连接

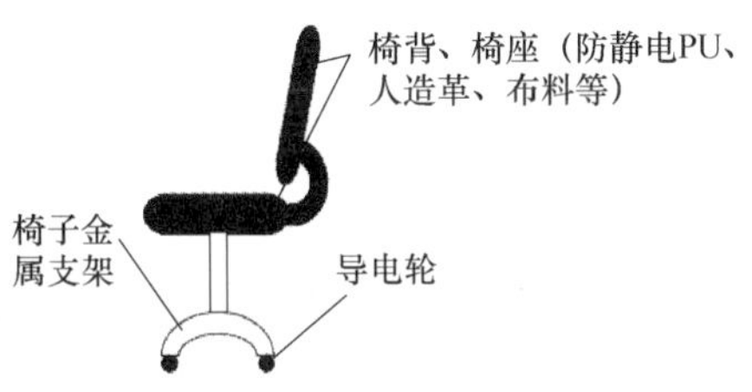

图 8-31　防静电椅结构与接地连接

表 8-29　防静电工作台、存放柜、椅子、运转车等防静电指标

防静电指标	台面（椅子表面）点对点电阻/Ω	静电泄漏电阻/Ω	等电位连接电阻/Ω
工作台	$1\times10^5\sim1\times10^9$	$1\times10^5\sim1\times10^9$	$<1\times10^9$
椅子	$1\times10^5\sim1\times10^9$	$1\times10^5\sim1\times10^9$	$<1\times10^9$
存放柜	$1\times10^5\sim1\times10^9$	$1\times10^5\sim1\times10^9$	$<1\times10^9$
运转车	$1\times10^5\sim1\times10^9$	$1\times10^5\sim1\times10^9$	$<1\times10^9$

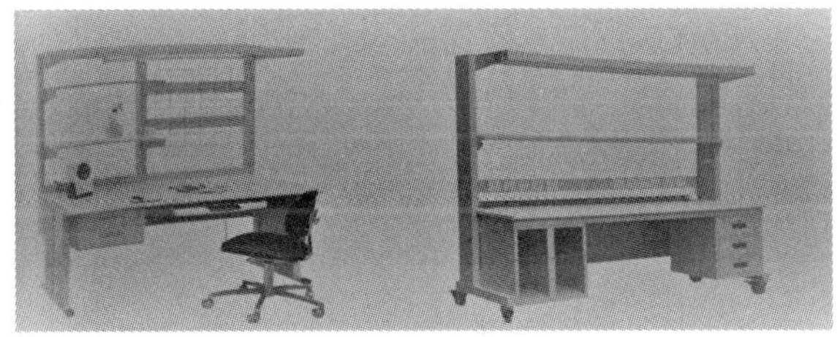

（a）防静电工作台

（b）防静电工作椅

图 8-32　防静电工作台和工作椅

图 8-33　防静电运转车

8.2.9 防静电鞋、脚束、鞋套

防静电（导静电）鞋、袜、鞋束：该类鞋鞋底是用加入防静电剂（导电炭黑、导电金属氧化物、抗静电活性剂等）的合成橡胶（橡塑）、PVC、皮革等制成的，能将操作 SSD 的人员所带静电荷泄漏到大地，防止人体静电积累，实现人员防静电接地。国家标准规定的防静电鞋鞋底电阻值为 1×10^5～$1\times10^9\Omega$，导电鞋电阻不大于 $1.0\times10^5\Omega$。

为了确保消除人体静电，穿用上述鞋时，鞋底内面与防静电地坪表面之间的电阻值应分别不大于 $1\times10^9\Omega$ 和 $1.0\times10^5\Omega$。

在穿用过程中，鞋底部不得沾有任何绝缘物和破损，并且禁止穿用绝缘性袜子，应该穿用薄丝或防静电袜（袜底有导电丝）。防静电袜的内、外两点电阻值应在 1×10^5～$1\times10^9\Omega$ 之间。操作人员在防静电工作区，地坪为防静电地坪时，必须穿着防静电鞋。

1．导电鞋、防静电鞋使用要求

（1）必须在尽可能的最短时间内将静电荷减至最小，例如在有易燃、易爆气体和物质的环境中，必须使用导电鞋。如果来自任何电器或带电部件的电击危险不能完全消除，则不能使用导电鞋。为确保鞋是导电的，规定鞋底电阻值小于 100kΩ。

（2）在使用期间，由于屈挠和污染，导电材料制成的鞋底电阻值可能会发生显著变化，那么必须确保鞋在整个使用期限内能履行消散静电荷的功能。因此，建议使用者定期测试鞋底电阻。这项测试应成为例行检查。

（3）如果在可能增加鞋电阻的场所穿用，穿着者每次进入防护区域前必须检查所穿鞋的电阻值。

（4）在使用导电鞋、防静电鞋的场所，地面对地电阻不应使鞋提供的防护失效。

（5）在使用中，除了防静电袜子，鞋内底与穿着者的脚之间不得有绝缘部品或厚的化纤、毛料袜子。如果内底和脚之间有鞋垫，则应检查鞋/鞋垫组合体的电阻值。

（6）如果在干燥环境中穿用，必须确保防静电鞋在干燥环境中的整个使用期限内能实现泄漏静电功能，并同时提供安全保护。

（7）有些种类的鞋能吸潮并在潮湿条件下导电，因此必须引起关注。

（8）在存有易燃、易爆物质的工作区工作时，穿用的导电鞋、防静电鞋底部不允许带有铁钉或撞击易产生火花的铁磁性物体。

2．导电鞋、防静电鞋物理化学技术参数及检测要求

（1）鞋底结构。有内底时，在不损坏鞋的情况下内底应不能移动。

（2）鞋帮/外底结合强度。除缝合底外，鞋按照 GB/T 20091—2007 中 5.2 方法测试时，结合强度不应小于 4.0N/mm；如果鞋底有撕裂现象，则结合强度不应小于 3.0N/mm。

（3）防漏性。按照 GB/T 20091—2007 中 5. 7 方法测试时，应没有空气泄漏。

（4）撕裂强度。按照 GB/T 20091—2007 中 6.3 方法测定时，Ⅰ类鞋的鞋帮撕裂强度应符合表 8-30 要求。

表 8-30　鞋帮撕裂强度

材料种类	最小力/N	材料种类	最小力/N
塑胶材料	60	涂覆织物/纺织品	120

（5）鞋底拉伸性能。按照 GB/T 20091—2007 中 6.4 方法测试时，拉伸性能应符合表 8-31 要求。

表 8-31　拉伸性能

材料种类	抗张强度/（N/mm^2）	扯断强力/N	100%定伸应力/（N/mm^2）	扯断伸长率/（%）
剖层皮革	≥15	—	—	—
橡胶	—	≥180	—	—
聚合材料	—	—	1.3～4.6	≥250

（6）耐折性。按照 GB/T 20991—2007 中 6.5 方法测试时，耐折性应符合表 8-32 要求。

表 8-32　耐折性

材料种类	耐折性	材料种类	耐折性
橡胶	连续屈挠 125000 次，应无裂纹	聚合材料	连续屈挠 150 000 次，应无裂纹

（7）pH 值。皮革鞋帮、皮革内底或皮革鞋垫按照 GB/T 20991—2007 中 6.9 方法测试时，pH 值不应小于 3.2。如果 pH 值小于 4，则稀释差应小于 0.7。

（8）六价铬含量。皮革鞋帮、皮革内底按照 GB/T 20991—2007 中 6.11 方法测试时，六价铬含量应没有检出。

（9）吸水性和水解吸性。按照 GB/T 20991—2007 中方法测试时，吸水性不应小于 $70mg/m^2$，水解吸性不应小于水吸收的 80%。

（10）耐磨性。

① 内底。非皮革内底按照 GB/T 20991—2007 中 7.3 方法测试时，完成 400 次前，不应有严重磨损。

② 鞋垫。非皮革鞋垫按照 GB/T 20991—2007 中 6.12 方法测试时，完成下列次数前，摩擦表面不应产生任何破洞。

干燥：25～600 次；

潮湿：12～800 次。

③ 外底。除全橡胶和全聚合材料鞋外的非皮革外底按照 GB/T 20991—2007 中 8.3 方法测试时，密度等于或小于 0.9 g/mL 材料的相应体积磨耗量不应大于 $250mm^3$，密度大于 0.9 g/mL 材料的相应体积磨耗量不应大于 $250mm^3$。

（11）撕裂强度。非皮革外底按照 GB/T 20991—2007 中 8.2 方法测试时，撕裂强度不应小于：

8 kN/m，适用密度大于 0.9 g/cm^3 的材料；

5 kN/m，适用密度小于或等于 0.9 g/cm^3 的材料。

（12）耐折性。非皮革外底按照 GB/T 20991—2007 中 8.4 方法测试时，连续屈挠 30000

次，切口增长不应大于 4 mm。

（13）水解。聚氨酯外底和外层由聚氨酯组成的鞋底按照 GB/T 20991—2007 中 8.5 方法测试时，连续屈挠 150000 次，切口增长不应大于 6mm。

3．导电鞋、防静电鞋种类

防静电鞋种类很多（见图 8-34），适用于不同工作场所，在使用时要兼顾舒适性、使用方便和各工种需求。

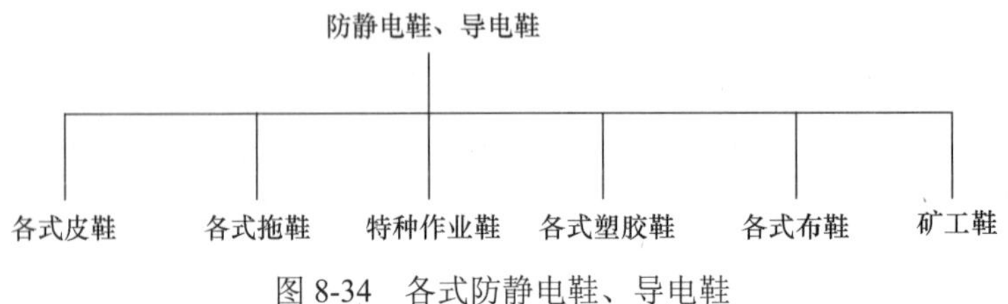

图 8-34　各式防静电鞋、导电鞋

4．防静电脚束、鞋套

防静电脚束［见图 8-35（c）］的作用与防静电鞋一样，实现人体的接地。使用时将其脚束套在操作职工穿用的普通鞋上，将脚束的导电带与操作职工腿部裸露皮肤紧密接触形成人员接地。这时人体静电可以通过导电带和脚束底部（与防静电地面接触）实现人体接地并泄漏静电。

防静电鞋套［见图 8-35（a）］主要用于有较高洁净要求的环境中，它采用洁净布料或其他洁净材料制备，在鞋套底部设置导电网络（导电丝、导电纤维等）。该导电网络通过导电带与操作职工腿部紧密接触实现人体接地和泄漏静电。防静电防砸鞋是一种头部安装钢护套的作业鞋，用于搬运重物且有静电防护要求的场所［见图 8-36（a）］。

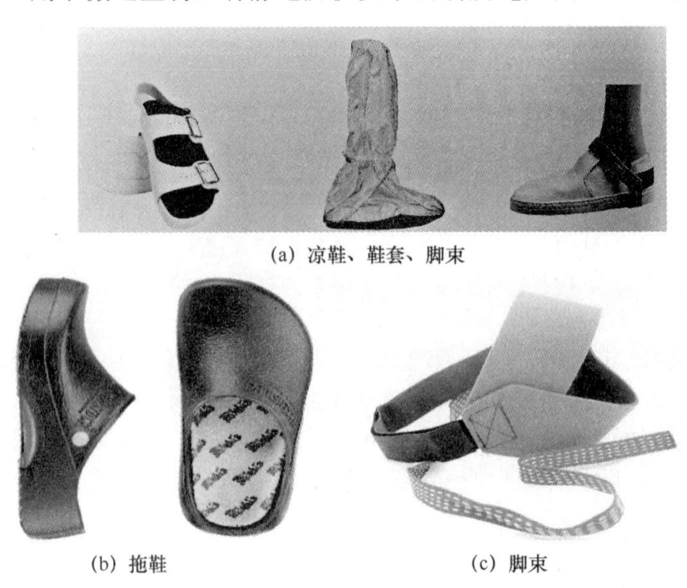

(a) 凉鞋、鞋套、脚束

(b) 拖鞋

(c) 脚束

图 8-35　各式防静电、导电鞋

（a）防砸鞋

（b）长筒胶底洁净鞋

图 8-36　防静电特种作业鞋

8.2.10　防静电工作服

防静电工作服是由导电金属丝（不锈钢丝等）和棉、化纤等混纺制成的，也有用渗碳丝、导电合成纤维布（铜络合纤维等）或带电序列不同的纤维制成的。也有用抗静电剂改性的腈纶、涤纶尼龙等纤维布制作的。近年出现了新研发的均质导电布料（喷涂导电涂层、镀导电膜等工艺）制作的防静电服。

1．普通防静电工作服

1）使用要求

（1）操作人员在防静电工作区时不得穿、脱服装。进工作区前必须先穿着工作服，离开后再脱下。

（2）在易燃、易爆工作环境，整件服装不得使用任何金属饰物，必须使用时应不直接露到服装表面，以免金属放电。

（3）环境洁净度要求较高时，穿用的服装还应符合 SJ/T 11412《防静电洁净工作服、织物通用规范》相关规定。

每隔半年按国家标准对其进行复检，当带电量或点对点电阻值、工作服表面对接地端子电阻超过规定值时，则不得继续使用。穿用的服装应经耐洗涤实验，以检验防静电性能持久性。用防静电剂处理的工作服，因其防静电性能不持久，不适合长期使用，只适合短时期使用。

2）防静电要求

工作服导电丝质量（粗和细）、编织密度和连通状况，决定工作服中和、耗散、泄漏静电的效果。

导电丝编织有呈菱形、方格形和条形状。其导电丝编制密度越高，相对静电中和、耗散能力越强。导电丝本身的电阻性能、抗氧化、耐弯折性越好，其防静电性能越稳定、持久。

（1）外观质量。服装外观应无破损、斑点、污物以及其他影响穿用性能的缺陷。

（2）防静电性能。

① ANSI/ESD S20.20 规定：表面点对点电阻$<1\times10^{11}\Omega$；带接地端子工作服静电泄漏电阻$<1\times10^{9}\Omega$；穿戴情况下的静电泄漏电阻$<3.5\times10^{7}\Omega$。

② IEC 61340-5-1 规定表面点对点电阻小于 $1\times10^{11}\Omega$；带接地端子工作服静电泄漏电阻小于 $1\times10^{9}\Omega$。

③ GB 12014《防静电工作服》规定：1 级工作服的摩擦带电量≤0.2μC/件、表面点对点电阻为 $1\times10^{5}\sim1\times10^{7}\Omega$；2 级工作服的摩擦带电量≤0.6μC/件、表面点对点电阻为 $1\times10^{7}\sim1\times10^{11}\Omega$。

④ SJ/T 10694《电子产品生产与应用系统防静电检测通用规范》规定每件服装表面点对点电阻应在 $1\times10^{5}\sim1\times10^{10}\Omega$、摩擦带电量≤0.6μC/件。

⑤ GJB 3007《防静电工作区技术要求》规定：直接接触 SSD 时穿用的工作服的摩擦带电量≤0.1μC/件；其他情况穿用的工作服摩擦带电量≤0.6μC/件。

（3）理化性能。服装的理化性能应符合表 8-33 的要求。

表 8-33　理化性能技术要求

测试项目	技术要求	
甲醛含量/（mg/kg）	直接接触皮肤≤75	非直接接触皮肤≤300
pH 值	4.0～9.0	
尺寸变化率/（%）	−2.5～+2.5（经、纬向）	
透气率/（mm/s）	10～30（涂层面料）	>30
耐水色牢度（级）（变色、沾色）	≥3～4	
耐干摩擦色牢度（级）（变色、沾色）	≥3～4	
耐光色牢度（级）（变色、沾色）	≥3～4	
断裂强力/N	经向≥780（单位面积质量≥200g/m²） 经向≥490（单位面积质量<200g/m²）	纬向≥390

（4）服装结构应安全、卫生，有利于人体正常生理要求与健康。服装应便于穿脱并适应作业时的肢体活动。服装款式应简洁、实用。根据使用要求，可采用款式如图 8-37 所示。

（5）服装接缝强力。服装接缝强力不得小于 100 N。

（6）尺寸变化率。防静电服按 GIG/T 8629—2001 中规定的程序洗涤，悬挂晾干，水洗后的尺寸变化率应符合表 8-34 的规定。

（a）洁净连体式防静电工作服

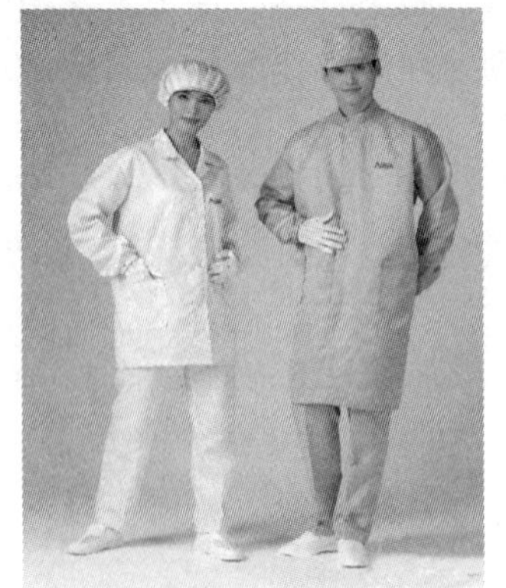

（b）大褂式防静电工作服

图 8-37　各式防静电工作服

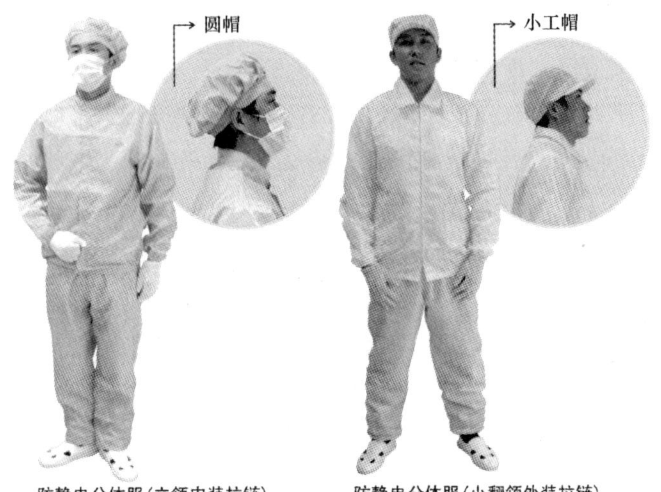

（c）分体式防静电工作服

图 8-37　各式防静电工作服（续）

表 8-34　尺寸变化率技术要求

测试项目	尺寸变化率/（%）	测试项目	尺寸变化率/（%）
领大	≥−1.5	腰围	≥−2.0
胸围	≥−2.5	裤长	≥−3.5
衣长	≥−3.5		

（7）其他要求。

① 从面料和服装衬里的不同部位分别选取样品，按 GB/T 2912.1—1998 规定的方法测试甲醛含量。

② 从面料和服装衬里的不同部位分别选取样品，按 GB/T 7573—2002 规定的方法测试 pH 值。

③ 面料尺寸变化率按 GB/T 8628—2001 和 GB/T 8630—2002 规定进行，采用 GB/T 8629—2001 中的 6.13 或 6A 程序洗涤，悬挂晾干。

④ 从面料和服装衬里的不同部位分别选取 10 个样品，按 GB/T 5453—1997 规定的方法测试透气率。

⑤ 面料耐水色牢度按 GB/T 5713—1997 规定的方法测试。

⑥ 面料耐干摩擦色牢度按 GB/T 3920 规定的方法测试。

⑦ 面料耐光色牢度按 GB/T 8427—1998 规定的方法测试。

⑧ 面料断裂强力按 GB 3923.1—1997 规定的方法测试。

⑨ 成品服装接缝强力按 GB 3923.1—1997 规定的方法测试，从衣裤接缝薄弱部位裁取五个接缝在中心的试样，接缝的方向与受力方向成 90° 角，如接缝采用单线应将接缝端线打结，以防滑脱。测试结果取最低值。

2. 防静电洁净工作服及织物

防静电洁净工作服是电子行业有静电控制或洁净要求的场所使用的织物及穿用的工作服。

1）名词术语

（1）防静电洁净织物。具有防静电性能的自身不易起尘的洁净长丝型织物。

（2）防静电洁净工作服。经过无尘清洗后，在洁净室中使用的工作服，该工作服具有防静电与洁净性能。

（3）电荷面密度。单位面积织物表面所带的电荷量。

（4）P/C 尘粒数。单位体积内尘粒的个数。

（5）NVR 不挥发性残留物。残留在织物表面的不挥发性物质，即该物质为通过化学溶剂溶解挥发后剩余的物质。

（6）IC 离子含量。单位面积织物表面的离子的质量。

2）产品分类

（1）防静电洁净工作服；

（2）防静电洁净织物。

3）结构外观要求

（1）外观。洁净织物应清洁，无斑点、无污物、无疵点等缺陷。防静电工作服外观要求领部和肩部平整、左右对称、无污物、无严重疵点等。

（2）结构。

① 防静电洁净工作服，分为连体式与分体式两种。

② 连体式防静电洁净工作服，是指上衣和裤子连成一体的服装，还包括同等技术指标的帽子和鞋套，其结构要求领口紧、袖口紧并易于活动、便于穿脱。

③ 分体式防静电洁净工作服，由上衣、裤子、帽子等组成，仅适用于洁净等级 GB50073 规定的 7 级（即每 28.3L 体积的空间中，直径大于或者等于 0.5μm 的颗粒数小于 10000 个）的洁净室。

（3）接缝。

防静电洁净工作服的裁片毛边不得外露，边缝宜采用如图 8-38 所示缝制方法，拼接缝宜采用如图 8-39 所示的缝制方法，卷边缝宜采用如图 8-40、图 8-41 所示的缝制方法。

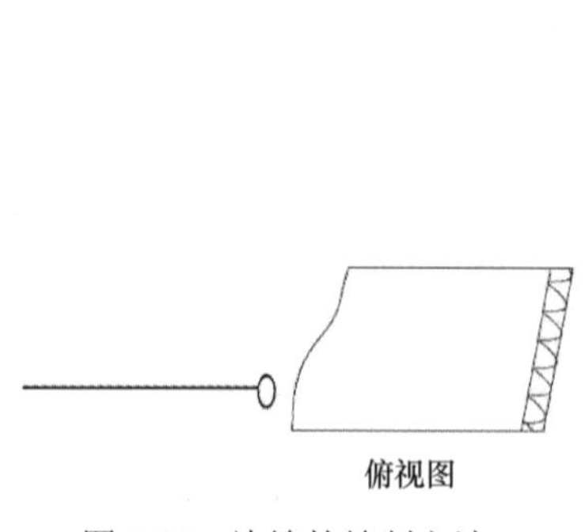

图 8-38　边缝的缝制方法

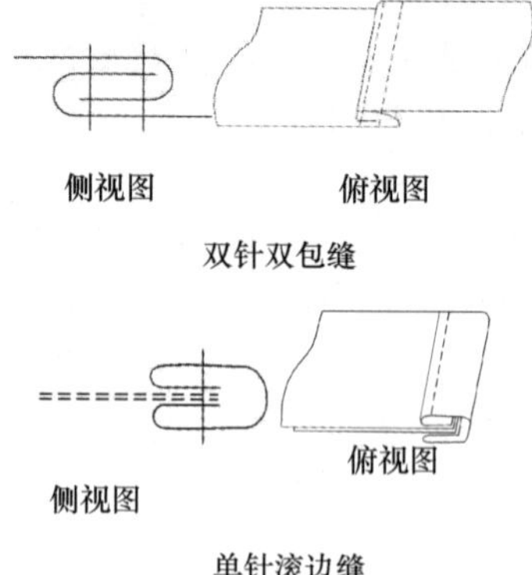

图 8-39　拼接缝的缝制方法

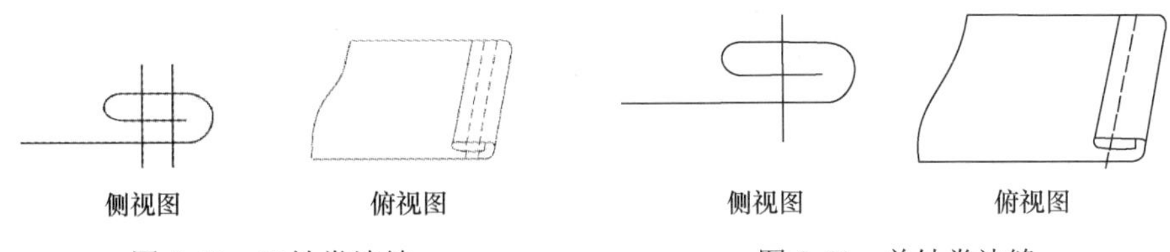

图 8-40　双针卷边缝　　图 8-41　单针卷边缝

4）技术要求

（1）防静电洁净工作服的缝合部位，针距应为 12～14 针/3cm，针次均匀、平直，不得有跳针，其线缝强力不得小于 196N。

（2）织物的断裂强力。织物的经向强力不低于 490N；纬向强力不低于 390N。

（3）织物的透气性。防静电工作服织物的透气率不得低于 10mm/s；防静电洁净工作服织物的透气率不得低于 4.0mm/s。

（4）织物的透湿量。防静电工作服织物的透湿量不得低于 2000g/（m^2·d）；防静电洁净工作服织物的透湿量不得低于 1000g/（m^2·d）。

5）防静电性能

（1）防静电织物的防静电性能可采用电荷面密度法测试，也可采用防静电工作服带电量法测试。其质量分级技术指标如表 8-35 所示。

表 8-35　防静电织物防静电性能质量分级技术指标　（单位：$\mu C/m^2$）

级　别	电荷面密度	级　别	电荷面密度
一级	<1.0	三级	<7.0
二级	<2.5		

（2）防静电工作服的防静电性能可采用带电电荷量法测试指标。其质量技术分级指标如表 3-16 所示。

（3）根据产品的使用要求，也可以将防静电洁净工作服上点对点电阻作为衡量防静电洁净工作服防静电性能的指标，其技术指标符合 1×10^5～$1\times10^{10}\Omega$。

（4）分体式防静电洁净服中的帽子和连体式防静电洁净工作服中的帽子及鞋套的防静电性能指标要与防静电洁净服的技术指标一致，即点对点电阻符合 1×10^5～$1\times10^{10}\Omega$。

6）洁净性能

（1）防静电洁净工作服发尘性（≥0.3μm 或≥0.5μm）采用滚筒法测试，其质量技术分级指标如表 3-14 所示。

（2）残留在织物表面的不挥发性物质（NVB）。

① 防静电洁净工作服一级 NVR 指标应小于 3μg/cm^2。

② 防静电洁净工作服二、三级 NVR 指标均应小于 10μg/cm^2。

（3）离子含量。防静电洁净工作服离子含量的质量分级技术指标如表 3-15 所示。如果用户要求对洁净工作服的结构、发尘性、清洗效果、微尘屏蔽性进行综合比较时，建议采用人体箱测试方法。

7）耐洗涤性能

防静电洁净工作服洗涤 100 次（≥33.0h）后，其技术性能仍符合 8.2.10 节第 2 小节中

5）下（1）、（2）的要求，其耐洗涤性能等级定为 A 级。

防静电洁净工作服洗涤 50 次（≥16.5h）后，其技术性能仍符合 8.2.10 节第 2 小节中 5）下（1）、（2）有关要求，其耐洗涤性能等级定为 B 级。需要提出的，现很多标准已删除 B 级指标。

8.2.11 离子化静电消除器

离子化静电消除器是利用在针状物体加载直流高压或交流高压，在其针头产生电晕放电使周围空气电离产生正、负空气离子来消除静电的。也有利用电离辐射产生空气离子和利用自感应原理产生空气离子消除静电的。在实际应用中种类繁多，但从基本原理看可分为以下几类（见图 8-42）。

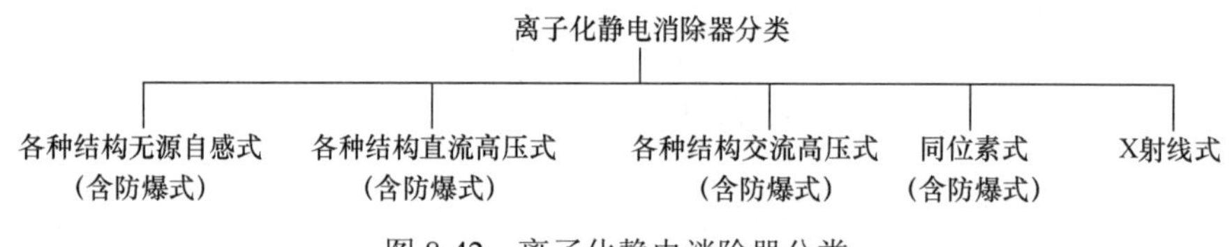

图 8-42 离子化静电消除器分类

1. 无源自感式静电消除器

无源自感式静电消除器属于非电离辐射式静电消除器，它是利用接地的针电极（金属针、导电纤维等）靠近带电体，通过静电感应原理在针电极集聚电荷发生电晕放电产生空气离子并通过电场力来消除带电体集聚的静电。无源自感式静电消除器的电极结构有多种，和带电体形状、静电消除的要求有关。这种消除器在电子行业用的很少，主要用于橡胶制品加工、饲料加工、印刷、塑料制品加工等行业，一般用于带电体对地电位高达 2～3kV 以上的静电消除。静电消除效果和针电极数量、针电极与带电体之间距离、环境条件（密闭还是开放、气流、温/湿度等）有关。一般是根据现场实际情况和实验效果来设计无源自感应静电消除器。这种消电器往往不能完全消除带电体的静电，带电体会残存较多静电荷，同时对地有较高的残余电压（100～500V 以上）。因此其不适用于电子行业和消除静电要求较高的场合（残余电压低于±35V 的场合）。

一般实用的自感式静电消除器由若干放电针或放电刷、放电线及保护罩或保护杠组成。一般放电针呈直线或呈圈排列，也有其他形式的排列。自感式的消除静电性能主要由两项指标衡量：放电针产生放电的临界电压和放电针电晕放电电流。临界放电电压越低，在同样距离下，带电体所带静电荷越少，消除静电越彻底。电晕放电电流越大，消除静电的速率越高。自感式静电消除器消除静电的效果还和下列因素有关：①放电针长度与几何尺寸，一般放电针直径 0.4～1mm，针尖角度不超过 60°，长度 10～50mm。②放电针与带电体之间距离。放电针与带电体距离越近，消除静电效果越好。但是不能距离太近，否则针尖与带电体之间会发生放电，如周围存在可燃物质、气体，极易发生爆燃事故。一般可根据实际情况定为 10～50mm。③放电针之间距离影响。实验表明当带电体电位较低时，自感应消电器的针间距大，而且针数量少时消电效果好。反之，带电体电位较高时，针间距小，而且针数量多时，消除静电效果好。④保护罩或保护架的影响。为防止放电针刺伤人体，自感式消电器一般带有保护罩或保护杠。有时还要放置支撑放电针的支架。保护罩、保护杠或支架一般用金属材料制作，因此带电体的一部分电力线落在这些部件上，从而消弱了放电针所在空间电场强度，使放电针电晕放电强度降低。为使其影响降低，一般保护罩或支架等使用绝缘材料制作，其边缘与放电针距离不小于 20mm。⑤带电体电荷极性影响。带电体所带电荷极性不同时，消电器的效果也不同，当带电体电位绝对值相等时，带正电荷的带电体比带负电荷的带电体使消电器有较低的临界电压和较大的电晕电流。也就是说，带电体带正电荷时消电效果好。

1）无保护罩的固体平面自感应式

这种消除器一般用于带电体（塑料薄膜、印刷品、织物等）对地电位很高（2～5kV 以上）、环境空气流速较低的密闭或开放式场合中静电消除［见图 8-43（a)］。放电针设计成锯齿状、带锐槽状导电金属丝、锯齿状导电橡胶等多种结构，其不带绝缘保护罩。根据实际消除静电效果和带电体对地电压，放电针与带电体距离一般在 2～50mm，放电针体接地。放电针可单排排列或多排排列（视消电效果确定）。

2）有保护罩的固体平面感应式

这种消除器在放电针外部设置绝缘保护罩或金属保护罩［见图 8-43（b)］，防止刺伤人体，起安全保护作用。其他功能与无保护罩固体平面感应式一样。

3）感应刷式静电消除器

感应刷式静电消除器［见图 8-43（c)］是将导电纤维（可以是无锈钢丝、导电纤维、渗碳导电丝、导电橡胶条、锯齿状导电布条等）固定在绝缘杆或装置上，利用导电纤维与带电体静电荷发生静电感应继而发生电晕放电产生空气离子或直接接触来中和或泄漏静电。

这种静电消除器主要用于服装、纺织品、塑料薄膜和某些物体表面的静电消除。导电刷距带电体可以呈接触状态也可以距其 2～5mm，导电刷必须接地。这种导电刷式消电器使用后，可使带电体的电位较低。

4）管道内感应式静电消除器

有时有些绝缘物质（粉体）或液体在管道封闭空间传输时因相互摩擦产生较多的静电，此时也可采用管道自感应式静电消除器［见图 8-43（d)］。其消除静电效果与感应针放置密度、感应针结构、粉体、液体类型、密度与流量、温/湿度、管道使用材料绝缘性、管道接地等因素有关。通常要根据现场具体情况进行设计与实验后确定。对于易燃、易爆物质还要有防爆设计及防护方面要求。

如果管道为导电金属结构，同时接地，放电针与管道电气连接即可。如果管道为高分子材料，则所有放电针必须采取接地措施。整体金属输送管道要进行电气连接，接触电阻小于 0.2Ω。

2．高压离子化静电消除器

高压或交流高压离子化静电消除器属于非电离辐射静电消除器，广泛应用于电子、橡胶、塑料、纺织、药品、净化、印刷等行业。

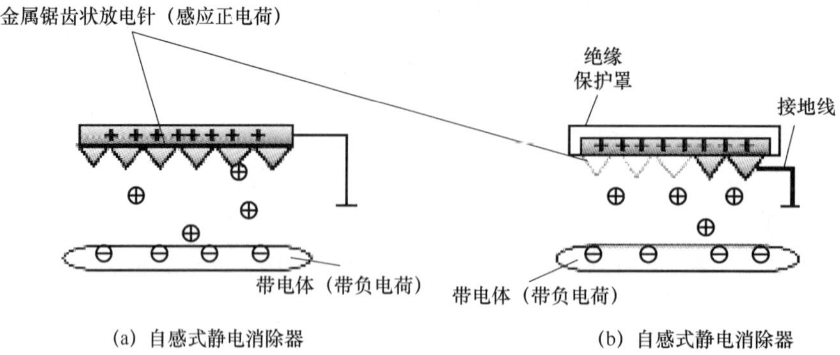

(a) 自感式静电消除器　　(b) 自感式静电消除器

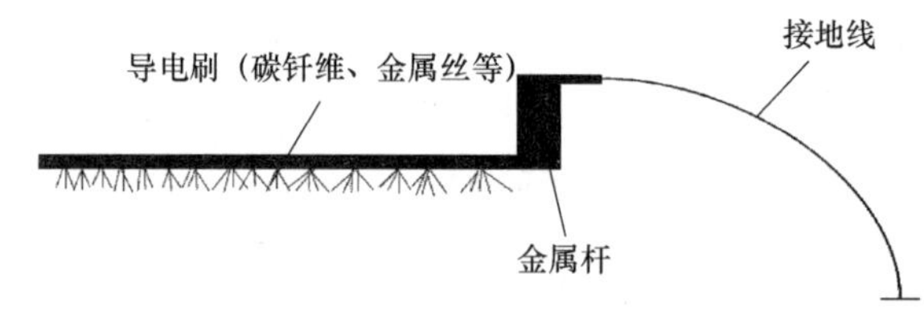

(c) 感应刷式静电消除器

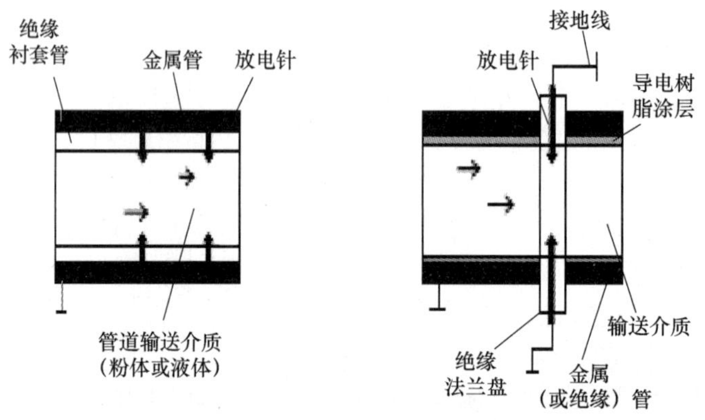

(d) 管道内感应式静电消除器

图 8-43　各种直接感应式静电消除器

1）直流高压离子化静电消除器

这种消除器是将 220V 交流电通过高压变压器直接升压至 4000～8000V，再经过整流变为正高压和负高压两组输出到正放电针（钨针、钛针等）和负放电针，通过针头的电晕放电产生正的空气离子和负的空气离子。这些空气离子通过静电源产生的电场力将异号空气离子吸引，与静电源表面的静电荷中和。也可以通过压缩空气或风扇将产生的空气离子和静电源的异号静电荷中和。消除静电效率和直流电压高低、消除器窗孔结构、使用环境状况、放电针数量及消除静电距离有关。如果这种静电消除器产生的正、负离子浓度一样，在消除静电源的静电荷后，静电源不会残存静电荷。但实际工作中，正、负离子浓度不会完全一样，这时在消除静电源静电后会在其表面有正或负的电压，也就是残存少量正或负的静电荷。通常根据使用要求将其工作表面静电电压限定在±5～±35V 之下。直流高压离子化静电消除器结构有很多，基本原理见图 8-44（实际应用中有各种结构）。

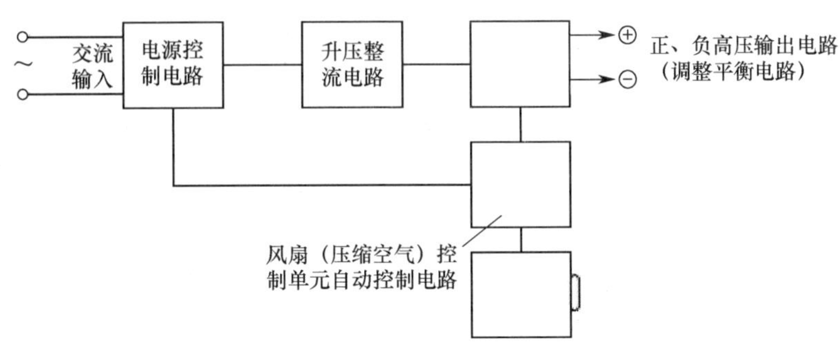

图 8-44　直流高压离子化静电消除器电路原理图

直流高压离子化静电消除器电路流程：交流输入—控制单元（风扇、压缩空气控制）—稳压器（简易型不设）—升压整流—平衡调整（简易型不设）—正高压、负高压输出—正、负放电针产生正负离子。

直流高压离子化静电消除器的控制单元主要包括电源开关、风机（或压缩空气）开关、远红外自动控制开关等（不同消除器设置不同）。稳压单元主要是稳压器，防止电源电压波动。升压整流单元主要由高压变压器和高压硅堆或倍压整流器组成。有的消除器还带有残余电压自动调整功能，可使残余电压极低。直流离子化静电消除器高压输出波形有稳态、直流脉冲式等。

一般直流高压离子化静电消除器消除静电的有效距离在 1.2m 范围内。特殊设计的可达 2m 范围。由于其同时产生正、负空气离子，所以其适用于带有正、负静电荷的静电源静电消除，不适用于单一电荷静电消除。带风扇、压缩空气产生的风量（CFM）或流速（PSI）的消除器可增大消除静电的范围和提高消除静电效率。要求较高的消除器，风扇产生气流或压缩空气要进行空气过滤，符合有关洁净要求（见表 3-12、表 3-23、表 3-24 要求）才能使用。通常通风量、风速要根据实际情况确定。

2）交流高压离子化静电消除器

这种离子化静电消除器是将 50Hz 交流电 220V 直接升压到 2000～6000V，通过电阻、电容等耦合方式（见图 8-45）连接到放电针发生电晕放电产生正、负空气离子，通过风扇或压缩空气将空气离子与静电源的异号静电荷中和。通常交流高压离子化静电消除器必须配置风扇或压缩空气将同一放电针产生的正、负空气离子吹开，否则空气离子迁移距离不远就被中和。有的交流高压离子化静电消除器产生电离高压频率不是 50Hz 而是通过振荡器将工作频率升至 100～10000Hz。工作频率提高可降低工作电压，使用更加安全。

3）一般高压离子化静电消除器所具有的功能

目前市场常见的高压离子化静电消除器所具有的功能很多，不同型号也不相同。下面将简单介绍主要功能，根据不同功能设计不同电路与其配套。

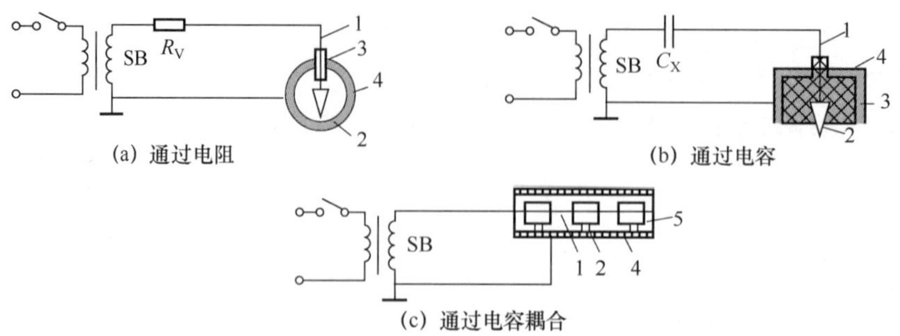

图 8-45 交流工频高压离子化静电消除器电路原理图

1—高压导线；2—放电针；3—放电针绝缘；4—放电针金属接地外罩；5—放电针金属支架

（1）内置放电针清洁器（或手动放电针清洁器）。目前放电针材质主要是钨（TG）针、加工钛（TI）针、碳化硅针，在使用过程中会发生氧化或结垢，使电晕放电效果变差。虽然碳化硅针（CVD-SIC）比单晶硅密度高，具有较低的溅射率，可用于 GB 50073 规定的 1 级洁净环境，消除其他种类放电针爆裂脱落现象，但长时间使用也会出现微粒和氧化，因此要定期清除氧化层和污垢。有的消除器配置自动清洁器，否则需要定期手动清洁放电针。通常钨针比钨线针更耐用。

（2）自动调节平衡功能。静电消除器在使用一段时间后，产生的正、负空气离子浓度会发生变化，在被保护工作表面会产生残余电压（偏移电压）。如果大于±35V，有可能造成 SSD 产品损害，因此必须予以调整。这种平衡调整功能可以通过调整正、负放电电压或放电耦合等措施来改善，使残余电压降低。高性能离子化静电消除器可以控制残余电压低于±5V。

（3）提供气流功能。为提高消除静电的效率，很多型号的离子化静电消除器带有风扇或提供压缩空气，其风量（CFM）和压缩空气（或氮气）气流（PSI）也可以自动无极控制，以满足实际使用需要。通常风量调节范围为 30～350CFM，气流流速 5～150PSI。通常使用的压缩空气需经过滤器或净化处理。有些特殊型号的直流高压离子化静电消除器在无扰动气流的环境中使用，因此没有配置风扇或压缩空气。

（4）自动测试及联动功能。为方便人员使用，有些离子化静电消除器带有远红外传感器，当工作人员在操作工位时，人的热感应可使静电消除器自动开机工作。当人员离开时，机器自动关闭。

有的在某固定工位设置的离子化静电消除器带有静电电位计可以监测操作位置的静电电位。当静电电位超过设定阈值时，静电消除器自动开机工作。

有的配有专用光学传感器，可以根据操作工件状态来自动控制离子化静电消除器。

（5）带有 PCM 控制器。带有 PCM 控制器的离子化静电消除器，可以提供微处理器自动控制和数据输出，可以设置稳态或者脉冲直流工作模式，操作人员可以设置离子输出量、脉冲时间、离子平衡、脉冲叠加幅度来获得最优性能。同时可以故障报警和系统自动校准。交流离子化静电消除器电压输出波形有工频、交流脉冲、高频式等。

（6）带有静电压测试的智能化控制装置。有些工位由于操作工艺不同，被操作物体不是总带有静电，但有时则产生很高的静电。这时可以采用带有自动监测操作工位静电并能实时自动控制离子化静电消除器工作的装置。这种离子化静电消除器适用于自动智能化管理工位静电的消除，完全实现智能自动化控制。

4）高压离子化静电消除器分类、使用场所及结构

（1）使用场所。离子化静电消除器使用场所非常广泛（见表 8-36）。不同使用场所对离子化静电消除器有不同要求。使用时，一定要符合相关要求。

表 8-36　离子化静电消除器使用场所及使用类别（电子行业）

使用场所	离子化静电消除器种类
磁盘驱动器、磁头、磁带、磁存储器生产装配	离子风机、离子棒
液晶显示器、液晶平板、CDD 电子光学产品生产装配	离子棒、离子风机、离子风嘴
IC 等集成电路、半导体元器件生产	离子风机、离子风幕、离子棒、离子风蛇
太阳能设备生产	离子棒、离子风机
电子医疗仪器、设备生产组装	离子风机、离子棒、离子风鼓
SSD 产品、设备的装配组装	离子风机、离子棒、离子风枪、离子风嘴
军用电子产品生产、装配	离子风机、离子棒、离子风幕、离子风鼓
洁净电子厂房、生产车间	离子风幕、离子风淋室、离子净化工作台等

（2）离子化静电消除器类别（见图 8-46）、结构与技术要求。

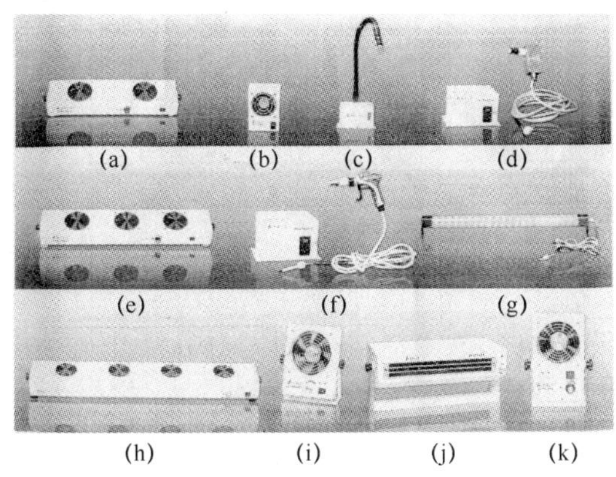

图 8-46　各类离子化静电消除器

（a）两风扇离子风幕；（b）台式离子风机；（c）离子风蛇；（d）离子风嘴；（e）三风扇离子风幕；（f）离子风枪；（g）离子棒；（h）四风扇离子风幕；（i）台式离子风机；（j）卧式离子风机；（k）台式离子风机

① 台式离子风机。台式离子风机是用的最广泛的一种离子化静电消除器，有直流和交流两类。这种风机体积小、噪声小、使用简便、价格较低，根据使用功能不同分不同型号。工作风量为 30～120CFM，适用于消除静电区域不大的独立工位。图 8-47 所示是某台式离子风机有效工作范围与消除静电效果。

② 离子风幕。离子风幕有两风扇、三风扇、四风扇等多种，通常为交流高压离子风扇。其功率较大，作用距离可达 2m 以上，工作风量为 30～160CFM，作用区域与范围远大于台式离子风机。可以吊挂使用，用作离子风幕（安置在车间、洁净室的进出口处上方），消除

工作人员身体所带静电，也可以安置有特殊要求需快速消除静电的工序工位。例如：像大屏幕液晶显示屏塑料保护膜的剥离工序，以快速消除显示屏表面的静电。

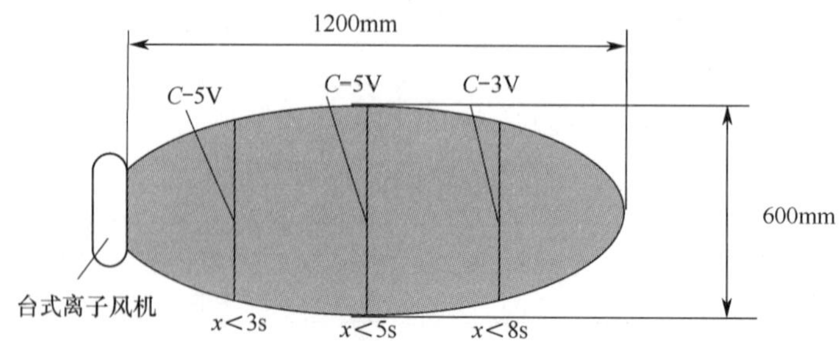

注：C 表示该点残余电压；x表示该点±1000～±100V，静电消除时间。

图 8-47　某台式离子风机有效工作范围与消除静电效果

③ 离子风蛇。通常离子风蛇为交流高压式较多，通常利用压缩空气或氮气将空气离子通过可弯曲的蛇形管道送入空间较小且在凹处的工作表面上。离子风蛇消除静电效率较高，工作气压在 5～100PSI 范围内。可用于工作表面尘埃清除。

④ 离子风嘴。通常离子风嘴用于空间狭小，不能放置台式离子风机、离子棒或离子风幕的地方，像某些设备内狭小位置静电的消除，或特殊工序操作（SMT 设备内电子元件从料盘剥离等）。离子风嘴也是采用压缩空气或氮气，工作气压在 5～100PSI。其消除静电效率较高，同时可用于工作表面尘埃清除。

⑤ 离子风枪。有交流和直流高压两种，其使用压缩空气或氮气，工作气压在 5～120PSI。其作用与离子风蛇、风嘴相同。所不同的是，离子风枪用于活动操作时工件表面静电的消除。例如 PCB 静电消除和 ESDS 产品表面静电消除及包装。其可以用于工作表面尘埃清除。

⑥ 卧式离子风机。卧式离子风机功率较大，多见于交流工作模式。其消除静电区域和范围远远大于台式离子风机，其风量可达 160CFM，消除静电范围可达 1.5m 以上。适用于传输带流动状态 SSD 产品表面的静电消除和薄膜剥离产生的静电消除。图 8-48 所示为某卧式离子风机工作范围及消除静电效果。

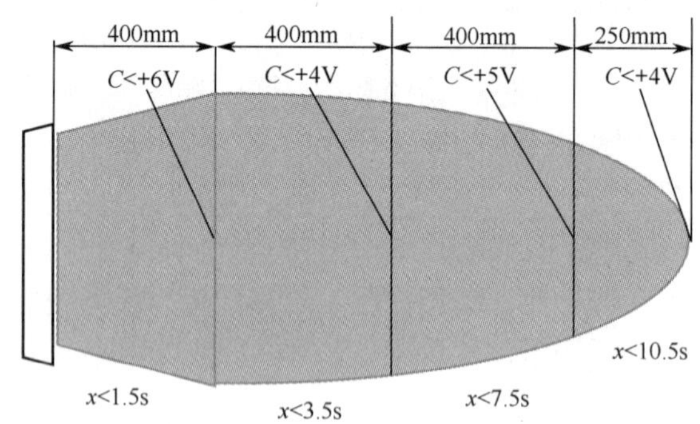

图 8-48　某卧式离子风机工作范围及消除静电效果

⑦ 离子风棒。离子风棒呈细长状，有交流和直流两种。使用时吊挂在操作工位上方，不妨碍操作。由于其多个放电针并排排列，其纵向作用范围大于台式离子风机。其使用压

缩空气，空气流速为 30～100PSI，工作有效距离为 800mm 以内。

（3）风淋室、洁净工作台用离子化静电消除器。有洁净要求的生产车间或洁净室等通常配置风淋室用于清除工作人员进入工作场所时所携带的灰尘、尘埃。有的风淋室还配置离子风幕（工作原理与普通用离子风机一样，只是风量、功率更大，消除静电速率更高），用于消除人体静电。由于洁净度要求较高，一般离子化静电消除器使用的电晕放电针材质为碳化硅针（CVD-SIC），风量较大（500CFM 以上）和消除静电效率较高。同时离子风幕起尘性，根据不同要求能在环境洁净度 GBJ 50073 规定的 1～9 级环境中使用。风淋室对外界形成正空气压力。带有离子风幕风淋室如图 8-49 所示。带有离子风幕的洁净工作台如图 8-50 所示。洁净工作台封闭罩内空气压力为正压力，以防外界空气尘埃流入封闭罩内。

风淋室、风淋洁净工作台的送风方式有四种：单向空气流、非单向空气流、混合空气流、对角流（矢流）。通常单向流洁净室用于洁净度要求较高的洁净室（IEST 标准 10～100 级）。非单向流洁净室用于洁净度要求相对低的（IEST 标准 1000～10000 级）洁净室。

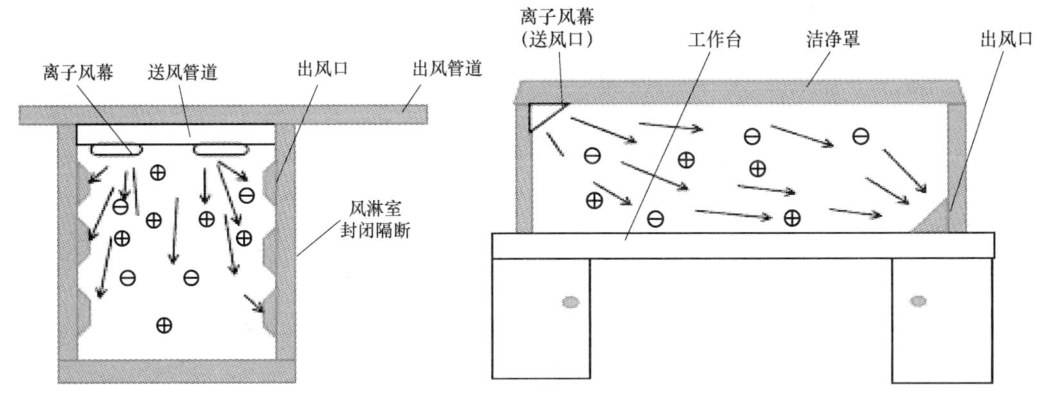

图 8-49　带有离子风幕风淋室　　　　图 8-50　带有离子风幕的洁净工作台

3．电离辐射式离子化静电消除器

电磁辐射、静磁场、静电场都属于非电离辐射，而放射性辐射，像放射性物质产生的 α、β、γ、X 射线等都属于电离辐射。电离辐射也可以使空气发生电离，产生正、负空气离子。由于 α 射线对空气电离能力最强，X 射线容易获得并能电离空气，所以现已商业化的放射线离子化静电消除器主要是 α 射线的同位素和 X 射线离子化静电消除器。

电离辐射式离子化静电消除器由于存在放射性污染和对人体伤害作用较大，因此只在一些特殊的场合使用，而且要有完备的保护措施。

电离辐射式离子化静电消除器有两大类：第一类是使用放射性同位素镭、钋、钚等以电离能力最强的 α 射线辐射的离子化静电消除器（见图 4-52）。这种离子化静电消除器不使用电源，一般是加有厚度为 0.3～5mm 的片状同位素材料制成的屏蔽罩。使用在不便使用常规非电离辐射离子化静电消除器，且有防爆、防燃烧、有洁净要求的场所中，像照相机胶卷生产切割、试剂包装静电消除等。这种静电消除器消除静电的作用距离较近，一般在 30mm 以内。使用时安装在产生静电的工作表面旁边。这种离子化静电消除器由于不使用电源，可在易燃易爆环境、洁净度要求较高的场所使用。缺点是作用距离和范围较小、消除静电速率较低、易对操作人员产生放射性辐射。第二类是X射线离子化静电消除器。X射线波长比紫外线波长短，为 10^{-7}～10^{-9}cm。其中波长较短的称为硬射线，波长较长的称为软射线。目前用来做离子化静电消除器的大都是X软射线。这种静电消除器工作原理：给X射线管灯丝施加几伏的电压加热，待灯丝加热后，再将高压施加到X射线管（见图8-51）的阳极上，这时灯丝即向阳极发射电子，电子集中射向阳极（钨或其他材料制备）产生X射线。X射线可使空气发生电离产生正、负空气离子，其作用距离远远大于同位素离子化静电消除器。X射线强度和灯丝加热电流、阳极高压、玻璃管材质和厚薄、管内真空度有关。现商用的X射线离子化静电消除器所用的大都属于小型X软射线机。

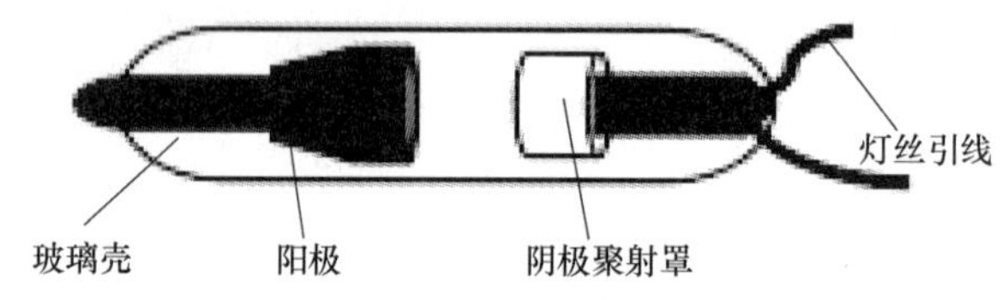

图8-51　X射线管外形图

X射线离子化静电消除器组成单元：电源电路、高压初级电路、高压次级电路和X管电流测量电路、X射线管、控制保护电路（见图8-52）。

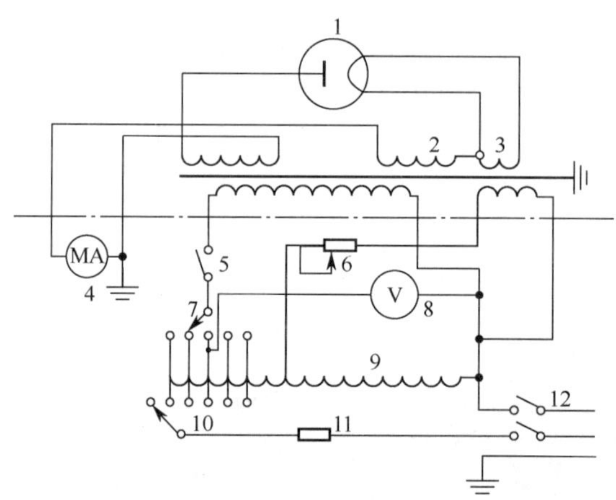

图8-52　简易X射线离子化静电消除器电路图

1—X射线管；2—高压变压器次级绕组；3—灯丝变压器绕组；4—毫安表；5—控制开关；6—毫安表电流调节电位器；7—次级电压调整端子；8—电压表；9—自耦变压器；10—自耦变压器初级调整端子；11—保险丝；12—电源开关

X射线离子化静电消除器使用特点：可在洁净度要求很高环境中（GBJ 50073规定的洁净度1～4级）使用。例如大屏幕液晶显示屏、液晶显示器、太阳能电池板、药品等生产，医药器皿、器具清洗等。另外，X射线离子化静电消除器较一般非电离辐射离子化静电消除器产生的残余电压低，消电距离可达1～2m以上。

X射线离子化静电消除器有台式和与装联设备配套两类。台式用于消除静电范围不大和便于移动的场所。与装联设备配套使用的X射线离子化静电消除器，多用于要求洁净度较高的大屏幕液晶显示屏、太阳能电池板生产及静电消除的工序等（见图 8-53）。

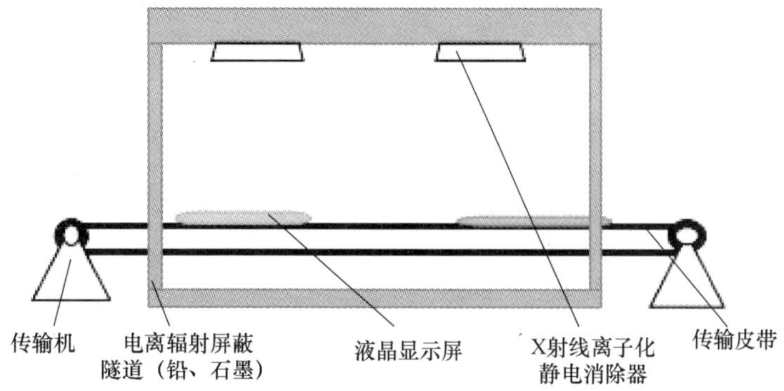

图 8-53　X 射线离子化静电消除器消除大屏幕液晶显示屏静电的示意图

X 射线离子化静电消除器消除静电检验标准与非电离辐射离子化静电消除器相同，但使用时要预防放射性辐射对人员的伤害和辐射安全指标及防护要符合国家相关标准规定。

4．防爆式离子化静电消除器

防爆式离子化静电消除器主要用于工作环境存在易燃易爆气体、液体、粉体的场合中的静电消除。本身离子化静电消除器具有防爆设计，使用时不会引起可燃物的爆炸或燃烧。目前国内使用的防爆式离子化静电消除器类型主要有 α 射线同位素、X 射线、交流高压离子化静电消除器等。α 射线同位素静电消除器因不涉及电源使用，防爆问题相对简单。只要在使用时符合现场的相关安全规定即可。X 射线离子化静电消除器使用高压电源，所以电源部分、结构设计、安装使用必须符合国家电气防爆标准的相关规定。这种电气原理图如图 8-52 所示。现防爆型交流高压离子化静电消除器有两类：一类是采用正气压防爆和电气防爆设计。也就是电气、电源线、结构设计除符合国家相关防爆标准规定外，在高压部分（像电晕放电针等部位）还采取压缩空气（或其他惰性气体）形成正压力，以致外界可燃物质（气体、液体等）受正压力气体排斥，不可能接触到电晕或其他电气放电部位，从而防止爆燃事故发生。这种结构的防爆式离子化静电消除器多用于存在易爆、易燃粉尘和易燃爆液体的静电消除。另一类是采用限制放电针电晕放电能量来达到防爆要求的。任何能够引发爆炸燃烧的气体、粉尘都有一个临界爆炸燃烧能量或电流值。如果各类形式的放电能量、电流值低于这个临界值，发生爆燃的概率就会大大降低。离子化静电消除器可采取限制电晕放电的能量、电流措施达到防爆目的。不同易燃、易爆气体、物质有不一样的引燃能量值或电流值。在设计和使用交流高压防爆离子化静电消除器时一定要考虑这一点。这类无压缩气源的防爆式离子化静电消除器使用于烟花爆竹、火工品、易燃爆液体等不便使用压缩空气的工艺现场静电的消除，另外，也有将电气单元搁置在爆炸区域以外，电晕放电部分通过防爆电缆引入工作区域。在易燃、易爆区域，电气部分包括设备结构都要符合相关防爆标准要求。表 8-37、表 8-38、表 8-39 示出一些爆炸性气体、蒸汽、悬浮粉尘的点燃限值。

表 8-37　爆炸性气体、蒸汽（与氧混合）的点燃危险性

序　号	物质名称	最小点火电流/mA	分类和级别
1	乙炔	24	ⅡC
2	1，3-丁二烯	65	ⅡB
3	正丁烷	80	ⅡA
4	一氧化碳	90	ⅡB
5	乙醚	75	ⅡB
6	乙烷	70	ⅡA
7	无水乙醇	75	ⅡA
8	乙醇	45	ⅡB
9	氢气	21	ⅡC
10	沼气	85	Ⅰ
11	甲醇	70	ⅡA
12	戊烷	73	ⅡA
13	丙烷	70	ⅡA

表 8-38　各种爆炸性气体的点燃危险性（和氧混合）

物质名称	爆炸极限体积/（%）		最小点燃能量/mJ
	下限	上限	
乙炔	2.8	100	0.0002
乙烷	3.0	66	0.0019
乙烯	3.0	80	0.0009
二乙醚	2.0	82	0.0012
氢	4.0	94	0.0012
丙烷	2.3	55	0.0021
甲烷	5.1	61	0.0027

表 8-39　爆炸性悬浮粉尘的点燃危险性

物质名称	爆炸下限浓度/（g/m^3）	最小点燃能量/mJ
麻	40	30
己二酸	35	60
乙酰纤维素	35	15
铝	25	10
硫黄	35	15
环氧树脂	20	15
橡胶（合成硬质）	30	30
小麦粉	50	50
大米（种皮）	45	40
糖	35	30
马铃薯淀粉	45	20

续表

物质名称	爆炸下限浓度/（g/m^3）	最小点燃能量/mJ
煤	35	30
肥皂	45	60
纤维素	45	35
钛	45	10
玉米	45	40
尼龙	30	20
聚乙烯	20	10
聚丙烯	20	25
镁	20	40
棉花	50	25
聚苯乙烯	15	15
玉米淀粉	40	20

对于防爆式离子化静电消除器的设计，除了电气部分和结构要符合相关防爆标准及规定外，更要做到放电针在电晕放电时，放电电流、能量值不超过易燃易爆气体和粉体的临界燃爆值（见表 8-37、表 8-38、表 8-39），这样工作时才会将发生爆炸燃烧的危险降至最低。

通常直流高压电路由于直接耦合电晕放电器，短路电流大，易发生火花放电，存在不安全性，所以较少用于防爆式离子化静电消除器。另外对于接地针尖等局部空间发生的感应电晕放电一般不会引燃最小点燃能量大于 0.2mJ 的可燃气体。

对于高压离子化静电消除器除了电气和结构的防爆外，开机工作时的放电电流或放电能量低于工作环境的燃爆介质限值也是必须要做到的，这样使用时才具有安全性。

1）交流高压离子化静电消除器放电电流测试与能量计算

对于交流高压离子化静电消除器（见图 8-55）电晕放电安全性可以采取直接测试电晕放电电流（见图 8-54）来判定。

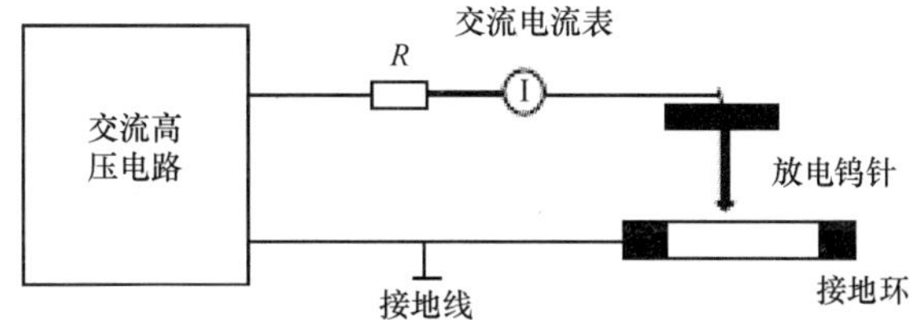

图 8-54　交流高压离子化静电消除器电晕放电电流测量原理

测试时将电流表串接高压电路，待消除器工作时即可测量出放电电流。对于直流高压离子化静电消除器也可采用同样方法测试，只不过要用直流电流表测试。

对于电晕放电能量可采用下式计算：

$$W=I^2 Rt \tag{8-1}$$

式中　W——单位时间里电晕放电能量值（J）；

I——放电回路电流（A）；

R——放电回路电阻（Ω）；

t——区间放电时间（s）。

表 8-40（a）所示是 AP-AB1601A、AP-AB1602A 型防爆式离子化静电消除器主要性能指标。表 8-40（b）列出几种电离辐射式离子化静电消除器。

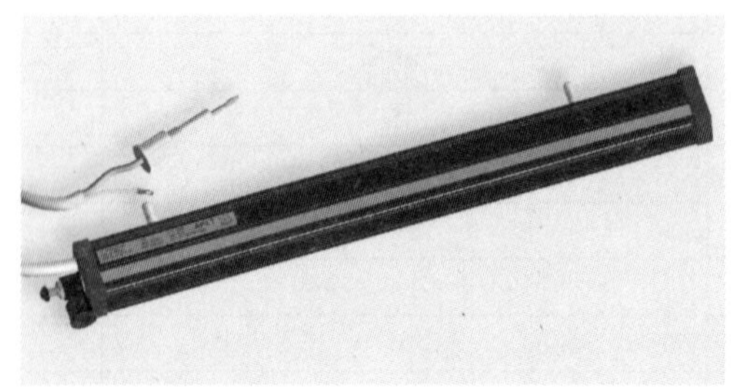

图 8-55　上海安平科技有限公司生产的防爆式交流离子化静电消除器

2）气体爆炸危险场所的区域划分

（1）o 区：在正常情况下，爆炸性气体（含蒸汽、薄雾）混合物连续地、短时间频繁地出现或长时间存在。

（2）Ⅰ区：在正常情况下，爆炸性气体（含蒸汽、薄雾）混合物有可能出现的地方。

（3）Ⅱ区：在正常情况下，爆炸性气体（含蒸汽、薄雾）混合物不会出现，仅在不正常情况，偶尔短时间出现的场所。

表 8-40（a）　AP-AB1601A、AP-AB1602A 交流防爆式离子化静电消除器技术指标

型　号	AP-AB1601A	AP-AB1602A
防爆标志	Ex s ⅡB T4 Gb	Ex s ⅡB T4 Gb
防爆证号	GYB16.1549X	GYB16.1549X
工作电压	工频 AC 4000V	工频 AC4000V
功率	20W	20W
离子发射	工频 AC	工频 AC
发射电极	SUS	SUS
放电结构	电阻耦合	电阻耦合
电极高压	≤4000V	≤4000V
电极针结合电容	<3.5pF	<3.5pF
消电范围	$L×W×H$（110～3000mm）×300mm×100mm	$L×W×H$（110～3000mm）×300mm×600mm
安装距离	30～100mm	100～600mm
气流压力	—	≤0.6MPa
带节流阀气源接头	—	ϕ8-G1/8 黑色
离子平衡	≤±100V	≤|100V|
消电速度	≤2.5s	≤2.5s
工作温度	0～50℃	0～50℃

（续表）

型　　号	AP-AB1601A	AP-AB1602A
工作湿度	<70%	<70%
棒体材质	阻燃 PVC、AL	阻燃 PVC、AL
外形尺寸	$L \times W \times H$（110～3000mm）×22mm×37mm	$L \times W \times H$（110～3000mm）×28mm×46mm
安装附件	铝制滑动挂件	铝制滑动挂件
配套电源	AP-AY1603/2603	AP-AY1603/2603
高压连接线长度	2.5m（可按要求定制，最大长度 8m）	2.5m（可按要求定制，最大长度 8m）
质保年限	1 年	1 年
认证证书	CE	CE

表 8-40（b）　几种电离辐射式离子化静电消除器

型　　号	规格、性能	生产企业
PSI 型：钋-210	标称活性 8mC；安放距离≤30mm	401 所（核工业部原子能研究所）
PS3 型：钋-210	标称活性 24mC；安放距离≤30mm	同上
PSC12 型：钋-210 型联合静电消除器	标称活性 96mC；安放距离≤30mm	同上
HP-1-14 型：钚 239	工作长度 140～1800mm 安放距离≤30mm	俄罗斯某公司
台式 X 射线静电消除器	消电距离 0～2000mm	上海安平科技有限公司
棒式 X 射线静电消除器	消电距离 0～1000mm	韩国某公司
隧道 X 射线静电消除器	消电距离 0～1500mm	日本某公司

表 8-41 示出防爆式离子化静电消除器主要使用场所。

表 8-41　防爆式离子化静电消除器主要使用场所

序号	使 用 场 所
1	塑料、橡胶、某些石油、化工产品加工与易燃爆液体存储输送等
2	粮食（面粉等）加工
3	医药产品生产、加工
4	饲料脱醇、加工
5	亚麻、纺织作业
6	照相胶片生产、加工
7	烟花爆竹、火工品生产加工
8	易燃易爆粉尘作业（易燃易爆金属粉、风力发电叶片粉末、汽车轮毂粉、煤粉等）
9	易燃易爆液体、介质喷涂及相关作业，液化气、煤气存储运输作业

8.2.12　防静电工具

防静电工具是维修、操作 SSD 产品必不可少的用具，对减少 ESD 放电造成 SSD 损害起重要作用。常用的防静电工具见表 8-42。

表 8-42　常用的防静电工具

工具名称	技术指标	备注
镊子（金属、工程塑料、陶瓷、金属涂覆等）	静电泄漏电阻<$1\times10^9\Omega$	
钳子（合金金属）	静电泄漏电阻<$1\times10^9\Omega$	
改锥（合金金属）	静电泄漏电阻<$1\times10^9\Omega$	
防静电真空吸笔	静电泄漏电阻<$1\times10^9\Omega$；自带手提抽真空；可耐温 500℃1min	
防静电刷	刷子静电泄漏电阻<$1\times10^9\Omega$	
防静电吸锡器	真空泵抽真空，吸锡气压>6×10^4Pa；吸锡头静电泄漏电 1×10^5～$1\times10^9\Omega$。焊点融化时间<3s	
防静电电烙铁	漏电压<20mv、漏电流<10mA； 烙铁头对地电阻<10Ω 注：有多种类型的防静电烙铁	
消静电刷	刷子静电泄漏电阻 $1\times10^6\Omega$，带接地线	
防静电多功能清洗机	静电压<50V，静电泄漏电阻<$1\times10^9\Omega$	
防静电真空洗液瓶	表面点对点电阻<$1\times10^9\Omega$	
断电焊接电烙铁	烙铁头对地电阻<10Ω，可断电焊接 ESDS 产品	

各类防静电工具介绍如下。

（1）防静电镊子。用于夹持 SSD 或各类小零件。这类工具有防静电改性工程塑料制作的镊子，也有陶瓷材料制作的，也有金属镊子涂覆防静电树脂或套防静电塑料套的。涂覆防静电树脂的镊子随着长时间使用树脂会脱落。使用金属镊子要注意当SSD产品带静电时，用低电阻金属镊子接触会发生 CDM 效应导致 SSD 产品失效。

（2）金属钳子、改锥。这类工具由于操作时受力较大，因此都是高强度金属制品。此时使用时要注意 SSD 带静电对其的 CDM 效应。

（3）防静电刷。用以清扫 PCB、SSD 产品的灰尘及碎屑。刷子由碳纤维、防静电改性高分子纤维或导电丝纤维制备，需防止 CDM 效应发生，毛刷纤维的线电阻不应低于 $10^4\Omega$。

（4）消静电刷。用于中和、泄放工作服、织物等表面残存的静电。刷子材料为导电金属丝或导电纤维（线电阻＜$1\times10^3\Omega$），手柄为静电耗散材料制备。使用时，导电刷必须接地。

（5）防静电电烙铁。防静电电烙铁有很多种，用于在焊接 SSD 产品时，防止电烙铁漏电或产生静电放电造成 SSD 产品损坏。对于防静电电烙铁一般要求烙铁头与电热丝之间的绝缘电阻＞$1\times10^{12}\Omega$，以防漏电造成 SSD 产品损害。近年国外开发出一种高灵敏度的金属氧化物压敏电阻抗浪涌保护器（连接在焊接头与接地线之间），用以防止烙铁头过压或过电流造成 SSD 产品损害。常用的防静电电烙铁有以下几种。

① 普通防静电烙铁。将普通电烙铁金属外壳（烙铁头)与设备保护接地连接，以防烙铁漏电和静电放电造成 SSD 产品损害。目前这种烙铁由于成本低、结构简单，所以用量最大。但在使用时要注意接地良好，防止接地不良造成烙铁头接地电阻增大，使用时要定期去除烙铁头氧化层。烙铁头对地电阻<10Ω。

② 防静电低压恒温电烙铁。这种电烙铁功率较小，一般为 15～25W。该型电烙铁采

用低压 24～36V 供电，防止高电压漏电造成 SSD 产品损坏。烙铁有温度控制器，烙铁头温度可在 280～420℃调整。该电烙铁有接地线，其与安全保护接地连接。烙铁头对地电阻<10Ω。

③ 防静电 PTC 恒温电烙铁。这种烙铁功率一般在 15～25W，有温度控制器，烙铁头温度 280～400℃可调，烙铁有接地线，其与保护接地连接。烙铁头对地电阻<10Ω。

④ 断电焊接电烙铁。这种烙铁设置有发光二极管焊接指示灯和温度控制器。当温度在 400～430℃范围内时，烙铁自动切断电源，指示灯亮。这时可用电烙铁焊接作业。当温度低于 280℃时，电源接通并加热烙铁，指示灯熄灭，停止焊接作业，以防烙铁漏电损害 SSD 产品。烙铁头与保护接地相接，烙铁头对地电阻<10Ω。这种电烙铁由于采用断电焊接方式，所以较其他类型电烙铁在使用时更安全。

（6）防静电吸锡器。在拆卸 PCB 上的 SSD 元器件、IC 时，应使用防静电吸锡器。该产品由一台小型电动真空泵和一套专用吸锡烙铁组成。当拆卸 SSD 产品时，只需焊点熔化后，按动吸锡开关，工作时吸锡气压>6×10^4Pa，将焊锡吸入储锡罐中。吸锡头静电泄漏电阻为 1×10^5～1×10^9Ω（吸锡头与接地线相连）。焊点熔化时间<3s。也有手持自带抽真空功能的防静电吸锡器。

（7）防静电真空吸笔。自带手提抽真空装置，不用真空泵。其配有耐高温硅橡胶吸盘，可耐温 500℃1min。用来摄取平面细小物品。橡胶吸盘的表面电阻<1×10^9Ω。

（8）防静电真空吸液瓶。瓶吸嘴和瓶表面电阻<1×10^9Ω。用吸嘴来吸附工作表面液体。

（9）防静电多功能清洗机。用于清洗 BCB 板、电子零件等。由于在清洗时，采用高绝缘溶剂进行超声、气相、喷洗，很容易因绝缘液体剧烈流动产生静电造成 SSD 损害。防静电清洗机配有专用筐，内置有接地导电纤维或导电织物，利用自感应原理，产生正负离子，消除筐内 PCB、SSD 产品表面的静电。设备清洗容器静电泄漏电阻<1×10^9Ω。容器与安全保护接地相接。清洗时，能够限定清洗零件表面的静电电压<50V。也有配置离子化静电消除器的防静电清洗机。

（10）防静电维修包。该产品是由静电耗散类材料（防静电帆布料、复合橡塑材料等）制备，设置有接地扣、地线和多个布兜（用于放置工具、电烙铁等），在使用时可作为防静电工作台垫，SSD 产品维修在工作台垫上进行。维修包表面镶嵌陶瓷片，用于工作时放置高温电烙铁。使用时将连接工作表面的接地线与房间内安全保护接地线或水管等接地的物体相连接。同时与人体防静电工作服、腕带相接形成等电位体。防静电维修包大都在售后服务场所中没有完备的防静电设施环境中使用。图 8-56～图 8-60 展示了常用的几种防静电工具。

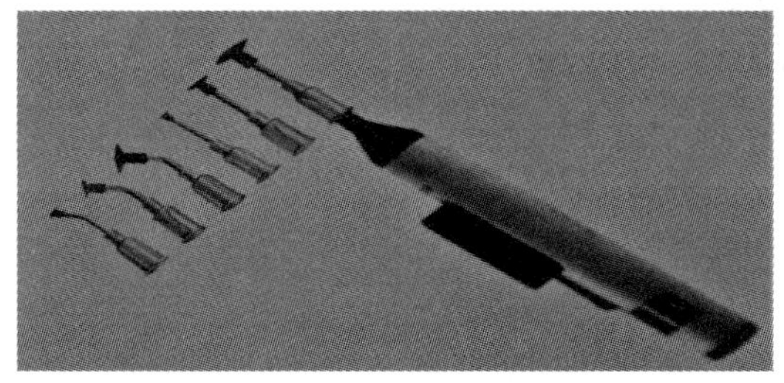

图 8-56　防静电真空吸笔

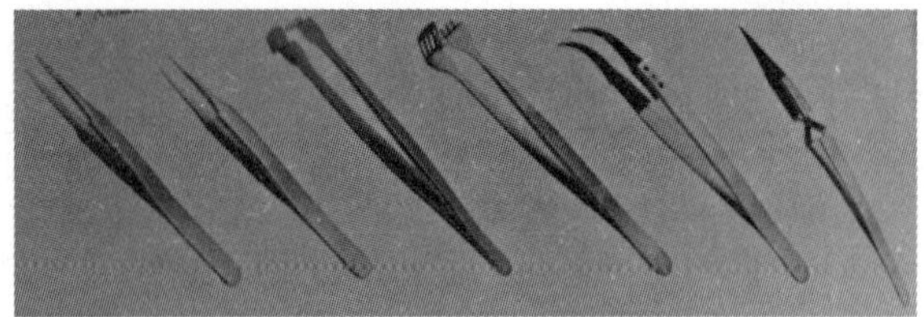

图 8-57　防静电镊子

图 8-58　防静电毛刷、镊子

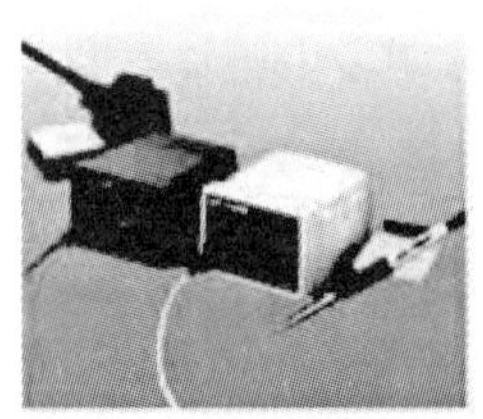

(a) 恒温防静电烙铁

(b) 防静电吸锡器

图 8-59　防静电烙铁、吸锡器

图 8-60　防静电真空吸液瓶

8.2.13　防静电手套、指套、腕带

通常防静电手套、指套用在洁净环境中，也可用在一般电子生产环境中。其可防止 SSD 产品、PCB 等与人手相互之间静电放电造成 SSD 产品损坏。也可防止人手汗污迹或其他微污染物对 SSD 产品的污染。腕带用在电子产品生产时，将操作人员接地以泄放人体静电和实现人员等电位接地。

1．防静电指套

现用最多的一种防静电指套是 100%纯天然乳胶经过特殊抗静电剂处理加工清洗完成的。另一种是用抗静电剂处理的丁腈手指套，其不含硫、氯等。这两种指套对人皮肤无刺激、无过敏。但都属于短时效防静电指套，不能多次重复使用。这两种指套呈黄、白、粉色等。还有一种是黑色或灰色的乳胶指套。这种指套防静电性能持久，但价格较高。图 8-61 示出常用防静电指套。表 8-43 示出几种防静电指套的防静电性能。

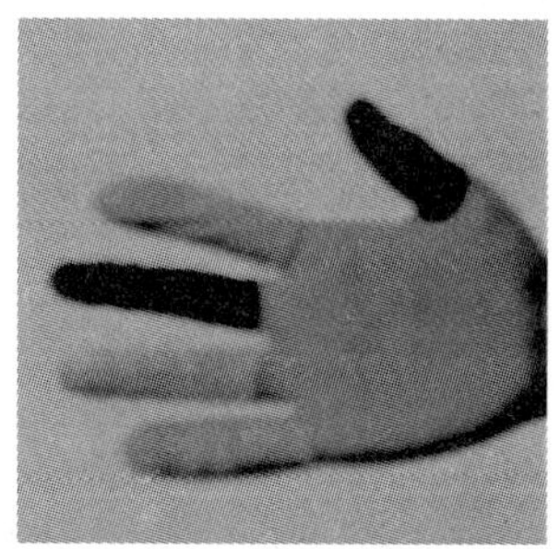

图 8-61　防静电指套

表 8-43　几种防静电指套的防静电性能

类　型	颜　色	表面点对点电阻
短时效防静电指套	白、黄、粉色	$1.0\times10^{5}\sim1.0\times10^{11}\Omega$
长时效防静电指套	黑色、灰色	$1.0\times10^{5}\sim1.0\times10^{9}\Omega$

2．防静电手套

防静电手套种类很多，有 PVC 手套、尼龙手套、PU 手套、PU 手指/手掌涂层手套、橡胶涂层手套、尼龙（或其他化纤布）导电丝混纺手套、纯棉手套、耐高温手套等。

防静电 PVC 手套呈白色半透明。具有良好的灵活性和触感，用于电子产品生产制造场合和洁净度要求较高的洁净场合（洁净度 10～1000 级）。

防静电尼龙手套采用 FDY 涤纶丝与进口巴斯夫导电丝编织而成。PU 手套是在尼龙手套基础表面涂覆防静电 PU 树脂制备。

防静电 PU 手指/手掌涂层手套是利用长尼龙纱，采用无缝织法，手掌和手指表面涂覆防静电 PU 树脂制成。适用于 1000～10000 级洁净度场所，像无尘室和 PCB、TFT、LCD 工厂、光盘厂、半导体生产企业。

防静电普通化纤导电丝混纺手套是利用化纤丝与导电丝（渗碳丝等）混纺而成，用于洁净度要求不高的防静电工艺操作场合。这种防静电手套用量最大，价格便宜。

防静电橡胶或其他类橡胶涂层手套是把防静电橡胶（或其他类橡胶）涂覆在尼龙或其他布料制备的手套，用于一般电子产品生产。

防静电耐高温手套是一种能阻隔热传导的手套，表面纤维采用 99%Nomex,再加织耐温 1%的防静电纤维制备。可短时间内耐温 300℃，用于一些特殊半导体、SMT 生产工厂和使用烘箱及高温作业的场所。图 8-62 示出几种常用的防静电手套。表 8-44 示出几种防静电手套防静电参数。

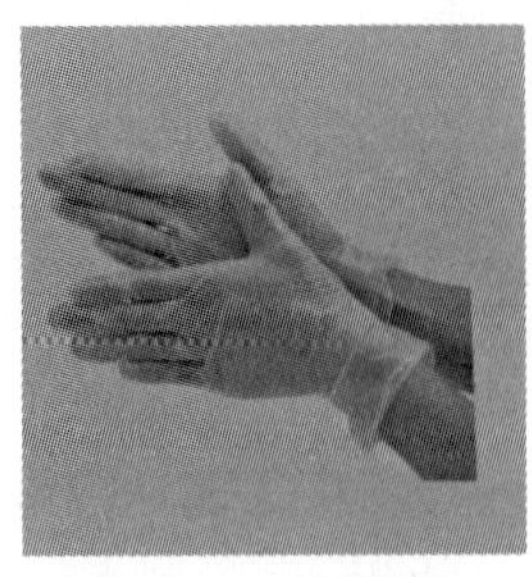
（a）PVC 手套

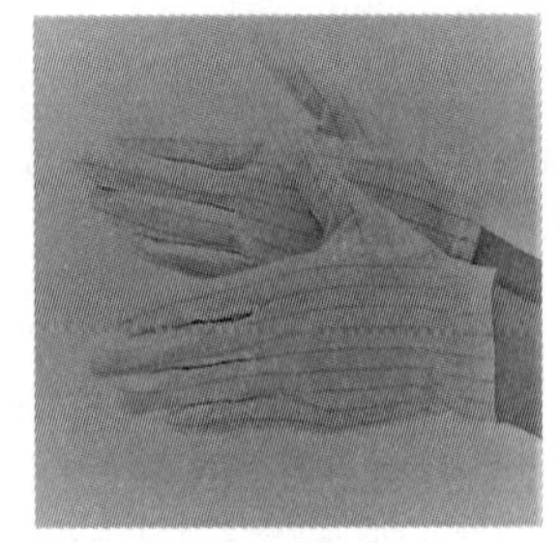
（b）尼龙手套

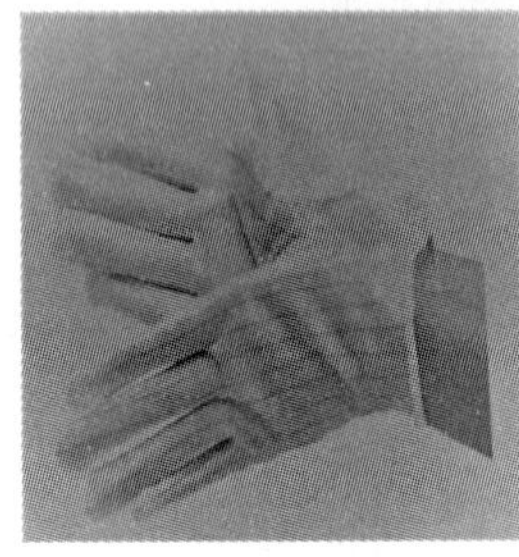
（c）PU 手套

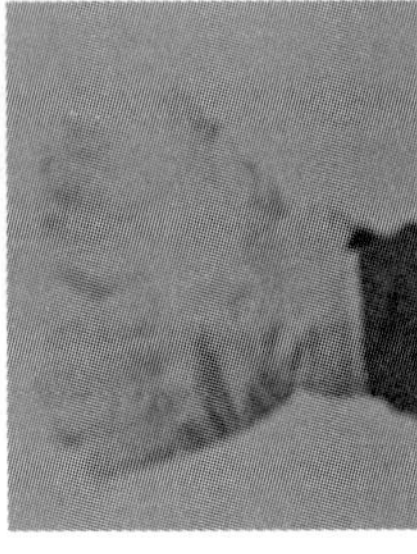
（d）耐高温手套

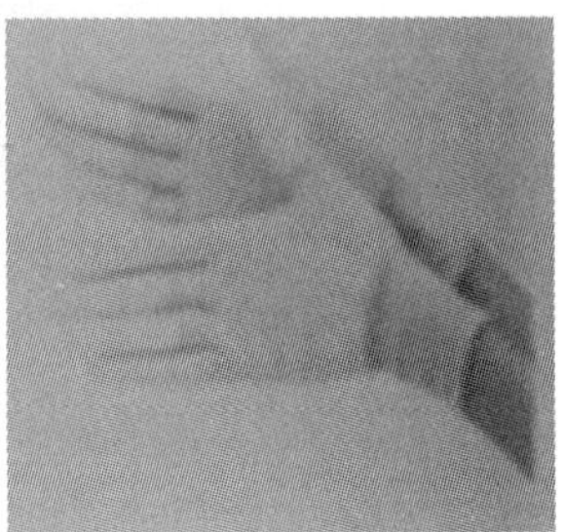
（e）PU 手指/手掌涂层手套

图 8-62　几种常用防静电手套

表 8-44　几种防静电手套性能

手套类型	防静电指标（表面电阻 R_S、点对点电阻 R_{PP}；静电衰减期）	使用场所
防静电 PVC 手套	R_S、R_{PP}：<1×10^12Ω；±1000～±100V；<2s	SSD 产品生产、组装、操作等，可在 10～1000 级洁净场合使用
防静电尼龙手套	R_S、R_{PP}：1×10^5～<1×10^11Ω	SSD 产品生产、组装、操作等
防静电 PU 手套	R_S、R_{PP}：1×10^5～<1×10^11Ω	SSD 产品生产、组装、操作等
防静电 PU 手指/手掌涂层手套	R_S、R_{PP}：1×10^5～<1×10^11Ω	PCB、TFT、LCD 工厂、光盘厂、半导体生产企业。1000～10000 级洁净场合
防静电普通化纤导电丝混纺手套	R_S、R_{PP}：1×10^5～<1×10^11Ω	SSD 产品生产场所
防静电橡胶或其他类橡胶涂层手套	R_S、R_{PP}：1×10^5～<1×10^11Ω	SSD 产品生产场所
防静电耐高温手套	R_S、R_{PP}：1×10^5～<1×10^11Ω	使用烘箱、高温器具操作 SSD 产品的作业
导电丝纤维与纯棉混纺手套	R_S、R_{PP}：1×10^5～<1×10^11Ω	SSD 产品生产场所

3．防静电腕带

图 8-63 示出几种防静电腕带。防静电腕带由内侧带导电丝的松紧带子、绝缘外皮导线与电缆扣、插头（或鳄鱼夹等）组成。操作 SSD 产品的工作人员必须佩戴防静电腕带，以实现人员等电位接地和泄放人体静电的目的。所使用的腕带必须达到以下要求。

（1）腕带松紧带内表面必须配置导电丝，其内表面任一点对电缆扣电阻低于 $1×10^5Ω$，使操作人员任何时候都能实现人体接地；外表面不得配置导电丝，其外表面任一点对电缆扣电阻高于 $1×10^7Ω$。腕带松紧带不得使用金属手表带替代。

图 8-63　防静电腕带

（2）腕带接地线要串接一只 1MΩ电阻，以保证人员触电时，防止人体流过的电流过大危及生命。

（3）腕带接地插头通常使用香蕉插头，以保证接地良好。如使用鳄鱼夹子或其他类型插头，则要防止夹子生锈造成接地不良；腕带插头连接电阻小于 2Ω。

（4）腕带电缆线要有足够机械强度，每天上岗前要测试穿戴电阻是否符合相关标准要求。否则要在产线上安装腕带接地监测仪进行不间断检测。

（5）无接地的腕带，不能实现人员等电位接地、泄放人体静电、无国内外检验相关标准等，因此在操作 SSD 产品的岗位上禁止使用。

8.2.14　抗静电剂、导电金属粉、乙炔炭黑、导电纤维、导电胶

抗静电剂和导电粉种类繁多，从使用方面区分可分为两类：一类是抗静电剂，直接和涂料或溶剂混合涂覆或喷洒在绝缘用品表面，也可添加在改性材料中使用；还有一类像金属粉、金属氧化物、导电炭黑、导电金属纤维等，主要用于高分子材料（塑料、橡胶、树脂、漆、胶等）防静电改性，增加其导电性。后一种导电材料的使用，通常要掺入抗静电剂才能取得较好效果。像金属粉、导电炭黑、导电金属纤维也可用于其他非高分子材料和用品的防静电改性。

1. 导电金属粉或其氧化物

导电金属粉，像锡粉、铝粉、铜粉、铁、镁、锌粉等或是它们的氧化金属粉，由于其电阻率很低，常常用来对高分子绝缘材料进行改性，使其绝缘性降低，具有一定静电耗散性能。在使用时，由于大多数金属粉比重较高，分散性差，所以在使用前要进行研磨，达到非常细小颗粒度（通常要求 300 目以上）才能使用。利用导电金属粉对高分子材料防静电改性就是利用在高分子材料添加导电粉，由这些导电粉状物在高分子材料中形成导电链式连接。当高分子外表面施加电压或存在静电荷时，在电场力影响下，电子在金属导电链上可以移动，形成导电通路，起到耗散和泄漏静电作用。

高分子改性材料导电效果优与劣，取决于金属粉分散性、比重和在高分子材料中的均匀度及添加量。

例如：镁、铝、锌粉比重低，分散性好，其均匀度相对锡、铜、铁粉容易控制。由于金属粉添加对高分子材料的机械和物理性能影响较大，所以添加量不宜过大，否则强度会下降很多。在实际使用时，一般和抗静电剂同时使用才会取得较好的导电效果。有的金属粉，如锡粉或其化合物在很高温度内其导电性稳定（1400℃以下），在一些高温烧制的制品，

像防静电陶瓷制作中，是一种必不可少的防静电材料。由于很多金属粉比重过大，在添加过程中，容易沉淀造成均匀度差，影响制成品的导电效果。例如防静电环氧树脂地坪及树脂自流平地坪常有此类现象发生。用金属粉改性材料的防静电性能持久性较好。

2. 乙炔炭黑

这是一种分散性非常好、比重很轻、价格较低的导电材料。目前大多数防静电用品，像橡胶板、防静电包装、防静电鞋、周转容器等都采用这种材料。用这种材料改性的材料防静电性能稳定、持久性好，其应用场合非常广泛。这种材料比重轻，在添入被改性的材料中，如果加工工艺存在问题，其很容易从被改性物体表面逸出，污染环境和 SSD 产品。因此在要求较高的洁净环境中（洁净度 1000 级以下）往往限制使用。

3. 渗碳纤维、金属纤维、导电纤维

渗碳纤维是在化纤或纯棉纤维包覆或渗入乙炔炭黑，使其具有导电性。金属纤维是加工很细（直径几微米至几百微米）的金属丝（不锈钢丝、铜丝、其他金属丝）。这些纤维丝主要用于防静电织物、防静电地毯等。某些涂料或树脂地坪材料为改善导电性能，也大量使用渗碳或金属纤维丝。还有用抗静电剂改性的化纤丝制备的导电纤维。目前这种采用防静电剂改性的化纤丝使用量很大。常用的无机、有机导电粉和导电纤维见表 8-45（a）。

4. 无机金属盐类

金属盐类有氯化镁、氯化锌等。这类无机金属盐也可用于对某些材料的防静电改性，但其持久性往往低于金属粉、乙炔炭黑和导电金属丝。对于洁净度和环境要求较高的场合，有时也不能使用，因为这些金属盐类具有腐蚀性，对微电子光电产品会产生损害。

5. 抗静电剂

现在使用的抗静电剂几乎都被称为表面活性剂，表面活性剂就是溶于水并使水的表面张力降低的物质。表面活性剂在水或有机溶剂中有某种程度的可溶性，可大致分为四种：阴离子表面活性剂、阳离子表面活性剂、非离子性表面活性剂和两性表面活性剂。抗静电剂能降低材料电阻的机理：抗静电剂能够使材料表面具有亲水性，易于吸附空气中的水分子，从而降低材料的电阻。离子型的抗静电剂，像金属盐可以通过离子导电来降低材料的电阻。抗静电剂有以下种类：

（1）单质的吸湿性无机盐（LiCl）类；

（2）酯类；

（3）一元或多元醇类；

（4）酰类。

这些或多或少总是有些缺点。所以现使用最多的是油脂性表面活性剂。阴离子抗静电剂在短时间内效果较好，但随着时间推移变化很大，其防静电没有持久性。TLF.701B、TLF.726 等阳离子抗静电剂防静电持久性较好。另外用阳离子抗静电剂处理后，进一步用阴离子抗静电剂进行处理，是保持长久防静电性能的方法之一。目前使用的很多种抗静电剂耐热性、耐洗涤性、耐久性、耐气候性还不能满足使用的要求，这也是抗静电剂需要改进的原因。表 8-45（b）、表 8-46 列出了一些常用的抗静电剂及其使用场合。

表 8-45（a）常用的无机、有机导电粉和导电纤维

乙炔炭黑	石墨粉	碳纳米管	导电钛白粉	导电云母粉	金属氧化物或金属粉	导电聚吡咯（高分子导电材料）	导电聚苯胺（高分子导电材料）	导电硫酸钡	导电纤维
					氧化锡粉，氧化锌粉，氧化铁粉；铜粉，铝粉，银粉，锌粉，镍粉等				导电碳纤维，不锈钢纤维，镍纤维等

表 8-45（b）　常用的抗静电剂

种　类	名　称	用　途
阴离子表面活性剂	烷基膦酸酯钠盐（双烷基膦酸酯三乙醇胺）	用于化纤改性的抗静电剂（最有效的无害性的润湿剂）
	烷基酚聚乙烯乙二醇磷酸酯钠盐	除做一般洗涤剂使用外，还可做分散剂、润湿剂
金属盐类	氯化镁、氯化锌等金属盐类	用于一般涂料的添加剂
两性表面活性剂	磷酸基型、硫酸磷酸酯型、磷酸型	用作均染剂、柔软剂
阳离子表面活性剂	脂肪族胺及其衍生物	在纤维的平滑柔软加工、亲水性颜料表面的疏水化、乳化剂等很多方面都适用
	季胺（盐）化合物	用于高分子材料防静电改性添加剂、乳化、分散、柔软剂
	脂肪酸酰胺	分散剂、洗涤剂、乳化剂
非离子型表面活性剂	多元醇脂肪酸酯	柔软剂、分散剂、纺织剂
	聚氧次乙基烷基胺	浸透剂、均染剂、柔软剂、永久防水剂
	聚氧次乙基脂肪酸	浸透剂、分散剂、乳化剂等
	聚氧次乙基烷基醚	用的最广泛的一种活性剂，具有脱胶、均染、乳化、消电、漂白等功能

表 8-46　适用于塑料的内加型抗静电剂

商品名称	性状、规格	适用对象、添加量	制造厂家
ASA-150	淡黄色膏状	溶于丙烯酸清漆涂覆 PVC 塑料制品表面	北京化工研究院
CatanacSN	液体	用于 PP、PE、ABS 等表面涂覆。添加量大于 0.6%	美国氰胺公司
CatanacSP	液体	用于 PP、PE、ABS 等表面涂覆，添加量大于 1%～10%	美国氰胺公司
HZ-1	粉状	用于 PE、PP，0.5%～2%	杭州市化工研究院
HKD-502	蜡状固体	用于 PE、PP，0.4%～2%	同上
HKD-170	同上	用于 PVC，0.5%～3%	同上
HKD-505	液体	用于 ABS，1%～2.5%	同上
KJDJ-9	淡黄色固体	用于 ABS，2%以上	北京化工研究院
KJDJ-6	淡黄色液体	用于 PVC，5%以上 由于 ABS，2%以上	同上

续表

商品名称	性状、规格	适用对象、添加量	制造厂家
PE132 型、PE139 型、AF101 型	泛黄、白色粉末状	用于低密度 PE	日本第一制药公司（京都）
PE-12L、Px-50、	淡黄色液体粉末	适用于 PE、PP	日本三好化学公司（东京）
125B、125BN	白色粉末	适用于 ABS	日本三好油脂公司（东京）
100 型	淡黄色液体	适用于 ABS	日本油脂公司（东京）
Catanac477	白色粉末	适用于 PP、PE、PS，添加量 0.1%～3%	美国氰胺公司

6．抗静电剂配制例子

1）多元醇

二甘醇 46 份；乙二醇-甲基醚醋酸酯 34 份；聚乙二醇（分子量 4000）20 份；蒸馏水 20 份。

2）三乙醇胺皂

三乙醇胺癸二酸盐 1 份；三乙醇胺癸酸 1 份；水 100 份。

3）季胺盐

季胺盐 7.5%；润滑油 80%；油醇 5%；甲基环己醇 7.5%。

4）烷基磺胺酸盐

润滑油 80% ；亚油酸酯 6% ；铵盐 8%；聚醇的脂肪酸（C9 以上）6%。

5）烷基磷酸酯

矿物油 50～70 份；磷酸癸酯 5～15 份；三乙醇胺 1～4 份；烷基苯酚 1～4 份。

6）香芹酮酸酯

分子量 100 以下的香芹酮酸酯 5～10 份；分子量 199 以上的聚乙二醇 60～80 份。

7．导电胶

导电胶粘剂在防静电工程中经常使用，例如测试电极导电橡胶胶粘、铜箔电极与高分子材料表面粘接、导电金属之间粘接、某些不便采用其他连接方式而必须使用导电胶粘方式，等等。胶粘剂配制通常采用聚酯树脂、聚酯改性异氰酸酯、环氧树脂等添加银粉或电解银粉、铜粉、乙炔炭黑等导电粉，有时需添加抗静电剂进行配制。一般根据导电电阻指标选择导电粉。通常采用银粉配制的胶粘剂导电性较好，用于电子元器件、导线粘接、电气部件粘接，但因造价很高，在静电防护方面使用较少。对于防静电工程大多使用价格较低的乙炔炭黑或导电铜粉、锡粉、铝粉等，其导电性低于电子产品用导电胶，但其体积电阻在 10^3～10^6 Ω 能满足静电防护需求。表 8-47 列出一些导电胶的型号、主要用途、生产企业。

表 8-47　常用的一些导电胶粘剂

牌号与名称	主要用途	生产企业
DAD-2 导电胶	用于电子元器件的粘接	上海合成树脂研究所、上海新光化工厂

续表

牌号与名称	主要用途	生产企业
DAD-3 导电胶	金属、陶瓷、玻璃、防静电用品等材料的导电粘接	上海合成树脂研究所
DAD-6 导电胶	用于电子仪表、防静电用品的粘接与密封	同上
DAD-40 导电胶	用于避免高温焊接场合的粘接	同上
301 导电胶	用于铜、铝波导元件的粘接	哈尔滨工业大学
303 导电胶	用于各种电子半导体元件及不能受热元器件的粘接	同上
305 导电胶	用于各种金属件的导电粘接	同上
307 导电胶	用于各种金属和大多数非金属元件部件的粘接	同上
HH-711 导电胶	用于同轴电缆接头、耐热电子元器件、波导管的粘接	西安黄河机器制造厂
SY-11 导电胶	用于铝、铜、钢等金属及压电陶瓷、压电晶体等非金属材料的粘接	北京航空材料研究所
铜粉导电粘接剂	用于电极碳刷、电缆接头、二极管、导线、防静电用品的粘接	湖北襄樊市胶粘技术研究所
901 导电胶	用于组装电子元器件、修复印制电路板线路	武汉化工研究所
SD-101 导电胶	电子、电器、仪表的导电粘接	常州市化工研究所

8.2.15　防静电地毯

防静电地毯主要用于智能化楼宇的 OA 地板（网络地板）地坪、办公室地面、计算机房、信息中心等有防静电要求的地面铺设。现市场常见的防静电地毯主要有以下几种。

1．混织型地毯

利用不锈钢丝、渗碳纤维丝或其他导电纤维与羊毛、化纤丝混织的地毯，其导电丝设置有接地扣。使用时将地毯直接铺覆在各类普通地面上，并将接地扣与接地线相连形成等电位接地。这种地毯产品大都是卷材，往往在使用时需要根据现场情况进行剪裁。

这类地毯制造工艺烦琐、造价较高，长期使用因一些物理因素易造成导电丝断裂影响防静电效果。这种地毯在清理卫生时也比较费工。

2．复合地毯

这种地毯是利用表层 3～15mm 导电化纤地毯（涤纶、尼龙等或渗碳纤维）与底层防静电 PVC 或其他防静电橡胶、橡塑等材料采用热压或胶粘制备而成。表层也有使用抗静电剂处理的羊毛或其他高档织物的。这种地毯有块材和卷材之分，因清理卫生简便、制造工艺简单、造价相对较低，使用量较大。这种地毯的防静电接地大都是通过直铺的防静电地面来实现防静电接地或通过卷材的接地扣来接地的。

3．磁吸式复合地毯

这种防静电地毯结构与上述地毯结构相同，所不同的是在底层 PVC 或橡塑材料中层或表层安置磁性材料，对铁磁性材料具有一定吸力。这种地板大都是块材，直接用于智能化楼宇高架 OA 地板表层或地坪采用金属材料时的铺设，其具有铺设和维护方便的特点。表 8-48 列出一些常用防静电地毯的技术性能。

4．化纤塑料地毯

这种地毯是利用 8～12mm 导电化纤（防静电剂改性的锦纶、尼龙、涤纶等）与一层 3～

6mm 的防静电塑料板（聚氨酯等柔性塑料）热压或粘接而成。这种地毯价格低廉、阻燃性和防静电性能较差。通常用在一些防静电要求不高的低档办公场所、电子机房。

表 8-48　常用防静电地毯的技术指标

地毯种类	防静电性能/Ω	阻燃性能 GB/T 2408	扯断强力/N	环保性	结构尺寸/cm
化纤塑料地毯	$R_{PP}<1\times10^{10}$	V-1 级	≤600		50×50；60×60；卷材
混织型地毯	$R_{PD}<1\times10^{10}$	V-1 级	≤1100	符合 GB/T 22374	卷材
复合地毯	$R_{PP}<1\times10^{10}$	V-1 级	≤1000	符合 GB/T 22374	50×50；60×60；卷材
磁吸式复合地毯	$R_{PP}<1\times10^{9}$	V-1 级	≤1000	符合 GB/T 22374	50×50；60×60

注：R_{PP} 为表面点对点电阻；R_{PD} 为点对地电阻。

8.2.16　防静电杂品

防静电窗帘：采用防静电布料制备，用于要求较高的防静电环境。

胶纸带：用抗静电剂处理的胶纸带，用于有防静电要求的包装或产品的包装，防静电墙板、吊顶板：用防静电三聚氰胺贴面板和其他墙面板复合而成，用于有洁净、防静电要求的工作和生产环境。

墙布、墙纸：用抗静电剂处理的墙布或墙纸，用于有防尘、防静电要求的场所。

防静电透明薄膜：用防静电剂改性的透明塑料薄膜，多用于显示器屏幕、液晶显示屏的保护等。

墙面涂料：加入抗静电剂、导电金属粉的各类墙面涂料，像硅藻泥、杜邦等墙面涂料。

静电泄放器：由防静电橡胶球、金属柱等接地装置组成。也有在工作区出入口处用防静电塑料母粒制备的接地门帘。其一般安装在易燃爆场所入口处或其他需要消除人体静电的场所出入口。必须注意的是静电泄放器只能消除人体进入易爆燃场所前的静电，在工作场所还必须穿着防静电工作鞋与防静电工作服，地坪应具有防静电性能，这样才能消除人员在工作场所活动时产生的静电，取得较好的防静电效果。

第 9 章 防静电地坪与离子化静电消除器工程施工与检验

本章不涉及火工等易燃易爆环境的防静电地坪施工与防爆型离子化静电消除器的安装工程。

9.1 防静电工程分类

9.1.1 防静电工程项目

（1）各类防静电地坪。
（2）防静电接地系统。
（3）防静电墙壁、吊顶等装修。
（4）环境控制（温度、湿度、洁净度控制等）系统。
（5）离子化系统（离子化风淋室、离子栅等）。
（6）防静电装修项目与静电防护有关的延伸项目等。

9.1.2 防静电地坪工程分类

（1）各类高架地板工程。
（2）非高架网络地板工程。
（3）水泥自流平、树脂砂浆、水磨石地坪工程。
（4）各类环氧树脂、地坪漆（涂料）工程。
（5）PVC 块材、卷材和橡塑地板工程。
（6）防静电瓷砖地坪工程。

9.2 防静电地坪与离子化静电消除器工程施工要求及防静电性能检验

9.2.1 工程施工总体要求

（1）施工要做到技术成熟、经济实用、质量可靠、安全耐用。

（2）工程要满足静电敏感产品生产、科研开发、存储、调试检测等场所的防静电要求。

（3）易燃易爆石化系统和火工系统的防静电场所，应符合国家现行有关标准的规定。

（4）施工过程中应严格遵守国家有关质量、劳动安全、职业健康、卫生、防火、环保和节能的标准与相关规范。

（5）施工单位应严格按设计施工。设计变更时应有设计单位的变更通知。防静电工程的施工条件具备后，方可施工。

（6）施工前，施工单位应作出施工组织设计，绘制接地端子图和导电地网布置图等防静电接地系统图。

（7）所用工程材料应为长效型防静电材料，应符合设计要求并有产品合格证和检测报告，进场经验收合格，并做好检验记录。

（8）隐蔽工程必须有现场施工记录或相关资料并由相关责任方代表确认签字后，方可进行下道工序施工。

（9）施工不得损害建筑物的结构安全。

（10）工程所用材料应符合国家有关建筑装饰装修材料有害物质限量标准的规定。

（11）本规范涉及的防静电地面施工除执行 GB 50944 规范外，还应按 GB 50209《建筑地面工程施工质量验收规范》和 GB 50210《建筑装饰装修工程质量验收规范》有关规定执行。

（12）施工使用的设备、仪表、工夹具应合格并有计量标识，不合格不得投入使用。

9.2.2 防静电水磨石地坪工程及施工

1．防静电水磨石地坪的特点

水磨石地坪（不包括水泥自流平、树脂砂浆等地坪）优点：强度较高（可承载数吨重物）、不燃、不老化、防静电性能持久、环保、耐水浸泡、造价低、可永久性使用。缺点是易起尘，不能在洁净度要求较高的场合使用；易渗透，被油污类浸渗了不易清洗干净；厂房二次改造时费工费时。

防静电水磨石地坪多用于有防静电要求的电子生产、组装厂房、库房等地方，使用环境干燥，湿度为 10%～40%RH。

2．防静电水磨石地坪结构

防静电水磨石地坪结构如图 9-1 所示。

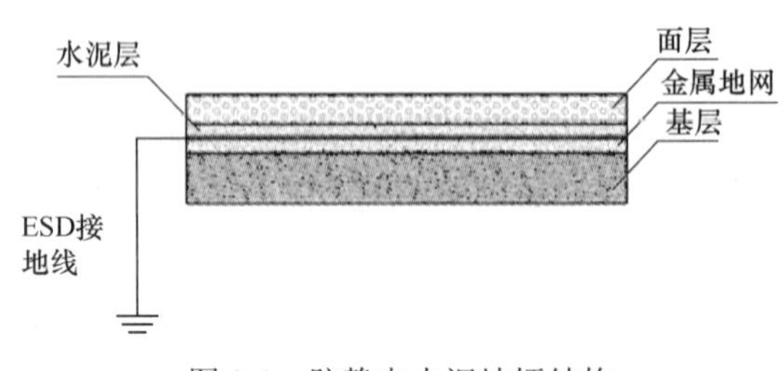

图 9-1　防静电水泥地坪结构

3．施工现场及环境要求

环境温度不低于 5℃，没有较大震动和影响施工的因素存在。

4．施工材料要求

（1）采用体积电阻小于 $1\times10^{5}\Omega$ 的无机导静电材料（氧化铁、导电炭黑、导电金属粉等）构成的单或多组分导电粉作水泥地坪的导电添加材料。

（2）导静电地网钢筋应采用ϕ4～ϕ6mm 冷拔钢筋。

（3）接地引出线应采用ϕ10～12mm 镀锌钢筋或 25mm×3mm 镀锌扁钢。

（4）使用防静电地板蜡时，防静电地板蜡的体积电阻应为 5.0×10^4～1.0×10^9Ω。

5．施工

（1）导静电地网宜布置为 2m×2m 左右的方格，钢筋搭接长度应为 50～60mm，焊长不少于 30mm，导静电地网钢筋十字交叉处应可靠焊接，使用前应调直。

（2）导静电地网与接地端子应焊接牢固，焊长不少于 30mm；每块独立的接地网引出接地端子不少于 2 个。

（3）根据接地系统设计图，在导静电地网上焊接接地引出线，焊长不少于 50mm，接地引出线与接地连接可靠。

（4）建筑变形缝两边导静电地网必须连成整体时，采用 25×3 镀锌扁钢弯成 U 形置入缝内，与建筑变形缝两边的导静电地网焊接牢固。两边焊长均不少于 50mm，镀锌扁钢 U 形弯的宽与深以不影响建筑变形缝的施工为准，数量视缝长不少于两处。建筑变形缝的做法按建筑设计图要求施工，施工时注意不得损伤建筑变形缝两边导静电地网的连接（见图 9-2）。

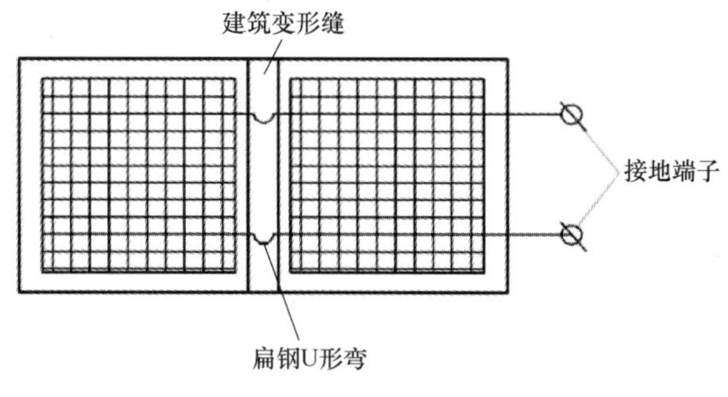

图 9-2　导电地网铺设

（5）建筑变形缝两边导电地网不连接时，建筑变形缝两边的导电地网必须各自接地。

（6）当施工接地引下线、地下接地体时，接地引下线的长度应尽量短，接地体的埋设应符合 GB 50169《电气装置安装工程接地装置施工及验收规范》的规定。接地引下线与导静电地网和地下接地体的连接应牢固、可靠。

（7）找平层施工要求：

① 按施工设计配比添加导电粉；

② 水泥砂浆与导电粉应充分搅拌均匀后覆盖导静电地网。

（8）分格条施工要求：

① 采用铜、铝作分格条时，分格条单条长度应小于 2 m，条与条之间不得连接，两个分格条相邻处应留有 3～5 mm 间隙；

② 分格条不得与导静电地网相接触。

（9）水磨石地坪施工时，铺石子浆应按施工组织设计配比将导电粉与水泥浆充分搅拌均匀后铺设。

（10）打蜡抛光施工要求：

① 细磨出光后的楼（地）面，应清洁干净，进行电性能检测应合格；

② 在其表面应均匀地涂一层防静电地板蜡，并作抛光处理。

6．工程质量验收要求

按照国标 GB 50944《防静电工程施工与质量验收规范》相关要求验收。

防静电水磨石地面不发火检验按 GB 50209《建筑地面工程施工及验收规范》规定执行。

9.2.3 防静电贴面板地坪工程及施工

1．防静电贴面板地坪的特点

防静电贴面板（PVC）地坪特点：防静电性能稳定持久、施工简单方便、装饰效果好、抗机油浸渗、造价低，但易老化（一般使用期 10 年以内）、阻燃性一般、抗冲击较差、地坪不耐水浸泡。防静电贴面板（PVC）地坪多用于有防静电要求的电子生产、组装厂房、库房等地方，使用范围较广。

防静电橡塑地坪特点：防静电性能稳定持久、施工简单方便、具有减震性。但不耐机油浸渗、易老化（一般使用期 10 年以内）、阻燃性差。防静电橡塑地坪多用于有防静电要求的火工品和石化产品生产场所和存储环境。

2．贴面板地坪施工要求

1）施工现场及环境要求

环境温度 5～30℃；相对湿度不高于 85%RH。地面平整干燥、无灰尘、砂粒、石子，环境通风良好，地坪无开裂，无影响施工因素存在。地坪含水率低于 3%。

2）施工材料要求

（1）贴面板的质量及外观尺寸应符合国家现行标准 SJ/T 11236《防静电贴面板通用规范》的要求。

（2）使用环保型导电胶，体积电阻应小于贴面板的体积电阻，粘结强度应大于 2MPa。

（3）导电地网用铜箔（或铝箔）的厚度宜为 0.02～0.04mm，宽度宜为 15～20mm。

（4）使用防静电地板蜡时，防静电地板蜡的体积电阻应为 5.0×10^{4}～$1.0\times10^{9}\Omega$。

3．施工准备

（1）贴面板下基层应平整，用 2m 直尺检查应小于 2mm，否则应进行基层处理。基层应坚固，不起砂，含水率不大于 10%。

（2）施工单位应根据设计要求制作样块或样板间，并经检验合格。

4．施工

（1）应按地网布置图铺设导电铜箔网格。铜箔的纵横交叉点，应处于贴面板的中心位置。铜箔条的铺设应平直，不得卷曲，也不得间断。与接地端子连接的铜箔条应留有足够长度（见图 9-3）。

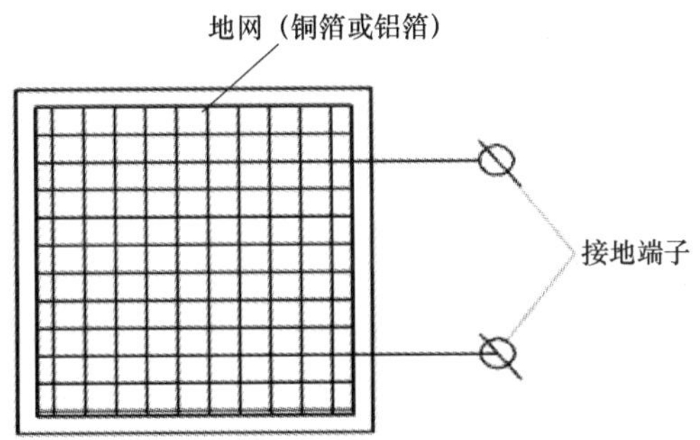

图 9-3　防静电贴面板工程地网结构

（2）树脂贴面板与卷材铺设时，最好紧密铺设。间缝开 U 形槽，深度不得超过贴面板 3/4。热风焊温度不低于 180° C。铺设时胶层要薄且均匀，待完全干固后才铺设地板（见图 9-4）。

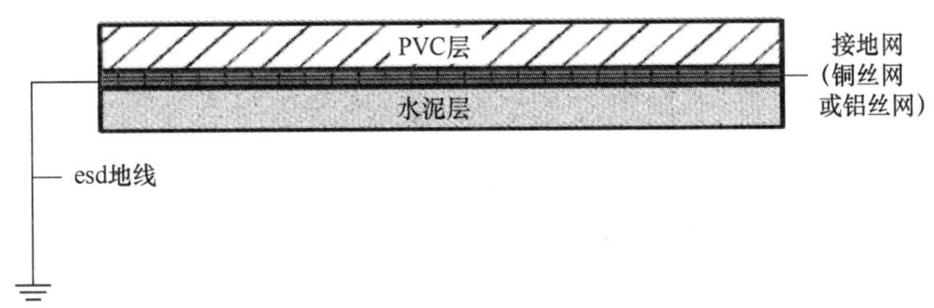

图 9-4　防静电贴面板工程结构

（3）防静电贴面板铺贴到接地端子处时，应先将连接接地端子的铜箔条引出，用锡焊或压接的方法与接地端子牢固连接。

（4）建筑变形缝两边的导地电网应分别与防静电接地端子连接，每块独立地坪引出端不少于 2 个。

（5）贴面板表面应清洁干净，进行电性能检测应合格。

（6）在其贴面板表面应均匀地涂一层防静电地板蜡，并作养护处理。

5．工程质量验收要求

按照国标 GB 50944《防静电工程施工与质量验收规范》相关要求验收。

9.2.4　防静电活动地板地坪工程及施工

1．防静电活动地板地坪特点

该类型地坪主要用于计算机房、程控机房等需要地板下通风、有网络布线的场合。按板基材料分为：钢—水泥；全钢；木质；无机类（硫酸钙、水泥类、水泥—纤维等）；铸铝（高、低压）；瓷砖—钢基、木基、无机质基结构；工程塑料结构等。

活动地板地坪特点：施工简单方便、装饰效果好、便于维护，适用于有下通风要求和铺设电缆较多的场所。但承重受限制、造价较高、有的板基阻燃较差、抗冲击较差、地坪不耐水浸泡。

2. 活动地板地坪施工要求

防静电活动地板地面施工内容包括基层处理、安装支架、安装接地系统、铺设地板等。

1）施工现场及环境要求

环境温度 5～30℃；湿度小于 90%RH；地面平整、无开裂。

2）施工材料要求

（1）防静电活动地板的防静电性能指标、防火、力学性能和外观质量等应符合国家现行产品标准 GB/T 36340《防静电活动地板通用规范》的有关要求。

（2）支架表面应平整、光洁，强度应满足荷载设计要求，钢质件须经镀锌或其他防锈处理。

（3）使用防静电地板蜡时，防静电地板蜡的体积电阻应为 5.0×10^4～$1.0\times10^9\Omega$。

（4）地板支架与防静电接地端子连接导线的截面积不小于 $6mm^2$ 的多股绞线或编织线或采用幅宽 40mm、厚度 0.1mm 铜箔粘压在支架底托下作防静电地线（每个独立区域不少于 2 条）。

3）施工要求

（1）防静电活动地板铺设、安装应符合 GB 50209《建筑地面工程施工质量验收规范》的有关规定。

（2）应根据实际需要对部分或全部支柱安装斜撑。斜撑的安装应按图 8-10 要求接地体组件、室外接地引下线，接地体的安装应牢固、简便。各连接点的接触电阻不大于 0.1Ω。防静电地线与支架连接可采用锡焊、电焊或采用螺栓连接，并保证足够的接触面积。

（3）地板表面应清洁干净，进行电性能检测应合格。

（4）完工后，在地板表面应均匀地涂一层防静电地板蜡，作养护处理。

3. 工程质量验收要求

按照国标 GB 50944《防静电工程施工与质量验收规范》相关要求验收。

9.2.5 防静电树脂涂层地坪工程及施工

1. 防静电环氧树脂地坪特点

这类地坪主要指聚氨酯类、环氧树脂类、丙烯酸类等树脂涂层防静电地面，包括无溶剂防静电环氧自流平、无溶剂防静电聚氨酯涂层、防静电丙烯酸涂层、溶剂型环氧防静电涂层、溶剂型聚氨酯防静电涂层及水性树脂防静电涂层（水性环氧防静电涂层）地面的工程。

这类地坪装饰效果好、抗机油浸渗、耐污不起尘、不易老化、强度较高。但防静电性能不稳定、地坪不耐水浸泡。

该地坪主要用于洁净度要求较高的电子生产、组装厂房，库房，医院，制药厂等地方，使用范围较广。

2. 防静电树脂涂层地坪施工要求

防静电树脂涂层地面施工包括基础层处理、底漆层、找平层、导电铜箔（丝）、导电层、接地端子、防静电面层的施工。

1）施工现场及环境要求

环境温度 5～30℃；相对湿度不高于 85%RH。地面平整干燥、无灰尘、砂粒、石子，环境通风良好，无影响施工因素存在，地坪含水率低于 3%。

2）施工材料、设备与工具要求

（1）防静电树脂地坪涂料的技术性能和理化性能指标应符合国家现行标准 SJ/T 11294《防静电地坪涂料通用规范》的有关规定。

（2）配制腻子、砂浆的树脂材料应选用无溶剂或高固含量树脂材料；填料宜选用石英粉或滑石粉。

（3）导电地网宜用铜箔或铜丝、铝丝，其规格应符合下列要求：

① 用铜箔时，其宽度宜为 8～20mm，厚度宜为 0.05～0.08mm；铜丝或铝丝时，直径不小于 2mm。

② 与导电层连接处的接地端子宜采用 50mm×100mm、厚度 0.2～1mm 的不锈钢或铜板制作。

（4）防静电树脂涂料技术性能指标必须符合 SJ/T 11294 的要求，物理化学性能应符合 SJ/T 11294《防静电地坪涂料通用规范》的规定。

（5）所用树脂要求。底漆应符合表 9-1 规定，导电层材料应符合表 9-2 规定，防静电面漆应符合表 9-3 规定。

表 9-1　底漆技术性能指标

序号	项　目		性能指标					
			环氧类			聚氨酯类		乙烯基类
			溶剂型	无溶剂型	水性	溶剂型	无溶剂型	丙烯酸类
1	容器中的状态		搅拌后无硬块，呈均匀状态					
2	干燥时间/h	表干	≤4	≤6	≤8	≤6	≤6	≤2
		实干	≤24		≤48	≤24	≤24	≤6
3	耐碱性（48h）		漆膜完整、不起泡、不脱落，允许轻微变色、2h 后恢复					
4	24h 拉伸粘结强度/MPa		≥3.0	≥3.0	≥2.5	≥2.0	≥2.0	≥2.0
5	固含量		≥50	≥98	≥40	≥40	≥98	—

表 9-2　导电层材料技术性能指标

序号	项　目		性能指标		
			环氧类		聚氨酯类
			水性环氧	溶剂型环氧	溶剂型聚氨酯
1	容器中的状态		搅拌后无硬块，呈均匀状态		
2	干燥时间/h	表干	≤6	≤6	≤2
3		实干	≤24	≤24	≤12
4	附着力（划格间距 1mm）		≤1		
5	干膜体积电阻/Ω		$\leqslant 1.0\times10^4$		

表 9-3 防静电面漆技术性能指标

序号	项目		性能指标						
			环氧类			聚氨酯类			乙烯基/丙烯酸类
			水性	溶剂型	无溶剂型	溶剂型	无溶剂型		
							硬型	软型	
1	固含量/%		≥50	≥60	≥98	≥50	≥98	≥98	—
2	容器中的状态		搅拌混合后无硬块，呈均匀状态						
3	涂膜外观		平整、无折皱、针孔、气泡等缺陷						
4	干燥时间/h	表干	≤8	≤4	≤6	≤6	≤6	≤8	≤2
		实干	≤48	≤48	≤24	≤24	≤48	≤48	≤24
5	硬度		≥H	≥H	（D 型）≥70	≥H	（D 型）≥70	（A 型）≥60	≥H
6	抗冲击		ϕ60mm、1000g 实心钢球 1m 高落下，涂膜无裂纹、无剥落					—	—
7	伸长率/（%）		—	—	—	—	≥20	≥50	—
8	体积电阻/Ω		$1.0\times10^5 \sim 1.0\times10^9$						

（6）施工材料和溶剂在储存、施工和干燥熟化过程中，不得与酸、碱、水接触；涂料及稀释剂，严禁周围有明火，应防尘、防暴晒。

（7）常用施工设备（含工具）主要有机动打磨设备、手持式打磨机具、混凝土切割机、钻孔电锤、除锈机具、工业吸尘器、搅拌机、手持式搅拌器、消泡针辊、消泡专用尼龙刷和通用机具及计量器具等，其规格、性能和技术指标应符合施工工艺要求。

3．施工

1）施工内容

施工内容包括底涂层、找平层、导电层（导静电地网）、接地端子、防静电面层等的施工。防静电树脂涂层地面结构见图 9-5。

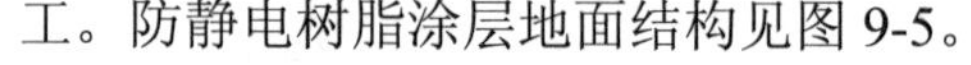

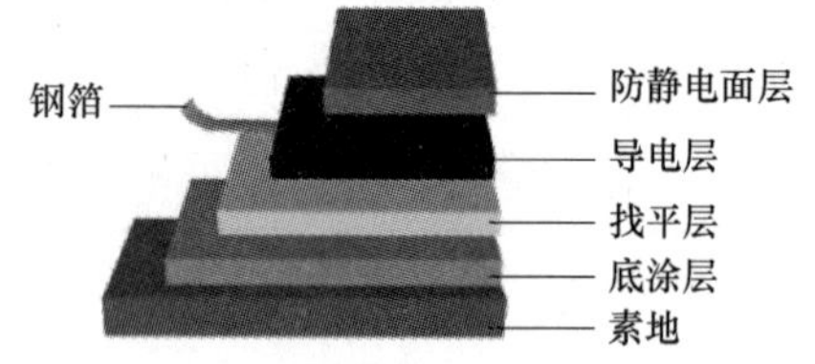

图 9-5 防静电树脂涂层示意图

2）树脂防静电涂层地面工艺顺序

基础地面处理→底涂层→找平层→接地端子安装→导电铜箔连接→导电层→防静电面层。

3）基础地面处理要求

（1）混凝土、水泥砂浆基层处理。

① 首层或地下室基层应设防水防潮隔离层，做法应符合 GB 50209《建筑地面工程施工质量验收规范》的有关规定。

② 基层裂缝的处理：用切割机切成深度大于 10mm 的 V 形槽，宜用环氧中涂石英粉浆填平；弹性自流平型涂层，应用弹性涂料填平。基层伸缩缝的处理同裂缝的处理方法，但应清理缝内杂物，清理深度不小于 10mm。

③ 被油脂、化学药品污染的表面，用有机溶剂、洗涤剂、碱液洗涤，或用火烤、蒸汽吹洗、打磨等方法清除，但不得损坏基层。

④ 疏松、粉化、脱皮基层处理：深度大于 5mm 时用金属工具凿除，用细石混凝土填补，养护后进行下道施工；深度不大于 5mm 时，用打磨机打磨。

⑤ 凹陷不平处，应使用腻子找平。刮腻子时，应先涂覆底涂料，表干后再刮腻子。

⑥ 基层表面浮灰、水泥渣及疏松部位清除：采用装有金刚石磨盘的机动打磨设备或手持式打磨机具打磨。

⑦ 使基层形成均匀粗糙面：采用喷砂机或抛丸机。

⑧ 正式涂覆防静电涂料前的表面清洁：先用扫把清扫，然后用吸尘器吸尘。

（2）钢制基层。

① 除锈：采用干法喷砂、酸洗处理、机械除锈或手工除锈。

② 清除油脂：采用烘烤及用有机溶剂、热碱液或乳化剂清除。

③ 清除氧化物污染、旧涂料层：采用烘烤、打磨、铲除等方法清理。

④ 对采用上述方法处理过的钢制基层表面，应在处理后 8h 内及时涂覆底涂料。

（3）旧水磨石、瓷砖等板块类基层。

① 空鼓、松动表面处理：凿除空鼓、松动部分，用细石混凝土等填补。

② 对沟缝、凹陷、相邻板块高差大于 1.0mm 邻板块的接缝处，应用腻子找平。

③ 油、漆等化学污染物处理：采用本条 1～2 款的相关方法。

④ 清除灰尘及粗糙表面：用装有金刚石磨盘的打磨设备或手持式打磨机具打磨表面，然后清扫、用吸尘器吸尘。

（4）木质基层。

① 有油污的地方应用有机溶剂（如天那水、二甲苯等）、碱液等擦拭，晾干。

② 有油漆或胶、蜡等其他沾附物的地方，应用砂纸打磨，或用碱液等擦拭，木层厚度允许时可采用铣刨。

③ 凹陷不平处，应使用腻子找平。刮腻子时，应先涂覆底涂，表干后再刮腻子。

4）底漆涂层施工

底漆料的配制要严格按照产品说明书要求的配比配料，涂装应用长毛滚筒均匀涂装，不得有漏涂和堆涂。

底漆涂覆应均匀，不可漏涂，要彻底封闭基材，并应符合下列规定：

（1）双组分环氧底漆，施工现场环境温度不应低于 10℃。涂覆多为辊涂，也可采用刮涂。

（2）双组分型聚氨酯底漆涂覆应符合下列规定：

① 施工现场环境温度不应低于 0℃。

② 配料用聚氨酯涂料，应是固体含量为 50%的聚氨酯弹性涂料；固化剂，宜采用醇类型或胺类型。将料置入搅拌机搅拌均匀后，应用 60～80 目丝网过滤。

③ 应采用辊涂，用毛辊滚涂地面，每升料液涂覆 5～7m^2。一次配料在 20min 内用完。不可有积料现象，涂过发白处等干燥后再复涂。

5）防静电树脂涂层地坪找平层施工要求

包括刮涂胶泥，机械施工砂浆等。

（1）批刮砂浆（胶泥）：宜用 150 目以上细砂（粉），配比应准确；树脂与填料的配比应通过实验确定，其机械强度应不低于面层材料的机械强度；批刮后应打磨平整。

（2）自流平砂浆：适合于总厚度不大于 5mm 的防静电自流平地坪，应按下列要求施工：

① 树脂宜选用无溶剂树脂；砂子宜选用精制石英粉，细度宜为 40～70 目；树脂与粉的比例以 1∶1～1∶1.5 为宜（重量比），树脂与粉的混合应用机械混合。

② 应采用人工镘刀摊平。

（3）干式砂浆：适合于总厚度大于 4mm 以上的自流平地坪，应按下列要求施工：

① 树脂宜选用无溶剂树脂；树脂与砂子的比例以 1∶5～1∶6 为宜（重量比）；树脂与砂子的混合应用机械混合。

② 摊铺砂浆前，应先将混合好的树脂均匀辊涂一道，在其未硬化前均匀撒布石英粉。

③ 摊铺砂浆宜用机械摊铺器，人工以锯板辅助摊铺。摊铺时要控制好厚度，应平整。摊铺后用专用拍浆机压实。

④ 用与砂浆层相同的树脂，搅拌均匀后用镘刀均匀批覆砂浆层，使树脂渗入砂浆层的空隙中。可多次批覆，直至灌实灌足。

⑤ 用刮板均匀刮涂一遍树脂稀胶泥，硬化后打磨平整。

6）双组分环氧找平层施工要求

严格按照找平材料说明书上的配比配制材料，根据产品说明书加入填料，充分搅拌均匀后，采用刮涂方法施工。溶剂型环氧找平层一次施工厚度应小于 1mm，每遍间隔应大于 12h，等完全干燥后进行下道工艺施工。整体涂层厚度不大于 0.5mm 时，不做找平层。

7）双组分聚氨酯找平层施工要求

（1）按表 9-4 要求配料，一次配料量 20～60kg。投料顺序：B 组→A 组→C 组，依次投入搅拌机内。

（2）开动搅拌机将料搅拌均匀。应正向搅拌 1min，反向搅拌 1.5min。

（3）将搅拌好的料放入料桶内，用运料车迅速运至施工现场。运料时间不得超过 5min。

（4）找平层的厚度应根据设计确定，施工时用调整刮板支点的高度实现所需找平层的厚度。刮涂作业应按先里后外，先复杂区域后开阔区域的顺序进行，逐步到达房间的出口处。最后施工人员退出房间，将剩余部分施工完毕。刮涂过程中，刮板走向应一致，刮涂速度应均匀，两批料液衔接时间应小于 15min。

当施工面积大于 10m^2 时，可先将配好的料液按刮涂走向分点定量倒在基面上，数人同时刮涂。运料桶内的料液应在 10min 内用完。

表 9-4　聚氨酯自流平地面找平层配料表

名　称	配比（重量比）		备　注
A 组	Ⅰ型	100	—
	Ⅱ型	100	—
B 组	Ⅰ型	300	—
	Ⅱ型	200	—
C 组	0.5～3.5		—
石英砂	适　量		50～100 目

注：表中“A 组”指固体含量 100%的聚氨酯树脂；“B 组”指固化剂色浆；“C 组”指复合催化剂。为了提高地面承载能力，可适量填充石英砂，一般情况不宜采用。

（5）刮涂后 5min 应进行消泡操作。消泡宜用毛长 80～100mm、宽 200～300mm、把长 500～600mm 的聚丙烯（PP）塑料刷或鬃毛刷。操作时，施工人员应站在踏板上，来回地刷扫地面，用力应均匀，走向应有规律，不可漏消。应在 30min 内完成消泡作业 1～2 遍。

（6）找平层施工完成后，地面必须经养护方可进行下道作业。养护时间：夏季 48h，冬季 72h 为宜。养护期间应保持周围环境清洁，严防脏物污染地面，严禁在地面上放置物品，严禁人员行走。在进行下道作业时，施工人员应穿软底鞋并套干净鞋套。

（7）气干型聚氨酯找平层施工要求。按照材料说明书配制材料，采用刮涂方法施工，一道施工厚度不超过 0.5mm，施工时注意防水。

（8）乙烯基及丙烯酸型找平层施工要求。按照材料说明书配制材料，迅速搅拌、刮涂。一次配制材料的量要根据实际施工能力确定。

（9）安装接地系统施工要求。

① 应根据施工图确定场地接地端子位置。

② 应用不大于$\phi8$ 的镀锌膨胀螺栓压接与接地引出端连接的接地端子。

③ 与导电层或导静电地网连接处的接地端子，应采用 50mm×100mm，厚度为 0.3～1mm 的不锈钢板或铜板制作，用环氧胶或聚氨酯胶埋设于找平层上，高度应不高于找平层。

④ 铺设导静电地网应符合下列规定：

a. 宜按 6m×6m 网格铺设于基层地面。对小于 6m×6m 开间的地面，宜将金属箔条铺设成十字状，十字交叉点位于房间中心位置。导电地网示意图见图 9-6。

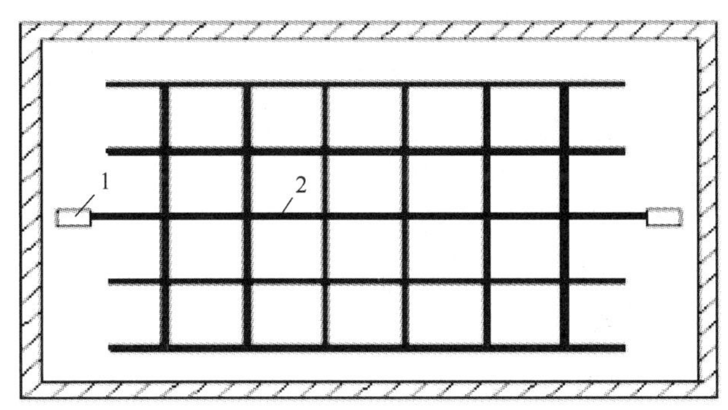

图 9-6　导静电地网示意图

1—接地端子；2—导静电地网

b. 用导电胶将金属箔条（裸线）粘贴在找平层（底层）上面。铺设应平整，可使用橡胶轧辊从金属箔条中心部位向两端碾展，粘贴应牢固。金属箔条与金属箔条交叉处应采用焊接或粘接，连接应牢固，导电性应可靠。

c. 使用胶粘剂粘结的金属箔条（裸线），应用乙酸乙酯溶液将浮胶清洗干净。

d. 地网的开放引线与接地端子的连接应采用焊接或压接，连接应牢固，导电性应可靠。

8）导电层施工

（1）按照导电层地坪材料说明书配制。

① 聚氨酯地坪使用聚氨酯类导电层材料。

② 环氧类地坪使用环氧类导电层材料。

③ 面漆为乙烯基或丙烯酸类材料时应使用聚氨酯类导电层材料，不得使用环氧类导电层材料。

（2）应使用辊筒辊涂施工，涂覆应均匀、无堆积、无漏涂，不宜使用刮涂方法施工。

（3）导电层固化干燥后，用电阻表测试电阻，体积电阻应为 1×10^2～$1\times10^5\Omega$。

9）防静电面层施工要求

防静电环氧自流平面漆施工要求如下：

① 面层厚度为 0.8～1.2mm。

② 防静电环氧自流平面层应以镘刀或锯齿镘刀镘涂，锯齿尺寸应与要施工地面厚度相匹配，亦可采用刮涂或抹涂。

③ 面层材料为双组分型，应严格按照材料技术说明配制，储存环境温度不高于 25℃，储存期不应超过 10 个月。对于现场加砂的施工应严格控制砂子的加入量。每次配料必须一次用完，每天收工前应将配料器具清洗干净。

④ 将 A、B 材料分别搅拌均匀，再混合搅拌 3min 后倒入桶中，然后转入另外一只容器内，再搅拌约 1min 方可使用。

⑤ 摊铺要均匀；厚度可以用湿膜测厚仪控制，使用消泡辊筒反复消除气泡。施工后面层应平整，基本无刮板痕迹，光泽和颜色一致。

10）防静电聚氨酯自流平面漆施工要求

（1）面层厚度为 0.8～1.2mm。

（2）面层材料为双组分型，应严格按照材料技术说明配制，储存环境温度不高于 25℃，储存期不应超过 6 个月。对于现场加砂的施工应严格控制砂子的加入量，并注意加入的砂或其他填料的含水率应小于 0.1%。

（3）使用工具和施工方法同 9.2.5 节中防静电环氧自流平面漆施工有关规定。

（4）面层施工后必须养护 48h 后方能进行下道施工。

11）防静电环氧、聚氨酯薄涂面层施工要求

（1）应严格按照材料技术说明配制涂料。每次配料必须一次用完，每天收工前应将配料器具清洗干净。

（2）采用辊涂或高压无气喷涂施工。辊涂可一遍完成，也可二遍完成，辊涂第一遍后，应间隔 6～12h 再进行第二遍辊涂。

（3）施工场所严禁烟火，并有良好的通风。

（4）高压无气喷涂时，要对现场墙壁、设备等做好漆雾污染防护。

12）防静电丙烯酸面层施工要求

（1）面层材料为双组分型，应严格按照材料技术说明配制。每次配料必须一次用完，每天收工前应将配料器具清洗干净。

（2）将 A、B 材料分别搅拌均匀，混合后再搅拌 2min 后倒入桶中，然后转入另外一只容器内，再搅拌约 1min 方可使用。配制好的涂料要迅速运送到施工区域。

（3）采用锯齿刮板施工。

（4）施工场所严禁烟火并有良好的通风。

面层施工完成后应彻底清理现场。清理时工人应穿袜子或软底鞋操作，严禁无关人员

踩踏地面。

将踢脚板等部位的保护胶条、钙基脂黄油和围挡清除干净，必要时可用稀料擦除黏附物。将混料、搅拌、运料通道等场所清理干净。

4．工程质量验收要求

按照国标 GB 50944《防静电工程施工与质量验收规范》相关要求验收。

9.2.6 防静电瓷砖地坪工程及施工

1．防静电陶瓷砖地坪的特点

目前国内生产的防静电陶瓷砖主要有瓷基－釉面、炻质基—釉面、陶质基－釉面。瓷砖地坪具有装饰效果好、不燃、不老化、耐水浸泡、不起尘、环保、防静电性能稳定等特点。但抗冲击性差、二次改造费工费时、造价较高等。该地坪主要用于电子生产、组装厂房，库房，医院，制药厂等地方，使用范围较广，并广泛作为高架活动地板的面层使用。

2．防静电陶瓷地坪施工

1）施工环境要求

环境温度不低于 5℃，施工现场没有震动和影响施工的因素存在，地坪平整无开裂，无石粒。

2）施工材料

（1）防静电陶瓷地板的规格、尺寸、技术指标应符合现行国家标准 GB/T 4100《陶瓷砖》GB/T 4100、GB 26539—2011《防静电陶瓷砖》要求。防静电性能应符合国家现行标准 SJ/T 10694 要求。

（2）采用体积电阻小于 $1\times10^5\Omega$ 的无机导静电材料（氧化铁、导电炭黑、导电金属粉等）构成的单或多组分导电粉作导电结合层添加材料。

（3）导电地网钢筋应采用ϕ4～6mm 冷拔钢筋。

（4）接地引出线应采用ϕ10～12mm 镀锌钢筋或 25mm×3mm 镀锌扁钢。

（5）防静电陶瓷地板地面工程面层的清洁去污剂，宜采用草酸或中性洗涤剂。

3）施工要求

（1）基层处理应符合 GB 50209《建筑地面工程施工质量验收规范》的有关规定。

（2）静电结合层施工要求。

① 基层上应刷一层掺有建筑胶的水泥砂浆，涂覆应均匀、完全覆盖基层面。

② 水泥砂浆体积比宜为 1∶3，水泥砂浆厚度宜为 25～30mm。

③ 水泥砂浆掺加导电粉时，水泥砂浆与导电粉的重量比值宜根据环境湿度确定。

（3）铺设导静电地网、安装接地端子应符合下列规定。

① 铺设完成后，应检测导静电地网导通情况，并做好隐蔽工程验收记录。

② 导静电地网宜布置为 2m×2m 左右的方格，钢筋搭接长度应为 50～60mm，焊长不少于 30mm，导静电地网钢筋十字交叉处应可靠焊接，使用前应调直。

③ 导静电地网与接地端子应焊接牢固，焊长不少于 30 mm；每块独立的接地网引出接地端子不少于 2 个。

④ 根据接地系统设计图，在导静电地网上焊接接地引出线，焊长不小于 50 mm，接地引出线与接地连接可靠。防静电瓷砖地坪结构如图 9-7 所示。

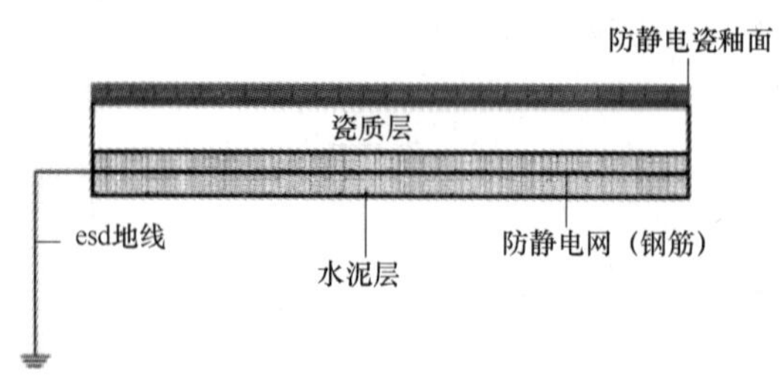

图 9-7　防静电瓷砖地坪结构

⑤ 建筑变形缝两边导电地网必须连成整体时，采用 25×3 镀锌扁钢弯成 U 形置入缝内，与建筑变形缝两边的导电地网焊接牢固。两边焊长均不小于 50 mm，镀锌扁钢 U 形弯的宽与深以不影响建筑变形缝的施工为准，数量视缝长不少于两处。建筑变形缝的做法按建筑设计图要求施工，施工时注意不得损伤建筑变形缝两边导电地网的连接（见图 9-8）。

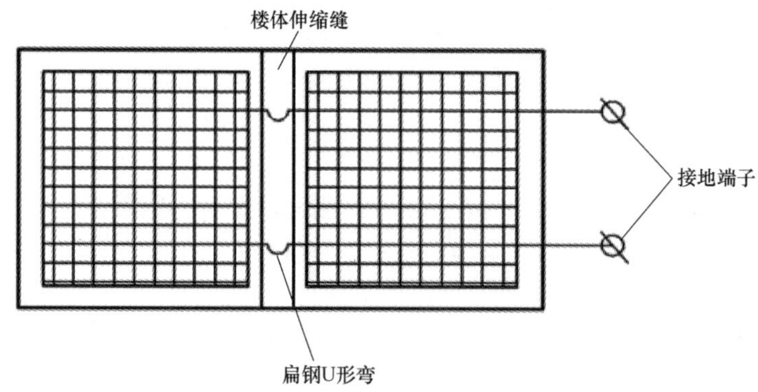

图 9-8　导静电地网铺设

⑥ 建筑变形缝两边导电地网不连接时，建筑变形缝两边的导电地网必须各自接地。

⑦ 当施工接地引下线、地下接地体时，接地引下线的长度应尽量短，接地体的埋设应符合 GB 50169《电气装置安装工程接地装置施工及验收规范》的规定。接地引下线与导电地网和地下接地体的连接应牢固、可靠。

4）防静电陶瓷地板块铺贴要求

（1）施工允许尺寸偏差应符合现行国家标准 GB 50209《建筑地面工程施工质量验收规范》的有关规定。

（2）拼缝处理应采用与结合层同规格、同强度等级、同颜色的水泥或其他高品质的勾缝材料，可掺适量导电粉。在洁净厂房中必须采用不发尘的勾缝材料。

（3）待静电结合层的水泥砂浆抗压强度达到设计要求后，宜使用清水、草酸或中性洗涤剂溶液进行清洗。

3. 工程质量验收要求

按照 GB 50944《防静电工程施工与质量验收规范》相关要求验收。

9.2.7　离子化静电消除装置安装工程及验收

工业厂房的离子静电消除系统主要用于静电防护要求较高的场合，通常作为厂房工程的组成部分。种类有多种：离子风幕、大型离子栅等（见图 9-9）。本安装要求不包括离子化风淋室、工作台安装等。

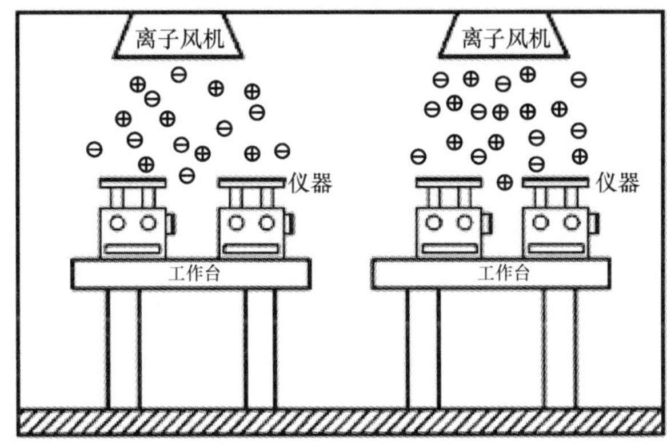

图 9-9　厂房离子化静电消除系统示意图

1．静电消除装置安装与施工要求

1）施工的环境要求

环境温度 5～30℃、湿度小于 90%RH、顶棚无破损。

2）静电消除装置安装

（1）设备安装应按照清理施工现场→清洁设备→安装外围设备、线缆、管道等→安装静电消除装置支架→安装静电消除机壳→接地→清洁设备、材料、线缆、支架及环境→安装离子源装置顺序进行。缝隙应采用不起尘材料密封，表面应平整、光滑。

（2）静电消除装置的安装应按照产品说明书的要求进行，边施工边清洁，连接应准确，精度应符合设计和产品说明书的要求，固定应牢固、可靠。

（3）高压式静电消除装置，安装后高压电源开关必须处于关闭状态，待调试、试运行和正式使用时开通电源。

（4）有气源的静电消除装置安装要求如下。

① 内置风扇不需布管的静电消除装置，应在其他工程结束后进行安装。

② 在供气管道中安装的静电消除装置，应随气体管道安装一并进行。

③ 控制静电消除器的静电测量传感器应在其他工程结束后安装，并装置在有效的测量范围内。

④ 层流台式离子化方案时，应评估在工作台上所用气流的级别、速度和方向与已选用的离子化静电消除器效能的相互影响后，再进行安装。

⑤ 局部离子化应用方案时，应考虑整体气流速度、方向、距离和效率的关系。

2．调试、试运行

（1）应先进行单机调试，然后进行分系统调试，最后进行整个系统调试。

（2）静电消除装置调试要求

① 离子化静电消除装置的单机调试和系统调试内容应包括：静电消散时间、有效工作范围、残余电压、接地、电气安全指标、臭氧浓度、其他有害气体（物质）浓度等应符合设计要求。

② 中央控制信号线路不受外界影响。

③ 高压式静电消除装置调试时，必须先检查安装的牢固性、准确性和力学性能，然后开通低压电源开关进行相关性能调试，最后打开高压电源开关进行防静电性能测试、调试。

④ 系统调试合格后，系统连续试运行 72h，系统无故障出现，消静电性能符合要求。

3．工程质量验收要求

（1）离子化静电消除装置安装牢固、安全，电气安装符合国家相关标准要求。安装位置不影响安全生产或妨碍生产运行。

（2）防静电性能等指标验收。本验收要求仅适用于安装在吊顶、墙壁上和新风（空调）系统的离子化静电消除设备。

① 离子化静电消除设备的工作区不得有水平和垂直方向的外部扰动气流。

② 生产线上端顶棚（或空调、新风系统）集中安装的离子化静电消除设备的检验验收规定：

a. 生产和操作静电敏感度大于｜100｜V 的静电敏感器件的场所，当充电板检测仪放置在生产线操作台上，从±1000～±100V 时，静电消散时间应小于 20 s、残余电压应小于±50V。

b. 生产和操作静电敏感度大于±10V，但小于±100V 的静电敏感器件的场所，消除静电时间应小于 20s、残余电压应小于±5V。

③ 整体生产厂房顶棚（或空调、新风系统）上安装的离子化静电消除设备的检验验收规定：

a. 生产和操作静电敏感度大于±100V 的静电敏感器件的场所，当充电板检测仪从±1000～±100V 时，操作工位和生产线工作台面的静电消散时间应小于 20 s、残余电压应小于±50V；在生产车间其他距地坪 0.8m 任意水平位置上测试，静电消散时间应小于 20s、残余电压应小于±100V。

b. 生产和操作静电敏感度大于±10V，但小于±100V 的静电敏感器件的场所，在生产车间其他距地坪 0.8m 任意水平位置上测试，静电消散时间小于 20 s、残余电压小于±5V。

④ 离子化静电消除设备消除静电性能测试抽样方法和合格判定规定：

a. 随机抽测点应均匀分布，且不应少于操作工位总数的 30 %。

b. 生产线防静电工作台延长线每 1.5 m 处应设定一个测点。

c. 每个测点的测试值应符合 9.2.7 节第 3 小节（2）②条规定。

（3）测试点数量确定应符合 GB/T 2828.1《计数抽样检验程序 第 1 部分：按接收质量限（AQL）检索的逐批检验抽样计划》的有关规定。

（4）离子化静电消除设备产生的臭氧浓度应符合现行国家标准 GBZ 2.1《工作场所有害因素职业接触限值 第 1 部分：化学有害因素》的有关规定。

9.2.8　防静电工程的检验

本节只涉及防静电工程的静电防护指标的检验。

1．一般规定

测试环境要求如下：

（1）验收环境的温度应在 5～35℃的范围内。

（2）检验验收环境的相对湿度应在 40%～60%RH 范围内。

（3）达不到上述要求时，可根据实际环境条件，由检验验收方根据施工合同或用户的使用要求，确定工程检验验收时的温湿度范围，并应如实记录。

（4）检验验收离子静电消除设备时的环境相对湿度应为 30%～60%RH，温度应为 16～28℃。

（5）地面、墙面、工作台面、门窗表面应保持干净和整洁，环境洁净度应满足工程设计要求。

（6）各类防静电地面及水泥铺垫层含水率低于 3%时方可检验验收防静电指标；当地面含水率达不到要求时，可采取将受检地坪样块抽样送到第三方检验机构检验，判定受检地面的防静电性能质量。

（7）门、窗、墙面的检验验收应在施工结束 5 日后，组织检验验收。

（8）防静电贴面板、防静电树脂涂层地面在施工结束 5 日后方可检验验收防静电指标。

2．测试仪器、电极、测试电压的要求

（1）仪器主要性能和电极结构、尺寸、重量应符合国家现行标准 SJ/T 10694 的有关规定。

（2）非接触式静电电压表（带偏移电压测试极板时）的测试精度应优于±1V。

（3）温度计的测试精度应优于±2.0℃。

（4）湿度计的测试精度应小于±2%RH。

（5）离子静电平衡测试仪（充电极板测试仪）各项技术指标符合相关标准要求。

（6）电阻的测试电压应符合国家现行标准 SJ/T 10694 的有关规定。

（7）所有检测仪器经计量检定合格并在有效期内。

3．防静电地坪、墙面和顶棚的防静电性能检验

（1）防静电地坪、墙面和顶棚防静电性能测试。防静电工程防静电性能指标应符合表 9-5 的规定。

表 9-5　防静电工程防静电性能指标要求（GB 50944）

地面工程名称	对地电阻（系统电阻）/Ω	点对点电阻/Ω
防静电水泥类楼（地）面	1.0×10^4～1.0×10^9	1.0×10^4～1.0×10^9
防静电贴面板地面	导静电型：1.0×10^4 ～1.0×10^6 静电耗散型：1.0×10^6 ～1.0×10^9	导静电型：1.0×10^4～1.0×10^6 静电耗散型：1.0×10^6 ～1.0×10^9
防静电活动地板地面	导静电型：1.0×10^4 ～1.0×10^6 静电耗散型：1.0×10^6 ～1.0×10^{10}	导静电型：1.0×10^4 ～1.0×10^6 静电耗散型：1.0×10^6 ～1.0×10^{10}

续表

地面工程名称	对地电阻（系统电阻）/Ω	点对点电阻/Ω
防静电树脂涂层地面	$5.0\times10^4 \sim 1.0\times10^9$	$5.0\times10^4 \sim 1.0\times10^9$
防静电陶瓷地板地面	$5.0\times10^4 \sim 1.0\times10^9$	$5.0\times10^4 \sim 1.0\times10^9$
防静电地毯地面	$1.0\times10^4 \sim 1.0\times10^9$	$1.0\times10^4 \sim 1.0\times10^9$
防静电墙面、顶棚	$1.0\times10^5 \sim 1.0\times10^{10}$	$1.0\times10^5 \sim 1.0\times10^{10}$

（2）防静电工程的其他性能应符合工程设计要求，防静电指标应符合电子行业标准 SJ/T 10694 的有关规定。

（3）在测试地坪、墙面静电泄漏电阻前的湿度平衡时间内，不得对地面作导电性处理。

（4）防静电性能检验方法应按国家现行标准 SJ/T 10694 的有关规定执行。

（5）工程竣工质量检验验收时，测试点数量确定、不合格判定应执行现行国家标准 GB/T 2828.1《计数抽样检验程序 第 1 部分：按接收质量限（AQL）检索的逐批检验抽样计划》的有关要求。

（6）悬浮接地的防静电工程宜测试点对点电阻；测试墙面点对点电阻时电极之间的距离宜为 0.3m。

（7）防静电门、窗防静电性能测试。每个防静电门、窗随机抽测点应均匀分布，且不得少于 3 个；抽测点的静电对地电阻测量值不得大于 $1.0\times10^{10}\Omega$。抽测点的表面点对点电阻测量值不得大于 $1.0\times10^{10}\Omega$。测试时，电极之间距离应为 0.3 m。要求不合格点不能超过 1 个。

附录 A
PCB 电路设计与布线须知

附表 A-1　PCB 电路设计与布线须知

按部位分类	设计与技术章节	具体技术要求
1	PCB 布线与布局	PCB 布线与布局隔离准则：强弱电流隔离、大小电压隔离、高低频率隔离、输入输出隔离、数字模拟隔离、输入输出隔离，分界标准为相差一个数量级。隔离方法包括空间远离、地线隔开
2	PCB 布线与布局	晶振要尽量靠近 IC，且布线要较粗
3	PCB 布线与布局	晶振外壳接地
4	PCB 布线与布局	时钟布线经连接器输出时，连接器上的插针要在时钟线插针周围布满接地插针
5	PCB 布线与布局	让模拟和数字电路分别拥有自己的电源和地线通路，在可能的情况下，应尽量加宽这两部分电路的电源与地线或采用分开的电源层与接地层，以便减小电源与地线回路的阻抗，减小任何可能在电源与地线回路中的干扰电压
6	PCB 布线与布局	单独工作的 PCB 的模拟地和数字地可在系统接地点附近单点汇接，如电源电压一致，模拟和数字电路的电源在电源入口单点汇接，如电源电压不一致，在两电源较近处并联一个 1～2nF 的电容，给两电源间的信号返回电流提供通路
7	PCB 布线与布局	如果 PCB 是插在母板上的，则母板的模拟和数字电路的电源和地也要分开，模拟地和数字地在母板的接地处接地，电源在系统接地点附近单点汇接，如电源电压一致，模拟和数字电路的电源在电源入口单点汇接，如电源电压不一致，在两电源较近处并联一个 1～2nF 的电容，给两电源间的信号返回电流提供通路
8	PCB 布线与布局	当高速、中速和低速数字电路混用时，在印制板上要给它们分配不同的布局区域
9	PCB 布线与布局	对低电平模拟电路和数字逻辑电路要尽可能地分离
10	PCB 布线与布局	多层 PCB 设计时电源平面应靠近接地平面，并且安排在接地平面之下
11	PCB 布线与布局	多层 PCB 设计时布线层应安排与整块金属平面相邻
12	PCB 布线与布局	多层 PCB 设计时把数字电路和模拟电路分开，有条件时将数字电路和模拟电路安排在不同层内。如果一定要安排在同层，可采用开沟、加接地线条、分隔等方法补救。模拟的和数字的地、电源都要分开，不能混用
13	PCB 布线与布局	时钟电路和高频电路是主要的干扰和辐射源，一定要单独安排、远离敏感电路
14	PCB 布线与布局	注意长线传输过程中的波形畸变
15	PCB 布线与布局	减小干扰源和敏感电路的环路面积，最好的办法是使用双绞线和屏蔽线，让信号线与接地线（或载流回路）扭绞在一起，以便使信号与接地线（或载流回路）之间的距离最近
16	PCB 布线与布局	增大线间的距离，使得干扰源与受感应的线路之间的互感尽可能小

续表

按部位分类	设计与技术章节	具体技术要求
17	PCB 布线与布局	如有可能，使得干扰源的线路与受感应的线路成直角（或接近直角）布线，这样可大大降低两线路间的耦合
18	PCB 布线与布局	增大线路间的距离是减小电容耦合的最好办法
19	PCB 布线与布局	在正式布线之前，首要的一点是将线路分类。主要的分类方法是按功率电平来进行，以每 30dB 功率电平分成若干组
20	PCB 布线与布局	不同分类的导线应分别捆扎，分开铺设。对相邻类的导线，在采取屏蔽或扭绞等措施后也可归在一起。分类铺设的线束间的最小距离是 50～75mm
21	PCB 布线与布局	电阻布局时，放大器、上下拉和稳压整流电路的增益控制电阻、偏置电阻（上下拉）要尽可能靠近放大器、有源器件及其电源和地以减轻其去耦效应（改善瞬态响应时间）
22	PCB 布线与布局	旁路电容靠近电源输入处放置
23	PCB 布线与布局	去耦电容置于电源输入处，尽可能靠近每个 IC
24	PCB 布线与布局	PCB 基本特性 阻抗：由铜和横切面面积的质量决定。具体为：1oz0.49mΩ/mm^2（1oz=28.35g）； 电容：$C=E_oE_rA/h$，E_o——自由空间介电常数，E_r——PCB 基体介电常数，A——电流到达的范围，h——走线间距； 电感：平均分布在布线中，分布电感约为 1nH/m； 盎司（oz）铜线在 0.25mm（10mil）厚的 FR4 碾压下，位于地线层上方，0.5mm 宽、20mm 长的线能产生 9.8mΩ的阻抗，20nH 的电感，以及与地之间 1.66pF 的耦合电容
25	PCB 布线与布局	PCB 布线基本方针：增大走线间距以减少电容耦合的串扰；平行布设电源线和地线以使 PCB 电容达到最佳；将敏感高频线路布设在远离高噪声电源线的位置；加宽电源线和地线以减少电源线和地线的阻抗
26	PCB 布线与布局	分割：采用物理上的分割来减少不同类型信号线之间的耦合，尤其是电源与地线
27	PCB 布线与布局	局部去耦：对于局部电源和 IC 进行电容去耦，在电源输入口与 PCB 之间用大容量旁路电容进行低频脉动滤波并满足突发功率要求，在每个 IC 的电源与地之间采用去耦电容，这些去耦电容要尽可能接近引脚
28	PCB 布线与布局	布线分离：将 PCB 同一层内相邻线路之间的串扰和噪声耦合最小化。采用 3W 规范处理关键信号通路
29	PCB 布线与布局	保护与分流线路：对关键信号采用两面地线保护的措施，并保证保护线路两端都要接地
30	PCB 布线与布局	单层 PCB：地线至少保持 1.5mm 宽，跳线和地线宽度的改变应保持最低
31	PCB 布线与布局	双层 PCB：优先使用地格栅/点阵布线，宽度保持 1.5mm 以上，或者把地放在一边，信号电源放在另一边
32	PCB 布线与布局	保护环：用地线围成一个环形，将保护逻辑围起来进行隔离
33	PCB 布线与布局	PCB 电容：多层板上由于电源面和地面绝缘薄层产生了 PCB 电容。其优点是具有非常高的频率响应和均匀地分布在整个面或整条线上的低串联电感。等效于一个均匀分布在整板上的去耦电容
34	PCB 布线与布局	高速电路和低速电路：高速电路要使其接近接地面，低速电路要使其接近电源面。 地的铜填充：铜填充必须确保接地

续表

按部位分类	设计与技术章节	具体技术要求
35	PCB 布线与布局	相邻层的走线方向成正交结构，避免将不同的信号线在相邻层走成同一方向，以减少不必要的层间窜扰；当由于板结构限制（如某些背板）难以避免出现该情况，特别是信号速率较高时，应考虑用地平面隔离各布线层，用地线隔离各信号线
36	PCB 布线与布局	不允许出现一端浮空的布线
37	PCB 布线与布局	阻抗匹配检查规则：同一网格的布线宽度应保持一致，线宽的变化会造成线路特性阻抗不均匀，当传输的速度较高时会产生反射，在设计中应避免这种情况。在某些条件下，可能无法避免线宽的变化，应该尽量减少中间不一致部分的有效长度
38	PCB 布线与布局	防止信号线在不同层间形成自环，自环将引起辐射干扰
39	PCB 布线与布局	短线规则：布线尽量短，特别是重要信号线，如时钟线，务必将其振荡器放在离器件很近的地方
40	PCB 布线与布局	倒角规则：PCB 设计中应避免产生锐角和直角，产生不必要的辐射，同时工艺性能也不好，所有线与线的夹角应大于 135°
41	PCB 布线与布局	滤波电容焊盘到连接盘的线应采用 0.3mm 的粗线连接，互连长度应≤1.27mm
42	PCB 布线与布局	在一般情况下，将高频的部分设在接口部分，以减少布线长度。同时还要考虑到高/低频部分地平面的分割问题，通常将二者的地分割，再在接口处单点相接
43	PCB 布线与布局	对于导通孔密集的区域，要注意避免在电源和地层的挖空区域相互连接，形成对平面层的分割，从而破坏平面层的完整性，进而导致信号线在地层的回路面积增大
44	PCB 布线与布局	电源层投影不重叠准则：两层板以上（含）的 PCB，不同电源层在空间上要避免重叠，主要是为了减少不同电源之间的干扰，特别是一些电压相差很大的电源之间，电源平面的重叠问题一定要设法避免，难以避免时可考虑中间隔地层
45	PCB 布线与布局	3W 规则：为减少线间窜扰，应保证线间距足够大，当线中心距不少于 3 倍线宽时，则可保持 70%的电场不互相干扰，如要达到 98%的电场不互相干扰，可使用 10W 规则
46	PCB 布线与布局	20H 准则：以一个 H（电源和地之间的介质厚度）为单位，若内缩 20H 则可以将 70%的电场限制在接地边沿内，内缩 1000H 则可以将 98%的电场限制在接地边沿内
47	PCB 布线与布局	五五准则：PCB 层数选择规则，即时钟频率到 5MHz 或脉冲上升时间小于 5ns，则 PCB 须采用多层板，如采用双层板，最好将 PCB 的一面作为一个完整的地平面
48	PCB 布线与布局	混合信号 PCB 分区准则：（1）将 PCB 分区为独立的模拟部分和数字部分；（2）将 A/D 转换器分区放置；（3）不要对地进行分割，在 PCB 的模拟部分和数字部分下面设统一地；（4）在 PCB 的所有层中，数字信号只能在 PCB 的数字部分布线，模拟信号只能在 PCB 的模拟部分布线；（5）实现模拟电源和数字电源分割；（6）布线不能跨越分割电源面之间的间隙；（7）必须跨越分割电源之间间隙的信号线要位于紧邻大面积地的布线层上；（8）分析返回地电流实际流过的路径和方式
49	PCB 布线与布局	多层板是较好的 EMC 防护设计措施，推荐优选
50	PCB 布线与布局	信号电路与电源电路各自独立的接地线，最后在一点公共接地，二者不宜有公用的接地线
51	PCB 布线与布局	信号回流地线用独立的低阻抗接地回路，不可用底盘或结构架件作回路
52	PCB 布线与布局	在中短波工作的设备与大地连接时，接地线<1/4λ；如无法达到要求，接地线也不能为 1/4λ 的奇数倍

续表

按部位分类	设计与技术章节	具体技术要求
53	PCB 布线与布局	强信号与弱信号的地线要单独安排，分别与地网只有一点相连
54	PCB 布线与布局	一般设备中至少要有三个分开的地线：第一条是低电平电路地线（称为信号地线）；第二条是继电器、电动机和高电平电路地线（称为干扰地线或噪声地线）；第三条是设备使用交流电源时，电源的安全地线应和机壳地线相连，机壳与插箱之间绝缘，最后将所有的地线汇集一点接地。断电器电路在最大电流点单点接地。f<1MHz 时，一点接地；f>10MHz 时，多点接地；1MHz<f<10MHz 时，若地线长度<1/20λ，则一点接地，否则多点接地
55	PCB 布线与布局	避免地环路准则：电源线应靠近地线平行布线
56	PCB 布线与布局	散热器要与单板内电源地或屏蔽地或保护地连接（优先连接屏蔽地或保护地），以降低辐射干扰
57	PCB 布线与布局	数字地与模拟地分开，地线加宽
58	PCB 布线与布局	对高速、中速和低速混用时，注意不同的布局区域
59	PCB 布线与布局	专用零伏线，电源线的走线宽度≥1mm
60	PCB 布线与布局	电源线和地线尽可能靠近，整块 PCB 上的电源与地要呈“井”字形分布，以便使分布线电流达到均衡
61	PCB 布线与布局	使干扰源线路与受感应线路尽可能呈直角布线
62	PCB 布线与布局	按功率分类，不同分类的导线应分别捆扎，分开铺设的线束间距离应为 50～75mm
63	PCB 布线与布局	在要求高的场合要为内导体提供 360°的完整包裹，并用同轴接头保证电场屏蔽的完整性
64	PCB 布线与布局	多层板：电源层和地层要相邻。高速信号应临近接地面，非关键信号则布放为靠近电源面
65	PCB 布线与布局	电源：当电路需要多个电源供给时，用接地分离每个电源
66	PCB 布线与布局	过孔：高速信号时，过孔产生 1～4nH 的电感和 0.3～0.8pF 的电容。因此，高速通道的过孔要尽可能小。确保高速平行线的过孔数一致
67	PCB 布线与布局	短截线：避免在高频和敏感的信号线路使用短截线
68	PCB 布线与布局	星形信号排列：避免用于高速和敏感信号线路
69	PCB 布线与布局	辐射型信号排列：避免用于高速和敏感线路，保持信号路径宽度不变，经过电源面和地面的过孔不要太密集
70	PCB 布线与布局	地线环路面积：保持信号路径和它的地返回线紧靠在一起将有助于最小化地环
71	PCB 布线与布局	一般将时钟电路布置在 PCB 中心位置或一个接地良好的位置，使时钟尽量靠近微处理器，并保持引线尽可能短，同时将石英晶体振荡外壳接地
72	PCB 布线与布局	为进一步增强时钟电路的可靠性，可用地线把时钟区圈起隔离起来，在晶体振荡器下面加大接地的面积，避免布其他信号线
73	PCB 布线与布局	元件布局的原则是将模拟电路部分与数字电路部分分工，将高速电路和低速电路分工，将大功率电路与小信号电路分工，将噪声元件与非噪声元件分工，同时尽量缩短元件之间的引线，使相互间的干扰耦合达到最小
74	PCB 布线与布局	PCB 按功能进行分区，各分区电路地线相互并联，一点接地。当 PCB 上有多个电路单元时，应使各单元有独立的地线回路，各单元集中一点与公共地相连，单面板和双面板用单点接电源和单点接地

续表

按部位分类	设计与技术章节	具体技术要求
75	PCB 布线与布局	重要的信号线尽量短和粗，并在两侧加上保护地，信号需要引出时通过扁平电缆引出，并使用地线—信号—地线相间隔的形式
76	PCB 布线与布局	I/O 接口电路及功率驱动电路尽量靠近 PCB 边缘
77	PCB 布线与布局	除时钟电路外，对噪声敏感的器件及电路下面也尽量避免走线
78	PCB 布线与布局	当 PCB 有 PCI、ISA 等高速数据接口时，需注意在 PCB 上按信号频率渐进布局，即从插槽接口部位开始依次布高频电路、中等频率电路和低频电路，使易产生干扰的电路远离该数据接口
79	PCB 布线与布局	信号在印刷线路上的引线越短越好，最长不宜超过 25cm，而且过孔数目也应尽量少
80	PCB 布线与布局	在信号线需要转折时，使用 45°或圆弧折线布线，避免使用 90°折线，以减小高频信号的反射
81	PCB 布线与布局	布线时避免 90°折线，减少高频噪声发射
82	PCB 布线与布局	注意晶振布线。晶振与单片机引脚尽量靠近，用地线把时钟区隔离起来，晶振外壳接地并固定
83	PCB 布线与布局	PCB 合理分区，如强、弱信号，数字、模拟信号。尽可能把干扰源（如电机，继电器）与敏感元件（如单片机）远离
84	PCB 布线与布局	用地线把数字区与模拟区隔离，数字地与模拟地要分离，最后在一点接于电源地。A/D、D/A 芯片布线也以此为原则，厂家分配 A/D、D/A 芯片引脚排列时已考虑此要求
85	PCB 布线与布局	单片机和大功率器件的地线要单独接地，以减小相互干扰。大功率器件尽可能放在 PCB 边缘
86	PCB 布线与布局	布线时尽量减少回路环的面积，以降低感应噪声
87	PCB 布线与布局	布线时，电源线和地线要尽量粗。除减小压降外，更重要的是降低耦合噪声
88	PCB 布线与布局	IC 器件尽量直接焊在 PCB 上，少用 IC 座
89	PCB 布线与布局	参考点一般应设置在左边和底边的边框线的交点（或延长线的交点）上或 PCB 的插件上的第一个焊盘
90	PCB 布线与布局	布局推荐使用 25mil 网格
91	PCB 布线与布局	总的连线尽可能短，关键信号线最短
92	PCB 布线与布局	同类型的元件应该在 X 或 Y 方向上一致。同一类型的有极性分立元件也要力争在 X 或 Y 方向上一致，以便于生产和调试
93	PCB 布线与布局	元件的放置要便于调试和维修，大元件边上不能放置小元件，需要调试的元件周围应有足够的空间。发热元件应有足够的空间以利于散热。热敏元件应远离发热元件
94	PCB 布线与布局	双列直插元件相互的距离要>2mm。BGA 与相邻器件距离>5mm。阻容等贴片小元件相互距离>0.7mm。贴片元件焊盘外侧与相邻插装元件焊盘外侧要>2mm。压接元件周围 5mm 内不可以放置插装元器件。焊接面周围 5mm 内不可以放置贴装元件
95	PCB 布线与布局	集成电路的去耦电容应尽量靠近芯片的电源脚，以高频最靠近为原则。使之与电源和地之间形成的回路最短

续表

按部位分类	设计与技术章节	具体技术要求
96	PCB 布线与布局	旁路电容应均匀分布在集成电路周围
97	PCB 布线与布局	元件布局时，使用同一种电源的元件应考虑尽量放在一起，以便于将来的电源分割
98	PCB 布线与布局	用于阻抗匹配目的的阻容器件的放置，应根据其属性合理布局
99	PCB 布线与布局	匹配电容电阻的布局 要分清楚其用法，对于多负载的终端匹配一定要放在信号的最远端进行匹配
100	PCB 布线与布局	匹配电阻布局时要靠近该信号的驱动端，距离一般不超过 500mil
101	PCB 布线与布局	调整字符，所有字符不可以上移，要保证装配以后还可以清晰看到字符信息，所有字符在 X 或 Y 方向上应一致。字符、丝印大小要统一
102	PCB 布线与布局	关键信号线优先：电源、模拟小信号、高速信号、时钟信号和同步信号等关键信号优先布线
103	PCB 布线与布局	环路最小规则：即信号线与其回路构成的环面积要尽可能小，环面积越小，对外的辐射越少，接收外界的干扰也越小。在双层板设计中，在为电源留下足够空间的情况下，应该将留下的部分用参考地填充，且增加一些必要的过孔，将双面信号有效连接起来，对一些关键信号尽量采用地线隔离，对一些频率较高的设计，需特别考虑其他平面信号回路问题，建议采用多层板
104	PCB 布线与布局	接地引线最短准则：尽量缩短并加粗接地引线（尤其高频电路）。对于在不同电平上工作的电路，不可用长的公共接地线
105	PCB 布线与布局	内部电路如果要与金属外壳相连时，要用单点接地，防止放电电流流过内部电路
106	PCB 布线与布局	对电磁干扰敏感的部件需加屏蔽，使之与能产生电磁干扰的部件或线路相隔离。如果这种线路必须从部件旁经过时，应使它们成 90°交角
107	PCB 布线与布局	布线层应安排与整块金属平面相邻。这样的安排是为了产生通量对消作用
108	PCB 布线与布局	在接地点之间构成许多回路，这些回路的直径（或接地点间距）应小于最高频率波长的 1/20
109	PCB 布线与布局	单面或双面板的电源线和地线应尽可能靠近，最好的方法是电源线布在 PCB 的一面，而地线布在 PCB 的另一面，上下重合，这会使电源的阻抗最低
110	PCB 布线与布局	信号走线（特别是高频信号）要尽量短
111	PCB 布线与布局	两导体之间的距离要符合电气安全设计规范的规定，电压差不得超过它们之间空气和绝缘介质的击穿电压，否则会产生电弧。在 0.7～10ns 时间里，电弧电流会达到几十安，有时甚至会超过 100A。电弧将一直维持直到两个导体接触短路或者电流低到不能维持电弧为止。可能产生尖峰电弧的实例有手或金属物体，设计时注意识别
112	PCB 布线与布局	紧靠双面板的位置增加一个地平面，在最短间距处将该地平面连接到电路上的接地点
113	PCB 布线与布局	确保每个电缆进入点离机箱地的距离在 40mm（1.6 英寸）以内
114	PCB 布线与布局	将连接器外壳和金属开关外壳都连接到机箱地上
115	PCB 布线与布局	在薄膜键盘周围放置宽的导电保护环，将环的外围连接到金属机箱上，或至少在四个拐角处连接到金属机箱上。不要将该保护环与 PCB 地连接在一起

续表

按部位分类	设计与技术章节	具体技术要求
116	PCB 布线与布局	使用多层 PCB：相对于双面 PCB 而言，地平面和电源平面以及排列紧密的信号线—地线间距能够减小共模阻抗（common impedance）和感性耦合，使之达到双面 PCB 的 1/10～1/100。尽量将每一个信号层都紧靠一个电源层或地线层
117	PCB 布线与布局	对于顶层和底层表面都有元器件、具有很短连接线以及许多填充地的高密度 PCB，可使用内层线。大多数信号线以及电源和地平面都在内层上，因而类似于具备屏蔽功能的法拉第盒
118	PCB 布线与布局	尽可能将所有连接器都放在 PCB 一侧
119	PCB 布线与布局	在引向机箱外的连接器（容易直接被 ESD 击中）下方的所有 PCB 层上，放置宽的机箱地或者多边形填充地，并每隔大约 13mm 的距离用过孔将它们连接在一起
120	PCB 布线与布局	PCB 装配时，不要在顶层或者底层的安装孔焊盘上涂覆任何焊料。使用具有内嵌垫圈的螺钉来实现 PCB 与金属机箱（屏蔽层）或接地面上支架的紧密接触
121	PCB 布线与布局	在每一层机箱地和电路地之间，要设置相同的“隔离区”；如果可能，保持间隔距离为 0.64mm（0.025 英寸）
122	PCB 布线与布局	电路周围设置一个环形地防范 ESD 干扰：（1）在 PCB 整个四周放上环形地通路；（2）所有层的环形地宽度>2.5mm（0.1 英寸）；（3）每隔 13mm（0.5 英寸）用过孔将环形地连接起来；（4）将环形地与多层电路的公共地连接到一起；（5）对安装在金属机箱或者屏蔽装置里的双面板来说，应该将环形地与电路公共地连接起来；（6）不屏蔽的双面电路则将环形地连接到机箱地，环形地上不涂阻焊剂，以便该环形地可以充当 ESD 的放电棒，在环形地(所有层)上的某个位置处至少放置一个 0.5mm 宽(0.020 英寸）的间隙，避免形成大的地环路；（7）如果电路板不会放入金属机箱或者屏蔽装置中，在电路板的顶层和底层机箱地线上不能涂阻焊剂，这样它们可以作为 ESD 电弧的放电棒
123	PCB 布线与布局	在能被 ESD 直接击中的区域，每一个信号线附近都要布一条地线
124	PCB 布线与布局	易受 ESD 影响的电路，放在 PCB 中间的区域，减少被触摸的可能性
125	PCB 布线与布局	信号线的长度大于 300mm（12 英寸）时，一定要平行布一条地线
126	PCB 布线与布局	安装孔的连接准则：可以与电路公共地连接，或者与之隔离。（1）金属支架必须和金属屏蔽装置或者机箱一起使用时，实现低电阻连接。（2）确定安装孔大小来实现金属或者塑料支架的可靠安装，在安装孔顶层和底层上要采用大焊盘，底层焊盘上不能采用阻焊剂，并确保底层焊盘不采用波峰焊工艺焊接
127	PCB 布线与布局	受保护的信号线和不受保护的信号线禁止并行排列
128	PCB 布线与布局	复位、中断和控制信号线的布线准则：（1）采用高频滤波；（2）远离输入和输出电路；（3）远离电路板边缘
129	PCB 布线与布局	机箱内的 PCB 不安装在开口位置或者内部接缝处
130	PCB 布线与布局	对静电最敏感的 PCB 放在最中间人工不易接触到的部位
131	PCB 布线与布局	两块金属块之间的绑定（binding）准则：（1）固体绑定带优于编织绑定带；（2）绑定处不潮湿不积水；（3）使用多个导体将机箱内所有电路板的地平面或地网格连接在一起；（4）确保绑定点和垫圈的宽度大于 5mm
132	电路设计	信号滤波去耦：对每个模拟放大器电源，必须在最接近电路的连接处到放大器之间加去耦电容器。对数字集成电路，分组加去耦电容器。在马达与发电机的电刷上安装电容器旁路，在每个绕组支路上串联 RC 滤波器，在电源入口处加低通滤波等措施抑制干扰。安装滤波器应尽量靠近被滤波的设备，用短的、加屏蔽的引线作耦合媒介。所有滤波器都须加屏蔽，输入引线与输出引线之间应隔离

续表

按部位分类	设计与技术章节	具体技术要求
133	电路设计	各功能单板对电源的电压波动范围、纹波、噪声、负载调整率等方面的要求予以明确，二次电源经传输到达功能单板时要满足上述要求
134	电路设计	将具有辐射源特征的电路装在金属屏蔽内，使其瞬变干扰最小
135	电路设计	在电缆入口处增加保护器件
136	电路设计	每个 IC 的电源引脚要加旁路电容（一般为 10μF）和穿心电容（10～100μF）到地，大面积 IC 每个角的电源引脚也要加旁路电容和穿心电容
137	电路设计	滤波器选型的阻抗失配准则：对低阻抗噪声源，滤波器须为高阻抗（大的串联电感）；对高阻抗噪声源，滤波器就须为低阻抗（大的并联电容）
138	电路设计	电容器外壳、辅助引出端子与正、负极以及电路板间必须完全隔离
139	电路设计	滤波连接器必须良好接地，金属壳滤波器采用面接地
140	电路设计	滤波连接器的所有针都要滤波
141	电路设计	数字电路的电磁兼容设计中要考虑的是数字脉冲的上升沿和下降沿所决定的频带宽而不是数字脉冲的重复频率。方形数字信号的 PCB 设计带宽定为 $\frac{1}{\pi}t_r$，通常要考虑这个带宽的十倍频
142	电路设计	用 R-S 触发器作设备控制按钮与设备电子线路之间配合的缓冲
143	电路设计	降低敏感线路的输入阻抗有效减少引入干扰的可能性
144	电路设计	LC 滤波器：在低输出阻抗电源和高阻抗数字电路之间需要 LC 滤波器，以保证回路的阻抗匹配
145	电路设计	电压校准电路：在输入输出端，要加上去耦电容（如 0.1μF），旁路电容选值遵循 10μF/A 的标准
146	电路设计	信号端接：高频电路源与目的之间的阻抗匹配非常重要，错误的匹配会带来信号反馈和阻尼振荡。过量的射频能量则会导致 EMI 问题。此时，需要考虑采用信号端接。 信号端接有以下几种：串联/源端接、并联端接、RC 端接、Thevenin 端接、二极管端接
147	电路设计	MCU 电路： I/O 引脚：空置的 I/O 引脚要连接高阻抗以便减少供电电流。且避免浮动。 IRQ 引脚：在 IRQ 引脚要有预防静电释放的措施。比如采用双向二极管、Transorbs 或金属氧化变阻器等。 复位引脚：复位引脚要有时间延时。以免上电初期 MCU 即被复位。 振荡器：在满足要求情况下，MCU 使用的时钟振荡频率越低越好。 使时钟电路、校准电路和去耦电路接近 MCU 放置
148	电路设计	小于 10 个输出的小规模集成电路，工作频率≤50MHz 时，至少配接一个 0.1μF 的滤波电容。工作频率≥50MHz 时，每个电源引脚配接一个 0.1μF 的滤波电容
149	电路设计	对于中大规模集成电路，每个电源引脚配接一个 0.1μF 的滤波电容。对电源引脚冗余量较大的电路也可按输出引脚的个数计算配接电容的个数，每 5 个输出配接一个 0.1μF 滤波电容
150	电路设计	对于有源器件的区域，每 $6cm^2$ 至少配接一个 0.1μF 的滤波电容
151	电路设计	对于超高频电路，每个电源引脚配接一个 1000pF 的滤波电容。对电源引脚冗余量较大的电路也可按输出引脚的个数计算配接电容的个数，每 5 个输出配接一个 1000pF 的滤波电容

续表

按部位分类	设计与技术章节	具体技术要求
152	电路设计	高频电容应尽可能靠近 IC 电路的电源引脚处
153	电路设计	每 5 只高频滤波电容至少配接一个 0.1μF 滤波电容
154	电路设计	每 5 只 10μF 至少配接两只 47μF 低频的滤波电容
155	电路设计	每 100cm^2 范围内，至少配接 1 只 220μF 或 470μF 低频滤波电容
156	电路设计	每个模块电源出口周围应至少配置 2 只 220μF 或 470μF 电容，如空间允许，应适当增加电容的配置数量
157	电路设计	脉冲与变压器隔离准则：脉冲网络和变压器须隔离，变压器只能与去耦脉冲网络连接，且连接线最短
158	电路设计	在开关和闭合器的开闭过程中，为防止电弧干扰，可以接入简单的 RC 网络、电感性网络，并在这些电路中加入一高阻、整流器或负载电阻之类，如果还不行，就将输入和载出引线进行屏蔽。此外，还可以在这些电路中接入穿心电容
159	电路设计	去耦、滤波电容须按照高频等效电路图分析其作用
160	电路设计	各功能单板电源引进处要采用合适的滤波电路，尽可能同时滤除差模噪声和共模噪声，噪声泄放地与工作地特别是信号地要分开，可考虑使用保护地；集成电路的电源输入端要布置去耦电容，以提高抗干扰能力
161	电路设计	明确各单板最高工作频率，对工作频率在 160MHz（或 200MHz）以上的器件或部件采取必要的屏蔽措施，以降低其辐射干扰水平和提高抗辐射干扰的能力
162	电路设计	如有可能在控制线（于 PCB 上）的入口处加接 RC 去耦，以便消除传输中可能出现的干扰因素
163	电路设计	用 R-S 触发器做按钮与电子线路之间配合的缓冲
164	电路设计	在次级整流回路中使用快恢复二极管或在二极管上并联聚酯薄膜电容器
165	电路设计	对晶体管开关波形进行“修整”
166	电路设计	降低敏感线路的输入阻抗
167	电路设计	如有可能在敏感电路采用平衡线路作输入，利用平衡线路固有的共模抑制能力克服干扰源对敏感线路的干扰
168	电路设计	将负载直接接地的方式是不合适的
169	电路设计	注意在 IC 近端的电源和地之间加旁路去耦电容
170	电路设计	如有可能，敏感电路采用平衡线路作输入，平衡线路不接地
171	电路设计	继电器线圈增加续流二极管，消除断开线圈时产生的反电动势干扰。仅加续流二极管会使继电器的断开时间滞后，增加稳压二极管后继电器在单位时间内可动作更多的次数
172	电路设计	在继电器接点两端并接火花抑制电路（一般是 RC 串联电路，电阻一般选几千欧到几十千欧，电容选 0.01μF），减小电火花影响
173	电路设计	给电机加滤波电路，注意电容、电感引线要尽量短
174	电路设计	PCB 上每个 IC 要并接一个 0.01～0.1μF 高频电容，以减小 IC 对电源的影响。注意高频电容的布线，连线应靠近电源端并尽量粗短，否则，等于增大了电容的等效串联电阻，会影响滤波效果
175	电路设计	可控硅两端并接 RC 抑制电路，减小可控硅产生的噪声（这个噪声严重时可能会把可控硅击穿）

续表

按部位分类	设计与技术章节	具体技术要求
176	电路设计	许多单片机对电源噪声很敏感，要给单片机电源加滤波电路或稳压器，以减小电源噪声对单片机的干扰。比如，可以利用磁珠和电容组成 π 形滤波电路，当然条件要求不高时也可用 100Ω 电阻代替磁珠
177	电路设计	如果单片机的I/O口用来控制电机等噪声器件，在I/O口与噪声源之间应加隔离（增加 π 形滤波电路）
178	电路设计	在单片机 I/O 口、电源线、PCB 连接线等关键地方使用抗干扰元件，如磁珠、磁环、电源滤波器、屏蔽罩，可显著提高电路的抗干扰性能
179	电路设计	对于单片机闲置的 I/O 口，不要悬空，要接地或接电源。其他 IC 的闲置端在不改变系统逻辑的情况下接地或接电源
180	电路设计	对单片机使用电源监控及看门狗电路，如：IMP809、IMP706、IMP813、X25043、X25045 等，可大幅度提高整个电路的抗干扰性能
181	电路设计	在速度能满足要求的前提下，尽量降低单片机的晶振和选用低速数字电路
182	电路设计	如有可能，在 PCB 的接口处加 RC 低通滤波器或 EMI 抑制元件（如磁珠、信号滤波器等），以消除连接线的干扰；但是要注意不要影响有用信号的传输
183	电路设计	时钟输出布线时不要采用向多个部件直接串行地连接（称为菊花式连接）；而应该经缓存器分别向其他多个部件直接提供时钟信号
184	电路设计	延伸薄膜键盘边界使之超出金属线 12mm，或者用塑料切口来增加路径长度
185	电路设计	在靠近连接器的地方，要将连接器上的信号用一个 LC 或者磁珠—电容滤波器接到连接器的机箱地上
186	电路设计	在机箱地和电路公共地之间加入一个磁珠
187	电路设计	电子设备内部的电源分配系统是遭受 ESD 电弧感性耦合的主要对象，电源分配系统防 ESD 措施：（1）将电源线和相应的回路线紧密绞合在一起；（2）在每一根电源线进入电子设备的地方放一个磁珠；（3）在每一个电源引脚和紧靠电子设备机箱地之间放一个瞬流抑制器、金属氧化压敏电阻（MOV）或者 1kV 高频电容；（4）最好在 PCB 上布置专门的电源和地平面，或者紧密的电源和地栅格，并采用大量旁路和去耦电容
188	电路设计	在接收端放置串联的电阻和磁珠，对易被 ESD 击中的电缆驱动器，也可在驱动端放置串联的电阻或磁珠
189	电路设计	在接收端放置瞬态保护器。（1）用短而粗的线（长度小于 5 倍宽度，最好小于 3 倍宽度）连接到机箱地。（2）从连接器出来的信号线和地线要直接接到瞬态保护器，然后才能接电路的其他部分
190	电路设计	在连接器处或者离接收电路 25mm（1.0 英寸）的范围内，放置滤波电容。（1）用短而粗的线连接到机箱地或者接收电路地（长度小于 5 倍宽度，最好小于 3 倍宽度）。（2）信号线和地线先连接到电容再连接到接收电路
191	机壳	金属机箱上，开口最大直径≤$\lambda/20$，λ 为机内外最高频电磁波的波长；非金属机箱在电磁兼容设计上视同为无防护
192	机壳	屏蔽体的接缝数最少；屏蔽体的接缝处，多接点弹簧压顶接触法具有较好的电连续性；通风孔 D<3mm，这个孔径能有效避免较大的电磁泄漏或进入；屏蔽开口处（如通风口）用细铜网或其他适当的导电材料封堵；通风孔金属网如需经常取下，可用螺钉或螺栓沿孔口四周固定，但螺钉间距<25mm 以保持连续的线接触

续表

按部位分类	设计与技术章节	具体技术要求
193	机壳	f>1MHz，0.5mm 厚的任何金属板屏蔽体，都将场强减弱 99%；当 f>10MHz，0.1mm 的铜皮屏蔽体将场强减弱 99%以上；f>100MHz，绝缘体表面的镀铜层或镀银层就是良好的屏蔽体。但需注意，对塑料外壳，内部喷覆金属涂层时，国内的喷涂工艺不过关，涂层颗粒间连续导通效果不佳，导通阻抗较大，应重视其喷涂不过关的负面效果
194	机壳	整机保护地连接处不涂绝缘漆，要保证与保护地电缆可靠的金属接触，避免仅仅依靠螺丝螺纹做接地连接的错误方式
195	机壳	建立完善的屏蔽结构，带有接地的金属屏蔽壳体可将放电电流释放到地
196	机壳	建立一个击穿电压为 20kV 的抗 ESD 环境；利用增加距离来保护的措施都是有效的
197	机壳	电子设备与下列各项之间的路径长度超过 20mm，包括接缝、通风口和安装孔在内任何用户操作者能够接触到的点，可以接触到的未接地金属，如紧固件、开关、操纵杆和指示器
198	机壳	在机箱内用聚脂薄膜带覆盖接缝以及安装孔，这样延伸了接缝/过孔的边缘，增加了路径长度
199	机壳	用金属帽或者屏蔽塑料防尘盖罩住未使用或者很少使用的连接器
200	机壳	使用带塑料轴的开关和操纵杆，或将塑料手柄/套子放在上面来增加路径长度。避免使用带金属固定螺丝的手柄
201	机壳	将 LED 和其他指示器装在设备内孔里，并用带子或者盖子将它们盖起来，从而延伸孔的边沿或者使用导管来增加路径长度
202	机壳	将散热器靠近机箱接缝，通风口或者安装孔的金属部件上的边和拐角要做成圆弧形状
203	机壳	塑料机箱中，靠近电子设备或者不接地的金属紧固件不能突出在机箱中
204	机壳	高支撑脚使设备远离桌面或地面可以解决桌面/地面或者水平耦合面的间接 ESD 耦合问题
205	机壳	在薄膜键盘电路层周围涂上粘接剂或密封剂
206	机壳	机箱结合点和边缘防护准则：结合点和边缘很关键，在机箱箱体接合处，要使用耐高压硅树脂或者垫圈实现密闭、防 ESD、防水和防尘
207	机壳	不接地机箱至少应该具有 20kV 的击穿电压（规则 A1～A9）；而对接地机箱，电子设备至少要具备 1500V 击穿电压以防止二级电弧，并且要求路径长度≥2.2mm
208	机壳	机箱用以下屏蔽材料制作：金属板；聚酯薄膜/铜或者聚酯薄膜/铝压板；具有焊接结点的热成型金属网；热成型金属化的纤维垫子（非编织）或者织物（编织）；银、铜或者镍涂层；锌电弧喷涂；真空金属处理；无电电镀；塑料中加入导体填充材料
209	机壳	屏蔽材料防电化学腐蚀准则：相互接触的部件彼此之间的电势（EMF）<0.75V。如果在一个盐性潮湿环境中，那么彼此之间的电势必须<0.25V。阳极（正极）部件的尺寸应该大于阴极（负极）部件
210	机壳	用缝隙宽度 5 倍以上的屏蔽材料叠合在接缝处
211	机壳	在屏蔽层与箱体之间每隔 20mm（0.8 英寸）的距离通过焊接、紧固件等方式实现电连接

续表

按部位分类	设计与技术章节	具体技术要求
212	机壳	用垫圈实现缝隙的桥接，消除开槽并且在缝隙之间提供导电通路
213	机壳	避免屏蔽材料中出现直拐角以及过大的弯角
214	机壳	孔径≤20mm 及槽的长度≤20mm。相同开口面积条件下，优先采取开孔而不是开槽
215	机壳	如果可能，用几个小的开口来代替一个大的开口，开口之间的间距尽量大
216	机壳	对接地设备，在连接器进入的地方将屏蔽层和机箱地连接在一起；对未接地（双重隔离）设备，将屏蔽材料同开关附近的电路公共地连接起来
217	机壳	尽可能让电缆进入点靠近面板中心，而不是靠近边缘或者拐角的位置
218	机壳	在屏蔽装置中排列的各个开槽与 ESD 电流流过的方向平行而不是垂直
219	机壳	在安装孔的位置使用带金属支架的金属片充当附加的接地点，或者用塑料支架实现绝缘和隔离
220	机壳	在塑料机箱上的控制面板和键盘位置处安装局部屏蔽装置来阻止 ESD
221	机壳	电源连接器和引向外部的连接器的位置，要连接到机箱地或者电路公共地
222	机壳	在塑料中使用聚酯薄膜/铜或者聚酯薄膜/铝压板，也可使用导电涂层或导电填充物
223	机壳	在铝板上使用薄的导电铬化镀层或者铬酸盐涂层，但不能采用阳极电镀
224	机壳	在塑料中要使用导电填充材料。注意铸型部件表面通常有树脂材料，很难实现低电阻的连接
225	机壳	在钢材料上使用薄的导电铬酸盐涂层
226	机壳	让清洁整齐的金属表面直接接触而不要依靠螺钉来实现金属部件的连接
227	机壳	沿整个外围用屏蔽涂层（铟锡氧化物、铟氧化物和锡氧化物等）将显示器与机箱屏蔽装置连接在一起
228	机壳	在操作者常接触的位置处，要提供一个到地的抗静电（弱导电）路径，比如键盘上的空格键
229	机壳	要让操作员很难产生到金属板边缘或角的电弧放电。电弧放电到这些点会比电弧放电到金属板中心导致更多间接 ESD 的影响
230	其他	显示窗口的屏蔽防护准则：（1）加装屏蔽防护窗；（2）对外电路部分与机内的电路连接通过滤波器件相连
231	其他	屏蔽体与内部电路设置合理间隙；接地点选择应不影响放电对显示窗口周围电路的耦合
232	器件选型	电容器尽量选择贴片电容，引线电感小
233	器件选型	稳定电源的供电旁路电容，选择电解电容
234	器件选型	交流耦合及电荷存储用电容器选择聚四氟乙烯电容器或其他聚酯型（聚丙烯、聚苯乙烯等）电容器
235	器件选型	高频电路去耦用单片陶瓷电容器
236	器件选型	电容选择的标准是：尽可能低的 ESR 电容；尽可能高的电容的谐振频率值
237	器件选型	铝电解电容器应当避免在下述情况下使用： （1）高温（温度超过最高使用温度）。 （2）过流（电流超过额定纹波电流），施加纹波电流超过额定值后，会导致电容器过热，容量下降，寿命缩短。

续表

按部位分类	设计与技术章节	具体技术要求
237	器件选型	（3）过压（电压超过额定电压），当电容器上所施加电压高于额定工作电压时，电容器的漏电流将上升，其电氧物性将在短期内劣化直至损坏。 （4）施加反向电压或交流电压，当直流铝电解电容器按反极性接入电路时，电容器会导致电子线路短路，由此产生的电流会引致电容器损坏。若电路中有可能在负引线施加正极电压，请选无极性产品。 （5）使用于反复多次急剧充放电的电路中，当常规电容器被用作快速充电用途，其使用寿命可能会因为容量下降、温度急剧上升等而缩减
238	器件选型	只有在屏蔽机箱上才有必要使用滤波连接器
239	器件选型	选用滤波连接器时，除了要选用普通连接器时要考虑的因素外，还应考虑滤波器的截止频率。当连接器中各芯线上传输的信号频率不同时，要以频率最高的信号为基准来确定截止频率
240	器件选型	封装尽可能选择表贴
241	器件选型	电阻选择首选碳膜，其次金属膜，因功率原因需选线绕时，一定要考虑其电感效应
242	器件选型	电容选择应注意铝电解电容、钽电解电容适用于低频终端；陶制电容适合于中频范围（从 kHz 到 MHz）；陶制和云母电容适合于甚高频和微波电路；尽量选用低 ESR（等效串联电阻）电容
243	器件选型	旁路电容选择电解电容，容值选 10～470pF，主要取决于 PCB 上的瞬态电流需求
244	器件选型	去耦电容应选择陶瓷电容，容值选旁路电容的 1/100 或 1/1000。取决于最快信号的上升时间和下降时间。如 100MHz 取 10nF，33MHz 取 4.7～100nF，选择 ESR 值小于 1Ω。 选择 NPO（锶钛酸盐电介质）用作 50MHz 以上去耦，选择 Z5U（钡钛酸盐）用作低频去耦，最好是选择相差两个数量级的电容并联去耦
245	器件选型	电感选用时，选择闭环优于开环，开环时选择绕轴式优于棒式或螺线管式。选择铁磁心应用于低频场合，选择铁氧体磁心应用于高频场合
246	器件选型	铁氧体磁珠高频衰减 10dB
247	器件选型	铁氧体夹 MHz 频率范围的共模（CM）、差模（DM）衰减达 10～20dB
248	器件选型	二极管选用：肖特基二极管，用于快速瞬态信号和尖脉冲保护；齐纳二极管，用于 ESD（静电放电）保护，过电压保护，低电容高数据率信号保护；瞬态电压抑制二极管（TVS），用于 ESD 激发瞬时高压保护，瞬时尖脉冲消减；变阻二极管，用于 ESD 保护，高压和高瞬态保护
249	器件选型	集成电路：选用 CMOS 器件尤其是高速器件有动态功率要求，需要采取去耦措施以便满足其瞬时功率要求。高频环境中，引脚会形成电感，数值约为 1nH/1mm，引脚末端也会向后呈小电容效应，大约为 4pF。表贴器件有利于 EMI 性能，寄生电感和电容值分别为 0.5nH 和 0.5pF。 放射状引脚优于轴向平行引脚；TTL 与 CMOS 混合电路因为开关保持时间不同，会产生时钟、有用信号和电源的谐波，因此最好选择同系列逻辑电路。未使用的 CMOS 器件引脚，要通过串联电阻接地或者接电源
250	器件选型	滤波器的额定电流值取实际工作电流值的 1.5 倍

续表

按部位分类	设计与技术章节	具体技术要求
251	器件选型	电源滤波器的选择：依据理论计算或测试结果，电源滤波器应达到的插损值为 IL，实际选型时应选择插损为 IL+20dB 大小的电源滤波器
252	器件选型	交流滤波器和支流滤波器在实际产品中不可替换使用，临时性样机中，可以用交流滤波器临时替代直流滤波器使用；但直流滤波器绝对不可用于交流场合，直流滤波器对地电容的滤波截止频率较低，交流电流会在其上产生较大损耗
253	器件选型	避免使用静电敏感器件，选用器件的静电敏感度一般不低于 2000V，否则要仔细推敲、设计抗静电的方法。在结构方面，要实现良好的地气连接及采取必要的绝缘或屏蔽措施，提高整机的抗静电能力
254	器件选型	带屏蔽的双绞线，信号电流在两根内导线上流动，噪声电流在屏蔽层里流动，因此消除了公共阻抗的耦合，而任何干扰将同时感应到两根导线上，使噪声相消
255	器件选型	非屏蔽双绞线抵御静电耦合的能力差些。但对防止磁场感应仍有很好的作用。非屏蔽双绞线的屏蔽效果与单位长度的导线扭绞次数成正比
256	器件选型	同轴电缆有较均匀的特性阻抗和较低的损耗，使从直流到甚高频都有较好特性
257	器件选型	凡是能不用高速逻辑电路的地方就不要用高速逻辑电路
258	器件选型	在选择逻辑器件时，尽量选上升时间比 5ns 长的器件，不要选比电路要求时序快的逻辑器件
259	系统	多个设备相连为电气系统时，为消除地环路电源引起的干扰，采用隔离变压器、中和变压器、光电耦合器和差动放大器共模输入等措施来隔离
260	系统	识别干扰器件和干扰电路：在启停或运行状态下，电压变化率 dV/dt、电流变化率 dI/dt 较大的器件或电路，为干扰器件或干扰电路
261	系统	在薄膜键盘电路和与其相对的邻近电路之间放置一个接地的导电层
262	线缆与接插件	PCB 布线与布局隔离准则：强弱电流隔离、大小电压隔离、高低频率隔离、输入输出隔离、数字模拟隔离，分界标准为相差一个数量级。隔离方法包括：屏蔽其中一个或全部独立屏蔽、空间远离、地线隔开
263	线缆与接插件	无屏蔽的带状电缆。最佳接线方式是信号与地线相间，稍次的方法是一根地、两根信号再一根地依此类推，或专用一块接地平板
264	线缆与接插件	信号电缆屏蔽准则：（1）强干扰信号传输使用双绞线或专用外屏蔽双绞线。（2）直流电源线应用屏蔽线。（3）交流电源线应用扭绞线。（4）所有进入屏蔽区的信号线/电源线均须经过滤波。（5）一切屏蔽线（套）两端应与地有良好的接触，只要不产生有害接地环路，所有电缆屏蔽套都应两端接地，对非常长的电缆，中间也应有接地点。（6）在灵敏的低电平电路中，消除接地环路中可能产生的干扰，对每个电路都应有各自隔离和屏蔽好接地线
265	线缆与接插件	屏蔽线紧贴金属底板准则：所有带屏蔽层的电缆宜紧贴金属板安放，防止磁场穿过金属地板和屏蔽线外皮构成回路
266	线缆与接插件	PCB 的插头也要多安排一些零伏线作为线间隔离
267	线缆与接插件	减小干扰和敏感电路的环路面积的最好办法是使用双绞线和屏蔽线
268	线缆与接插件	双绞线在低于 100kHz 下使用非常有效，高频下因特性阻抗不均匀及由此造成的波形反射而受到限制

附录B

本书专业名词英文缩写

（1）BMM 人体金属模型
（2）EPA 防静电工作区
（3）CCM 带电芯片模型
（4）ESD 静电放电
（5）CDM 带电器件模型
（6）ESDS 静电放电敏感
（7）CMOS 金属氧化物半导体
（8）HBM 人体模型
（9）DUT 实验样品
（10）IC 集成电路
（11）EBP 接地连接点
（12）LEMP 雷电电磁脉冲
（13）EMC 电磁兼容性
（14）LSI 大规模集成电路
（15）EMI 电磁干扰
（16）MM 设备放电模型
（17）EMP 强电磁脉冲
（18）SSD 静电放电敏感器件
（19）EMS 电磁敏感
（20）TLP 传输线模型
（21）EOS 电流、电压过载
（22）VLSI 超大规模集成电路
（23）ESCC 静电带电控制
（24）ESDC 静电放电控制
（25）LPC 表面微颗粒物
（26）NVR 非挥发性残留物
（27）FTIR 硅油
（28）OTS 挥发性残留物
（29）NEMP 核电磁脉冲
（30）PCB 印制电路板
（31）HDD 微硬盘驱动器
（32）TFT-LCD 薄膜晶体管液晶显示器
（33）PDP 等离子显示器
（34）LCD 液晶显示器
（35）CCD 光电耦合器件
（36）HEPA 超高效
（37）ULPA 高效

附录 C

常用电气物理量纲表

附表 C-1　常用电气物理量纲表

物理量	符号	定义公式	量纲	SI 单位制			分数及倍数单位	常用单位
				单位名称	中文代号	国际代号		
电流强度	I，i		[I]	安培	安	A	kA，mA，μA	A，mA，μA
电流密度	j	$J=I/s$	$[L^{-2}I]$	安培每平方米	安/米 2	A/m^2	A/cm^2，A/mm^2	A/mm^2
电荷，电量	Q，q	$Q=It$	[TI]	库仑	库	C	kC，μC mC，pC	mC，pC
电感应强度（电位移，电通密度）	D	$D=Q/s$ （$D=\varepsilon_0\varepsilon E$）	$[L^{-2}TI]$	库仑每平方米	库/米 2	C/m^2	C/cm^2	C/cm^2
极化强度	P	$P=\frac{\sum\mu}{V}$	$[L^{-2}TI]$	库仑每平方米	库/米 2	C/m^2	C/cm^2	C/cm^2
电偶极矩	μ		[LT]	库仑米	库米	C • m	Debye （德拜）	1Debye= $\frac{10}{8}\times10^{30}$ C • m
电荷面密度	δ	$\delta=Q/s$	$[L^{-2}TI]$	库仑每平方米	库/米 2	C/m^2	C/cm^2	C/cm^2
电荷体密度	ρ	$\rho=Q/V$	$[L^{-3}TI]$	库仑每平方米	库/米 2	C/m^2	C/cm^2	C/cm^2
电位（电势）、电压（电位差）	V、U	$U=W/I$	$[L^2MT^{-3}I^{-1}]$	伏特	伏	V	kV，mV， μV	kV，mV
有功功率（电）（电介质损耗）	W，P	$W=UI\cos\phi$	$[L^2MT^{-3}]$	瓦特	瓦	W	kW	kW，HP
表观功率（视在功率）	$P_s(S)$	$P_s=UI$	$[L^2MT^{-3}]$	伏安	伏安	VA	kAV	kAV
无功功率	P_q	$P_q=UI\sin\phi$	$[L^2MT^{-3}]$	乏	乏	var	kvar	
电场强度	E	$E=-\frac{dU}{dl}$	$[LMT^{-3}I^{-1}]$	伏特每米	伏/米	V/m	MV/m kV/mm	kV/cm kV/mm
电阻	R，r	$R=U/I$	$[L^2MT^{-3}I^{-2}]$	欧姆	欧	Ω	MΩ，kΩ	kΩ
体积电阻率	$\rho(\rho_v)$	$\rho=R\frac{S}{l}$	$[L^2MT^{-3}I^{-2}]$	欧姆米	欧 • 米	Ω • m	Ω • cm	Ω • cm
表面电阻率	ρ_S		$[L^2MT^{-3}I^{-2}]$	欧姆	欧	Ω	MΩ	
电导	G	$G=\frac{1}{R}$	$[L^{-2}M^{-1}T^3I^2]$	西门子	西	S	mS	S
电导率	γ	$\gamma=\frac{1}{\rho}$	$[L^{-3}M^{-1}T^{-3}I^2]$	西门子每米	西/米	S/m	S/cm	S/cm
电容	C	$C=Q/U$	$[L^{-2}M^{-1}T^4I^2]$	法拉	法	F	MF，μF，pF	μF，pF
介电常数	ε	$\varepsilon=\varepsilon_r\varepsilon_0$	$[L^{-3}M^1T^{-1}I^2]$	法拉每米	法/米	F/m		

续表

物理量	符号	定义公式	量纲	SI 单位制			分数及倍数单位	常用单位
				单位名称	中文代号	国际代号		
真空介电常数（电学常数）	ε_0	$\varepsilon_0=8.85\times10^{-21}$	$[L^{-3}M^{-1}T^4I^2]$	法拉每米	法/米	F/m	8.85×10^{-14} F/cm	8.85×10^{-14} F/cm
相对介电常数	ε_r	$\varepsilon_r=\dfrac{\varepsilon}{\varepsilon_0}$						
磁通量	ϕ_m	$\phi_m=\int \boldsymbol{B}\cdot \mathrm{d}\boldsymbol{S}$	$[L^2MT^{-2}I^{-1}]$	韦伯	韦	Wb	MWb，Mx（麦克斯韦）	Mx（10^{-8}Wb）
磁感应强度（磁通密度）	B	$B=\phi_m/s$ $=\mu H$	$[MT^{-2}I^{-1}]$	特斯拉	特	$T=\dfrac{W_b}{m^2}$	G（高斯）	$1T=10^4G$
磁场强度	H	$H=\dfrac{1}{2\pi r}$	$[L^{-1}I]$	安培每米	安/米	A/m	KA/m，Oe（奥斯特）	$1Oe=\dfrac{10^5}{4\pi}$ A/cm
电感（电感系统）	L	$L=\phi_m/I$	$[L^2MT^{-2}I^{-2}]$	亨利	亨	H	mH，μH	mH
磁导率	μ	$\mu=\mu_r\mu_0$	$[LMT^{-2}I^{-2}]$	亨利每米	亨/米	H/m		
真空磁导率（磁学常数）	μ_0	$\mu_0=4\pi\times10^{-7}$ H/m	$[LMT^{-2}I^{-2}]$	亨利每米	亨/米	H/m，Wb/（m·A）		
相对磁导率	μ_r	$\mu_r=\mu/\mu_0$						

附录 D

国内外部分防静电标准及相关标准目录

一、国内部分防静电及相关标准

附表 D-1　国家标准（目录）

序　号	标　准　号	标准名称
1	GB 12158	防止静电事故通用导则
2	GB 1410	固体绝缘材料体积电阻率和表面电阻率实验方法
3	GB 4655	橡胶工业静电安全规程
4	GB 2439	导电和抗静电橡胶电阻率的测定方法
5	GB 11210	硫化橡胶抗静电和导电制品电阻的测定
6	GB 12703	纺织品静电测试方法
7	GB 21146	个体防护装备　职业鞋
8	GB 50174	数据中心设计规范
9	GB 2887	计算站场地技术条件
10	GB 2811	安全帽实验方法
11	GB 2811	安全帽
12	GB 12014	防静电工作服
13	GB 9228	静止型、放射型静电消除器
14	GB 9361	计算站场地安全要求
15	GB/T 14447	塑料薄膜静电性测试方法——半衰期法
16	GB 13348	液体石油产品静电安全规程
17	GB 6950	轻质油品安全静止电导率
18	GB/T 18044	地毯静电性能评定模拟人体步行实验方法
19	GB/T 15738	导电和抗静电纤维增强塑料电阻率实验方法
20	GB/T 15662	导电、防静电塑料体积电阻率测试方法
21	GB 6844	片基表面电阻测定方法
22	GB 15607	涂装作业安全规程　粉末静电喷涂工艺安全
23	GB/T 16906	石油罐导静电涂料电阻率测定法

续表

序　号	标　准　号	标准名称
24	GB/T 4365	电磁兼容术语
25	GB/T 6539	航空燃料与馏化燃料电导率测定法
26	GB 6717	碳素材料电阻率测定方法
27	GB/T 15463	静电安全术语
28	GB 12582	液态类电导率测定方法
29	GB/T 13962	工业过程测量和控制的电磁兼容性－静电放电要求
30	GB/T 14288	可燃气体与易燃液体蒸汽最小静电点火能量测定方法
31	GB（新制定）	静电学　第 3-1 部分，静电效应的模拟方法人体模型（HBM）的静电放电实验波形
32	GB（新制定）	静电学　第 3-2 部分，静电效应的模拟方法设备放电模型（MM）的静电放电实验波形
33	GB 50944	防静电工程施工与质量验收规范
34	GB 50611	电子工程防静电设计规范
35	GB 50073	洁净厂房设计规范
36	GB/T 36340	防静电活动地板通用规范
37	GB 26539	防静电陶瓷砖
38	GB/T 17626.2	电磁兼容实验和测量技术 静电放电抗扰度实验
39	GB/T 32304	航天电子产品静电防护要求
40	GB 6951	轻质油品装油安全油面电位值
41	GB 50515	防（导）静电地面设计规范
42	GB/T 13962	工业过程测量和控制的电磁兼容性—静电放电要求
43	GB/T 23464	服装防护　防静电毛针织服
44	GB/T 22845	防静电手套
45	GB/T 12703.5	纺织品　静电性能的评定　第 5 部分：摩擦带电电压
46	GB/T 33728	纺织品　静电性能的评定　静电衰减法
47	GB/T 23316	工作服　防静电性能的要求及实验方法
48	GB/T 50813	石油化工粉体料仓防静电燃爆设计规范
49	GB 12367	涂装作业安全规程　静电喷漆工艺安全

附表 D-2　国家军用标准

序　　号	标　准　号	标准名称
1	GJB/Z 105	电子产品防静电放电控制手册
2	GJB 3007	防静电工作区技术要求
3	GJB 1649	电子产品防静电放电控制大纲
4	GJB 2605	可热封柔韧性防静电阻隔材料规范
5	GJB 5006	航天用抗静电、屏蔽化纤编织套管通用规范
6	GJB 1210	接地、搭接和屏蔽设计的实施
7	GJB/Z 86	防静电包装手册
8	GJB/Z 25	电子设备和射束的接地、搭接和屏蔽设计指南
9	GJB 2527	弹药防静电要求
10	GJB 735.1	火工品实验方法、点火工品静电敏感度实验
11	GJB 128A	半导体分立器件实验方法

续表

序　号	标　准　号	标准名称
12	GJB/Z 17	军用装备电磁兼容管理指南
13	GJB/Z 24	电磁兼容诊断指南
14	GJB/J 5972	非接触式静电电压表校准规范
15	GJB 128A	半导体分离器件实验方法　静电放电敏感度分类
16	GJB 548A	微电子器件实验方法和程序　静电放电敏感度分类
17	GJB 2268A	后方军械仓库电气防爆技术要求

附表 D-3　电子行业标准

序　号	标　准　号	标　准　名　称
1	SJ/T 10796	防静电活动地板通用规范
2	SJ/T 11236	防静电贴面板通用规范
3	SJ/T 3003	电子计算机机房施工及验收规范
4	SJ/T 10147	集成电路防静电包装管
5	SJ/T 11147	电子避雷器通用规范
6	SJ/T 10533	电子设备制造防静电技术要求
7	SJ/T 10694	电子产品制造与应用系统防静电检测通用规范
8	SJ/T 10630	电子元器件制造防静电技术要求
9	SJ/T 20154	信息技术设备静电放电敏感度实验
10	SJ/T 11159	地板覆盖层和装配地板静电性能的实验方法
11	SJ/T 31469	防静电地面施工及验收规范
12	SJ/T 11277	防静电周转容器通用规范
13	SJ/T 11090	电子工业用合成纤维绸防静电性能及实验方法
14	SJ/T 11294	防静电地坪涂料通用规范
15	SJ/T 11480	防静电无尘擦拭布通用规范
16	SJ/T 11412	防静电洁净工作服及织物通用规范
17	SJ/T 11446	离子化静电消除器通用规范
18	SJ/T 11587	电子产品防静电包装技术要求

附表 D-4　航天、兵器、化工、石油、医药等其他行业和协会团体标准

序　号	标　准　号	标准名称
1	YD/T 754	通信机房静电防护通则
2	QJ 2225	半导体器件使用规则
3	QJ 2191	场效应管通用技术条件
4	QJ 2177	防静电安全工作台技术要求
5	QJ 1950	防静电操作系统技术要求
6	QJ 1875	静电测试方法
7	QJ 1693	电子元器件防静电要求
8	QJ 1211	航天系统地面设施接地要求
9	QJ 2245	电子仪器和设备防静电要求

续表

序　号	标 准 号	标准名称
10	Q/W 293	静电敏感器件使用规则
11	QJ 2846	防静电操作系统通用规范
12	Q/W 293	静电敏感器件使用规则
13	QW 942	接地电阻测试方法
14	HG 2793	工业用导电和抗静电橡胶板
15	HG/23002	化工企业静电安装检查规范
16	SH 3097	石油化工静电接地设计
17	WJ 1913	弹药装药装配生产防静电安全规程
18	WJ 1695	黑火药生产防静电安全规程
19	WJ 1912	电火工品生产防静电安全规程
20	WJ 2470	小量火药、炸药及其制品危险性建筑设计安全规范
21	WJ 1698	防静电织物静电测试方法
22	WJ 2053	火工品作业安全防护要求
23	WJ 2404	弹药装药装配生产安全要求
24	WJ 2177	火药、炸药、弹药、引信及火工品生产安全技术管理规程
25	WJ 20178	兵器行业建设项目安全设施“三同时”管理要求
26	WJ 1911	烟火药生产防静电安全规程
27	WJ 2247	火药、炸药、弹药、引信及火工品处理、销毁与储运安全技术要求
28	WJ	火药、炸药、弹药、引信及火工品工厂设计安全规范
29	WJ 20142	分步压装药装备与工艺要求
30	JG/T 292	洁净工作台
31	LY/T 1330	抗静电木制活动地板
32	GBJ 79	工业企业通信接地设计规范
33	EJ/T 3007A	静电消除器钚 238a 源
34	EJ661 钋-210	静电消除器
35	GA 96	铺地防织品静电性能参数及测量方法
36	JT/T 407	油船防静电缆绳技术条件
37	JT 197	油船静电安全技术要求
38	JT 230	汽车导静电拖地带
39	MT 113	煤矿井下用聚合物制品阻燃抗静电性通用实验方法和判定规则
40	MT 379	煤矿用电雷管静电感度测定方法
41	MT 449	煤矿用钢丝绳牵引输送带阻燃抗静电实验方法和判定规则
42	MT 450	煤矿用钢丝绳芯输送带阻燃抗静电性实验方法和判定规则
43	MT 520	煤矿雷管生产厂防静电安全规程
44	T/CEIA 1002	电子工业防静电系统通用技术要求
45	T/CEIA 1003	电子工业防静电系统认证指南

附表 D-5 其他相关标准

序 号	标 准 号	标准名称
1	AN 4115	烟花爆竹防止静电事故通用导则
2	GB 50089	民用爆破器材工厂设计安全规范
3	GB 50156	石油库设计规范
4	GB 50057	汽车加油加气站设计与施工规范
5	GB 4793	电子测量仪器安全要求
6	YD 2011	微波站防雷与接地设计规范
7	GB 8702	电磁辐射防护规定
8	GB 9175	环境电磁波卫生标准
9	GB 6830	电信线路遭受强电线路影响的允许值
10	GB 50057	建筑物防雷设计规范
11	GB 50169	GB 50169 接地装置施工及验收规范
12	GB/Z 2.1	工业场所有害因素职业接触限值—化学有害因素
13	GB 6568.2	带电作业用屏蔽服装实验方法
14	GB 18871	电离辐射防护与辐射源安全基本标准
15	GB 50343	建筑物电子信息系统防雷技术规范
16	GB 50300	建筑工程施工质量验收统一标准
17	GB/T 2828.1	计数抽样检验程序 第一部分
18	GB 50209	建筑地面工程施工质量验收规范
19	GB 50210	建筑装饰装修工程质量验收规范
20	GB 6566	建筑材料放射性核素限量
21	GB 4824	工业、科学和医疗（ISM）射频设备 电磁骚扰·特性限值和测量方法
22	GB 4793.1	测量、控制和实验室用电气设备的安全要求 第 1 部分：通用要求
23	GB 16895.3	建筑物电气装置 第 5-54 部分：电气设备选择和安装接地配置、保护导体和保护联结导体
24	GB 50065	交流电气装置的接地设计规范
25	GB 50597	生物液体燃料工厂设计规范
26	GB 15577	粉尘防爆安全规程
27	GB 17440	粮食加工、储运系统粉尘防爆安全规程
28	GB 51009	火炸药生产厂房设计规范
29	GB 50161	烟花爆竹工程设计安全规范
30	GB 50154	地下及覆土火药炸药仓库设计安全规范
31	GB 50284	飞机库设计防火规范
32	GB 50694	酒厂设计防火规范
33	GB 50457	医药工业洁净厂房设计规范
34	GB/T 50325	民用建筑工程室内环境污染控制规范
35	GB 11652	烟花爆竹作业安全技术规程
36	GB 50058	爆炸和火灾危险性环境电力装置设计规范
37	GB 50472	电子工业洁净厂房设计规范

续表

序 号	标 准 号	标准名称
38	GB 51110	洁净厂房施工与质量验收规范
39	GB 50073	洁净厂房设计规范
40	GB 3836	爆炸性环境 第1部分：设备通用要求
41	GB 50058	爆炸危险环境电力装置设计规范
42	GJB 2001	火工品包装、运输、储存安全要求
43	GJB 5120	废火药、炸药、弹药、引信及火工品处理、销毁与储存安全技术要求

二、国外部分防静电标准目录

1. 国际电工委员会部分防静电标准目录

国际电工委员会（International Electrotechnical Commission，IEC）是一个全球性的标准化组织，它由各国的国家电工技术委员会（IEC National Committees）组成。

IEC专门负责静电领域标准的部门是IEC TC101。其工作范围是静电学领域的标准制定。

目前，由IEC TC101制定的涉及静电的相关标准编号为IEC61340，其总标题为“静电”。

已发布的标准有：

（1）IEC 61340-1：总论；

（2）IEC 61340-2-1：测试方法—材料和产品的静电耗散性能；

（3）IEC 61340-2-2：测试方法—起电量测试；

（4）IEC 61340-2-3：测试方法—静电防护用固体平面材料电阻和电阻率的测试方法；

（5）IEC 61340-3-1：模拟静电效果方法—模拟静电放电—人体模型（HBM）放电波形测试；

（6）IEC 61340-3-2：模拟静电效果方法—模拟静电放电—设备放电模型（MM）放电波形测试；

（7）IEC 61340-3-3 模拟静电效果方法—模拟静电放电—带电器件模型（CDM）放电波形测试；

（8）IEC 61340-4-1：特定应用的标准测试方法—地面覆盖物和已安装地板的电阻；

（9）IEC 61340-4-2：特定应用的标准测试方法—静电防护衣物；

（10）IEC 61340-4-3：特定应用的标准测试方法—静电防护鞋特性；

（11）IEC 61340-4-4：特定应用的标准测试方法—柔性散装物料中间容器（FIBC）—静电防护分级与测试；（与ISO SC/122合作）

（12）IEC 61340-4-5：特定应用的标准测试方法—鞋与地板组合的防护人员静电特性参数；

（13）IEC 61340-4-6：特定应用的标准测试方法—腕带；

（14）IEC 61340-4-7：特定应用的标准测试方法—电离；

（15）IEC 61340-4-8：特定应用的标准测试方法—屏蔽包装袋；

（16）IEC 61340-5-1：电子器件的静电防护—通用要求；

（17）IEC 61340-5-2：电子器件的静电防护—用户指南；

（18）IEC 61340-5-3：电子器件的静电防护—静电敏感器件包装设计要求和分级。

2．美国国家标准和静电放电协会部分标准（ANSI/ESDA）

静电放电(ESD)协会于1982年在美国成立。原名EOS/ESD Association（Electrical Over Stress/Electrostatic Discharge Association），后更名为ESD（Association）。最初由美国和日本发起，每年举办一次国际会议，出版论文集，由美国、日本轮流举办，后来制定ESD技术标准。最初是EOS/ESD系列，1994年改为ESD系列。该协会编写的《静电放电控制程序》，是为达到保护电气、电子元件、装置和设备（不包括电气爆破装置）的目的而制定的标准。其作为静电放电（ESD）协会标准于1999年5月16日通过。后又作为美国国家标准（ANSI）ANSI/ESD S20.20于1999年8月4日通过。现已有2007年修订版本和2014年修订版本。该标准涵盖设计、制造、使用和维护工作中，静电放电控制过程所需的基本条件。该标准是有关静电防护的体系标准，被国际通用。以下最新发表和修订的文件构成了上述标准的一部分。

（1）EOS/ESD ADV1.0 协会术语表；

（2）ESD S1.1　静电放电协会标准—腕带；

（3）ESD ADV2.0　静电放电协会标准—手册；

（4）ESD STM2.1　静电放电协会标准—服装；

（5）ANSI EOS/ESD S3.1　电离；

（6）EOS/ESD SP3.3　空气电离器定期检测；

（7）ESD S4.1　静电放电协会标准—工作台面的电阻；

（8）ESD STM4.2　静电放电协会标准—工作台面的电荷衰减性；

（9）ESD STM5.1　静电放电协会标准—人体模型的构成；

（10）ESD STM5.2　静电放电协会标准—设备放电模型的构成；

（11）ESD STM5.3.1　静电放电协会标准—带电器件模型的构成；

（12）ANSI EOS/ESD S6.1　接地的实施；

（13）ANSI/ESD S7.1　静电放电协会标准—地板材料的电阻；

（14）EOS/ESD S8.1　EOS/ESD 协会标准—静电放电测试的标记；

（15）ESD S9.1　静电放电协会标准—鞋类的电阻；

（16）ESD DSP10.1　静电放电协会标准—操作；

（17）EOS/ESD S11.11　静电放电协会标准—静电耗散平面材料 表面电阻测量

（18）ESD ADV11.2　静电放电协会标准—静电积聚测试；

（19）ESD STM12.1　静电放电协会标准—座椅的电阻；

（20）ESD DS13.1　静电放电协会标准—静电电压衰减；

（21）ESD TR 53　静电放电协会标准—静电防护装备和材料检验方法；

（22）ESD STM97.1　静电放电协会标准—地板材料、鞋类与人接触电阻测量；

（23）ESD STM97.2　静电放电协会标准—地板材料和鞋类、人体静电电压测量；

（24）ANSI/ESD 541　　　静电放电敏感器件包装材料；
（25）ESD ADV53.1　　　防静电工作区；
（26）ESD SP15.1　　　在用手套和指套的电阻测试；
（27）ESD SIL　　　可靠性认证中心静电放电敏感类产品清单；
（28）VZAP　　　静电放电敏感度数据。

3．其他团体、协会标准

（1）IEST-RP-CC005.3　　洁净室及其他受控环境用手套和指套；
（2）ISO14644-1　　　洁净室及相关受控环境 第 1 部分 空气洁净度分级；
（3）FS209（美国联邦标准）洁净室与工作站的需求及受控要求。

附录 E 电子工业和其他行业静电损害案例及分析

1．电子工业静电损害案例

案例 1：20 世纪 90 年代中旬，我国航天某研究所在组装“风云二号”气象卫星摄像系统时，由于组装车间静电防护系统不完善（后现场检测，防静电地坪的静电泄漏电阻为 $1.2\times10^{12}\Omega$、操作人员腕带接地不良等）。当时为干燥季节，车间的环境湿度为 28%RH 左右，操作人员所带静电无法消除，工作服表面积累静电的电位高达 3000V 以上。操作人员手持 CCD 组件操作后，发现两套高输入阻抗 CCD 组件失效。后解剖失效组件，用电子显微镜发现光电传感器输入端介质击穿，对地发生短路。经分析系静电放电所致。这次静电事故造成摄像系统价值近万美元的两套进口 CCD 静电敏感光电耦合组件全部失效。

案例 2：MOTOROLA 公司生产的大规模集成电路，在进行老炼实验的 11 个星期中，发现没有使用防静电包装放置样品时，拒收数与被实验元件总数相对比例为 40×10^{-n}（n 为保密数据）。但从第四个星期开始，样品采用镀镍防静电包装放置后，则比例降低为 15×10^{-n}。此实验跟踪了 7 个多星期，平均的拒收比例为 18×10^{-n}。此例说明 MOS 大规模集成电路在存储、运输过程中必须使用防静电包装。

案例 3：某外国电子生产企业，一次对 18700 只新研发的 MOS 器件进行老练实验，发现拒收率很高。经分析发现是器件引脚没有采用短路棒和防静电包装，器件直接遭到静电放电引起的。后采取上述措施后，又老练实验了 18400 只同类器件。其拒收率降低到原来的 30.3%。

案例 4：某企业将一批 64 兆位随机存储器，从封装到成品测试后，发现其不良品率为 2%。该存储器为肖特基—双极性大规模集成电路。经调查测试发现，在该产品操作时使用了普通塑料盒传递，由于静电放电损伤了该器件输入端的肖特基二极管，使二极管反向击穿。

案例 5：某企业将一批“双模拟开关”电路装上 PCB，经保形涂敷后，少数样品出现输入特性恶化。经失效分析后，发现输入端（基极）的铝金属化跨过 n+保护环扩散层处发生短路和漏电。去除铝后，发现 n+环上的氧化层有很小的击穿孔洞。进一步分析得出，由于 n+扩区上的氧化层较薄，并因光刻腐蚀的速度较快，发生了静电放电损害。

案例 6：某企业在器件测试和传送中，没采取防静电措施，经常出现肖特基 TTL 电路（54S181、54S420）电性能异常。输入漏电增大。用金相显微镜观察芯片表面未发现任何电损伤痕迹，但在去除铝和 SiO_2 后，在输入端的发射极接触孔内却发现了较小的孔洞。后模拟使用环境进行静电放电实验，出现的失效现象与其相似。

案例 7：某电子企业使用一种带有 MOS 电容器作为内补偿的运算放大器，常有失效现象发生，输出电压在稍低于正电源电压下发生闭锁。经失效分析，发现其由 MOS 电容出现较大漏电流引起，漏电电阻约为 400Ω。作为补偿 MOS 电容器的一端直接与电路的外引线相连（V_+）。利用扫描电镜（SEM）观察，发现电容边缘有明显的击穿点，此现象为典型静电放电所引起。

案例 8：20 世纪 90 年代 3M、HP 公司文章报道，美国大规模集成电路应用的初期，每年因静电造成的直接损失高达 100 多亿美元。英国年损失高达 20 多亿英镑，日本电子器件总不合格品率中的 45%是静电造成的。

案例 9：航天系统某企业职工 2004 年在给某型号运载航天器配套的电子组件测试时，一名职工因一时疏忽违章操作，在装配线行走后，在没佩戴防静电腕带情况下（测装车间没有铺设防静电地坪，环境相对湿度 26%RH），直接手持一个价值 14.8 万元人民币的静电敏感组件（某型号 CPU 处理系统）。手持组件的瞬间，发生人体静电放电现象，在随后的组件参数测试时，证实手指接触的 CPU 的输入端、电源端出现损坏，导致 CPU 失效。

案例 10：20 世纪 90 年代，航天某厂在组装“长征”系列运载火箭所用一种电子仪器时，因生产车间管理人员静电防护知识掌握较少，将该仪器所用一种进口 C2 级静电敏感 MOS 器件，在工序传递过程中，用普通聚乙烯塑料袋包装临时替代（当时防静电包装已用完）。在组装完测试时，发现这批器件失效率高达 31%。在分析该现象时，发现聚乙烯塑料袋在传递过程发生摩擦，测试出 500 多伏的静电电压。后改换为防静电包装，其失效率降低到 3.6%。

案例 11：一电子企业在某仪器电路的输入端使用的 2N5179 超高频晶体管经常发生失效。失效模式为放大系数降低，同时 eb 结出现较大反向漏电。解剖该器件，用金相显微镜观察，在 eb 结之间的铝条上有很小的变色。它是因瞬间电浪涌引起的过电流造成。这种现象一般由静电放电引起。此种器件应在器件基极输入端设置保护网络，防止瞬间静电放电浪涌对器件造成损坏。

案例 12：某企业在 PCB 电子装插完毕后，经常发现 PCB 上器件有不良品出现。在一次失效出现后，发现 6 只 101A 型双极性运算放大器失效。失效模式是输入失调电压增大到 40mV。用特性曲线图示仪测试引脚间特性，出现输入端特性异常。将这几只器件解剖后发现芯片的输入端有飞弧状放电痕迹。经调查，PCB 在装配工艺线上，因各类原因使 PCB 带上 300～700V 的静电电压。后该企业在装配线上采取静电中和措施，较好地解决了这一问题。

案例 13：某电子企业生产的 CMOS 电路经筛选入库后，在每次抽查中都发现有 5%以上器件失效。经失效分析发现 SiO_2 介质有极细小的电击穿小孔。在操作现场中发现该器件在堆放时，由于堆放器件塑封表面之间相互摩擦产生 300V 以上静电，对器件引脚发生接触式或非接触式放电，造成器件不良品率提高。后该企业采取测试前后将每只器件各引脚用短路棒短接或将其引脚插接在导电泡沫塑料上的措施（等电位措施），使不良品率大大降低。

案例 14：江苏某大型家电生产企业，将元器件焊接在 PCB 之后，采取将 PCB 平放在金属导电纤维毯上，将静电泄放的措施。由于采取错误的静电放电措施，导致电子器件的带电放电（见器件带电模型 CDM），使 PCB 的不良品率达到 3%以上。后改用离子风静电消除器消除 PCB 所带静电措施，不良品率降为 5‰。

案例 15：河北某石英晶体器件生产企业，在 SSD 器件生产的某道工序中，需检测特性参数，并用电视显示屏显示。该工序过后，经常发生 1%左右的不良品。一直找不到原因。经现场调查和测试发现，由于使用的电视显示屏为旧型号（CRT），其内部直流工作电压很高，在显示屏前操作位置测到 800V 左右的静电电压。对器件形成静电感应，出现静电放电造成器件失效。后该厂采取在显示屏前加装静电屏蔽保护网（屏）及接地措施，较好地解决了上述问题。

案例 16：南方某大型民航机场处于多雷暴区域，每次雷雨天气过后，导航通信系统的电子组件总有部分损坏，所造成的经济损失大约为每年 30 万元人民币。后经调查和测试，发现该机场没有采取共用地线系统。防雷接地是独立系统，且和其他接地系统距离很近，当雷电发生时（宏观的静电放电），由于能量较大，泄放能量数千焦耳以上，瞬间峰值电流 1 万 A 以上，再由于防雷接地引下线的波阻抗存在，形成上万伏的电位差。由于各接地系统的不等电位，防雷接地系统较强的静电放电电磁脉冲耦合到其他接地系统、电源系统、电子设备造成电子组件损害。后经改进所有的接地采用共地系统（所有接地公用一个接地系统和接地极），并在电源系统、设备的输入输出端、设备的信号接地等连接浪涌钳位元器件和采取滤波、等电位多项取耦、屏蔽措施后，较好地解决了上述问题，每年的损失降低到万元左右。

案例 17：深圳某企业在焊接工序采用二芯电烙铁（烙铁外壳不接地）焊接器件。后发现经焊接工序后，SSD 器件总是有较多的不良品出现。经研究和测试发现，不接地的烙铁外壳常感应出几十伏以上的静电电压和 20～80V 的交流感应电压，对焊接的 SSD 元器件产生 EOS/ESD 现象。后将烙铁外壳可靠接地和使用防静电烙铁后，SSD 器件的不良品率大大降低。

案例 18：铁路系统湖南某研究所对一种型号的 SSD 组件进行外表面树脂喷涂处理。在开始喷涂过程中，处理得 10 个组件中有 7 只完全失效。经现场测试，发现喷涂时，树脂介质和喷嘴的相互摩擦产生 4000V 以上的摩擦静电电压。后采取将喷嘴接地和使用大功率离子枪静电消除器，使树脂介质产生的静电降低到 200V 以下，基本解决了静电损害问题。

案例 19：深圳某电子企业为解决防静电工作台面抗污染差的问题，将原用的防静电橡胶板改为不锈钢板。虽然台面污染问题解决了，但发现 SSD 器件不良品率提高了 5‰。经研究和现场测试，发现 SSD 器件在储运过程中，树脂包封表面和引脚往往带有几到十几 nC 的静电荷。当 SSD 器件放置到金属板时，极易发生 ESD 放电，造成器件不良品率提高。后该企业采取将 SSD 器件放置在静电耗散材料做成的托盘上操作和利用离子静电消除器消除 SSD 器件所带静电措施，解决了不良品率提高 5‰的问题。

案例 20：北京某电子企业利用防静电环氧自流坪作为防静电工作台的接地（将工作台

直接放置在自流坪地面上）。在一种新电子产品研发过程中，利用 2000V 直流电压源。在操作过程中 SSD 器件出现了不良品。经现场测试发现金属工作台面某些点的静电电位达到 700V 以上。再检验该环氧自流坪与工作台桌腿接触位置的对地电阻时，发现平均电阻值为 $1.21\times10^{12}\Omega$ 以上。后改正了这种错误的接地，而将工作台接地直接和防静电接地线连接。此时测得工作台的静电电位 15V 左右，防止出现大量不良品。

案例 21：华北环渤海经济圈某企业购进一批国产直流高压离子风静电消除器。在开始使用过程中，C1、C2 级 SSD 器件突然出现 30%左右的不良品率。后该企业将这批静电消除器送到某专业防静电产品质检进行检验。该批消电器的残余电压严重超标，最高达到 +270V。这批消电器不但起不到消除静电作用，反而变成了静电源。

案例 22：东莞某企业将 SSD 产品装入防静电包装后，用普通的胶粘带封口。后经常发现，撕开胶带，取出产品后总出现 3%左右的失效产品。经现场分析和测试，发现胶带剥离撕开的瞬间产生 1500V 以上的静电电压。对产品产生感应放电，造成不良品出现。后改进工艺，采用装订封口工艺，解决了 3%左右不良品率的问题。

案例 23：某企业为了解决静电损害问题，对生产线进行了防静电改造。改造后 SSD 产品不良品率虽有下降，但比例还是偏高。经现场分析和排查，发现操作线上测试夹具、操作工具大都采用绝缘材料制作。操作现场存在一些孤立对地绝缘的金属制品。人员操作时，由于物体间的相互摩擦和静电感应，经常使上述用品带电，对 SSD 产品造成不良影响。后该企业生产线上推广使用离子静电消除器，经再次对比检验，不良品率比没有采用离子静电消除器前下降了 6%左右。

案例 24：深圳某企业在生产中一直使用无绳腕带，大量使用无绳腕带多年后，产品的不良品率还是比较高。后该企业委托某单位对经常出现不良品的器件作失效分析。发现不良品的出现主要和静电放电有关，但一直找不到原因。后来偶然在产品检验室中发现，检测人员手戴无绳腕带操作时仍带有 600 多伏的静电电压，该检验室没有铺设防静电地坪。通过分析得知，操作人员手戴无绳腕带时，因消电机理决定了人体所带残存静电较高，仍会对产品产生不良影响。后该企业都换成接地的腕带，较好地解决了这个问题。

案例 25：某光电传感器生产企业的试生产中，操作工开始组装操作，再随即测试，出现若干不良品。工厂立即停止生产，对环境和器件进行失效分析。器件解剖后发现，芯片的芯线出现典型的过电流熔断。当时怀疑环境达不到防静电要求，但现场测试没有不符合要求的。后对现场进行静电源查找，无意中发现防静电工作服所带静电很高，而且长时间电位很高。后委托一家质检机构检验，发现所用工作服的摩擦带电量大大超过有关国家标准要求（0.6μC/件），达到了 2.1μC/件，为不合格产品。经分析，认为不合格的工作服所带静电过高，在操作器件时，由于距离过近，使器件感应带电。当操作人员用金属工具接触器件瞬间，发生放电（见 CDM 模型），因浪涌电流过大造成器件芯线熔断。后换用检验合格的工作服，解决了该问题。

案例 26：某企业的一道工序是连续将 SSD 器件从胶粘带剥离，总带有较高的静电电压，常造成不良品产生。后采用离子静电消除器消电措施，虽有效果但因消除器效率较低，消除静电效果不明显。分析原因后，采取测定剥离产生电荷量的方法，设计和选择高效能的离子静电消除器，较好地解决了这个问题。

案例 27：江苏某 C1 级 SSD 生产企业在生产中常出现较高的不良品率，一直找不到原因。在一次现场静电源评测中，发现操作人员穿用的分体服装，上身为防静电工作服，下身为普通工作裤，在距离 20cm 处仍测得较高静电电压。另外还发现工作椅面采用普通人造革面，当操作工与其摩擦后，长时间带有较高静电，电压达 2000V 以上。后该企业操作工全部改用分体式防静电工作服，同时将椅子改用防静电工作椅，使该企业产品不良品率降低 5%。

案例 28：西北某电子企业使用普通棉工作服作防静电工作服。一次在春季组装 100 套 SSD 组件时，突然出现 11 套组件损坏。分析原因时，发现组装环境湿度为 25%RH。作业人员所穿工作服带 1300V 左右的静电压，对组件产生静电感应，造成损害。后该企业改用防静电服，同样情况下测得 200V 左右静电电压。在以后同类 SSD 组装时没再发生静电损害事件。

案例 29：北京某进口设备的程控机房，在干燥季节维修电气设备时总发现 PCB 出现较高的不良品率。严重时换板维修率达到 15%。后委托某检验机构对其机房的环境进行防静电测评。该机房在干燥季节的相对湿度为 20%RH 左右，维护人员人体衣服表面电压（没戴腕带）达到 3200V 以上。防静电活动地板的静电泄漏电阻高达 $1.53\times10^{12}\Omega$ 以上。分析原因，干燥环境中人体静电无法泄漏，在没戴腕带维修、检测电气时，出现人体静电放电，造成不良品率升高。

案例 30：某企业试生产某型号 SSD 组件时，使用一种电源调试，总发现有较高的不良品率。解剖器件后，发现输入端 MOS 器件的栅极—漏极介质有微小孔洞。经分析认为该组件是因 EOS 造成失效的。后在输入端设置电阻—二极管钳位电路，较好地解决了这个问题。

2. 其他行业静电危害案例

案例 1：OBO 货运船静电引起的燃爆事故

据英国石油集团安全委员会的一份调查报告，20 世纪 60 年代至 90 年代，世界投入营运的新型散货、矿石、石油混装船（简称 OBO 船）中总共有 18 艘船发生过爆炸火灾事故，其中大多数是因静电造成。

案例 2：医院用可燃性麻醉剂发生的静电爆燃事故

苏联卫生部门曾对使用含有可燃物麻醉剂的外科手术室调查，发现在 230 起麻醉剂爆燃事故中，因静电放电引起的爆炸占 27%，其中 40%事件造成了伤亡。

案例 3：粉体发生的火灾事故

美国防火协会的资料显示，在 20 世纪初至 20 世纪 70 年代初，美国粉体加工业共发生 24 起重大因静电引起的爆炸燃烧事故，占同期总燃烧爆炸事故的 8%。

案例 4：油罐中油品调和时发生的爆炸事故

1）事故概要

某炼油厂一只 $5000m^3$ 油罐已装有 40t 航空汽油，又加入裂化柴油、催化柴油和通用柴油等共 1970t，合计为 2010t。为了调配均匀，又注入风压为 0.39MPa，风量为 $12m^3/min$ 的气流进行风调。开机不久后，只听见罐内发生啪啪的声音，随即一声巨响，发生爆炸。油罐跳起 100mm，罐上被炸出长 7.3m，宽 200mm 的大裂缝。

2）原因分析

几种油品的混合并激烈地搅拌。不止是罐内空间油气浓度大增，也使油品静电电位迅速增加。使翻滚的油面向罐壁发生静电放电，引燃油气发生爆炸。

案例 5：注滤汽油时发生的着火事故

1）事故概要

一架飞机的机组人员在机翼下工作，向塑料桶内倒注起动汽油。在倒油前，桶口蒙上一块过滤绸布。当汽油刚倒入桶时，便发生了起火。由于抢救及时，未造成严重后果。

2）原因分析

当汽油倒入桶内时，与过滤布发生摩擦，于是产生很高静电，发生静电放电导致汽油起火。

案例 6：筛选火药的爆燃事故

1）事故概要

在制作烟花爆竹的某厂筛药车间里，操作工筛选好白光药之后，又将约 40kg 的引燃药倒入筛内进行筛选。当筛中最后还剩 5kg 左右余药时，突然引燃药爆炸，导致操作工丧生、操作间和设备全部烧毁的惨剧发生。

2）事故原因分析

引燃药中含有硫黄、硝酸钾等易起静电的粉体，当操作人员用机械筛筛选引燃药时，由于药粉之间、药粉与筛网之间不断接触摩擦分离，使药粉和筛网所带静电不断增加。当药粉或筛网所带静电达到一定阈值之后，就发生静电放电现象。当放电能量大于引燃药最小点火能量时，就发生了爆燃事故。

案例 7：烟花爆竹行业爆燃事故伤亡人数

据湖南醴陵烟花爆竹行业协会不完全统计，2014 年 1 月至 2015 年初，全国烟花爆竹行业发生爆炸事故 19 起。死亡 68 人，受伤 77 人。其中重大事故 1 起，1 次死亡 14 人。爆炸事故中 70%和静电引起的燃爆有关。

案例 8：橡胶搅拌引起的火灾

1）事故概要

某橡胶工厂将己烷注入搅拌机里，一边搅拌，一边投入 8kg 丁基橡胶，正在工作的搅拌机内突然起火。

2）事故原因分析

丁基橡胶（15cm×15cm×8cm）投入搅拌机中，缠绕在搅拌机叶片上旋转摩擦，由于剧烈摩擦产生静电，向搅拌机金属部件放电引起己烷气体燃烧。

案例 9：收集药粉时发生的爆炸事故

1）事故概要

某制药厂在电动箱式干燥机中装进预备干燥的多成分感冒药颗粒，在干燥机中强制送 50℃的热风，为了防止粉尘飞散，还安装了袋式集尘器。当加进药粉工作 3min 时，药粉发生爆炸。设备机箱门被炸开，门栓飞散，有两位操作人员受伤。

2）原因分析

装进干燥机中的药品颗粒含有无水乙醇 1.7%～2.0%。热风从干燥机底部送入，干燥机开机后，机内充满乙醇蒸气，而且使用的袋式集尘器是用金属丝与尼龙丝编织而成。由于金属丝接地线已断，以致药粉与集尘器发生摩擦时产生的静电无法泄漏，引起药粉对金属丝放电引燃了乙醇蒸气和药品粉尘发生爆炸。

案例 10：风选机爆炸事故

1）事故概要

某金属粉制造工厂，用风选机进行铝粉粒度分选作业。在作业中，风选机突然爆炸，使建筑物发生燃烧，建筑物内物品全部烧毁，有两名工作人员烧死。

2）原因分析

从现场破坏的情况分析，是集尘装置发火引起的。用袋式集尘器收集最终分选制品的粉末时，因粉末与集尘器摩擦产生静电，又因集尘器没有设置接地系统，使铝粉发生爆燃，造成事故发生。

案例 11：清洗尼龙工作服时发生的火灾

1）事故概要

某化纤厂在一次检修之后，四名女电焊工用汽油清洗尼龙工作服。汽油倒入塑料桶内，衣服投入桶内开始对其搓洗。此时一团烈火腾空而起。工人惊吓慌乱之际，将桶内的汽油倒溢，致使熊熊大火吞噬了现场物品，两人当场烧死，一人重伤，损失严重。

2）原因分析

尼龙与汽油摩擦，最易产生静电，而且很难消散。在搓洗泡在汽油中的尼龙工作服时，衣物与汽油分离瞬间发生剥离放电，放电火花点燃汽油蒸气，引起大火。

案例 12：清扫地板引起静电爆燃事故

1）事故概要

西北某化工厂为了清除实验室地面一块 40m^2 左右的油污积垢，用加了木屑的 60kg 汽油拖刷地面突然发生爆炸，形成大火，死伤十余人。

2）原因分析

由于在木屑中加了汽油，拖刷时房间内汽油蒸气浓度较大。现场查明，拖刷地板的女工死的最惨，她穿的是的确良衣服和塑料凉鞋拖刷地面，地面上有一块烧损的金属板。她在拖刷地板时，衣服与身体发生摩擦产生静电，当她发现金属板时，可能是伸手取金属板，发生人体放电现象，引燃汽油蒸气，发生爆燃。

案例 13：油箱挂车牵引爆炸事故

1）事故概要

某战斗机飞行训练结束降落某机场，地勤人员送梯子引飞行员下飞机的同时又打开油箱进孔盖。牵引车驶来刚挂上飞机待拖飞机时，油箱爆炸，形成火灾。据调查，类似火灾事故国内发生多起。但都有一个共同规律：（1）发生在天热季节，气温 30℃以上；（2）飞机在降落以后；（3）都发生在降落，用挂杆牵引时。

2）原因分析

调查后确定，最大可能是油箱静电放电引起爆炸。通过多次静电放电实验得知，油箱在连续晃动停止晃动后，又出现一次强烈晃动后，发现油箱中油面静电电位和防荡布的静电电位达到较高数值。观察油箱内部静电放电火花时发现，用牵引挂杆接触牵引时油箱里航空燃油剧烈晃动产生高电位静电，油量表塑料浮子与防荡布之间有放电火花，随着温度升高，出现较亮的线条状火花，显然这就是起火原因。

案例 14：油槽车采样发生的火灾

1）事故概要

将甲苯注入载重 30t 槽车的过程中进行采样作业。当把采样缸洗净一次后，作二次清洗后，将采样缸放入槽罐放入采样。当提起采样缸至槽车入口时，发生起火。

2）原因分析

采样工在采样过程中，采样缸积聚了较高电位的静电，当将采样缸提至入口旁边时，采样缸向槽车入口金属框放电形成火灾。

案例 15：装燃料油 IP-4 发生的爆炸事故

1）事故概要

从某炼油厂输油罐给一艘 210t 油船装喷射燃料油 JP-4。作业开始后约 10min，阀门突然发生爆炸，死伤四名工人。

2）原因分析

JP-4 的气体浓度为 2%～10%。达到临界爆炸危险状态，注油时油品流速太快，最高达 14m/s。燃料油 JP-4 在橡胶管流动时，带静电约 3 万 V 以上，其对船上管道连接处的凸起金属物发生静电放电引起油品爆炸起火。

案例 16：风力发电机叶片粉尘爆燃事故

1）事故概要

河北某风力发电机叶片加工生产企业，其脱模打磨车间相对湿度 15%RH，温度 27℃。脱模后的叶片需打磨处理，砂磨机打磨后的玻璃钢粉尘通过抽风机从金属管道排出到集尘袋内。一次开机后 20min，某段金属管道突然发生爆炸，炸坏周边几台设备。还好当时周边没有人员，没造成伤亡。

2）原因分析

打磨风力发电机叶片的粉体，属于易燃易爆玻璃钢粉尘。打磨过程中通过抽风管道输送时，其干燥粉尘密度体积比达到爆炸临界点，又因粉尘在输送过程中颗粒间剧烈摩擦产生静电后向金属管壁放电引爆粉体，发生爆燃事故。

案例 17：粮食脱醇发生的爆燃事故

1）事故概要

山东某饲料加工厂对玉米进行脱醇处理。当将玉米粉碎成粉体干燥处理后，通过管道输送到反应釜处理时，突然反应釜发生爆炸，一块 300kg 的法兰盖炸出十余米远。

2）原因分析

干燥的玉米粉体在管道输送时因相互摩擦产生大量静电，在进入反应釜加工时，因体积浓度比达到爆炸临界点，又因静电过高发生粉体向反应釜金属体放电引燃玉米粉体发生爆炸。

案例 18：装汽油发生的爆炸

1）事故概要

日本下津港某汽油专用小油船停靠在供油码头，利用码头供油龙头与码头上油罐之间的油压，将长 6m、管径 10cm 的橡胶软管伸进直径 20cm 的舱孔向舱内灌注汽油。装载开始几分钟，油舱突然爆炸，舱盖炸飞，甲板形成大火，七名工作人员伤亡。

2）原因分析

当时明火绝对禁止，机舱主机和机器全部停止使用。机舱入口、天窗、通风口等开口全部关闭，没有设置接地线。海难审判厅裁决是静电放电造成的。

橡胶软管和出口端的铸铁法兰因汽油流动摩擦带静电，舱内油面对橡胶管端的法兰和船体金属放电，由于法兰等金属体没采取接地措施，再由于注油流速太快等原因，产生静电过高发生火花放电引燃汽油发生爆炸。

案例 19：真空抽吸醋酸乙酯引起的火灾

1）事故概要

某试剂厂将原料桶内的醋酸乙酯溶剂送到一高位槽内，采用一根塑料软管真空抽吸的方法，当溶液快吸完时，塑料管吸料口处发生火灾。

2）原因分析

由于真空抽吸醋酸乙酯溶液，快结束时混进一些空气。醋酸乙酯溶剂与塑料管摩擦带上静电，发生静电放电引燃易燃爆的醋酸乙酯溶液发生爆炸。

案例 20：塑料桶装汽油发生的火灾

1）事故概要

我国某西南煤炭公司加油站给一位顾客带来的 20kg 塑料桶罐装汽油。当灌到 2kg 时突然起火，火苗从塑料桶口与加油漏斗处喷出，幸好该站职工及时扑救，才未酿成火灾。

2）原因分析

汽油灌注摩擦产生静电，积聚到高电位时向加油金属漏斗处放电，引燃汽油发生火灾。

案例 21：人体静电引爆炸药药粉事故

1）事故概要

某厂生产起爆药（氮化铅）的倒药工序中，操作工把药倒在药盒里，当他的手触及药盒（边框为金属材料）时，突然发生放电火花引爆药盒里药粉发生爆炸，致使其手被炸伤，并摧毁操作间部分玻璃窗和墙壁。当时操作工穿绝缘鞋并在普通橡胶地坪上作业。

2）原因分析

这是一起由人体静电引起的爆炸事故。由于操作人员穿着绝缘底的胶鞋，并在绝缘性很好的橡胶地坪进行倒药作业，故其人体因摩擦会产生和积累很高的静电。当他手持药盒时，发生静电火花放电，火花放电点燃了盒中的药粉。

附录 F
部分电子静电敏感元器件与半导体器件静电敏感电压

附表 F-1　部分电子静电敏感元器件种类

序　　号	电子静电敏感元器件名称
1	微波器件
2	肖特基势垒二极管
3	点接触二极管
4	其他工作频率大于 1GHz 的二极管
5	CCD 光电耦合器件
6	分立型 MOS 场效应管（MOS FET）
7	声表面波（SAM）器件及组件
8	结型场效应晶体管（JEET）
9	精密稳压二极管（线或负载电压小于 0.5%）
10	运算放大器（OP AMP）
11	薄膜电阻器
12	超高速集成电路（UHSIC）
13	I_O 小于 0.175A 的晶体闸流管（SCR）
14	结型场效应晶体管（JEETS）
15	精密电阻网络
16	低功率双极型晶体管 P_{tot}≤100mW；I_C 小于 100mA
17	P_{tot}<1W；I_O<1A 的小信号二极管
18	I_T>0.175A 的晶体闸流管（SCRS）
19	100mW<P_{tot}<350mW，且 100mA<I_O<400mA 的低功率双极性型晶体管
20	压电晶体元件
21	精密片状电阻器
22	大规模集成电路（LSI）
23	磁头
24	LED 发光二极管等
25	液晶显示器件
26	液晶显示屏

续表

序　号	电子静电敏感元器件名称
27	HCMOS 器件
28	高频小功率三极管（工作频率大于 500MHz）
29	双极数字器件
30	双极线性电路器件
31	肖特基晶体管逻辑电路器件
32	发射耦合电路（RCL）器件
33	光纤器件
34	低速双极性逻辑电路（TTL）
35	MOS 电容器
36	CMOS 器件
37	PMOS 器件
38	小功率模拟开关器件
39	VMOS 器件
40	超大规模集成电路（VLSI）
41	专用集成电路（ASIC）
42	一般用小功率硅整流器
43	离散型 NDSFET 器件
44	激光头
45	石英振荡器器件
46	硬磁盘、磁存储器
47	双极性二次集成电路
48	精密厚膜电路
49	光敏器件
50	含上述电子静电敏感元器件的 PCB 和组件

附表 F-2　部分电子静电敏感元器件敏感电压

电子静电敏感元器件名称	静电放电电压敏感起始值/V
VMOS	30
MOSFET（3C0、3D0 系列）	100
GaAsFET	100
PROM	100
运算放大器	200
JEFT	150
CMOS	250
肖特基二极管	300
双极性晶体管	350
ECL（E000 系列）	300
可控硅（SCL）	650

续表

电子静电敏感元器件名称	静电放电电压敏感起始值/V
肖特基 TTL	1000
无保护电路 CMOS	15
COMS（C000、CD4000 系列）	250
带保护电路 MOS（CMOS、PMOS）	1000
发射极耦合电路（ECL）	500
低速双极型逻辑器件（TTL）	300
肖特基晶体管—晶体管逻辑电路	1000
小信号二极管（1W 以下）	4000
小信号三极管（5W 以下）	4000
磁头	3
CCD 光电耦合器件	30
HMOS（6800 系列）	50
E/DMOS（Z80 系列）	200
无保护电路 PMOS	100
S-TTL（54S、74S 系列）	300
DTL（7400、5400 系列）	350
石英及压电晶体	4000
JFET（3CT 系列）	140
光敏器件	3500

注：上述电子静电敏感元器件静电敏感电压值，采用人体模型（HBM）确定。在实际工作中，因不同环境条件因素影响，静电敏感电压值会有差异。

附录 G 防静电工作服、织物所用导电纤维及种类

附表 G-1

种　类	纤维名称	制造方法	生产企业
导电纤维单一型	金属纤维（不锈钢、铜、铝等）	将金属丝反复穿过模具、拉伸细化制备成棉花般细微纤维	河北纺织研究所 日本精线 日本东丽
	碳素纤维	由腈纶、沥青等纤维、粘胶为原丝，配导电炭黑经烧灼、碳化而成	上海中国纺织大学 日本东丽
导电材料包覆有机纤维	用金属层包覆纤维	在有机纤维表面浸渍、涂镀、或真空镀膜	美国罗姆哈斯公司
	导电树脂包覆有机纤维	在有机纤维表面掺加导电树脂材料	日本帝人公司
导电复合型纤维	芯鞘型复合导电纤维	以含分散导电炭黑的聚乙烯芯、尼龙66为鞘的导电纤维	美国杜邦公司
	三层同心圆复合导电纤维	利用复合纺丝使导电微丝分布在纤维表层	ICI 公司
	多芯型复合纤维	用主体聚合物与分散的导电粒子的聚合物或多芯导电复合纺丝制备	日本东丽
	并列型复合纤维	多组分导电纤维，用复合纺丝法制备	美国孟山都公司

附表 G-2

序　号	名　　称	基　　体	生产或研制单位
1	金属导电纤维	不锈钢	河北省纺织研究所
2	JD-83 型导电丝	涤纶、锦纶丝	江苏省纺织研究所
3	H-84-1 型	腈纶丝	上海中国纺织大学
4	导电纤维	—	辽宁丹东釉岩丝织厂
5	纳斯纶丝	不锈钢	日本精线
6	德莱卡丝	碳素纤维	日本东丽
7	安特纶丝	尼龙 66	美国杜邦

续表

序　号	名　　称	基　　体	生产或研制单位
8	尼尔特伦丝	尼龙 6	美国 mosanto
9	SA-7 丝	腈纶	日本东丽
10	KE-9 丝	腈纶	日本东洋纺
11	库拉卡博	涤纶	日本可乐丽公司
12	雷安纳丝	涤纶、尼龙	日本东丽
13	爱匹特路匹克	涤纶、尼龙	英国 ICI

附录 H

电磁兼容、静电与静电防护、接地名词术语

1．接地术语

1）地（ground）

能供给或接受大量电荷的物体（如大地、舰船或运载工具外壳等）。

2）直接接地（硬接地）（hard ground）

用金属导体（或导线）将电气设备、测试仪器（表）直接与接地极作连接的一种接地方式。

3）间接接地（软接地）（soft ground）

通过一足以限制流过人体的电流达到安全值的电阻器连接到接地极的一种接地方式。

4）防静电接地连接系统（ESD grounding system）

将静电荷泄放到大地（或实现静电等电位）的接地连接导体的总汇。

5）接地极（桩）（earthing electrode）

为达到与地连接的目的，一根或一组与土壤（大地）密切接触并提供与土壤（大地）之间的电气连接的导体。

6）接地电阻（resistance of an earthed conductor；earth resistance）

被接地体与地零电位面之间接地引线电阻、接地极电阻、接地极与土壤之间电阻和土壤的溢流电阻之和。

7）等电位连接（equipotential bonding，EB）

设备和接地装置外露可导电部分的电位基本相等的电气连接。

8）防静电接地引出线（down-conductor system）

连接在防静电工作区的接地端子、防静电接地汇流母线（排）与接地极或共用接地系统端子之间的导体。

9）防静电接地汇流母线（排）（ESD main earthing conductor）

在防静电工作区内汇接所有防静电接地支线、干线并由此引出防静电工作区的防静电接地线的公共接地线（排）。其可以铺设成环形或条形等形状。

10）接地端子（earthing terminal）

将安全保护接地导体，包括等电位连接导体和工作接地导体、防静电接地导体等（也可以是其中一种或多种）与接地装置连接的端子或接地排。

11）浪涌保护器（surge protective device，SPD）

至少应包含一个非线性电压限制元件，用于限制暂态过电压和分流浪涌电流的装置。

12）共用接地系统（common earthing system）

将各部分防雷接地、建筑物金属构件、低压配电保护线（PE 线）、设备保护接地、屏蔽体接地、防静电接地和信息设备逻辑接地等连接在一起的接地装置。

13）防静电接地支线（ESD grounding branch）

连接在防静电装备与防静电接地干线或防静电接地汇流母线（排）之间的导体。

14）防静电接地干线（ESD grounding main load）

连接在防静电接地支线与共用接地系统接地端子或防静电接地汇流母线（排）之间的导体。

15）局部等电位接地端子板（local equipotential earthing terminal board，LEB）

建筑物内、楼层设置的接地端子板，供局部等电位接地端子板作等电位连接用。

16）总等电位接地端子板（main equipotential earthing terminal board，MEB）

将多个接地端子连接在一起的金属板。

17）保护中性线（PEN conductor）

具有中性线和保护线双重功能的导体。

18）单点接地（single-point ground）

单点接地指网络中只有一点被定义为接地点，其他需要接地的点都直接接在该点上。

19）多点接地（multi-point ground）

每个子系统的“地”都直接接到距它最近的基准上。通常基准面是指贯通整个接地系统的粗铜线或铜带（钢带），它们和机柜与地网相联，基准面也可以是设备的地板、构架等，这种接地方式的接地引线长度最短。

20）浮点接地（悬浮接地）（floating ground）

将整个网络完全与大地隔离，使电位悬浮。要求整个网络与地之间的绝缘电阻在 50MΩ 以上，绝缘下降后会出现干扰。通常采用机壳接地，其余的电路悬浮。

21）基础接地体（foundation earth electrode）

构筑物混凝土基础中的接地体。

22）搭接（bonding）

将设备、装置或系统的外露可导电部分或外部可导电部分连接在一起以减小电流流过时它们之间的电位差，也称连接。

23）地（参考）平面［earth（reference）plane］

一块导电平面，其电位用作公共参考电位。

24）跨步电压（step voltage）

地面一步距离的两点间的电位差，此距离取最大电位梯度方向上 1m 的长度。

25）土壤电阻率（earth resistivity）

表征土壤导电性能的参数，它的值等于单位立方体土壤相对两面间测得电阻，通常用的单位是Ω•m。

26）信号地（signal ground）

电路中各信号的公共参考点，即电气及电子设备、装置及系统工作时信号的参考点。

27）电气设备（electrical equipment）

发电、变电、配电或用电系统中具有完成某项功能的单元，诸如电机、电器、测量仪表、保护电器、布线系统的设备和电气用具。

28）防静电地坪接地网　ESD floor ground grid

与防静电地坪材料紧密接触、互相连接的裸导体构成的一组或多组网络。

2．静电与静电防护术语

1）静电（electrostatic；static electricity）

一种处于相对稳定状态的电荷。由它所引起的磁场效应较之电场效应可以忽略不计（静电可由物质的接触与分离、静电感应、介质极化和带电微粒的附着等物理过程而产生）。

2）系统电阻（静电泄漏电阻）（resistance of grounding system）

被测物体测试表面与被测物体接地点之间电阻总和。

3）测试点（testing point）

测试时，选定放置测试电极的部位。

4）静电电压衰减时间（static decay time）

带电体上的电压下降到其起始值的给定百分数所需要的时间。

5）静电泄漏（electrostatic leakage）

带电体上的电荷通过泄漏体内部和表面等途径而使之部分或全部消失的现象。

6）静电中和（electrostatic neutralization）

带电体上的电荷与其内部和外部相反符号的电荷（电子或离子）的结合而使所带静电部分或全部消失的现象。

7）表面点对点电阻（resistance of surface two point）

在一给定通电时间内，施加被测物体表面两点之间的直流电压与流过这两点之间直流电流之比。

8）离子化静电消除设备（系统）（ionizing static eliminator）

能产生消除带电体上静电荷的正负空气离子的设备（系统）或装置。

9）防静电工作区（electrostatic discharge protected area，EPA）

配备各种防静电装备（用品）和设置防静电接地（等电位连接）、能限制静电积累和电位、具有确定边界和标识的生产、维护、存储、使用、装配静电敏感器件的场所。

10）防静电工作台（anti-static control works table）

供操作静电敏感器件、组件及设备，并具有静电泄漏和耗散功能的工作台架。

11）残余电压（平衡电压）（offset voltage）

离子化静电消除设备（器）正常工作情况下，充电板测试仪测量的电离空间某一位置的电压值。

12）充电板检测仪（charge plate monitor）

用来测量离子化静电消除设备（器）的电荷中和性能的装置。

13）对地电压（voltage to earth）

带电体与大地之间的电位差。

14）表面电阻率（surface resistivity）

沿试样表面电流方向的直流电场强度与单位长度的表面传导电流之比。

15）体积电阻率（volume resistivity）

沿试样体积电流方向的直流电场强度与该处电流密度之比。

16）静电放电（electrostatic discharge，ESD）

当带电体周围的场强超过周围介质的绝缘击穿场强时，因介质产生电离而使带电体上的电荷部分或全部消失的现象。

17）静电荷（electrostatic charge）

组成实物的某些基本粒子（如质子和电子等）具有的固有属性之一。电荷有两种，即正电荷和负电荷。

18）静电学（electrostatics）

研究静电的相互作用及其所呈现的有关现象的学科。

19）静电场（electrostatic field）

静电荷在其周围空间所激发的电场。它是一种特殊的物质，其最基本的特征是对位于该场中的其他电荷施以作用力，且不随时间改变。

20）静电位（electrostatic potential）

静电场的标量函数。其梯度冠以负号等于电场强度。静电场中某点的静电位值等于把单位正电荷从该点移至无限远处静电场力所做的功，它亦等于单位正电荷在该点的电位能。

21）静电感应（electrostatic induction）

在静电场影响下引起物体上电荷重新分布的现象。

22）库仑定律（Coulomb’s law）

表示两静止点电荷间相互作用力的定律。其值与两点电荷的电荷量的乘积成正比，而与它们距离的平方成反比。同性电荷相斥，异性电荷相吸。力的方向沿着两个点电荷的连线。

23）静电力（electrostatic force）

亦称库仑力。由于带电体的静电场作用，使其附近的带电体受到的电的作用力。

24）电场强度（electric field strength）

描述静电场本身性质的物理量。静电场中任一点的电场强度等于单位电荷在该点所受的作用力，其方向为单位正电荷在该点所受作用力的方向。

25）电荷（electric charge）

组成实物的某些基本粒子（如质子和电子等）具有的固有属性之一。电荷有两种，即正电荷和负电荷。两静电荷之间存在相互作用，其相互作用规律是：同性电荷相斥，异性电荷相吸。

注：因电荷的量值是以电量来度量，依此意义，电荷是电量的同义语。

26)（电）绝缘体（insulant；insulator）

其内部没有可以自由移动的带电粒子（电子、正负离子），因而不能传导电流的物体。

27）电导率（conductivity）

表征材料导电性能的物理量。其与电场强度之乘积等于传导电流密度的一个标量或张量。

28）带电体［electrified（charged）body］

正负电荷数量不相等（即电荷代数和不为零）。对外界显示电的特性的物体或系统。

29）带电体上的电荷（charge of a charged body）

一个带电体中，一种极性的电荷的总量与另一种极性的电荷的总量之代数和。

30）带电区（electried area）

带电体上积聚静电的部位。

31）剥离起电（stripping electrification）

剥离两个紧密结合的物体时引起电荷分离而使两物体分别带电的过程。

32）感应起电（induced electrification）

利用静电感应原理，使导体带电的过程。

33）静电（起电）序列［electrostatic（electrification）series］

根据两种物质相互接触时产生静电的极性，将各种物质依次排成的序列（根据这种序列，前后两种物质接触时，前者带正电，后者带负电）。

34）静电积聚（electrostatic accumulation）

由于某种起电使电介质或绝缘体上产生电荷的速率超过电荷的消散速率而在其上呈现同性电荷的积累过程。

35）静电消散（electrostatic dissipation）

带电体上的电荷由于静电中和、静电泄漏和静电放电而使之部分或全部消失的现象。

36）泄漏电流（leakage current）

指带电体上的电荷通过各种泄漏途径向大地泄漏的电流。

37）接触电位差（contact potential difference）

在没有电流的情况下，两种媒质界面或两种不同种材料接触面间的电位差。

38）偶电（荷）层（electrical double layer；double-electric layer）

两种物质接触时，在界面上由于电荷迁移而出现大小相等、符号相反的两层电荷。

39）电离（ionization）

中性原子或分子由于外界作用使其分离成正离子和负离子的过程。

40）介质击穿（dielectric breakdown）

固体、液体、气体介质及其组合介质在高电压作用下，介质强度丧失而引起导电的跃变现象。介质击穿时，电极间的电压迅速下降到零或接近于零。

注：气体、液体介质击穿后，如切断电压，介质可能恢复其耐电强度。

41）击穿电压（breakdown voltage）

使电介质击穿的最低电压称为击穿电压。

42）（静电）电磁危害［（static）electromagnetic hazard］

由于静电放电产生的电磁辐射而对电子元器件及仪器所产生的有害影响，如电子仪器发生误动作或故障；或电子元器件被击穿以及发生静电噪声等现象。

43）静电导体（导静电体）（static conductor）

具有较低的电阻率，除非使它与地面绝缘，否则其上难于积聚静电荷的一种材料。

44）静电非导体（static non-conductor）

具有很高的电阻率，因此能在其上积聚足够数量的静电荷而引起各种静电现象的一种材料。

45）静电亚导体（静电耗散体）（static sub-conductor）

一种电阻率（或电导率）介于静电导体和静电非导体两者之间的材料。

46）导（静）电材料［（static）conductive material］

指金属和碳等电导率大的材料以及用各种方法（如在绝缘材料中掺入导电材料等）使物体具有导静电性能的材料。

47）导电纤维（conductive fibre）

全部或部分使用金属或有机物以及防静电剂等导电材料或亚导电材料制成的纤维的统称。导电纤维分金属导电纤维和有机导电纤维。

48）防静电纤维（anti-static fibre）

采用加入防静电剂的亚导电材料所制成的纤维。

49）导电橡胶（塑料）［conductive rubber（plastics）］

为了降低橡胶（塑料）、材料（或制品）的电阻率，在生产工艺中采用某种措施（如掺入导电材料）而制成的橡胶（塑料）。

50）导电地面（板）（conductive floor）

由电阻率小的材料制成的、旨在提供静电泄漏途径的地面（板）。

51）导电涂料（防静电涂料）（conductive paint）

涂覆在物体表面，能形成牢固附着的连续薄膜，并能导除积聚其上电荷的一种工程材料。

52）导电垫（conductive cushion）

为了防止人体及地面上的金属物体的静电带电，在其生产加工中混入金属和碳等导电材料而制成的导电良好的垫子。

53）防静电织物（anti-static fabric）

通过多种工艺方法，使纤维表面电阻率降低，从而形成或生产出的一种具有防止静电积聚的织物。

54）防静电服（anti-static clothing）

为了防止人体和衣物的静电积聚，用防静电织物为衣料而缝制的工作服。

55）防静电鞋（anti-static shoes）

鞋底用电阻变化小的防静电材料制作，不仅具有防止人体静电积聚的性能，而且还能避免因偶然触及工频电（220V 以下）而导致人体遭受电击的鞋类。

56）导电鞋（conductive shoes）

具有良好的导电性能，因此可在尽可能短的时间内消除人体静电积聚，但不能防止因偶然触及工频电（220V 以下）而导致人体遭受电击的鞋类。

57）防静电剂（anti-static additive）

加入物体中以提高其电导率，使其不能积聚危险的静电，且又不影响该物体其他性能的物质。

58）人体电容（capacitance of human body）

与人体位置、人体姿势、鞋和地面及其他物体等因素有关的人体对地或对其他物体所构成的电容。

59）静电消除装置（electrostatic eliminator）

一种能产生消除带电体上的电荷所必要的正负离子的设备或装置。

60）放射性静电消除器（radioactive static eliminator）

利用放射性同位素产生的射线，使周围空气电离成正负离子，以中和积聚在带电体上的表面异性电荷的一种静电消除装置。

61）自感应式静电消除器、自放电式静电消除器（static eliminator by self inductance）

利用带电体自身的静电能量感应于电极，借此电晕放电而产生正负离子，以中和带电体上的表面异性电荷的一种静电消除装置。

62）缓和器（relaxation chamber）

为使管中流动的带电液体减缓流速，以便充分泄漏电荷，使其衰减到安全范围值内而在管路系统中装设的粗径管段或缓和储罐类装置。

63）静电屏蔽材料（static shielding material）

防止静电场通过、穿入的材料。

64）导静电材料（electrostatic conductive material）

具有表面电阻率小于 $1\times10^{7}\Omega/\square$；或体积电阻率小于 $1\times10^{6}\Omega\cdot m$ 的材料。

65）静电耗散材料（electrostatic dissipative material）

具有表面电阻率大于或等于 $1\times10^{7}\Omega/\square$，但小于 $1\times10^{11}\Omega/\square$的材料；或体积电阻率大于或等于 $1\times10^{6}\Omega\cdot m$，但小于 $1\times10^{10}\Omega\cdot m$ 的材料。

66）人体电阻（resistance of human body）

人的体内电阻与皮肤电阻之总和。

67）体积电阻（volume resistance）

在一给定的通电时间之后，施加于与一块材料的相对两个面上相接触的两个引入电极之间的直流电压对于该两个电极之间的电流的比值，在该两个电极上可能的极化现象忽略不计。

68）带电体电荷（charge on a charged body）

一个带电体中，一种极性的电荷的总量与另一种极性的电荷的总量的代数和。

69）摩擦起电（tribo-electrification）

用摩擦的方法使两物体分别带有等值异号电荷的过程。

70）人体接地（human body grounding）

通过使用静电地垫、防静电地面、防静电鞋、腕带或其他各种接地用具使人体与大地保持通导状态的措施。

71）人体静电（electrostatic on human body ）

人体由于自身行动或与其他的带电物体相接近而在人体上产生并积聚的静电。

3．电磁兼容术语

1）过电流（over-current）

超过最高额定电流的电流。

2）过电压（over-voltage）

超过最高额定电压的电压。

3）浪涌电压（surge voltage）

沿线路或电路转播的瞬态电压波。其特征是电压快速上升后缓慢下降，也称电涌电压。

4）浪涌电流（surge current）

加在电气设备上持续的高于额定值的瞬态电流，也称电涌电流。

5）输入保护（input protection）

模拟输入通道任意两个输入端之间的过流和过压保护，或者任何输入端与地之间的过压保护。

6）电磁辐射（electromagnetic radiation）

能量以电磁波形式由源发射到空间的现象；能量以电磁波形式在空间转播。

7）电磁辐射危害（electromagnetic radiation hazard，EMRADHAZ）

电磁辐射达到危害电气设备或系统的程度。

8）电磁干扰（electromagnetic interference，EMI）

电磁骚扰引起的设备、传输通道或系统性能的下降。

9）电磁环境（electromagnetic environment）

存在于一个给定场所的电磁现象的总和。

10）电磁兼容性（electromagnetic compatibility）

设备或系统在其电磁环境中能正常工作且不对该环境中任何事物构成不能承受的电磁骚扰度。

11）电磁屏蔽（electromagnetic shielding）

用导电材料减少交变电磁场向指定区域穿透的屏蔽。

12）辐射干扰（radiated interference）

通过空间以电磁波形式传播的电磁干扰。

13）干扰（interference）

由于一种或多种发射、辐射、感应或其组合所产生的无用能量对电子设备的接受的影响，其表现为性能下降，误动或信息丢失，严重时出现设备损坏，如不存在这种无用能量则此后果可以避免。

14）干扰抑制（interference suppressor）

削弱或消除电磁干扰的措施。

15）耦合（coupling）

在两个或两个以上电路或系统间，可进行电路（系统）功率或信号转换的效应。

16）静电屏蔽（electrostatic shielding）

一个由金属箔、密孔金属网或导电涂层构成的防护罩，用以保护所包围的空间免受外界的静电影响。

17）避雷器（surge arrester）

通过分流冲击电流来限制出现在设备上的冲击电压，且能返回到初始性能的保护装置，该装置的功能具有可重复性。

18）保护电路（protective circuit）

以保护为目的的一种辅助电路或部分控制电路。

19）屏蔽（shielding）

一个外壳、屏障或其他物体（通常具有导电性），能够削弱一侧的电、磁场对另一侧装置或电路的作用。

注：以上名词术语引自GB 50343《建筑物电子信息系统防雷技术规范》、GB 50169《电气装置安装工程接地装置及验收规范》、GB 50057《建筑物防雷设计规范》、GB/T 10633《信息系统雷电防护术语》、IEC 61340-5-1《电子器件的静电现象的防护—基本要求》、GB/T 15463《静电安全名词术语》、SJ/T 10694《电子产品制造与应用系统防静电检验通用规范》。

附录 I

电子行业防静电职业技能考试试题汇编

A 卷　防静电检验师（技师）职业资格实际操作考试试卷

注意事项：

（1）首先按要求在试卷的标封处填写你的姓名、考号和单位名称。

（2）请仔细阅读各种题目的问答要求，在规定的位置工整填写你的答案。

（3）请用蓝色（或黑色）钢笔、圆珠笔答卷。填写字迹清楚，不要在试卷内填写与试卷无关内容。

（4）本试卷满分为 100 分，考试时间 90 分钟。

	总分	第一	第二	第三	第四
得分					

评分人＿＿＿＿＿＿＿＿

（一）测试一个防静电柔性屏蔽包装袋（参照 ANSI/ESD S20.20），请回答和计算下列提问（总分 30 分）。

（1）测试该柔性屏蔽包装袋内、外表面电阻时，所加测试电压应该多少伏？如何选择测试电压？对电阻测量仪的输入电阻有何要求？（10 分）

（2）测试该包装静电放电屏蔽性能时，测试仪器采用何种放电模型，其放电电压多少伏？判定合格指标为多少？（4 分）

（3）根据 ANSI/ESD S20.20 规定，测试该屏蔽袋防静电性能时应在相对湿度为多少的环境中测试？（3 分）

（4）测试该包装内表面电阻时，已知包装内表面为静电耗散材料，又知测试电流为 1×10^{-7}A。利用符合 GB 1410 标准的测试电极尺寸：圆柱状电极直径 60mm，环状电极内径 70mm，求内表面电阻率。（8 分）

（5）如该包装外表面电阻为 $1.0\times10^{11}\,\Omega$，又知电阻测试仪器输入电阻 $1.0\times10^{12}\,\Omega$，在测试时发生 L 极（高压极）测试线和 E 极（接地极）测试线搭接。L 极和 E 极测试线之间搭接电阻 $1.0\times10^{8}\,\Omega$。此时测试出的电阻为多少？应如何解决测试结果出现偏差问题？（5 分）

（二）某防静电接地线和设备保护接地线等电位连接。设备保护接地（导体）设有接地桩（参照 ANSI/ESD S20.20）。已知保护接地系统接地电阻 4Ω。防静电接地引下线是利用建筑物钢筋并设置了接地桩。请回答下列提问（总分 20 分，每问 5 分）。

（1）设备保护接地连接点至设备保护连接地的接地桩（导体）之间的电阻应为多少？防静电装备接地连接点至接地桩之间的电阻应为多少?

（2）EPA 工作区中的工作桌、地坪等的等电位连接电阻应为多少？

（3）EPA 内的工作台、货架、地坪等防静电设施的接地线连接到接地等电位汇流端子应采取何种连接方式？

（4）在测试接地桩（导体）对地电阻时，所用连接电阻测试仪符合哪些技术要求，才能满足测试要求?

（三）测试一台带压缩空气气源的离子化静电消除器时，出现下列情况，试分析测试结果出现何种现象（总分 30 分，每问 5 分）。

（1）离子化静电消除器放电针与充电极板测试仪的极板直线距离 90cm（此时水平气流速度 1m/s）。测试时，在离子静电消除器窗口距充电极板测试仪的极板直线距离 50cm 地方出现垂直方向扰动气流（气流速度 0.5m/s）时，充电极板测试仪的检测结果会出现什么情况？请分析原因。

（2）充电极板测试仪的平板电极对地电容 15pF。实际静电源的对地电容有大有小。分析当静电源对地电容大于 15pF 或小于 15pF 时，当静电源对地电压与充电极板测试仪极板电压同样时，在同样的测试环境中，静电衰减时间会出现什么样情况？

（3）离子静电消除器的放电针为钨合金针或钛合金针时，此离子静电消除器可用于何种空气净化等级的环境中？

（4）充电极板测试仪的基本参数符合何要求才可用来评价离子化静电消除器的静电消除性能?

（5）某绝缘包装因工艺连续摩擦分离产生静电荷 1μC/s（微库仑/秒）。某 PCB 受直流高压源静电感应影响，表面的对地电位为 2300V。问两种情况下产生静电如何消除？上述哪种情况适合使用静电中和措施解决。如采用离子静电消除器消除该绝缘包装的静电，在标准规定的距离内，消除静电的时间不应大于多少秒（参照 IEC 61340-5-1）。

（6）符合标准 IEC 61340-5-1 规定的离子化静电消除器（非电离辐射型），可用于静电敏感度（HBM）20V 的 SSD 生产和组装吗?

（四）利用静电电压表测试静电电位。请回答下列问题（总分 20 分，每问 5 分）。

（1）测试导体的静电和绝缘物体表面静电电位时，应使用何种类型静电电压测试仪？

（2）某表面呈不规则形状的面积为 1m^2 不锈钢板受直流高压源产生的静电场感应影响，其表面感应有静电电荷。问用何种静电电压表测试其表面电位较准确，其仪表输入电阻、输入电容应为多少？

（3）静电电压表输入电阻大小对测试结果有何影响？请给出分析结论。

（4）在日常测试中，影响非接触式静电电压表测试结果准确性的主要因素有哪些？

B卷 ESD中级工程师职业技能培训考试试题

注意事项：

（1）首先按要求在试卷的标封处填写你的姓名、考号和单位名称。

（2）请仔细阅读各种题目的问答要求，在规定的位置工整填写你的答案。

（3）请用蓝色（或黑色）钢笔、圆珠笔答卷。填写字迹清楚，不要在试卷内填写与试卷无关内容。

（4）本试卷满分为100分，考试时间90分钟。

	总分	第一	第二	第三	第四
得分					

评分人______________

（一）判断题（每题1分）

下列叙述是否正确，将错误用“×”或正确用“√”填入题后括号内。

（1）在生产、组装静电敏感器件过程中产生的静电，对其质量造成损害的原因主要表现在静电吸附尘埃、静电放电、静电场感应三个方面。（ ）

（2）在电子工业生产中，采取被动静电屏蔽措施防止静电场不良影响时，屏蔽体内电场强度不等于零。（ ）

（3）一只标有220V、5A的瓦时表，可以测量1.5kW以下的负载功率，可接20盏60W电灯。（ ）

（4）电子工业静电防护措施可以简述为：主要有静电耗散及泄漏；静电中和；静电屏蔽与接地；环境增湿；电子产品的静电防护设计。（ ）

（5）对于非均匀导电材料，测试及计算其体积电阻率、表面电阻率没有实际意义。（ ）

（6）在使用离子静电消除器时，消除器的平衡电压（残余电压）应小于所操作静电敏感器件的静电敏感电压值。（ ）

（7）构建一个防静电工作区时，应尽可能使区域中每一个接触静电敏感器件的装备（设备、用品）、人员和静电敏感器件处在同一个对地电位上。（ ）

（8）所有防静电材料的体积电阻都是线性电阻。（ ）

（9）应依据标准GB 50944《防静电工程施工与质量验收规范》，验收一个防静电工作区。（ ）

（10）通常任何防静电用品的表面电阻或体积电阻的大小都与其放置环境的相对湿度有关。（ ）

（二）多选题（每题2分）

将正确的题号填入题后括号内。

（1）一个 10V 电压的直流电路里有三只电阻，阻值分别为 4Ω、2Ω和 2Ω。已知两只2Ω电阻并联后再和 4Ω电阻串联连接在电路中。下列哪些回答正确？（　　）

A．总电路的电流 2A，4Ω电阻上的电压降为 2V

B．4Ω电阻上的电压降 8V，流过两只 2Ω电阻的电流各为 1A

C．流过 4Ω电阻的电流 2A。2Ω电阻上的电压降 2V

（2）在有静电防护的场所中，为什么要设置防静电接地？（　　）

A．设置防静电接地用于泄放静电和等电位连接，并在防静电区域提供一个公共的零电位（假设）区域

B．防静电接地给防静电装备提供对地静电泄放通路

C．设置防静电接地是为了保护人身安全

（3）测量防静电屏蔽包装袋屏蔽性能所用的测试仪器是依据什么静电放电模型设计的？

A．带电器件模型

B．人体放电模型

C．HBM 模型

（4）测量防静电材料的电阻所用高阻计的测量原理为（　　）。

A．振动电容式原理；

B．恒压比较法；

C．伏安法。

（5）非接触式静电电压表测试原理为（　　）。

A．考喜劳电桥法

B．振动电容式

C．直流放大式

（6）防静电工作区以外转运 SSD 时，应采取下列哪些措施？（　　）

A．将 SSD 装入静电耗散类包装

B．将 SSD 装入静电屏蔽和耗散类复合包装

C．将 SSD 装入静电耗散类包装并采取静电屏蔽措施

（7）以下哪个结论正确？（　　）

A．已知一台电阻测试仪输入电阻 $1\times10^{13}\Omega$，用这台仪器可以检测防静电材料的电阻

B．已知一台电阻测试仪输入电阻 $1\times10^{9}\Omega$，用这台仪器可以检测防静电材料的电阻

C．已知一台电阻测试仪输入电阻 $1\times10^{9}\Omega$，用这台仪器可检测电阻小于 $1\times10^{5}\Omega$的材料

（8）以下哪个结论正确？（　　）

A．用 10V 电压测试一种材料的电阻值为 $1\times10^{4}\Omega$，该材料属于导静电材料

B．用 100V 电压测试一种材料的电阻值为 $1\times10^{7}\Omega$，该材料属于静电耗散材料

C．用 10V 电压测试一种材料的电阻值为 $1\times10^{7}\Omega$，同种材料用 100V 电压测得电阻值 $2\times10^{6}\Omega$。该材料电阻值为 $1\times10^{7}\Omega$，属于导静电材料

（9）用 IEC 61340-5-1 规定的表面电阻测试电极测一种材料的表面电阻，已知所加电压

100V，串接电流表显示0.1A。则该材料的表面电阻率为（ ）。

A．$1.2\times10^6\Omega$

B．$1.0\times10^4\Omega$

C．$1.0\times10^4\Omega/\square$

（10）以下哪些回答正确（ ）。

A．防静电工作区的环境相对湿度越高，越不易产生静电

B．一台离子静电消除器其平衡电压（残余电压）、在规定距离内消除静电时间、涉及人身的安全指标等符合相关标准要求，才能予以使用

C．对于防静电工作区中的静电源查找，通常是使用电阻测量仪查找

（三）单选题（每题1分）

将正确的题号填入题后括号内。

（1）静电电压衰减测试仪测试原理的正确简述是：（ ）。

A．采用“喷电法”或“接触式充电法”将被测材料带电（静电），然后将被测材料与接地线良好接触的同时，利用非接触式静电电压表和时间计数器测试被测材料所带静电对地泄漏时衰减状况

B．利用静电感应原理，将被测材料感应带电（静电），然后将被测材料与接地线良好接触后，再利用非接触式静电电压表测试被测材料所带静电对地泄漏时衰减状况

C．采用“喷电法”或“接触式充电法”将被测材料带电（静电），然后将被测材料与接地线良好接触的同时，利用电阻测试仪测试材料所带静电对地泄漏状况

（2）以下哪种回答更全面和正确？（ ）

A．测试一种材料或该材料对地静电泄漏电阻时，应考虑测试电压、测试时间、防止外界干扰、材料种类（金属或非金属类）、材料所带静电电荷多少、接地线的导线直径大小等

B．测试一种材料或该材料对地静电泄漏电阻时，应考虑测试电压、测试时间、测试环境湿度、测试电极、测试仪器种类和误差、防止外界干扰、被测材料表面处理状况、接地连接等

C．测试一种高电阻材料时，只考虑测试环境湿度和防止外界干扰就可以了

（3）在一个防静电工作区，通常所有防静电装备或物体的静电泄漏电阻值不高于多少能满足利用HBM模型确定的静电敏感度±100V以上的SSD 的防护要求？（ ）

A．小于$1\times10^{12}\Omega$

B．小于$1\times10^{11}\Omega$

C．小于$1\times10^{9}\Omega$

（4）目前电子行业质检机构出具的防静电产品、工程检验报告有下列几种类型：（ ）。

A．监督检验报告、评价型检验报告、技术测试报告、质量分析报告

B．监督检验报告、评价型检验报告、委托送检检验报告、质量仲裁检验报告

C．委托送检检验报告、工程检验报告、质量分析报告

（5）企业参与静电防护培训的对象有哪些？下列哪个回答更全面正确些。（ ）

A．机械设备维修人员、产品设计人员、基建人员

B．设备维修人员、产品设计人员、设备采购人员、行政管理人员

C．操作工人，工艺、产品设计、技术管理人员，采购和仪器设备维修人员，库房管理人员，可能进入防静电工作区的人

（6）依据标准 GJB 3007（修订版）构建的防静电工作区，理论上能对静电敏感度多少的器件（利用 HBM 模型实验确定的 SSD 产品或组件）提供保护？（　　）

A．±200V 以上

B．±1000V 以上

C．±100V 以上

（7）防静电地坪、人体静电防护用品、防静电物流转递用品基于何种原理消除静电的？（　　）

A．中和原理

B．屏蔽原理

C．耗散、泄漏、中和原理

（8）防静电工作区不设置防静电接地线会出现下列哪种情况？（　　）

A．防静电各系统不处于公共电位系统，产生的静电荷不能对地泄放，加剧静电放电产生

B．造成生产设备损坏

C．防静电所有系统处于一个公共的电位上，在防静电工作区形成等电位区，避免静电放电产生

（9）在电子工业生产过程中，有时绝缘物体产生的静电虽然电量往往很小，但对地电压很高，原因在于：（　　）

A．物体的绝缘电阻很高

B．环境湿度很高

C．物体对地分布电容往往很小

（10）直接接触 SSD 器件的防静电用品（包装）的表面电阻值不宜低于多少？（　　）

A．10Ω

B．$1\times10^3\Omega$

C．$1\times10^4\Omega$

（11）验收一个防静电工作区时，还应考虑哪些环境条件？以下哪个回答更全面正确？（　　）

A．环境噪声、电源系统、空调系统

B．环境温度、环境电磁、电源接地系统

C．环境洁净度、环境温湿度、防雷系统、接地系统、环境电磁

（12）通常静电电压、电阻、电量测试仪器应满足以下哪些要求？（　　）

A．较小的输入电阻、较大的输入电容

B．较大的输入电阻、较小的输入电容

C．较大的输入电阻、较大的输入电容

（13）构建一个防静电工作区，防静电参数确定的依据是：（ ）

A．标准 GJB 3007《防静电工作区技术要求》

B．标准 SJ/T 10533《电子设备制造防静电技术要求》

C．工作区所接触的静电敏感器件敏感度与规定的静电耗散时间

（14）构建一个防静电工作区，以下哪种接地论述正确？（ ）

A．涉及人身安全的防静电接地可采取硬接地措施

B．防静电接地必须单独设置，以免静电泄放造成生产设备损坏

C．防静电接地可以和设备保护接地共用一个接地体

（15）电子设备的 ESD 防护等级实验应用哪种实验模型？（ ）

A．BMM

B．CDM

C．MM

（16）在 PCB 装配线上，消除 PCB 积累的静电应采取何种措施？（ ）

A．采用接地的金属纤维布，接触 PCB 消除静电

B．利用离子静电消除器消除静电

C．利用 PCB 接地端接地来泄放静电

（17）以下回答哪个正确？（ ）

A．目前使用的防静电用品（装备）防静电性能都属于长效型，且静电泄漏性能和环境湿度无关

B．防静电工作区的每个防静电装备的接地可以串联连接

C．操作静电敏感器件时，操作人员应当采取人员接地措施

（18）以下回答哪个正确？（ ）

A．通常操作 HBM 敏感度 20V SSD 器件的防静电工作区内可不采用离子静电消除措施

B．通常不能用离子静电消除器消除直流高压产生的静电

C．防静电工作区使用的电烙铁外壳，在工作区配备离子静电消除器时，可不采取接地措施

（19）以下哪个回答正确？（ ）

A．用标准电极测试一种材料的体积电阻越小，其体积电阻率越大

B．用标准电极测试材料表面电阻，其表面电阻率和测出的表面电阻成正比

C．测试材料的厚度越大，其体积电阻率越大

（20）以下哪个回答正确？（ ）

A．静电电压表的内阻越小，测试数据越不易漂移

B．静电电压表的输入电容越大，仪器精度越高

C．静电电压表的读数按指数规律衰减

（四）简答题（每题 5 分）

（1）组建一个防静电工作区时，在硬件构成方面应考虑哪几个方面？

（2）ANSI/ESD S20.20 对导静电型、静电耗散型、屏蔽型包装材料是如何划分的？

（3）英文缩写“MM”“CDM”“HBM”代表什么意义？分别画出“MM”“HBM”电路原理图。

（4）通常在哪些生产环节需要防静电工艺？

（5）一个完整的防静电工作区应配备哪几种静电检测仪？

（6）一个操作静电敏感器件（敏感度为±20V）的小型防静电工作区，其由不接地的金属桌面的防静电工作台、接地的 PVC 静电耗散地垫、不锈钢周转容箱、接地的导电塑料存放架、接地的周转车组成，操作人员手戴接地的腕带但没有穿防静电工作服和使用外壳不接地的电烙铁，该工作区没有配置静电消除器。请找出该工作区的以上构成在哪些方面存在问题。

（五）综合题（每题 10 分）

（1）设计一个防静电工作区，该工作区操作的静电敏感器件的敏感度为+100V，当工作区防静电装备瞬间产生的静电对地电压+5000V，在 2s 时间内其静电泄漏到安全界限时，工作区所用防静电装备的静电泄漏电阻应不大于多少欧姆？该工作区是否需要配备离子静电消除器，其平衡电压（残余电压）应不大于多少？假设所有防静电装备的分布电容为 200pF。

（2）验收几个防静电工作区，在验收时出现下列情况：

① 测试一个工作区地坪静电泄漏电阻，环境湿度 70%RH 时，电阻值 $8.20\times10^{8}\Omega$。环境湿度 40%RH 时，电阻值 $1.12\times10^{10}\Omega$。在使用中工作区出现的最低湿度为 35%RH。问该防静电地坪可否验收？

② 一个电子工业的防静电工作区的防静电接地和设备保护接地、设备中性点接地共用一个接地体。问接地连接方式可否验收？

③ 一个防静电工作区（操作的静电敏感器件敏感度为±50V）流动岗位的操作工人较多，都没使用腕带。该工作区也没铺设防静电地坪，问该工作区可否验收？

④ 一个防静电工作区使用一种直流 6000V 的高压电源，该电源放在没有设置接地的导电工作台面上（台面点对点电阻为 100Ω）。问该工作区可否验收？

参考文献

[1] 区健昌. 电子设备的电磁兼容性设计. 北京：电子工业出版社，2003.
[2] 刘尚合，武占成，等. 静电放电及危害防护. 北京：北京邮电大学出版社，2004.
[3] [日]菅义夫. 静电手册. 北京：科学出版社，1981.
[4] 吴本炎，李道恺，等. 电子电路的电磁兼容性. 北京：人民邮电出版社，1982.
[5] 孙延林. 电子工业静电防护指南. 北京：电子工业出版社，2006.
[6] 中华人民共和国住房和城乡建设部. 防静电工程施工与质量验收规范 GB 50944—2013. 北京：中国计划出版社，2014.
[7] 杨有启. 静电安全技术. 北京：化学工业出版社，1997.
[8] 涂延林，等. 电子工业静电防护技术. 西安：陕西科学技术出版社，1994.
[9] 罗宏昌. 静电灾害及其分析. 北京：人民交通出版社，1988.
[10] 马峰，霍善发，公崇江. 静电灾害防护. 西安：陕西科学技术出版社，1997.
[11] Electrostatics-protectionofelectrondevices electrostatic IEC61340-5-1—2016. Phenomena-generalrequirements，2016.
[12] ESD associationstandard for the Developmentofan ElectrostaticDischargeControlprogram ANSI/ESD S20.20—2014. ANSI/ESD，2014.
[13] Protectionofelectronic devices form electrostatic TR61340-5-4/Ed1/DTR- IEC. Phenomena-compliance verification.
[14] Standardtestmethodsforspecificapplications-wristIEC61340-4-6—2015. Straps，2015.
[15] Measurement methods-Ability ofmaterialsandproductstodissipatestaticelectric chargeIEC61340-2-1—2015. IEC，2015.
[16] ESD Associationtcchnicalreport ESDTR53. ESD.
[17] MIL-STD-1686 Electrostaticdischarge controlprogran for portection of electrical and Electronicparts. Assembliesandequipment.
[18] ANSI/ESD STM5.1（HBM）. ANSI/ESDA.
[19] ANSI/ESD STM5.2（MM）. ANSI/ESDA.
[20] ANSI/ESD DS5.3.1（CDM）. ANSI/ESDA.
[21] 静电放电模型（HBM）IEC61340-3-1. IECTC101.
[22] 静电放电模型（MM）IEC61340-3-2. IECTC101.
[23] 静电放电模型（CDM）IEC61340-3-3. IECTC101.
[24] 国家市场监督管理总局，国家标准化管理委员会. 静电安全术语 GB/T 15463—2018. 北京：中国标准出版社，2018.
[25] 陈霖新.《电子工业洁净厂房设计规范》解读. 中国电子学会洁净技术分会.
[26] 肖湘杰.烟花爆竹机械化和安全生产//第二届全国烟花爆竹安全生产论坛暨烟花爆竹生产机械化研讨会论文集.国家安全生产醴陵烟花爆竹检测检验中心，2009.

[27] 中国人民解放军总装备部电子信息基础部. 防静电工作区技术要求 GJB 3007A—2009. 北京：中国电子标准化研究院，2009.

[28] 信息产业部. 电子产品制造与应用系统防静电检测通用规范 SJ/T 10694—2006.北京：中国标准出版社，2006.

[29] 工业和信息化部. 防静电地坪涂料通用规范 SJ/T 11294—2018.

[30] 信息产业部防静电产品质量监督检验中心. 防静电贴面板通用规范 SJ/T 11236—2001. 北京：中国电子标准化研究院，2001.

[31] 工业和信息化部. 防静电无尘擦拭布通用规范 SJ/T 11480—2014. 北京：中国电子标准化研究院，2014.

[32] 工业和信息化部. 防静电洁净工作服及织物通用规范 SJ/T 11412—2010. 北京：中国电子技术标准化研究所，2010.

[33] 工业和信息化部. 离子化静电消除器通用规范 SJ/T 11446—2013. 北京：中国电子标准化研究院，2013.

[34] 工业和信息化部. 电子产品防静电包装技术要求 SJ/T 11587—2016. 北京：中国电子标准化研究院，2016.

[35] 国家市场监督管理总局，国家标准化管理委员会. 防静电活动地板通用规范 GB/T 36340—2018. 北京：中国标准出版社，2018.

[36] 国家质量监督检验检疫总局，中国国家标准化管理委员会. 防静电陶瓷砖 GB 26539—2011. 北京：中国标准出版社，2012.

[37] 王定华，赵家升. 电磁兼容原理与设计. 成都：电子科技大学出版社，1995.

[38] 国家质量监督检验检疫总局，中国国家标准化管理委员会. 防止静电事故通用导则 GB 12158—2006. 北京：中国标准出版社，2006.

[39] 刘鹏程，邱杨. 电磁兼容原理及技术. 北京：高等教育出版社，1993.

[40] [日]山崎弘郎. 电子电路的抗干扰技术. 北京：科学出版社，1991.

[41] [美]E. A. 雷西.电子安全防护手册. 仇钰，周孟奇，译. 北京：科学普及出版社，1982.